支挡结构设计与施工

雷　用　赵尚毅　郝江南　石少卿　编著

中国建筑工业出版社

图书在版编目（CIP）数据

支挡结构设计与施工/雷用等编著.—北京：中国建筑工业出版社，2010

ISBN 978-7-112-11912-7

Ⅰ.支… Ⅱ.雷… Ⅲ.①挡土墙—支撑—结构设计②挡土墙—支撑—工程施工 Ⅳ.TU476

中国版本图书馆 CIP 数据核字（2010）第 044340 号

为了保证支挡工程的设计合理、施工及运营安全，创新和提高支挡结构设计、施工水平，作者根据二十多年来支挡工程的实践经验，依据土力学、岩石力学等基本原理，吸收“强度折减法”等新理论，按照现行相关规范、规程，并结合工程实例，将近年来大量应用的、代表工程设计和施工领域最新成果的支挡结构资料归集编著此书。全书共五章，分别是：抗滑短桩设计与施工、树根桩设计与施工、锚杆设计与施工、联合支挡结构设计与施工、边坡新型支挡结构设计中的关键问题。本书图文并茂，采用设计、施工与工程实例相结合的方法，方便工程技术人员通过实例理解设计理论，掌握设计、施工方法，解决设计、施工问题，达到做出合理的支挡结构设计、施工的目的。

本书可作为岩土边坡支挡设计、施工技术人员的技术资料手册，也可供大中专学校相关专业师生教学科研参考。

* * *

责任编辑：范业庶
责任设计：李志立
责任校对：王金珠 王雪竹

支挡结构设计与施工

雷 用 赵尚毅 郝江南 石少卿 编著

*

中国建筑工业出版社出版、发行（北京西郊百万庄）
各地新华书店、建筑书店经销
北京永峥排版公司制版
北京市书林印刷有限公司印刷

*

开本：787×1092 毫米 1/16 印张：20¼ 字数：492 千字
2010 年 7 月第一版 2010 年 7 月第一次印刷
定价：**45.00** 元

ISBN 978-7-112-11912-7
（19156）

序

我国山区地域面积大，随着“西部大开发”的再次推进，我国边（滑）坡治理工程将会明显增多。如何确保边（滑）坡工程的安全可靠，减少工程事故，同时又能节省投资，缩短工期，如何提升边（滑）坡治理工程的科技创新水平，是一条不断探索和追求的道路。

尽管边（滑）坡工程设计、施工技术有了日新月异的发展，也有了《建筑边坡工程技术规范》（GB50330-2002）等标准的实施，但由于边（滑）坡工程地质条件复杂多变，地区差异很大。要更好更快地解决边（滑）坡工程治理中的问题，除了已有编入规范、规程的支挡结构外，尚需要有一些新型支挡结构来补充和完善。

编著者在吸收、消化前人理论研究，引进新理论和工程实践的基础上，以图文并茂的方式，通过大量的工程实例探讨了抗滑短桩、树根桩、锚杆、锚钉以及联合支挡（抗滑短桩与重力式挡墙、抗滑桩与锚索（杆）、锚杆与锚钉、树根桩与灌浆、锚杆（钉）与防护网联合支挡结构）等支护结构的设计理论、设计方法和施工技术，将给读者留下一些深入研究的经验，也将有助于我国支挡结构设计、施工水平的创新和提高。

祝年青的岩土科技工作者为岩土工程理论和实践不断努力，为社会发展作出更多更大的贡献。

中国工程院院士

郑颖人

2009 年 12 月 31 日

前　　言

随着我国经济建设的快速发展，需要完成大量的“大挖大填”任务，为确保“高切坡、高填方、深基坑”等各项边（滑）坡工程的安全，大量的支挡结构得到了广泛应用。在“西部大开发”大量工程建设中，各种类型的支挡结构，特别是新型支挡结构，将在工程建设中发挥重要而不可或缺的作用。本书是作者根据二十多年来对工程实践经验总结和重庆、贵州、三亚等地区工程建设的需要编写的，以满足新时期，新的边坡工程安全实施的需要。

支挡结构，如抗滑短桩、树根桩、锚杆、锚钉以及联合支挡结构（抗滑短桩与重力式挡墙、抗滑桩与锚索（杆）、锚杆与锚钉、树根桩与灌浆、锚杆（钉）与防护网联合支挡结构）等，已在公路、铁路边坡、水利边坡（港口、码头等）、建筑边坡工程中得到了大量应用，其作用将越来越大。为保证边坡工程的设计合理、施工及运营安全，紧密结合工程实例，编写一本《支挡结构设计与施工》是十分必要的，它将有助于我国支挡结构设计、施工水平的创新和提高。

本书是依据土力学、岩石力学等基本原理，吸收“强度折减法”等新理论，按照现行相关规范、规程，并结合工程实例，将近年来大量应用的、代表工程设计和施工领域最新成果内容的新型支挡结构编著而成。

本书第 1 章为抗滑短桩的设计计算方法和适用条件，抗滑短桩的施工方法、要求和应力监测；第 2 章为树根桩的支挡体系作用原理和承载力估算，施工方法、要求和变形监测；第 3 章为锚杆的设计、施工和质量检验；第 4 章为各种联合支挡结构的设计方法和施工要求；第 5 章为新型支挡设计的特点和原则，边坡工程变形原因分析和加固，支挡结构与环境绿化。每章均给出了工程实例及部分计算书。

本书图文并茂，采用设计、施工与工程实例相结合的方法，让科技人员不仅使用方便，还能通过实例理解设计理论，掌握设计、施工方法，解决设计、施工问题，达到能作出合理的支挡结构设计、施工的目的。因此，从这个角度讲，本书能为从事边（滑）坡工程设计、施工的科技人员提供一本具有实用价值的支挡结构方面的设计、施工资料和范例。

本书得到了总后基建营房部营科［2008］142 号计划课题的资助。本书借鉴了许多技术资料，若有未尽内容和未标注引用者，请有关科技人员、学者和专家谅解。

由于某些新型支挡结构虽然在国内有应用，但应用的范围受限或实际研究的程度有待进一步探讨，因此，本书未一一列出。

由于时间仓促，水平有限，书中错漏不足在所难免，敬请广大专家、读者批评指正。

目　录

1 抗滑短桩设计与施工

1.1 抗滑短桩设计

1.1.1 抗滑短桩分析机理及其应用

1. 引言

自古以来，滑坡就与人类共存，滑坡给人类带来了巨大的损失，人类也为防治滑坡和减轻滑坡灾害而不断努力。我国是一个多山的国家，是世界上地质灾害频发的国家之一，尤其是中西部地区山高坡陡、沟壑纵横，城市建筑依山而立，公路、铁路翻山越岭，复杂多变的地形地貌决定了我国各项建设，尤其是我国政府实施的西部大开发过程中和三峡库区沿江及各支流两岸将面临大量的滑坡问题，处理不好会给人民的生命财产造成巨大的损失。边坡稳定分析是滑坡治理设计的前提，它决定着滑坡的稳定性（滑坡是否失稳）以及滑坡需支挡部位存在多大的滑坡推力，以便为抗滑桩或抗滑短桩的结构设计提供科学依据。

抗滑桩和抗滑短桩均指由锚固段侧向地基岩（土）抗力抵抗滑坡的下滑力或土压力的横向受力桩，二者的区别：

①桩的长、短（见图 1-1 和图 1-2）不一样，抗滑桩的桩端进入稳定岩（土）层的深度大于抗滑短桩；抗滑桩的桩顶一般达到支挡部位的现状地表面，抗滑短桩的桩顶不需达到支挡部位的现状地表面，而是只需超过滑移面进入滑坡体一定长度不至于滑坡体出现越顶现象即可。

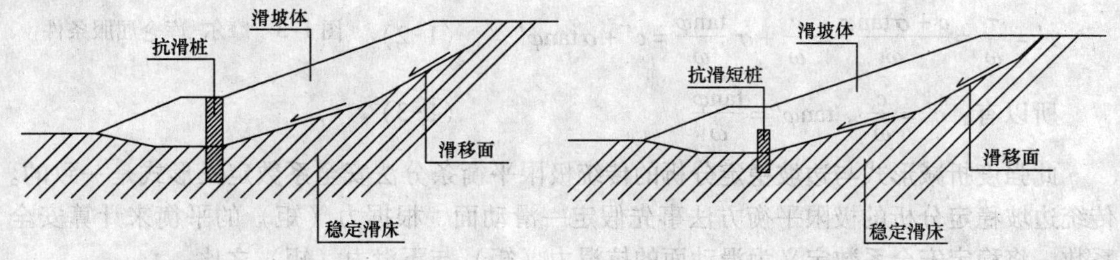

图 1-1 滑坡治理中抗滑桩剖面示意图　　图 1-2 滑坡治理中抗滑短桩剖面示意图

②桩的受荷大小不同。

③桩的截面、桩的配筋、施工工期、材料用量、经济指标等均不相同。

抗滑短桩在滑坡防治工程中的关键问题，就是要求准确确定桩的合理长度与作用在抗滑短桩上的岩土压力。按现行规范无法计算有抗滑桩时的滑坡安全系数，而有限元强度折减法可以确定合理桩长。在现行计算方法上，通常都采用极限平衡条分法来确定支护结构上的推力，但它忽略土体的变形，并要求事先准确确定临界滑面的位置与形状再采用合理的条分法计算，这样才能准确算出岩土压力。近年来，国内外岩土工程技术人员做了不少的工作，已有了很大进展。其次，还要明确岩土压力如何分布在支挡结构上。传统方法中，桩上的推力分布是假定的，一般假设为矩形分布，有时假设为三角形或梯形分布。不同的分布形式会使支挡结构内力计算结果有很大差异，因而传统算法有较大误差。再次，如何考虑抗滑短桩与岩土介质的共同作用，用现行传统计算方法很难解决好上述问题。采用有限元 ANSYS 软件包来计算抗滑短桩，既可以考虑抗滑短桩与岩土介质共同作用关系，又可确定作用于抗滑短桩上的滑坡推力，因而具有很大的优越性。本文主要探讨有限元 ANSYS 软件包如何实现计算抗滑短桩的相关问题，如：几何模型的建立、单元类型的选取、材料特性的定义、网格划分、屈服准则的选用、抗滑短桩与桩周岩土的共同作用、加载、求解、求解的收敛判定等。

2. 有限元强度折减法的基本原理及其应用

(1) 基本原理

Duncan (1996)[1]指出，边坡安全系数可以定义为使边坡刚好达到临界破坏状态时，对土的剪切强度进行折减的程度。所谓强度折减，就是在理想弹塑性有限元计算中将边坡岩土体抗剪切强度参数（内聚力和内摩擦角）逐渐降低到极限破坏状态为止，此时程序可以得到边坡的强度储备安全系数 ω。

强度折减安全系数表示为：

$$\omega = \frac{\tau}{\tau'} \tag{1-1}$$

式中，τ 为岩土体材料的初始抗剪强度；τ' 为折减后使坡体达到极限状态时的抗剪强度。

有限元强度折减法中可以采用不同的强度屈服准则，这里的强度 τ 因采用的强度屈服准则不同而有不同的表达形式，对于摩尔-库仑准则（图 1-3）：$\tau = c + \sigma \times \tan\varphi$，其强度折减过程如下：

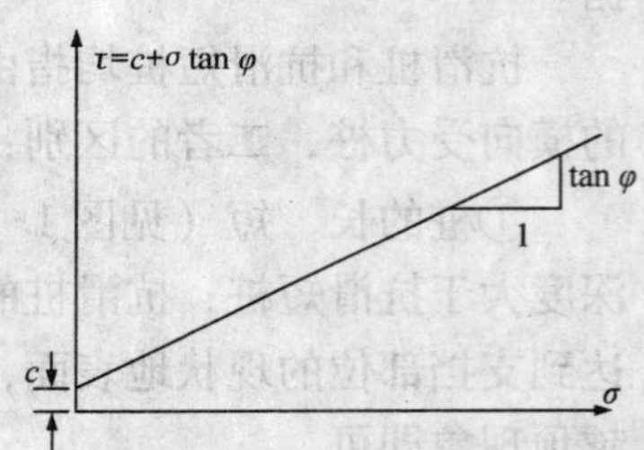

图 1-3 摩尔-库仑屈服条件

$$\tau' = \frac{\tau}{\omega} = \frac{c + \sigma\tan\varphi}{\omega} = \frac{c}{\omega} + \sigma\frac{\tan\varphi}{\omega} = c' + \sigma\tan\varphi' \tag{1-2}$$

所以有：$c' = \dfrac{c}{\omega}$，$\tan\varphi' = \dfrac{\tan\varphi}{\omega}$ (1-3)

此强度折减形式与边坡稳定分析的传统极限平衡条分法安全系数定义形式是一致的。传统边坡稳定分析的极限平衡方法事先假定一滑动面，根据力（矩）的平衡来计算安全系数，将稳定安全系数定义为滑动面的抗滑力（矩）与下滑力（矩）之比

$$\omega = \frac{\int \tau \mathrm{d}l}{\int \tau_s \mathrm{d}l} = \frac{\int_0^l (c + \sigma\tan\varphi)\mathrm{d}l}{\int_0^l \tau_s \mathrm{d}l} \tag{1-4}$$

式中 ω——安全系数；

τ——滑动面上各点的抗剪强度；

τ_s——滑动面上各点的实际剪应力。

将上式两边同除以 ω，式 (1-4) 变为：

$$1=\frac{\int_0^l\left(\frac{c}{\omega}+\sigma\frac{\tan\varphi}{\omega}\right)\mathrm{d}l}{\int_0^l\tau_{\mathrm{s}}\mathrm{d}l}=\frac{\int_0^l(c'+\sigma\tan\varphi')\mathrm{d}l}{\int_0^l\tau_{\mathrm{s}}\mathrm{d}l} \tag{1-5}$$

式中，$c'=\frac{c}{\omega}$；$\tan\varphi'=\frac{\tan\varphi}{\omega}$。 (1-6)

可见，传统的极限平衡方法是将土体的抗剪强度指标 c 和 $\tan\varphi$ 减少为$\frac{c}{\omega}$和$\frac{\tan\varphi}{\omega}$，使边坡达到极限状态（安全系数等于1），此时的 ω 称为安全系数，实际上就是强度折减系数。

（2）屈服准则的选用

物体受到荷载作用后，随着荷载的增大，由弹性状态过渡到塑性状态，这种过渡称为屈服，而物体内某一点开始产生塑性应变时，应力或应变所必需满足的条件称为屈服条件。应用的岩土屈服条件有多种，实验和工程实践已证实，摩尔-库仑屈服准则能较好地描述岩土等材料的破坏行为，在岩土工程领域得到了广泛的应用，土力学中边坡稳定、土压力和地基承载力这三大经典问题都直接或间接地借助了这一准则，也就是说，应用最广和应用时间最长的是摩尔-库仑屈服条件。

1）摩尔-库仑屈服条件的一般形式

对于一般受力下的岩土，所考虑的任何一个面，其极限抗剪强度通常可用库仑定律表示为

$$\tau_{\mathrm{n}}=c+\sigma_{\mathrm{n}}\tan\varphi \tag{1-7}$$

式中 τ_{n}——极限抗剪强度；

σ_{n}——受剪面上的法向应力，以拉为正；

c、φ——岩土的黏聚力和内摩擦角。

式（1-7）表示库仑公式在 $\sigma-\tau$ 平面上是线性关系。在更一般的情况下，$\tau-\sigma$ 曲线可表达成双曲线、抛物线、摆线等非线性曲线，统称为摩尔强度条件。

利用摩尔定律，可以把式（1-7）推广到平面应力状态而成为摩尔-库仑屈服条件（图1-4）。

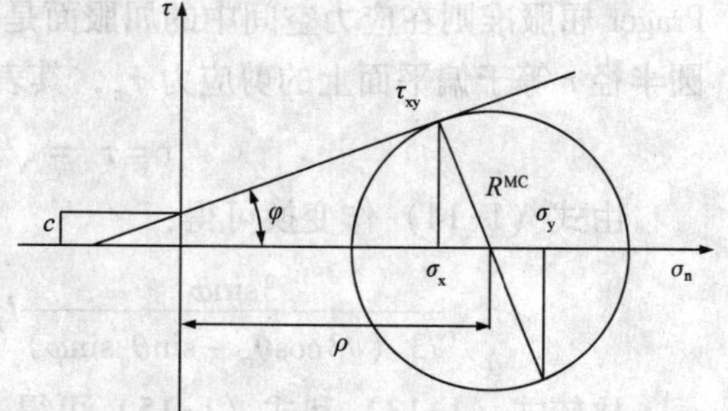

图1-4 摩尔-库仑屈服条件

因为 $\tau_{\mathrm{n}}=R\cos\varphi$

$$\sigma_{\mathrm{n}}=(\sigma_{\mathrm{x}}+\sigma_{\mathrm{y}})/2+R\sin\varphi$$
$$=(\sigma_1+\sigma_3)/2+R\sin\varphi$$

所以，由式（1-7）得：

$$R=c\cos\varphi-(\sigma_{\mathrm{x}}+\sigma_{\mathrm{y}})\sin\varphi/2 \tag{1-8}$$

式中，R 是摩尔应力圆半径

$$R=[(\sigma_{\mathrm{x}}-\sigma_{\mathrm{y}})^2/4+\tau_{\mathrm{xy}}^2]^{1/2}=(\sigma_1-\sigma_3)/2$$

式（1-8）还可以用主应力 σ_1、σ_3 表示成

$$(\sigma_1-\sigma_3)/2=c\cos\varphi-(\sigma_1+\sigma_3)\sin\varphi/2 \tag{1-9}$$

或
$$\sigma_1(1+\sin\varphi)-\sigma_3(1-\sin\varphi)=2c\cos\varphi \tag{1-10}$$

写成一般屈服条件形式，为

$$F=(\sigma_1-\sigma_3)/2+F_1[(\sigma_1+\sigma_3)/2] \tag{1-11}$$

由

$$\sigma_1=(2/3)^{1/2}r_\sigma\sin(\theta_\sigma+2\pi/3)+\sigma_m$$

$$\sigma_3=(2/3)^{1/2}r_\sigma\sin(\theta_\sigma-2\pi/3)+\sigma_m$$

用I_1、J_2、θ_σ代以σ_1、σ_3，其中

$I_1=\sigma_1+\sigma_2+\sigma_3$（$I_1$：应力张量第一不变量，与坐标轴无关。其物理意义：平均应力的3倍）；

$J_2=S_{ij}$，$S_{ij}/2=[(\sigma_1-\sigma_2)^2+(\sigma_2-\sigma_3)^2+(\sigma_3-\sigma_1)^2]/6$（$J_2$：应力偏量的第二不变量。其物理意义：它在数值上是八面体平面上剪应力的倍数，又是π平面上的矢径大小）；

$\tan\theta_\sigma=(2\sigma_2-\sigma_1-\sigma_3)/(3^{1/2}\sigma_1-3^{1/2}\sigma_3)$（$\theta_\sigma$：洛德角，$\pi$平面上应力$PQ$与$\sigma'_2$轴的垂线间的夹角）。

可得

$$F=I_1\sin\varphi/3+(\cos\theta_\sigma-\sin\theta_\sigma\sin\varphi/3^{1/2})J_2^{1/2}-c\cos\varphi=0 \tag{1-12}$$

其中 $-\pi/6\leqslant\theta_\sigma\leqslant\pi/6$

2）摩尔-库仑屈服条件的特殊情况

当$\theta_\sigma=$常数时，屈服函数不再与θ_σ或应力偏量的第三不变量J_3有关。它在π平面上为一个圆，这时式（1-12）可写成

$$\alpha I_1+J_2^{1/2}-k=0 \tag{1-13}$$

这就是广义米赛斯（Misses）条件。此式是1952年由德鲁克-普拉格（Drucker-Prager）提出的，所以通常也叫Drucker-Prager屈服条件。

Mohr-Coulomb准则的屈服面在π平面上为一个不等角六边形（图1-5），Drucker-Prager屈服准则在应力空间中的屈服面是一圆锥面，在π平面上是一个圆，其偏平面上的圆半径r等于偏平面上的剪应力τ_π，其表达式为：

$$r=\tau_\pi=\sqrt{2J_2}=\sqrt{2}(k-\alpha I_1) \tag{1-14}$$

由式（1-14）作变换可得：

$$\frac{3\sin\varphi}{\sqrt{3}(\sqrt{3}\cos\theta_\sigma-\sin\theta_\sigma\sin\varphi)}I_1+\sqrt{J_2}-\frac{\sqrt{3}c\cos\varphi}{(\sqrt{3}\cos\theta_\sigma-\sin\theta_\sigma\sin\varphi)}=0 \tag{1-15}$$

比较式（1-13）和式（1-15）可得：

$$\alpha=\frac{3\sin\varphi}{\sqrt{3}(\sqrt{3}\cos\theta_\sigma-\sin\theta_\sigma\sin\varphi)},k=\frac{\sqrt{3}c\cos\varphi}{(\sqrt{3}\cos\theta_\sigma-\sin\theta_\sigma\sin\varphi)} \tag{1-16}$$

式（1-16）中取不同的θ_σ值，即有不同的α、k值。

当取$\theta_\sigma=-\pi/6$时，为受拉破坏，可得

$$\alpha=\frac{2\sin\varphi}{\sqrt{3}(3+\sin\varphi)},\ k=\frac{6c\cos\varphi}{\sqrt{3}(3+\sin\varphi)} \tag{1-17}$$

当取$\theta_\sigma=\pi/6$时，为受压破坏，可得

$$\alpha=\frac{2\sin\varphi}{\sqrt{3}(3-\sin\varphi)},\ k=\frac{6c\cos\varphi}{\sqrt{3}(3-\sin\varphi)} \tag{1-18}$$

当将式（1-16）对 θ_σ 微分时，并使之等于零，这时 F 取极小，可得

$$\alpha=\frac{\sin\varphi}{\sqrt{3}\sqrt{3+\sin^2\varphi}},\ k=\frac{\sqrt{3}c\cos\varphi}{\sqrt{3+\sin^2\varphi}} \tag{1-19}$$

徐干成、郑颖人、姚焕忠（1990 年）还提出了一种与传统摩尔-库仑条件等面积圆的屈服准则，该准则要求偏平面上的摩尔-库仑不等角六角形与 $D-P$ 圆的面积相等，由此可得

$$\theta_\sigma = \arcsin\left[\frac{-2A\sin\varphi+\sqrt{4A^2\sin^2\varphi-4(\sin^2\varphi+3)(A^2-3)}}{2(\sin^2\varphi+3)}\right] \tag{1-20}$$

式中，$A=\sqrt{\dfrac{\pi(9-\sin^2\varphi)}{6\sqrt{3}}}$

计算表明它与摩尔-库仑准则十分接近，而且使有限元数值计算变得方便。

摩尔-库仑（Mohr-Coulomb）准则在三维应力空间中的屈服面为不规则的六角形截面的角锥体表面，在 π 平面上的屈服曲线为不等角六边形，存在尖顶和菱角，应用于塑形理论计算时，需要计算屈服面的法向矢量，给数值计算带来困难。而 Drucker-Prager 屈服准则在三维主应力空间的屈服面为光滑圆锥面（图 1-6），在 π 平面上的屈服曲线为圆形，不存在尖顶处的数值计算问题，数值计算效率很高，因此，目前国际上流行的大型有限元软件 ANSYS 以及美国 MSC 公司的 MARC、NASTRAN 等均采用了 Drucker-Prager 准则。

α、k 是与岩土材料内摩擦角 φ 和黏聚力 c 有关的常数，不同的 α、k 在 π 平面上代表不同的圆，各准则的参数换算关系见表 1-1。

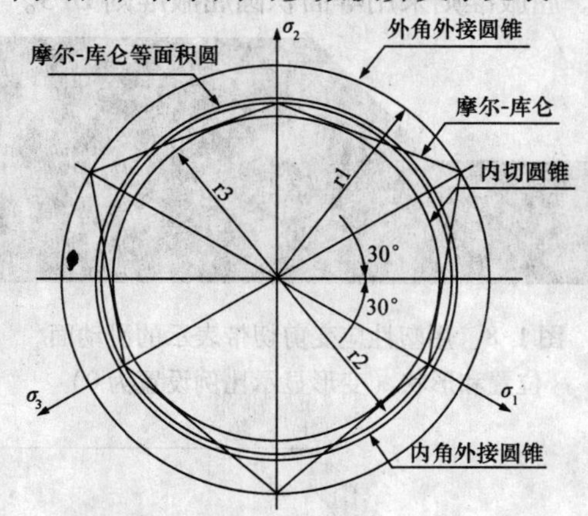

图 1-5　在 π 平面上不同 α、k 值的屈服曲线

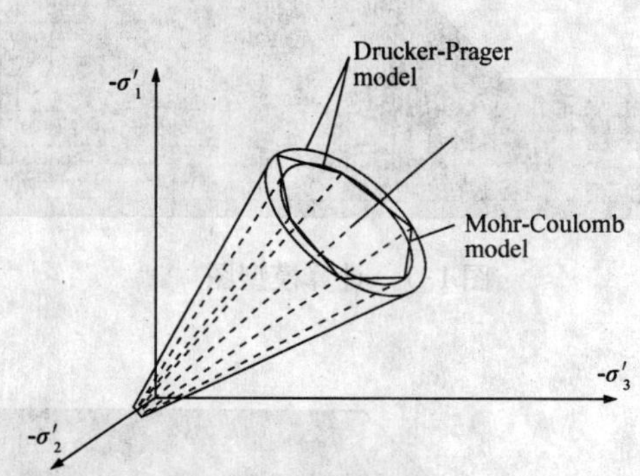

图 1-6　三维应力空间中的 Drucker-Prager 屈服面

各准则参数换算表　　**表 1-1**

编　号	准则种类	α	k
*DP*1	六边形外角点外接 *DP* 圆	$2\sin\varphi/[3^{1/2}(3-\sin\varphi)]$	$6c\cos\varphi/[3^{1/2}(3-\sin\varphi)]$
*DP*2	六边形内角点内接 *DP* 圆	$2\sin\varphi/[3^{1/2}(3+\sin\varphi)]$	$6c\cos\varphi/[3^{1/2}(3+\sin\varphi)]$

续表

编号	准则种类	α	k
*DP*3	摩尔-库仑等面积 *DP* 圆	$2(3^{1/2})\sin\varphi/[2(3^{1/2})\pi(9-\sin^2\varphi)]^{1/2}$	$2(3^{1/2})\sin\varphi/[2(3^{1/2})\pi(9-\sin^2\varphi)]^{1/2}$
*DP*4	平面应变关联法则下摩尔-库仑匹配 *DP* 准则	$\sin\varphi/[3(3+\sin^2\varphi)]^{1/2}$	$3c\cos\varphi/[3(3+\sin^2\varphi)]^{1/2}$
*DP*5	平面应变非关联法则下摩尔-库仑匹配 *DP* 准则	$\sin\varphi/3$	$c\cos\varphi$

(3) 滑动面的确定

根据边坡破坏的特征，边坡破坏时滑动面上节点位移和塑性应变将产生突变，滑动面就在水平位移和塑性应变突变的地方。因此本文根据位移或塑性应变突变，确定边坡临界滑动面，即在 ANSYS 程序的后处理中通过绘制边坡水平位移或者等效塑性应变等值云图来确定边坡临界滑动面的位置和形状。

下面我们通过一个均质土坡的算例来分析有限元强度折减法是如何确定滑动面位置的。计算模型如图 1-7 所示，坡高 20m，坡角 45°，坡角到左端边界的距离为坡高的 1.5 倍，坡顶到右端边界的距离为坡高的 2.5 倍，且总高为 2 倍坡高。流动法则采用关联流动法则。土坡计算参数为：$c=42\text{kPa}$，$\gamma=25\text{kN/m}^3$，$\varphi=45°$。屈服准则采用等面积圆屈服准则 DP3。

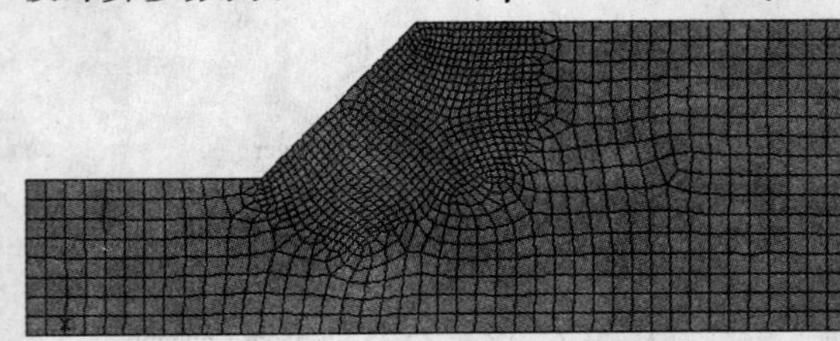

图 1-7 计算模型图

图 1-8 用塑性应变剪切带表示的滑动面位置和形状（变形显示比例设置为 0）

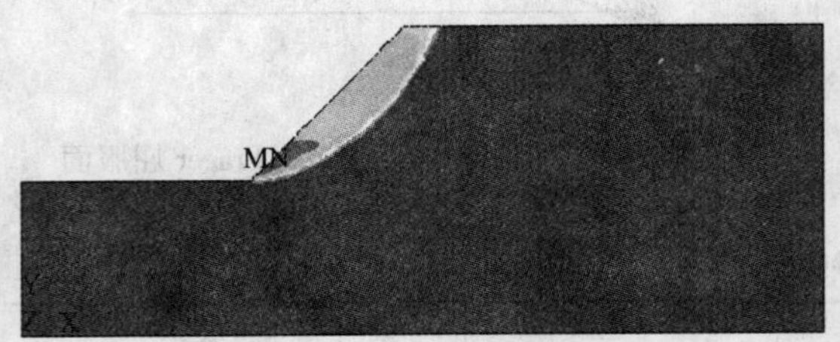

图 1-9 用水平位移等值云图表示的滑动面位置和形状

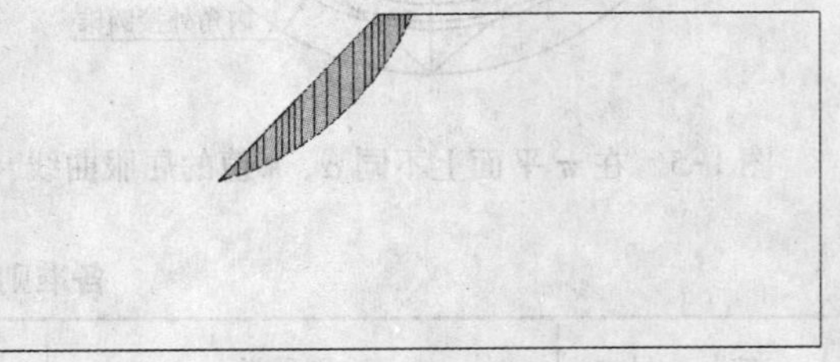

图 1-10 用 GEO-Slope/w 软件中的 Spencer 法得到的滑动面形状

由图 1-8～图 1-10 可见，两种方法得到的滑动面位置和形状十分接近，表明有限元强度折减法在寻求潜在滑面位置方面的优越性和可行性。

(4) 计算和破坏判断研究

1) 设桩后滑坡体是否稳定的判据

ANSYS 分析滑坡治理中设置抗滑短桩后滑坡体是否稳定的一个关键问题，是如何根据有限元计算结果来判别滑坡是否达到极限破坏状态，目前这方面还没有统一的认识，其判据主要有以下几种类型：

①在有限元计算过程中，滑坡不稳定与有限元数值计算不收敛同时发生，采用以有限元数值计算不收敛作为滑坡不稳定的判断依据[2][3]。

②以广义剪应变或者广义塑性应变从滑坡前缘到后缘贯通作为滑坡不稳定的标志[4]。

③土体破坏标志应当是滑动土体无限移动，此时土体滑移面上应变和位移发生突变且无限发展[5]。

日本学者 MATSUI & SAN（1992）利用从坡脚到坡顶的剪应变来定义土坡的破坏，当土坡达到破坏时将剪应变的等值线作为滑动面，然后在这个面上利用应力水平计算安全系数。

连镇营等（2001）认为采用解的不收敛性作为破坏的判别标准，物理意义不是十分明确，因此提出边坡内一定幅值的广义剪应变自坡底向坡顶贯通，则认为边坡破坏，广义剪应变定义为：

$$\varepsilon_{\mathrm{d}} = \sqrt{\frac{1}{6}[(\varepsilon_1 - \varepsilon_2)^2 + (\varepsilon_1 - \varepsilon_3)^2 + (\varepsilon_2 - \varepsilon_3)^2]} \tag{1-21}$$

栾茂田等（2002）也认为以有限元数值计算不收敛作为滑坡不稳定的依据具有一定的人为任意性，缺乏客观性。但是认为由于失稳时刚好贯通的广义剪应变值一般无法事先确定，由此所确定的边坡的安全系数也带有一定的非确定性等人为因素，并认为无论在广义剪应变还是在位移中不仅含有塑性分量，而且也包括弹性分量，因此根据这些物理量的大小判断塑性区及剪切破坏区的开展与发展是不够合理和准确的。因此，提出采用塑性应变作为滑坡不稳定的评判指标，根据塑性区的范围及其连通状态，确定潜在滑动面及其相应的安全系数，以此评价滑坡的稳定性。广义塑性应变定义为：

$$\varepsilon_{\mathrm{d}}^p = \sqrt{\frac{1}{6}[(\varepsilon_1^p - \varepsilon_2^p)^2 + (\varepsilon_1^p - \varepsilon_3^p)^2 + (\varepsilon_2^p - \varepsilon_3^p)^2]} \tag{1-22}$$

周翠英（2003）、郑宏（2002）也采用了塑性区自坡底向坡顶贯通作为边坡破坏的标准，可见这一观点目前在国内还比较盛行。

但该文研究认为，塑性区从滑坡前缘到后缘贯通并不一定意味着破坏，塑性区贯通是破坏的必要条件，但不是充分条件。土体破坏的标志应是滑体出现无限移动，此时滑移面上的应变或者位移出现突变，因此，这种突变可作为滑坡不稳定的标志，此外有限元静力计算会同时出现不收敛。可见，上述①、③两种判断依据是一致的，因而以有限元静力平衡方程组是否有解，有限元数值计算是否收敛或滑面上节点塑性应变和位移突变作为滑坡不稳定的依据是合理的。

2) 力和位移的收敛准则

有限元计算的迭代过程就是寻找一个外力和内力达到平衡状态的过程，整个迭代过程直到一个合适的收敛标准得到满足才停止，用来终止平衡迭代的合理收敛标准是有效的增量求解策略中的一个基本部分。每次迭代结束，得到的解必须对照一个设定的允许值进行检查，看是否已经收敛。

对于一次平衡迭代，就是要找到一个解使得以下平衡方程得到满足。

$$\{\psi\} = \{P\} - [K(u)]\{u\} = 0 \tag{1-23}$$

这就要求不平衡力或者说内力和外力的差值 $\{\psi\}$ 为零，但是在数值计算过程中，通常是不可能的，而且也不需要不平衡力达到为 0 的状态。因此可以设定一个很小的允许值来判断，这个标准就是力的收敛标准。

在 ANSYS 软件中，力的收敛标准定义为：

$$\|\{\psi\}\|_2 \leqslant \varepsilon_R R_{ref} \tag{1-24}$$

式中，$\{\psi\}$ 为不平衡力或内力和外力的残差矢量；

$\|\ \|_2$ 表示矢量的欧几里德范数，$\|\{\psi\}\|_2 = \left(\sum \psi_i^2\right)^{0.5}$。

即力的收敛标准为：$\|\{\psi\}\|_2 = \|\{P\} - [K(u)]\{u\}\|_2 \leqslant \varepsilon_R R_{ref}$ (1-25)

同样，在有限元位移分析中，计算位移必须接近真实值，我们可以采用当前第（i）次和第（$i-1$）次迭代之间的位移改变值小于事先设定的一个很小的允许值，这就是位移的收敛标准。

在 ANSYS 程序中，位移的收敛标准定义为：

$$\|\{\Delta u_i\}\|_2 \leqslant \varepsilon_u u_{ref} \tag{1-26}$$

其中，$\varepsilon_R, \varepsilon_u$ 为事先给定的一个很小的系数，该系数越小，计算精度越高，但是迭代次数越多，计算时间越长。计算经验[6]表明，取 0.001 ~ 0.00001 能够满足安全系数计算的精度要求。

R_{ref}, u_{ref} 为参考值，在 ANSYS 程序中可以指定一个数值，也可以采用系统的缺省值，系统的缺省值是所加荷载和所加位移值。

$\{\Delta u_i\}$ 是位移增量，即第（i）次和第（$i-1$）次迭代之间的位移改变。

计算迭代过程中，程序使用系统不平衡力的平方总和的平方根进行收敛检查，对于位移，程序将收敛检查建立在当前第（i）次和第（$i-1$）次迭代之间的位移改变上。如果不平衡力小于或等于力的收敛值（VALUE · TOLER），且如果位移的改变（以平方和的平方根检查）小于或等于位移收敛值，则认为计算是收敛的。以力为基础的收敛提供了收敛的绝对量度，而以位移为基础的收敛仅提供了表观收敛的相对量度。

3）设桩后滑坡体是否稳定的 ANSYS 表现

计算结果表明，对于不稳定的滑坡，随着迭代次数的增加（从 0 到 100 次），位移的收敛曲线是逐渐向上发展的，且逐渐远离位移收敛标准线，不管程序怎么迭代都无法满足收敛标准，塑性应变和位移随着迭代次数的增加而无限发展下去，有限元静力平衡方程组无解，计算不收敛。当计算参数太不合理时，位移的收敛曲线与位移收敛标准线近于平行，计算不收敛。

计算结果表明，对于稳定的边坡，力和位移的收敛曲线是逐渐向下发展的，随着迭代次数的增加（从 0 到 100 次），其量值逐渐减小，并向收敛标准线逐渐逼近，最后达到收敛。因此，我们可以从迭代过程中位移的收敛曲线的发展趋势来判断设置抗滑短桩后的滑坡是否稳定。

3. 抗滑短桩 ANSYS 分析过程

（1）有限元法 FEM

在各种数值模拟分析中，用得多而广泛的，主要是有限单元法 FEM（Finite Element Method）。有限单元法的基本思想是将问题的求解域划分为一系列的单元，单元之间仅靠节点连接。单元内部点的待求量可由单元节点量通过选定的函数关系插值求得。由于单元的形状简单，易于由平衡关系或能量关系建立节点量之间的方程式，然后将各个单元方程组合起来形成代数方程组，计入边界条件后即可对方程组求解。单元划分越细，计算结果就越精确。

有限单元法的思想早在20世纪40年代初期就有人提出，但是真正用于工程中则是电子计算机出来以后。“有限单元法”这一名称是1960年由美国人克拉夫（Clough. R. W.）在一篇题目为“平面应力分析的有限单元法”论文中首次使用。40多年来，有限单元法的应用已经由弹性平面问题发展到空间问题，由静力平衡问题发展到稳定问题、动力问题、强度破坏问题，分析材料由线弹性发展到塑性、黏弹性、黏塑性等等。英国科学家 Zienkiewicz 对有限元的发展和应用作出了巨大的贡献。

1966年，美国 Clough 和 Woodward 首次将有限元法应用于土坝稳定分析。近年来计算机技术飞速发展，普通计算机的计算速度已达每秒数千万次，图形处理能力也非常强大。数值模拟计算机软件得到很大发展。到20世纪80年代初期，国际上较大型的面向工程的有限元通用程序达几百种，其中著名的有：ANSYS、MARC、NASTRAN、ADINA、SAP 等，这些软件计算能力强，可靠性高，而且还带有强大的前处理和后处理功能，这使得有限元通用程序使用方便、计算精度高，其计算结果已成为各类工业产品设计和性能分析的可靠依据。

有限元法的突出优点是适于处理非线性、非均质和复杂边界等问题，而土体应力变形分析就恰恰存在这些困难问题，有限元方法的应用，能比较好的解决这些困难，在处理滑坡稳定分析中开辟了新的途径。

有限元法的一般材料应力—应变关系或本构关系可表示为

$$[\sigma]=[D]\{e\} \tag{1-27}$$

由虚位移原理可建立单元体的节点力与节点位移之间的关系，可写出总体平衡方程为

$$[K]\{\delta\}=[R] \tag{1-28}$$

式中 $[K]$ ——总体刚度矩阵；

$\{\delta\}$ ——全部节点位移组成的列向量；

$[R]$ ——全部节点荷载组成的列向量。

在众多可用的通用和专用有限元软件中，ANSYS 是最为通用有效的商用有限元软件之一，目前在世界各地拥有50000多用户。ANSYS 公司是由美国著名力学专家、美国匹兹堡大学力学系教授 John Swanson 博士于1970年创造发展起来的。ANSYS 软件从20世纪70年代诞生至今，经过30多年的发展，已经成为能够紧跟计算机硬、软件发展的最新水平、功能丰富、用户界面友好、前后处理和图形功能完备的有限元软件。最近开发的土木工程模块 Civil – FEM for ANSYS 应用在岩土工程上可以处理土力学、基础工程和岩石力学中的二维与三维应力分析以及填筑和开挖问题、边坡稳定性问题、土与结构的相互作用、

坝、隧洞、钻孔涵洞、船闸分析等平衡问题。

该软件具有3个方面的特点：

①强大而广泛的分析功能。可广泛应用于结构、热、流体、电磁、声学等多物理场及多场相互耦合的线性、非线性问题。

②一体化的处理技术。主要包括几何模型的建立、自动网格划分、求解、后处理、优化设计等许多功能及实用工具。

③丰富的产品系列和完善的开发体系。不同的产品配套可应用于各种工业领域，如航空、航天、船舶、汽车、兵器、铁道、机械、电子、核工业、能源、建筑（土木工程）、医疗等。

ANSYS软件还提供了一个不断改进的功能清单，包括：结构分析、电磁分析、流体动力学分析、设计优化、接触分析、自适应网格划分、参数设计语言等功能。

（2）建立几何模型、选取单元类型

1）建立几何模型

ANSYS软件建立几何模型的方法有很多种，这里仅介绍一种比较快捷的方法—几何模型从AUTO CAD中“转入”到ANSYS中。

在CAD中建立任何所需的几何模型都比较容易，对于二维模型就更容易了。如何实现将CAD中的几何模型变为ANSYS中的几何模型，主要采取以下3个步骤：

第1步，封闭面域。在CAD中画好所需的几何模型，在“绘图”菜单中选“边界”，再选“面域”，用“拾取点”在CAD中点所取的几何模型，按ENTER键。

第2步，输出。在“文件”菜单中选“输出”，再在“文件类型”中选“ACSI（*.sat）”，给出文件名，按ENTER键。

第3步，输入。在ANSYS中的“File”菜单中选“Import”，选“SAT”，再在“File Name”中选“第2步中所给出的文件名”，按ENTER键。

2）选取单元类型

单元类型可采用三角形（3节点或者6节点）单元，也可采用四边形（4节点或者8节点）单元。在ANSYS建模之前定义单元类型是必要的，因为单元类型决定了单元的：

①自由度数（也代表了分析的领域—结构、热、磁场、电场、四边形、六方体等）。

②单元位于二维空间还是三维空间。

ANSYS单元库中有超过150种不同的单元类型，每个单元类型都有特定的编号和一个标识单元类型的前缀。如，PLANE77、BEAM4、SOLID96等。

在ANSYS中的操作命令为：

GUI（图形用户界面—Graphic User Interactive）：Main Menu > Preprocessor > Element Type > Add/Edit/Delete。

在“Element Type”中选“Add”，出现“Library of Element Type”对话框，选“Structural ”下面的“Solid”，然后在其右面的框中选“Quad 4node 42”，即为4节点等单元，确定已选中后，单击“OK”。

（3）定义材料特性

与单元类型一样，每一组材料特性都有一个材料参考号。在一个分析中，可以有多个材料特性组（如，第1层土、第2层土、滑带土、岩层、抗滑短桩等），相应的模型中有多种材料，ANSYS 通过独特的参考号来识别每个材料特性组。

在 ANSYS 中的操作命令为：

GUI：Main Menu > Preprocessor > Material Progs > Material Models

线性分析：在“Define Material Model Behavior”对话框的右面的“Material Model Available”框中双击“Structural ”，再双击“Linear”，双击“Elastic”，再次双击“Isotropic”后，又弹出一个对话框“Linear Isotropic Properties for Material Number 1”。在“EX”后面的输入框中，输入“弹性模量”，在“PRXY”后面的输入框中，输入“泊松比”，单击“OK”。

非线性分析：在“Define Material Model Behavior”对话框的右面的“Material Model Available”框中双击“Structural ”，再双击“Nonlinear ”，双击“Inelastic”，再次双击“Non - metal Plasticity”后，又弹出一个对话框“Drucker Prager”。在“EX”后面的输入框中，输入“弹性模量”，在“PRXY”后面的输入框中，输入“泊松比”，单击“OK”。再在对话框“Drucker Prager Table for Material Nober 1”中，输入“Cohesion（内聚力）”，输入“Fric Angle（内摩擦角）”，输入“Flow Angle（流动角）”，单击“OK ”。

（4）网格划分、加载和求解

1）网格划分

在网格划分前，需进行 Booleans 运算。在 ANSYS 程序中的操作命令为：

GUI：Main Menu > Preprocessor > Modeling > Operate > Booleans > Partion

Partion 面：选“Area ”，再单击所需 Partion 的 Area，全选时，在“Partion Area”中输入“All ”，单击“OK ”。

Partion 线：选“Line”，再单击所需 Partion 的线，全选时，在“Partion Line”中输入“All ”，单击“OK ”。

再执行命令：

GUI：Main Menu > Preprocessor > Modeling > Operate > Booleans > Glue

Glue 面：选“Area”，再单击所需 Glue 的 Area，全选时，在“Glue Area”中输入“All”，单击“OK”。

Glue 线：选“Area”，再单击所需 Glue 的线，全选时，在“Glue Line”中输入“All”，单击“OK”。

ANSYS 程序一个非常方便的特征是可以自动划分模型的网格，而不需要任何设置，这种情况下是使用缺省划分网格的形式。当不能确定划分网格的大小时，就可以使用自动分网的方式，如果需要按一定的要求来划分网格，就要对网格的大小等进行控制。在 ANSYS 中的操作命令为：

GUI：Main Menu > Preprocessor > Meshing > Mesh Attributes > Picked Areas

用“鼠标”选取相同材料的面，单击“OK”，出现“Areas Attributes ”对话框，在“Material Number”中，输入材料编号，如：1 或 2 或 3 等；在“Element Type Number”中，输入分析类型，如：1 PLANE 42 或 2 BEAM 3 等。

再操作命令：

GUI：Main Menu > Preprocessor > Meshing > Size Cntrls > ManualSize > Areas > Picked Areas

在“Elem Size at Picked Areas”中，用“鼠标”选取所要人工定义的 Area，单击

“OK”，出现“Element Size at Picked Areas”对话框，在“Element Edge Lengh”中，输入所需人工定义的Area的大小，如：对滑移带、接触带，可取0.1或0.2，对滑移带、接触带的相邻区域可取0.5，其他区域可取1.0或1.5。这些数值的大小表示网格划分的粗细，数值越小，网格越细，节点越多，求解中迭代的次数越多。

计算结果与网格密度有关，如果网格划分太粗，将会造成很大的误差，如果网格划分过于细致，将花费过多的计算时间，计算时必须考虑适当的网格密度。

究竟单元大小取多大呢？不幸的是，目前还没有人能给出确定的答案。一般根据具体的问题来解决。可以先执行一个你认为合理的网格划分的初始分析，再在危险区域利用两倍多的网格重新分析并比较两者的结果。如果这两者给出的结果几乎相同，则认为前次划分的网格密度是合适的。

网格划分过程中，还可以对重要部位进行局部加密，不重要的地方，可以稀疏一些，需要注意的是，从密集到稀疏最好要有一个平缓的过渡，单元大小不要突然急剧变化。

2）加载

①分析类型的设置：

现在进入求解阶段。对于一个新的ANSYS分析，需专门设置求解的分析类型。在ANSYS中的操作命令为：

GUI：Main Menu > Solution > Analysis Type > New Analysis

在“Type of Analysis”对话框中，选“Static（静态分析）”，单击“OK”。

再操作命令：

GUI：Main Menu > Solution > Sol's Controls >

在“Solutions Controls”对话框中，单击“Basic”。在“Analysis Options（分析选项）”对话框中，选“Small Displacement Static（静态小位移）”，单击“OK”；在“Automatic time stepping（自动时间跟踪）”对话框中，选“Prog Chosen（程序自动跟踪）”，单击“OK”；在“Frequency”对话框中，一般选“Write last substep only（只记录最后一次迭代步）”，单击“OK”；其余对话框可由程序自动设置。

在“Solutions Controls”对话框中，单击“Nonlinear”。在“Line Search（线性搜索，它与Newton - Raphson方法一起使用）”对话框中，选“Prog Chosen（程序确定）”，单击“OK”；在“DOF Solution Prediction（自由度结果预测）”对话框中，选“Prog Chosen（程序确定）”，在“Automatic time stepping（自动时间步）”对话框中，输入“500”或“300”，单击“OK”；在“Equir. Plastic Strain ratio（塑性应变率）”对话框中，输入“0.10”或“0.15”，单击“OK”；在“Explicit Creep Ration（显示蠕变率）”对话框中，输入“0.1”，单击“OK”。

其余对话框（Sol's Option—求解选项对话框和Advaced NL—高级非线性）可由程序自动设置。

再操作命令：

GUI：Main Menu > Solution > Analysis Option

在“Static or steady-state Analysis（线性静态或稳态分析）”对话框中，在“Newton-Raphson Option（N-R选项）”对话框中，选“Full N-R”，单击“OK”；其余对话框可由程序自动设置。

②ANSYS 软件中 N-R 法（牛顿-拉普森 Newton-Raphson 法）：

在理想弹塑性分析中，由于应力 $\{\sigma\}$ 和应变 $\{\varepsilon\}$ 的非线性关系，刚度矩阵不是常数，而是与应变和位移值有关，可以记为 $[K(u)]$，这时结构的整体平衡方程是一非线性方程组：

$$\{\psi\} = \{P\} - [K(u)]\{\delta\} \tag{1-29}$$

如果 $\{u\}$ 是精确解的话，则 $\{\psi\} = \{P\} - [K(u)]\{u\} = 0$，但是用有限元法计算连续介质，所得到的不是精确解，只是近似解，此时

$$\{\psi\} = \{P\} - [K(u)]\{u\} \neq 0 \tag{1-30}$$

其中，$\{\psi\}$ 称为不平衡力，也就是外荷载和结构内力之间的差值，代表计算误差。

有限元静力计算时的迭代过程就是寻找一个外力和内力达到平衡状态的过程。对于上面的非线性方程组的求解算法，可以采用增量法、迭代法和混合法。增量法是将荷载划分为许多增量，逐渐施加，在一个荷载增量中，假定刚度矩阵为常数，增量法是用一系列线性问题去近似处理非线性问题，实质上是用分段线性的折线去代替非线性曲线。迭代法在每次迭代过程中施加全部荷载，然后逐步修正位移和应变，使之满足非线性的应力－应变关系。混合法同时采用增量法和迭代法。

在 ANSYS 程序中，既可以将荷载分为若干小步，逐渐施加，也可以一次性施加。这个设置在 Main Menu > Preprocessor > Loads > Load Step Opts > Time/ Frequenc > Time－Time Step 完成。在每一个荷载增量步中荷载增量越小，每一子步的迭代次数越多，计算越精确，但是计算时间会越长。相反，如果应力路径相关问题在一个给定的子步内不能快速收敛，那么解可能偏离理论荷载响应路径太多，这个问题在施加荷载增量太大时容易出现。为解决这个问题，ANSYS 程序采用了一种非常重要的“二分法自动荷载步长技术”（Automatic time stepping）来实现逐步加载，这是一项非常重要的技术。无论何时只要平衡迭代收敛失败，二分法把荷载步长分成两半，然后从最后收敛的子步自动重启动，如果已二分的荷载步长再次收敛失败，二分法将再次分割荷载步长然后重新启动，持续这一过程直到获得收敛或达到最小时间步长。二分法提供了一种很好的对收敛失败自动矫正的方法。这样就可以在一个荷载增量子步中以较小的迭代次数达到计算收敛。

在每一增量步中，程序提供了多种迭代求解方法。牛顿-拉普森（Newton-Raphson）平衡迭代法可能是在固体力学中对非线性问题求解时应用最广的方法，它具有较高的收敛速率。图 1-11 为一次牛顿－拉普森迭代过程示意图。

在 $\{u\} = \{u_n\}$ 附近将 $\{\psi\} = \{P\} - [K(u)]\{u\}$ 作泰勒展开，并只保留线性项，得到：

$$\{\psi\} = \{\psi_n\} + [K_t^n](\{u\} - \{u_n\}) = 0 \tag{1-31}$$

其中，$[K_t^n]$ 为切线刚度矩阵。

由此可以得到第 $n+1$ 次近似解如下：

$$\{\psi_n\} = [K_i^T](\{u_{n+1}\} - \{u_n\}) = [K_i^T]\{\Delta u_n\} = F^a - F_i^{nr} \tag{1-32}$$

上式右端为失衡力，F^a 为所加荷载矢量，F_i^{nr} 为对应于单元应力的荷载矢量，计算过程中需要反复迭代，重复这个过程直到前后两次计算结果充分接近，一个合适的收敛标准得到满足为止，如图 1-12 所示。可见，（Newton-Raphson）迭代过程中切线刚度矩阵 $[K_t^n]$ 在每个迭代步中都要计算和分析，对于一个大系统来说，这将花费很多时间。

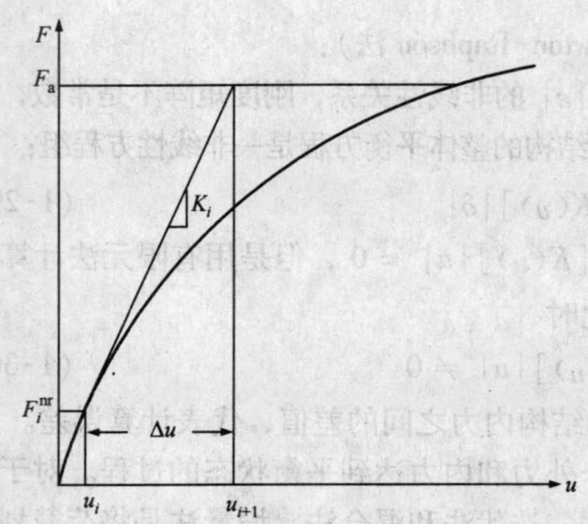

图 1-11 一次牛顿-拉普森（Newton-Raphson）迭代示意图

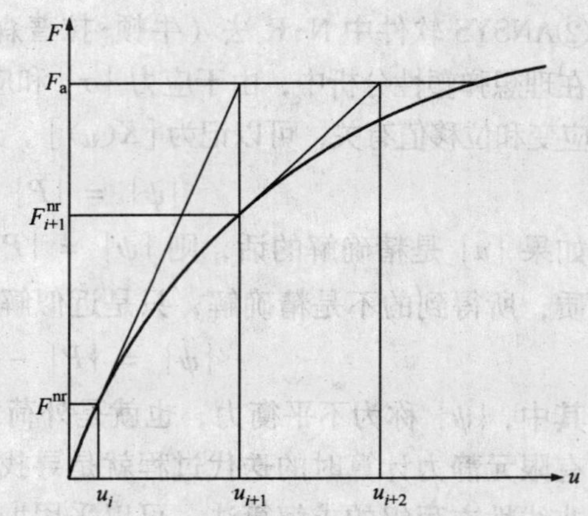

图 1-12 牛顿-拉普森迭代法示意图

③荷载步选择。

荷载步仅仅是为了获得解答的载荷配置，在线性静态或稳态分析中，可以使用不同的荷载步施加不同的荷载组合。

在 ANSYS 软件中的操作命令为：

GUI：Main Menu > Solution > Load Step Opts

在“Load Step Opts”选项中，可采用默认值。

④施加荷载。

有限元分析的主要目的是检查结构或构件对一定荷载条件的响应。因此，在分析中指定合适的荷载条件是关键的一步。在 ANSYS 软件中，可以用各种方式、模型加载，而且可以借助于荷载步选项，控制在求解中荷载如何使用。

荷载设置在 ANSYS 中的操作命令为：

GUI：Main Menu > Solution > Define Loads > Setting

在“Setting（荷载设置）”下的 Uniform Temp（均匀温度）、Reference Temp（参考温度）的选项中，可采用默认值。在“For Surface LD（面荷载设置）”下面的“Gradient（梯度—为面荷载指定一个梯度）”下面的“Gradient Specification for Surface Loads（面荷载特定梯度）”对话框中，在“Type of Surface Load（面荷载类型）”中，选“Pressur（压力）”，单击“OK ”；在“Slope Value（斜率）”中，输入“每单位长度或每单位角度上的荷载”，单击“OK ”；在“Slope Direction（斜率方向）”中，输入“斜率在坐标系统中的方向（如 X、Y、Z 方向或非直角坐标系中的 R、θ、ϕ 方向）”，单击“OK ”；其余对话框可由程序自动设置。

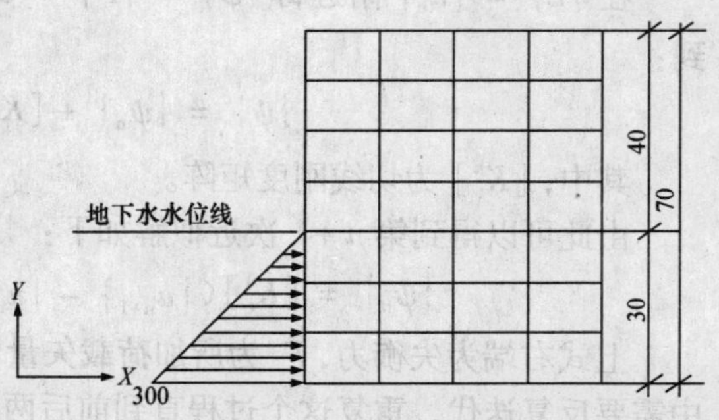

图 1-13 面载荷梯度示意图

在滑坡治理的抗滑短桩受力分析中，考虑地下水作用而按水土分算进行分析时，较为有用，如图 1-13 表明了水压力载荷梯度。

荷载施加在 ANSYS 中的操作命令为：

GUI：Main Menu > Solution > Define Loads > Apply

可将大多数荷载施加于实体模型（关键点、线、面）或有限元模型（节点和单元）上。一般采用前者，主要由于：一方面，实体模型荷载独立于有限元网格，即可以改变单元网格而不影响施加的荷载，这将允许改变网格并进行网格敏感性分析（比如需要对滑带土、抗滑短桩、接触带的单元网格进行加密划分，而稳定岩、土层的单元网格可进行稀疏划分时）而不必每次重新施加荷载；另一方面，与有限元模型相比，实体模型通常包括较少的实体，因此，选择实体模型的实体并在这些实体上施加荷载就容易得多，尤其是通过图形拾取时。但应注意：ANSYS 网格划分命令生成的单元处于当前激活的单元坐标系中，网格划分命令生成的节点使用整体坐标系，因此实体模型和有限元模型可能具有不同的坐标系和加载方向。

边界约束：计算边界范围的大小对有限元的计算结果有影响，在极限平衡法中只要所求滑移面在边界之内就不会对计算结果有影响，滑坡推力只与滑坡边界范围内划分的土条位置有关，而与土条外的区域无关。有限元法则不然，边界范围的大小直接影响到应力应变的分布。

为了得到能使计算结果趋于稳定的边界范围，本文分别对左端、右端、底端三条边界范围的取值大小进行了对比分析（表 1-2），计算时，令三个边距中的一个变化，其余两个不变。由图 1-14 可知：左端、右端、底端三条边界对计算结果的影响均较敏感，右边界、底边界和左边界对计算精度的影响分别达到 4%、5% 和 6%。

经对比分析可知：当滑坡前缘到左端边界的距离为滑坡前、后缘高差的 2.0 倍，滑坡后缘到右端边界的距离为滑坡前、后缘高差的 2.0 倍，且滑床的计算厚度不小于滑坡前、后缘高差的 2.0 倍时，计算精度较为理想。

不同边界条件下作用于抗滑短桩上的剩余水平下滑力及其比值 **表 1-2**

相对边距比	0.1	0.5	1.0	1.5	2.0	2.5	3.0
L/H	357.4/ 1.064	355.6 /1.059	351.8 /1.048	335.9 /1.000	336.9 /1.003	336.2 /1.001	335.6 /0.999
R/H	334.6 /0.996	350.2 /1.042	347.0 /1.033	335.9 /1.000	336.2 /1.001	335.2 /0.998	336.9 /1.003
B/H	352.7 /1.050	350.3 /1.043	347.7 /1.035	335.9 /1.000	335.9 /1.000	336.6 /1.002	336.2 /1.001

注：1. 表中所有模型均选用摩尔－库仑等面积圆 *DP* 准则。

2. *L*—滑坡前缘到左端边界的距离（左边距），*R*—滑坡后缘到右端边界的距离（右边距），*B*—滑床顶到底滑坡前、后缘高差边界的距离（底边距），*H*—滑坡前、后缘高差。

3. 表中剩余水平下滑力为同一滑坡、相同支挡部位、同一抗滑短桩、相同计算参数的计算结果。

4. 剩余水平下滑力（kN/m）的比值以 $L/H=1.5$、$R/H=1.5$、$B/H=1.5$ 为计算边界时，作用于抗滑短桩上的剩余水平下滑力（335.9kN/m）为基数计算的结果。

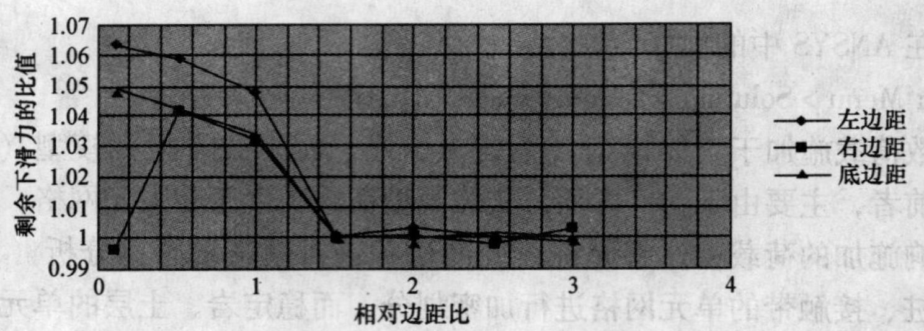

图 1-14 边界距离与滑坡前、后缘高差比与剩余水平下滑力比值

在“Apply（荷载施加）”下的 Structrural（结构分析）中单击“Displacement（位移）”，再单击“On Line（在线上）”，在“Apply U，ROT on Line”对话框中，用“鼠标”拾取所需定义的线，单击“OK”，再在“Apply U，ROT on Line”对话框中，选“UX（X 方向）或 UY（Y 方向）”，单击“OK”。

施加面力（Pressure）：在“Apply（载荷施加）”下的 Structrural（结构分析）中单击“Pressure（面力）”，再单击“On Line（在线上）”，在“Apply Pressure on Line”对话框中，用“鼠标”拾取所需定义的线，单击“OK”，再在“Load PRES value（荷载值）”对话框中，输入“荷载值（比如滑坡体上某地段有建筑物时，则要输入附加荷载值）”，单击“OK”。

施加重力（Gravity）：通过使用惯性效应来模拟重力，在结构重力的相反方向设置加速度。如在 Y 方向施加一个正的加速度则可以模拟作用在 Y 的负方向的重力。

在“Apply（载荷施加）”下的 Structrural（结构分析）中单击“Inertia”，再单击“Gravity（重力）”，在“Apply（Gravitiational）Acceleration”对话框中，再在“Global. Cartesian Y - comp”项中，输入“10”，单击“OK”。

3）求解

网格划分和添加载荷之后，就到了求解计算阶段。操作命令为：

GUI：Main Menu > Solution > Solve > Current LS

执行上述命令后，弹出求解运算的信息框和求解设置的信息框，该窗口列出了与迭代过程相关的所有信息，见表 1-3。对信息框中显示的信息确认无误后，单击“File > Close”，关闭信息框，然后再单击对话框中“OK”，则关闭对话框，软件开始进行有限元分析，具体分析时间的长短取决于问题的大小，问题大，时间相对要长一些。当屏幕信息框上显示“Solution is done”时，则表示有限元分析已结束，单击信息框上的“Close”关闭该框。

（5）查看计算结果

查看计算结果属于后处理阶段。在设置抗滑短桩的滑坡治理分析中，主要用到读入结果文件、显示变形图、显示 Von Misses 等效应力等。

读入结果文件，操作命令为：

GUI：Main Menu > General Postproc > Read Results - First Set，读入最初的结果文件。

显示变形图，操作命令为：

GUI：Main Menu > General Postproc > Plot Results > Deformed Shape

求解迭代过程的相关信息汇总 **表 1-3**

```
SOLUTIONOPTIONS
PROBLEM DIMENSIONALITY. . . . . . . . . . . . . .2 – D
DEGREES OF FREEDOM. . . . . . UX UY ROTZ
ANALYSIS TYPE . . . . . . . . . . . . . . . . . . . . STATIC (STEADY – STATE)
PLASTIC MATERIAL PROPERTIES INCLUDED. . . . . .YES
NEWTON – RAPHSON OPTION . . . . . . . . . . . . . . .FULL
LOADSTEPOPTIONS
LOAD STEP NUMBER. . . . . . . . . . . . . . . . . . . 1
TIME AT END OF THE LOAD STEP. . . . . . . . . . . . 1.0000
TIME STEP SIZE. . . . . . . . . . . . . . . . . . . . . .1.0000
MAXIMUM NUMBER OF EQUILIBRIUM ITERATIONS. . . 500
STEP CHANGE BOUNDARY CONDITIONS . . . . . . . . .NO
TERMINATE ANALYSIS IF NOT CONVERGED . . . . . . YES (EXIT)
CONVERGENCE CONTROLS. . . . . . . . . . . . . . . . .USE DEFAULTS
INERTIA LOADS                    X        Y        Z
ACEL . . . . . . . . . . . . . . . . 0.0000 10.000 0.0000
COPY INTEGRATION POINT VALUES TO NODE . . . . . . YES, FOR ELEMENTS WITH
                                                  ACTIVE MAT. NONLINEARITIES
PRINT OUTPUT CONTROLS . . . . . . . . . . . . . . . .NO PRINTOUT
DATABASE OUTPUT CONTROLS. . . . . . . . . . . . . . .ALL DATA WRITTEN
                                                  FOR THE LAST SUBSTEP
```

在“Item to be plotted”对话框中，选择“Def shape only”，单击对话框中“OK ”，则仅显示变形后形状；选择“Def + undeformed”，单击对话框中“OK ”，则仅显示变形前后的形状；选择“Def undef edge”，单击对话框中“OK ”，则显示变形后形状及未变形的边界。

显示 Von Misses 等效应力，操作命令为：

GUI：Main Menu > General Postproc > Plot Results > Contour Plot – Nodal Solu

在“Item to be contoured（节点求解数据等高线）”对话框中，选择“Von Misses”，单击对话框中“OK ”，则显示等效应力图。

4. 小结

（1）回顾了有限元强度折减法的基本原理，探讨了在 ANSYS 程序的后处理中通过绘制边坡水平位移或者等效塑性应变等值云图来确定边坡临界滑动面的位置和形状。

（2）探讨了有限元 ANSYS 软件包计算抗滑短桩的相关问题，简要阐述了在 ANSYS 分析中计算抗滑短桩的实现过程，如：几何模型的建立、单元类型的选取、材料特性的定义、网格划分、加载、求解等。

（3）滑坡的稳定性分析主要是研究力的平衡问题，关心的主要是力和强度问题，而不是位移和变形问题，因而对于岩土材料的本构关系选择不必十分严格，因此在 ANSYS 软件包计算抗滑短桩时的岩土材料可采用理想弹塑性本构模型；以工程实例为背景，认为在抗滑短桩的数值计算中采用 Drucker-Prager 准则或 Mohr-Coulomb 等面积圆 DP3 准则是可行的。

(4) ANSYS 程序分析时，可以从迭代过程中位移的收敛曲线的发展趋势来判断设置抗滑短桩后的滑坡是否稳定。

1.1.2 抗滑短桩的设计计算方法

1. 引言

抗滑桩的设计，目前国内大多采用悬臂桩法和地基系数法，悬臂桩法是最早提出的一种方法，具有简单实用的优点。该方法因将滑动面以上桩段（受荷段）视为悬臂梁，滑动面以下（锚固段）视为 Winkler 弹性地基梁而得名。悬臂桩法由于对桩的实际受力状况作了偏于安全的简化，因而对桩的内力计算结果是过于保守的。地基系数法即把整根桩作为弹性地基梁来处理。一般认为，其分析原理较为接近抗滑桩的实际受力状况。由于对地基系数的假定不同，以上方法又可分为“k”法、“m”法、“c”法、“m—k”法、“双参数法”等。

由于滑坡体中桩、土间的相互作用非常复杂，目前各种计算方法均有其局限性，应根据具体情况进行具体分析。对于抗滑短桩，更没有一个大家公认的方法进行设计计算，近年来，随着计算机技术的迅速发展，使得利用有限元分析软件来分析抗滑短桩的受力状态成为可能，为抗滑短桩的设计计算提供了一种新的途径。有限单元法进行设计的主要优点在于它能对复杂结构，尤其是对复杂边界条件、复杂的地层条件和复杂的荷载条件等的计算处理都比较方便。并且有限单元法能够考虑桩与土的共同相互作用。

2. 两种计算模型和长度设计

(1) 两种计算模型

在有限元的抗滑短桩设计中关于桩的模型可以分为两种。一种是利用 ANSYS 分析软件中的梁单元（BEAM3 单元）模型。BEAM3 单元可以模拟桩的受拉、受压、受弯、受剪等功能。桩的截面积、惯性矩等可以在其对应的实常数中定义，该单元可以输出轴力、弯矩、剪力等。另一种是用实体单元来进行模拟，这种模型可以较为真实地反映抗滑桩的实际情况，但不能像梁单元那样直接得出桩身的内力大小及分布图，同时在平面应变条件下它不能很好地反映桩的高度的变化。

(2) 抗滑短桩的长度计算

1) 计算参数的选取

计算参数的选取见表 1-4。

滑坡计算参数 **表 1-4**

项　目	黏聚力 C (kPa)	内摩擦角 φ (°)	弹性模量 E (Pa)	泊松比 ν	重　度 γ (kN/m^3)
滑体土	40	35	9×10^7	0.30	20
滑带土	24	18	8×10^6	0.30	20
基　岩	6×10^5	34.4	1×10^9	0.20	24.0
抗滑桩	1×10^6	60	3.1×10^{10}	0.20	25.0

2）屈服准则的选用

本文采用的屈服准则是平面应变关联流动法则条件下 Mohr-Coulomb 准则精确相匹配的 Drucker-Prager 准则（DP4），是 Mohr-Coulomb 准则在平面应变下的特殊形式。其 α 、k 为：

$$\alpha = \frac{\sin\varphi}{\sqrt{3(3+\sin^2\varphi)}},\ k = \frac{3c\cos\varphi}{\sqrt{3(3+\sin^2\varphi)}}$$

由于在 ANSYS 程序中只有摩尔-库仑外交外接圆准则，当采用 DP4 准则时必须转化 c、φ 值。

3）抗滑短桩的长度设计

抗滑桩的桩位与桩长是边（滑）坡治理设计中的重要问题，目前桩位与桩长选择都是按经验确定的，尤其是桩长都按桩伸展到地面来确定。实际工程中，需要有一定的桩长是为了确保边（滑）坡稳定，也就是要达到设计规定的安全系数。下面通过算例说明，随着桩长变化，滑面与设桩后滑坡的稳定系数也不断变化，直至使稳定系数达到设计安全系数，此时相应的桩长就是抗滑桩的合理桩长，达不到这一桩长，边（滑）坡就不能稳定。反之，如果桩长已达到地表面，稳定系数仍达不到设计安全系数，这表明边（滑）坡会产生越顶破坏，必须重选桩位。

在本次算例设计中我们考虑设计安全系数为 1.3。桩的截面尺寸为 1m×2m，抗滑桩的纵向间距为 4m，也就是说每根桩要承担 4m 宽滑体的剩余水平下滑力，因此计算时可将土体重量乘以 4（在 ANSYS 软件中可在岩土材料密度输入时将密度乘以 4），同时为了确保原有稳定系数不发生变化，将岩土体的内聚力也乘以 4，即保证 γ/c 不发生变化。桩长与稳定系数的计算结果见表 1-5。

桩长与稳定系数关系 表 1-5

计 算 工 况	实体模型稳定系数	梁单元模型稳定系数
原始状态	1.02	1.02
全长桩 46.2m（滑面以上 30m，以下 16.2m）	1.35	1.36
桩长 33.4m（滑面以上 22.2m，以下 11.2m）	1.33	1.34
桩长 25.6m（滑面以上 14.4m，以下 11.2m）	1.31	1.31
桩长 17m（滑面以上 6.6m，以下 10.4m）	1.23	1.24

从表 1-5 可知，当桩长为 25.6m 时稳定系数为 1.31，已经满足了设计安全系数的要求。继续增加桩长，稳定系数将继续增大，但过大的稳定系数是没用的，这只会造成工程治理费用的提高。因此，桩长为 25.6m 就是我们要确定的合理桩长。

从表 1-5 还表明，采用梁单元和实体单元两种方法计算的稳定系数几乎是一样的。

3. 抗滑短桩的推力计算

关于推力的计算在有限元计算结束后，利用后处理菜单中的路径积分命令来实现，在 ANSYS 软件中的操作命令为：

GUI（图形用户界面—Graphic User Interactive）：

Main Menu > General > Path Operations > Define Path

在 Define Path 菜单中选择 By Location 命令，输入点的坐标，即完成了积分路径的设置。然后选择 Map onto Path 命令，将 X 方向的应力映射在指定的积分路径上，再选择 Intrgrate 命令，将 X 方向的应力对 Y 方向进行积分，即可求出该积分路径上的推力。

对于实体单元模型，需要对桩前的抗力进行计算，用桩后的推力减去桩前的抗力，这两者的差值就是该断面上的剩余水平下滑力。而对于梁单元模型，可直接进行积分，此时计算出的推力值已经考虑了桩前的抗力。这就是两种模型在计算推力时的差别。同时，用梁单元模型还可以由计算机直接算出桩上内力（剪力与弯矩）。

关于这两种模型计算出推力的差别我们在下节进行分析。

4. 两种模型计算比较

通过上述计算分析，从表 1-5 中可以看到采用两种模型计算得到的稳定系数的差别并不是非常明显。但是梁单元模型是将有截面高度的桩简化为一条线来表示，通过在 ANSYS 软件中设置实常数来代替实体桩，这种简化可能会和实际情况下的抗滑桩的受力有所差别，而采用实体单元模型进行计算则可以真实地反映抗滑桩的受力情况。下面我们通过四组不同滑体厚度的推力计算来分析两种模型的计算结果。

计算中，本文选择滑体厚度分别为 10m、15m、20m 和 25m 四组不同厚度，计算参数采用表 1-4 中给出的计算参数。桩的截面尺寸为 1m × 2m，抗滑桩的纵向间距为 4m，推力安全系数取 1.3。

通过上节介绍的推力计算的方法，我们可以得到上述四组滑体厚度作用在桩上的推力值的大小。

当滑体土厚度为 10m 时：

对于实体单元模型计算得到的桩身所受的滑坡推力为 1000kN/m，这是桩后推力 1230kN/m 减去桩前抗力 230kN/m 所得到的。

对于梁单元模型，其计算得到的推力值已经考虑了桩前土体的抗力，其计算得到的推力大小为 1180kN/m；这比实体单元计算得到的推力值大 118kN/m，为 10%（118/1180 = 10%）。

当滑体土厚度为 20m 时：

对于实体单元模型计算得到的桩身所受的滑坡推力为 3509kN/m，这是桩后推力 4360kN/m 减去桩前抗力 851kN/m 所得到的。

对于梁单元模型，其计算得到的推力时已经考虑了桩前土体的抗力，其计算得到的推力大小为 4120kN/m。这比实体单元计算得到的推力值大 611kN/m，约为 14.8%。

表 1-6 及图 1-15 列出了两种单元在滑体厚度不同情况下的推力值及两者差值。从中我们可以看到随着滑体厚度的增加，其差值也在不断的增大。

通过图 1-15 可以看出，随着滑体厚度的减小，两种模型计算得到的推力的差值在逐渐减小，因此可以得出，在滑体土厚度不大时采用两种模型计算抗滑桩的推力都是可行的。同时，我们还可以看出，采用梁单元模型计算得到的推力值大于实体单元计算得到的推力值，其得出的结果是偏于安全的。因此，从安全角度考虑，在关于抗滑桩有限元设计中建议采用梁单元模型进行计算。

不同滑体厚度计算得到的推力值　　表 1-6

滑体厚度（m）	梁单元推力值（kN/m）	实体单元桩后推力（kN/m）	实体单元桩前抗力（kN/m）	实体单元推力值（kN/m）	两种模型推力值的差值（kN/m）
10	1180	1230	230	1000	180
15	2280	2778	478	2300	480
20	4120	4360	851	3509	611
25	5230	5765	1345	4420	810

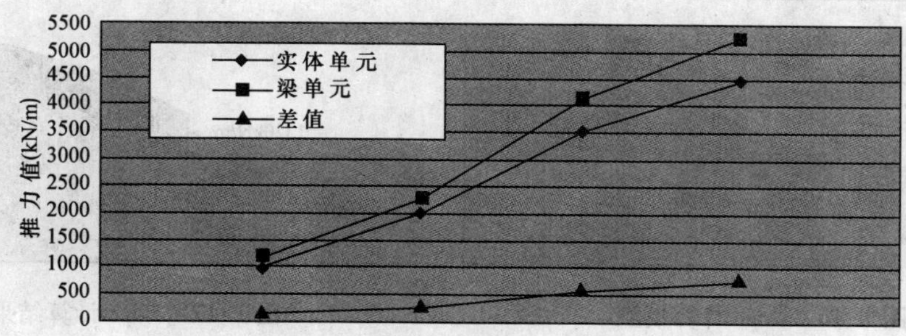

图 1-15　不同滑体厚度得到的推力的大小

同时，本文还进行了桩前无土体时，也就是不考虑桩前抗力时的推力大小。为了与传统方法比较，本文采用加拿大软件 GEO-slope 来计算相应的推力值。在计算中采用 Spencer 法，具体实现过程是在土体前部施加以集中力，反算稳定系数。当稳定系数为 1 时，认为滑坡体的推力与施加的集中力相等，此时可以把这一集中力看作是滑坡体的下滑推力。图 1-16、图 1-17 为滑体厚度为 10m 时的模型图和计算结果。计算结果见表 1-7。

从表 1-7 中可以看出，采用梁单元计算、实体单元计算都与传统的 Spencer 法计算结果相接近，也就是说，不考虑桩前抗力时，上述三种方法算得到的推力值是相近的，表明三种方法都是合理的。当考虑桩前抗力时，两种模型算出的推力值有一些差异，表明两者算出的推力有一定差异。

桩前无抗力时的推力值　　表 1-7

滑体厚度（m）	梁单元推力值（kN/m）	实体单元推力（kN/m）	Spencer 法推力（kN/m）
10	1210	1230	1270
15	2635	2778	2844
20	4290	4360	4403
25	5720	5765	5836

同一滑坡，相同推力安全系数的情况下，桩的截面尺寸变化对推力的影响。在此我们选择滑体土厚度为 10m 时的模型（图 1-16 计算模型）计算，桩的截面尺寸分别为 1m × 1m、1m × 2m、1m × 4m、1m × 6m 四种情况。经采用实体单元模型进行计算分析，具体见

表1-8和图1-18，可以看出随着桩截面尺寸的增大，作用在桩身的推力是增大的，但当桩的截面尺寸达到某一值后，作用在桩身的推力几乎是不变化的。这是因为实体单元模型桩截面尺寸增大，刚度增大，桩前抗力减小所致，尤其是在截面较大时更为明显。

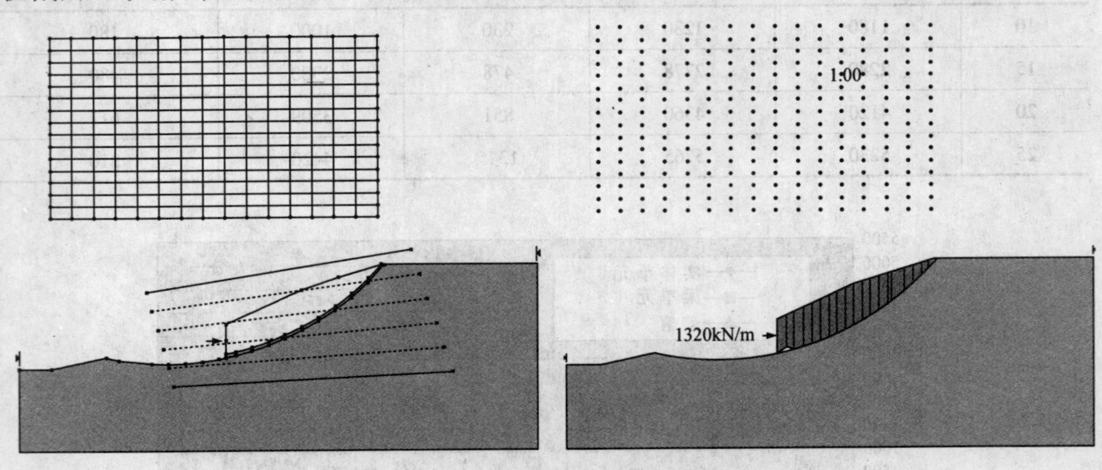

图1-16　slope计算模型　　　　图1-17　slope计算结果

不同桩截面尺寸下的桩身推力值　　　　**表1-8**

截面尺寸	1m×1m	1m×2m	1m×4m	1m×6m
桩后推力值（kN/m）	1250	1230	1200	1180
桩前抗力值（kN/m）	330	230	188	151
桩身推力值（kN/m）	920	1000	1012	1029

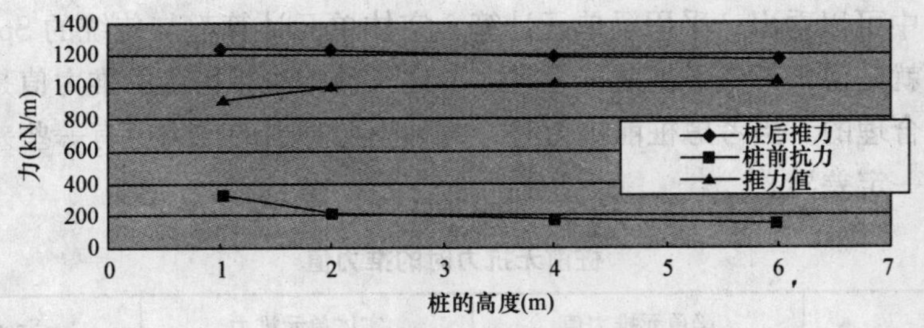

图1-18　力与桩截面尺寸关系

5. 考虑接触带的抗滑短桩计算

(1) 概述

在滑坡治理中由于抗滑桩或抗滑短桩的截面较大而常常设置混凝土或钢筋混凝土护壁，护壁及护壁周围浆液渗透的一定范围得到改良或加固的土体—接触带对滑坡均起提供抗力的作用（见图1-19，将桩-土共同作用设想为土的一部分是桩，即正附着层，改变量$\Delta E_P I_P > 0$），这种作用在滑坡推力计算时作为安全储备而未参与计算，在现行规范中仅就计算宽度B_P加以考虑。在《建筑桩基技术规范》JGJ94-94中，已将护壁的作用体现在大直径挖孔桩的单桩竖向极限承载力的计算中，如 JGJ94-94 第 5.2.9 条所述“对于混凝土护壁的大直径挖孔桩，计算单桩竖向承载力时，其设计桩径取护壁外直径”。因此，笔者认为进行抗滑短桩的计算分析时考虑桩土之间接触带的贡献有重要的理论和实际意义。

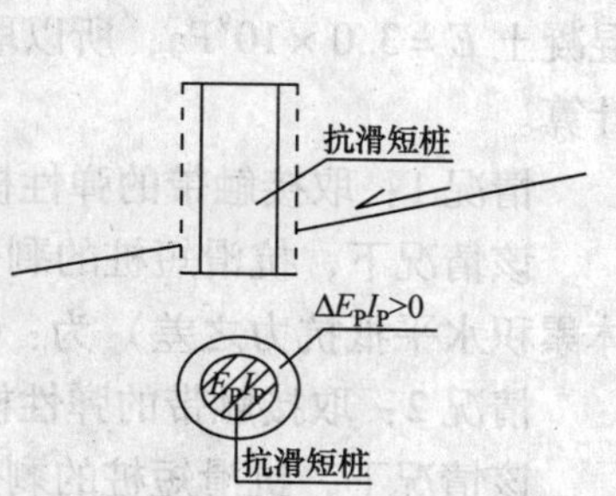

图 1-19　桩-土共同作用示意图

自从 1942 年 Meyerhof（梅耶霍夫）提出了支承在独立基础的平面框架结构共同工作的概念以来，上部结构与下部结构协同工作的问题开始引起各国学者的注意。1956 年，Chemecki 用荷载传递系数法分析上部结构对单独基础的沉降的影响。Cheung 和 Zienkiewicz 将有限元方法应用于结构和土的共同作用就是一个新的开端，开创了该课题研究工作的新技术。1989 年，南京建筑工程学院的扶长生利用荷载转移法分析了土—结构相互作用。人们已认识到土—结构相互作用影响的重要性，对此通常不应忽视。研究桩的水平承载力，必须从桩在水平荷载作用下与桩侧土的共同作用性状分析开始 。为此，笔者结合一工程的应力监测结果和 ANSYS 软件计算结果，就抗滑短桩与桩周土共同工作的几个问题进行了探讨[7]。

（2）ANSYS 软件计算分析

抗滑短桩－接触带－土结构按静力条件下的二维平面应变进行处理。

单元类型：结构实体模型，滑带土、滑体土和岩质滑床均为“Quad 8node 82”，抗滑短桩和接触带均为“Quad 4node 42”[8]。

计算边界：左侧距剪出口 $2H$（H：滑坡前、后缘高差），右侧距滑坡后缘 $2H$，底部距滑面不小于 $1.5H$。

网格划分：自由网格。划分密度：滑体、滑床均为 1.5m，其余均为 0.5m，在桩、接触带和滑带土周围均加密 1 倍。

材料属性：非线性。材料参数见表 1-9。

土质滑坡材料参数　　**表 1-9**

材料类型	密度 (kg/m³)	弹性模量 (Pa)	泊松比	黏聚力 c (Pa)	内摩擦角 (°)	备注
1	2030	8.0×10^6	0.30	3.00×10^4	25	滑体土（黏性土）
2	2400	1.1×10^9	0.25	6.00×10^5	34	滑床（砂岩）
3	2500	3.0×10^{10}	0.20	1.0×10^6	60	C30 钢筋混凝土
4	2030	8.0×10^6	0.30	1.5×10^4	9	滑带土
5	2250	E	0.25	2.0×10^5	45	接触带

抗滑短桩的间距为（1.0～3.0）$\times10^9$3500mm，短桩的断面为 1200×1500mm，桩身混凝土强度等级为 C30；设桩位置的滑体厚度为 9m；桩在滑动面以上的长度为 5000mm。桩嵌入稳定的中风化岩层内 4000mm。桩前、桩后滑面均贯通。

从接触带的刚度变化来计算作用于抗滑短桩桩身上的力的不同，接触带的刚度主要从

2 个方面考虑，即接触带的弹性模量 E 和接触带的厚度 H。

1）第 1 方面。接触带的宽度取 0.4m。随着抗滑短桩接触带的弹性模量 E 的增加，分 3 种情况计算。由于接触带的强度一般不超过 C30，而 C20 混凝土 $E=2.55\times10^9$Pa，C30 混凝土 $E=3.0\times10^9$Pa，所以取接触带 $E=1\times10^9$Pa、2×10^9Pa 和 3×10^9Pa 三种情况进行计算。

情况 1：取接触带的弹性模量 $E=1.0\times10^9$Pa。

该情况下，抗滑短桩的剩余水平下滑力（作用在桩背上的累积水平下滑力与桩前土体累积水平抵抗力之差）为：605.6 − 250.7 = 354.9kN/m

情况 2：取接触带的弹性模量 $E=2.0\times10^9$Pa。

该情况下，抗滑短桩的剩余水平下滑力为：609.3 − 256.0 = 353.3kN/m

情况 3：取接触带的弹性模量 $E=3.0\times10^9$Pa。

该情况下，抗滑短桩的剩余水平下滑力为：606.8 − 254.1 = 352.7kN/m

在未考虑桩土接触带的贡献作用时，

抗滑短桩的剩余水平下滑力为：617.5 − 228.3 = 389.2kN/m

上述计算结果见表 1-10。

接触带不同弹性模量下的桩身推力值 **表 1-10**

接触带弹性模量（Pa）	1×10^9	2×10^9	3×10^9	0
桩后推力值（kN/m）	605.6	609.3	610.8	617.5
桩前抗力值（kN/m）	250.7	256.0	258.1	228.3
桩身推力值（kN/m）	354.9	353.3	352.7	389.2

①表 1-10 表明：同一滑坡，桩的材料、截面、长度、配筋等不变的情况下，随着桩接触带的弹性模量 E 的增加，刚度增大，作用于桩上的剩余水平下滑力略有减小，相差约 0.6% [（354.9 − 352.7）/354.9 = 0.6%]，因而影响不大。

②是否考虑桩土接触带的贡献作用时，其剩余水平下滑力的计算结果相差约 10% [（389.2 − 352.7）/389.2 = 9.4%]。显然，考虑桩土接触带贡献作用的设计是更趋于实际情况的，也是更经济合理的。

③数值计算中取接触带的弹性模量 $E=2.0\times10^9$Pa 时的计算值 353.3kN/m 与监测值 322.2kN/m（见后续章节），作用在 3 根抗滑短桩上的剩余水平下滑力分别为 307.0kN/m、322.2kN/m 和 251.7kN/m。3 根连续短桩中，以中间那根短桩的剩余水平下滑力最大（322.2kN/m）较为接近（相差 8.8%）。

2）第 2 方面。接触带的弹性模量取 $E=2.0\times10^9$ Pa；接触带的厚度 H 变化为，$H=0.00$m、$H=0.10$m、$H=0.15$m、$H=0.20$m、$H=0.25$m、$H=0.30$ 和 $H=0.40$m 分别进行计算。

计算结果见表 1-11 和图 1-20 所示，表明剩余累计下滑力随接触带的厚度增加而降低，这种降低的趋势经回归分析，更近于呈线性分布，其回归方程为

剩余水平下滑力 $F=-71.3H+326.8$（其量纲：F 为 kN/m，H 为 m）。

由图1-21可知，随着桩接触带的厚度增加，作用于桩上的剩余水平下滑力减小，其幅度为0.0～10%。

接触带厚度的影响因素很多，如土的粒径、颗粒级配、密度、接触面粗糙程度以及施加于接触面上的法向应力等。该厚度 H 有较明确的物理意义，体现了接触面的变形特性。在滑坡治理的抗滑短桩受力分析中，笔者从工程角度考虑认为：抗滑短桩与桩周土之间接触带的厚度可取 $H=H_1+H_2$，其中，H_1——护壁厚度，H_2——混凝土浆液渗透的一定范围得到改良或加固的土体厚度，主要与土的粒径、颗粒级配、密实度、施工流程、施工方法、施工质量等因素相关。采用这种方法确定接触带厚度，在前述的ANSYS软件分析中取得了良好效果（计算值与监测资料较为接近，相差8.8%）。

不同接触带厚度条件下作用于抗滑短桩上的力/及其比值　　表1-11

接触带厚度（m）	0.00	0.10	0.15	0.20	0.25	0.30	0.40
水平下滑力（kN/m）/ （$F_{0滑}-F_{滑}$）/$F_{0滑}$（%）	533.9/ 0.00	494.5/ 7.38	493.5/ 7.57	490.2/ 8.19	486.4/ 8.90	481.8/ 9.76	475.8/ 10.88
水平抗力（kN/m）/ （$F_{0抗}-F_{抗}$）/$F_{0抗}$（%）	199.0/ 0.00	183.7/ 7.69	183.5/ 7.79	182.4/ 8.34	180.9/ 9.10	178.9/ 10.10	174.4/ 12.36
剩余水平下滑力（kN/m）/ （$F_{0剩滑}-F_{剩滑}$）/$F_{0剩滑}$（%）	334.9/ 0.00	310.8/ 7.20	310.0/ 7.44	307.8/ 8.09	305.5/ 8.78	302.9/ 9.56	301.4/ 10.00

注：1. 表中剩余水平下滑力为同一滑坡、相同支挡部位、同一抗滑短桩、相同计算参数（仅滑带土 $c=15$kPa，$\phi=14°$，其余参数同表1-9）的计算结果。

2. $F_{滑}$——水平下滑力，$F_{0滑}$——接触带厚度为0时即没有考虑接触带作用时的水平下滑力。
$F_{抗}$——水平抗力，$F_{0抗}$——接触带厚度为0时即没有考虑接触带作用时的水平抗力。
$F_{剩滑}$——水平剩余水平下滑力，$F_{0剩滑}$——接触带厚度为0m时即没有考虑接触带作用时的水平剩余水平下滑力。

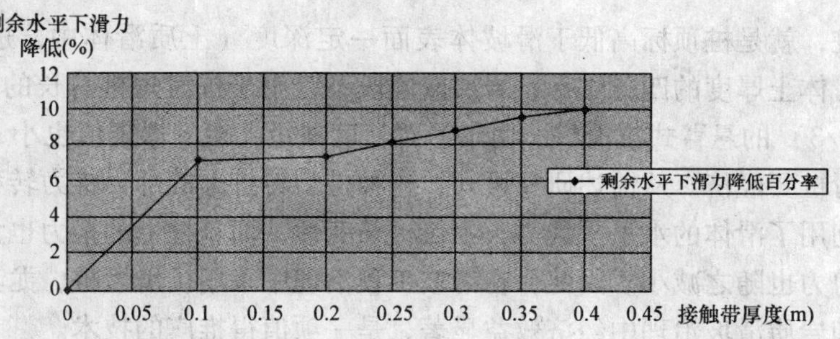

图1-20　桩身受力-接触带厚度关系

6. 小结

（1）随着桩长变化，滑面与设桩后滑坡的稳定系数也不断变化，直至使稳定系数达到设计安全系数，此时相应的桩长就是抗滑桩的合理桩长。

（2）从表1-5可知，采用梁单元和实体单元两种模型计算的稳定系数几乎是一样的。

（3）通过图1-21可以看出，随着滑体厚度的减小，两种模型计算得到的桩身推力的差值在逐渐减小，因此可以得出，在滑体土厚度不大时采用两种模型计算抗滑桩的推力都

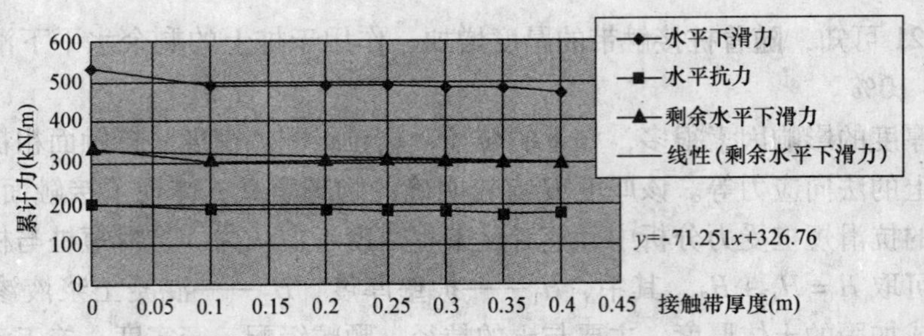

图1-21　桩身剩余水平下滑力降低（%）－接触带厚度关系

是可行的。同时我们可以看出，采用梁单元模型计算得到的推力值大于实体单元计算得到的推力值，其得出的结果是偏于安全的，因此，在关于抗滑桩有限元设计中建议采用梁单元模型进行计算。

（4）由表1-8和图1-18，采用实体单元模型，可以看出随着桩截面尺寸的增大，作用在桩后的推力是增大的，但当桩的截面尺寸达到某一值后，作用在桩身的推力几乎是不变化的。

（5）是否考虑桩土接触带的贡献作用时，作用在抗滑短桩上剩余水平下滑力的计算结果相差约10%［（389.2－352.7）/389.2＝9.4%］，显然，考虑桩土接触带贡献作用的设计是更趋于实际情况的，也是更经济合理的。

数值分析结果表明，作用于抗滑短桩的桩身推力随接触带的厚度增加而降低，其幅度为0.0～10%。

1.1.3　抗滑短桩在滑坡治理中的适用条件研究

1. 概述

抗滑短桩，就是桩顶标高低于滑坡体表面一定深度（土质滑体中，进入滑体中的长度不宜小于滑体土厚度的四分之一；岩层嵌固段不宜小于抗滑短桩总长的1/4，土层嵌固段不宜小于1/3）的悬臂式抗滑桩。由于悬臂长度减短，相应弯矩值也小，其材料消耗量就比一般抗滑桩要经济。从前述研究可知，这种桩型将桩上的部分推力转移到滑体上，充分而有效地利用了滑体的水平承载力，不仅桩长变短，而且桩上的推力也大幅度减小，桩上的弯矩、剪力也随之减小。因此，在滑坡工程治理中采用抗滑短桩，尤其是在厚度较大的土质滑坡和岩质滑坡治理中经济效益显著，是一项值得推广的技术。

目前，关于抗滑短桩的计算已有部分研究，而对于抗滑短桩的适用条件和适宜条件的研究尚无较多相关资料，适用条件和适宜条件是一个涉及多方面影响因素的问题，比如滑体的几何形态、滑面的深度、滑面的倾角、滑带及滑体力学性质的差异和分布特征、地下水条件等。本文只是利用有限元强度折减法对滑体的几何形态、滑带及滑体力学性质的差异对抗滑短桩的适用条件进行了研究。

2. 模型的建立

（1）本构模型及屈服准则的选用

本模型中抗滑短桩按照线弹性材料处理，岩土材料本构模型采用理想弹塑性模型，由于商业软件 ANSYS 提供适合岩土类材料的屈服准则为 Drucker-Prager 外角外接圆（DP1）准则，计算结果偏大[6]。本文采用的屈服准则是平面应变关联流动法则条件下 Mohr-Coulomb 准则精确相匹配的 Drucker-Prager 准则（DP4），是 Mohr-Coulomb 准则在平面应变下的特殊形式。其 α、k 为：

$$\alpha=\frac{\sin\varphi}{\sqrt{3(3+\sin^2\varphi)}},\ k=\frac{3c\cos\varphi}{\sqrt{3(3+\sin^2\varphi)}}$$

由于在 ANSYS 程序中只有摩尔-库仑外交外接圆准则，当采用 DP4 准则时必须转化 c、φ 值。

（2）约束情况

模型中，各种材料均为各向同性的材料。计算模型的位移约束条件为下部滑床全部约束，左右边界约束 X 方向的位移，计算采用 ANSYS 软件中的六节点单元，为了使抗滑桩更符合实际情况，因此采用实体单元模拟而不是梁单元，网格划分中尽可能使滑面处与桩周边处的网格较细。

（3）计算模型分组及计算参数

本次计算模型共分为两大组，分别为滑体土厚度一般（厚度为 10m，20m），将其编为Ⅰ组，滑体土厚度较大（厚度为 30m，40m），将其编为Ⅱ组。

其计算参数见表 1-12、表 1-13。

Ⅰ组物理力学参数 **表 1-12**

项　目	黏聚力 c (kPa)	内摩擦角 φ (°)	弹性模量 E (Pa)	泊松比 ν	重度 γ (kN/m^3)
滑体土	40	35			
	30	25	1×10^7	0.30	20.0
	20	15			
滑带土	15	12	1×10^7	0.3	20.0
基　岩	1600	34.4	1×10^9	0.20	25.0

Ⅱ组物理力学参数 **表 1-13**

项　目	黏聚力 c (kPa)	内摩擦角 φ (°)	弹性模量 E (Pa)	泊松比 ν	重度 γ (kN/m^3)
滑体土	40	35			20.0
	30	25	1×10^7	0.30	
	25	20			
滑带土	24	18	1×10^7	0.30	20.0
基　岩	1600	34.4	1×10^9	0.20	25.0

抗滑桩为弹性桩，其物理力学参数为：$\gamma=25.0\text{kN/m}^3$，$E=7.5\times10^7\text{Pa}$，$\nu=0.1$。

3. 有限元分析

由于抗滑短桩的纵向间距为 am（本算例中，取 $a=4$），也就是说每根桩要承担 am

宽的滑体的剩余水平下滑力，因此计算时可将土体重量乘以 a（在 ANSYS 中，可在岩土材料密度输入时将密度乘以 a），同时为了确保原有稳定安全系数不发生变化，将岩土体的内聚力也乘以 a，即保证 $\frac{r}{C}$ 不发生变化（不考虑地下水作用时）。

（1）滑体土、滑带土力学性质差异对抗滑短桩适用性分析

本次计算分析中，采用的方法是固定滑带土的力学参数，通过变化滑体土的力学参数来分析抗滑短桩用于滑坡治理的适用性。

1）滑体土厚度为 10m

滑体土计算参数：黏聚力 c 为 40kPa，内摩擦角 φ 为 35°。

①无桩时滑坡稳定性分析。

有限元计算模型见图 1-22。

在有限元计算中，当折减系数为 1.02 时计算不收敛（滑坡破坏时的等效应变图见图 1-23，位移矢量图见图 1-24），此折减系数为此滑坡的安全系数，此时滑坡处于临界稳定状态。

图 1-22　滑体土厚度 10m 计算模型

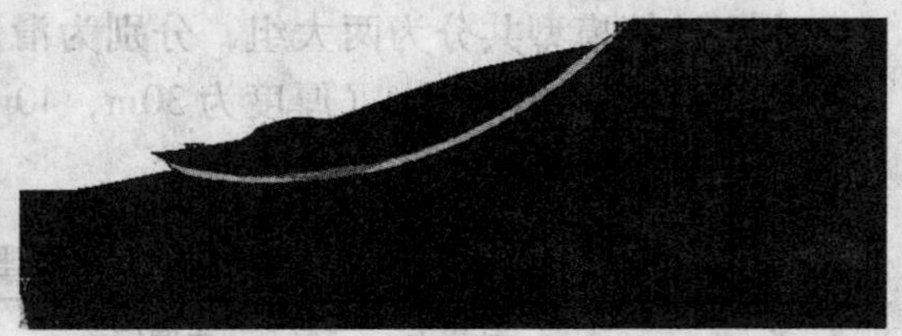

图 1-23　滑坡破坏时的等效应变图

为了验证有限元计算的正确性，本文还对此滑坡用加拿大 Slope 软件进行了稳定性分析，分析方法采用先比较公认的 Spence 法，其计算出的安全系数为 0.998。两者得到的计算结果非常接近（见图 1-25），同时可以看出两者计算出的滑面位置也相同。

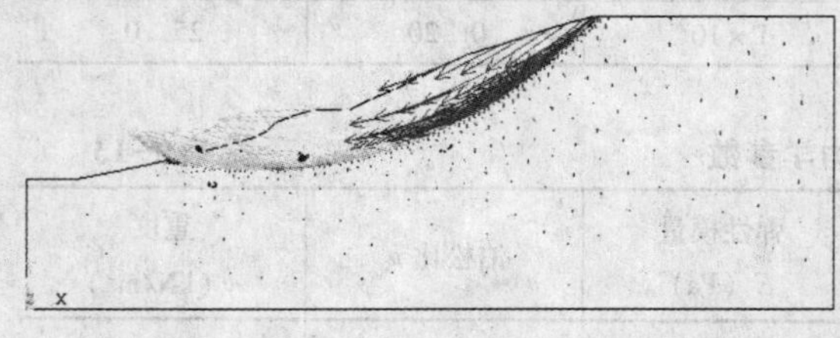

图 1-24　滑坡破坏时的位移矢量图

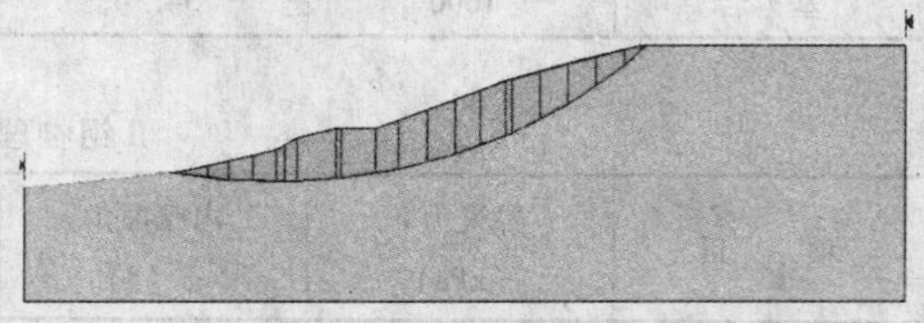

图 1-25　Slope 计算的滑面

②桩在滑体中的长度占滑体土厚度的四分之一。

在有限元计算中当折减系数为 1.53 时计算不收敛，此折减系数为此滑坡的安全系数。从等效应变图中可以看出，由于抗滑短桩的作用改变了滑坡的滑动路线，有限元计算时，将自动搜索较为薄弱可能产生新滑面的位置。

③桩在滑体中的长度占滑体土厚度的四分之二。

在有限元计算中当折减系数为 1.75 时计算不收敛，此折减系数为此滑坡的安全系数。

④桩在滑体中的长度占滑体土厚度的四分之三。

在有限元计算中当折减系数为1.85时计算不收敛，此折减系数为此滑坡的安全系数。

⑤全长桩。

在有限元计算中当折减系数为1.91时计算不收敛，此折减系数为此滑坡的安全系数。

⑥不同桩长，不同计算参数计算得到的安全系数。

下面将不同桩长、不同计算参数计算得到的安全系数列表1-14和图1-26中。

不同桩长（滑体厚度10m），不同计算参数计算得到的安全系数　　表1-14

滑体土计算参数	桩在滑体中的长度	滑体土与滑带土强度参数比		安全系数
		c/c'	φ/φ'	
c 为40kPa，内摩擦角 φ 为35°	四分之一（滑体厚，下同）	2.67	2.92	1.53
	四分之二			1.75
	四分之三			1.85
	全　长			1.91
c 为30kPa，内摩擦角 φ 为25°	四分之一	2.00	2.08	1.31
	四分之二			1.33
	四分之三			1.56
	全　长			1.65
c 为20kPa，内摩擦角 φ 为15°	四分之一	1．33	1．25	1.14
	四分之二			1.21
	四分之三			1.22
	全　长			1.244

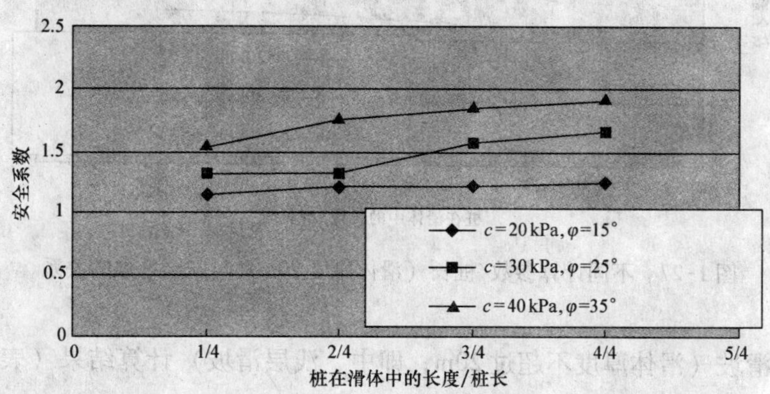

图1-26　不同计算参数/桩长（滑体厚度10m）与安全系数的关系

2）滑体土厚度为20m

滑体土计算参数：黏聚力 c 为40kPa，内摩擦角 φ 为35°。

①无桩时滑坡稳定性分析。在有限元计算中当折减系数为0.95时计算不收敛，此折减系数为此滑坡的安全系数。

②不同桩长，不同计算参数计算得到的安全系数。下面将其不同桩长不同计算参数计

算得到的安全系数列表1-15和图1-27。

不同桩长（滑体厚度20m），不同计算参数计算得到的安全系数　　表1-15

滑体土计算参数	桩在滑体中的长度	滑体土与滑带土强度参数比		安全系数
		c/c'	φ/φ'	
c为40kPa，内摩擦角φ为35°	四分之一	2.67	2.92	1.52
	四分之二			1.77
	四分之三			1.95
	全　长			2.10
c为30kPa，内摩擦角φ为25°	四分之一	2.00	2.08	1.31
	四分之二			1.50
	四分之三			1.65
	全　长			1.83
c为20kPa，内摩擦角φ为15°	四分之一	1.33	1.25	1.07
	四分之二			1.16
	四分之三			1.22
	全　长			1.45

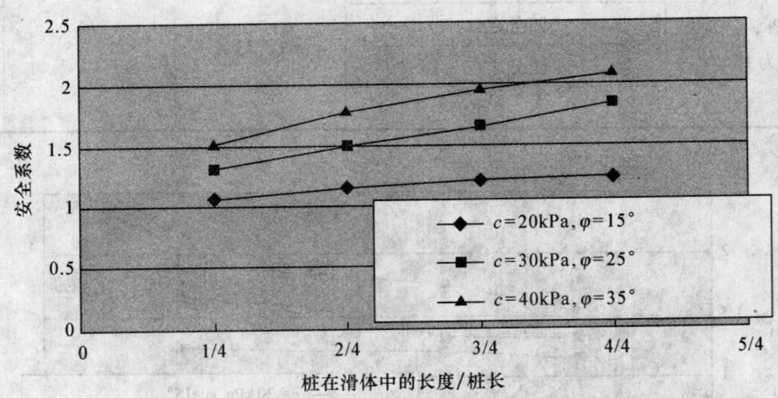

图1-27　不同计算参数/桩长（滑体厚度20m）与安全系数的关系

从第I组滑坡（滑体厚度不超过20m，即中、浅层滑坡）计算结果（表1-14、表1-15，图1-26、图1-27）可知：

A. 同一滑坡，相同滑体土强度指标，随着桩的长度增加，滑坡设桩后的安全系数增大，但增大的幅度逐渐变小。

B. 同一滑坡，相同桩长，随着滑体土强度指标的提高，滑坡设桩后的安全系数增大。

C. 抗滑短桩进入滑体中的长度不宜小于滑体土厚度的四分之一。

3）滑体土厚度为30m

滑体土计算参数：黏聚力c为40kPa，内摩擦角φ为35°。

①无桩时滑坡稳定性分析。

在有限元计算中当折减系数为1.02时计算不收敛，此折减系数为此滑坡的安全系数。

②不同桩长，计算参数计算得到的安全系数。

下面将其不同桩长不同计算参数计算得到的安全系数列表1-16和图1-28。

不同桩长（滑体厚度30m），不同计算参数计算得到的安全系数　　表1-16

滑体土计算参数	桩在滑体中的长度	滑体土与滑带土强度参数比		安全系数
		c/c'	φ/φ'	
c为40kPa，内摩擦角φ为35°	四分之一	1.67	1.94	1.23
	四分之二			1.31
	四分之三			1.33
	全长			1.35
c为30kPa，内摩擦角φ为25°	四分之一	1.25	1.39	1.08
	四分之二			1.10
	四分之三			1.11
	全长			1.13
c为25kpa，内摩擦角φ为20°	四分之一	1.04	1.11	0.94
	四分之二			0.97
	四分之三			0.98
	全长			1.01

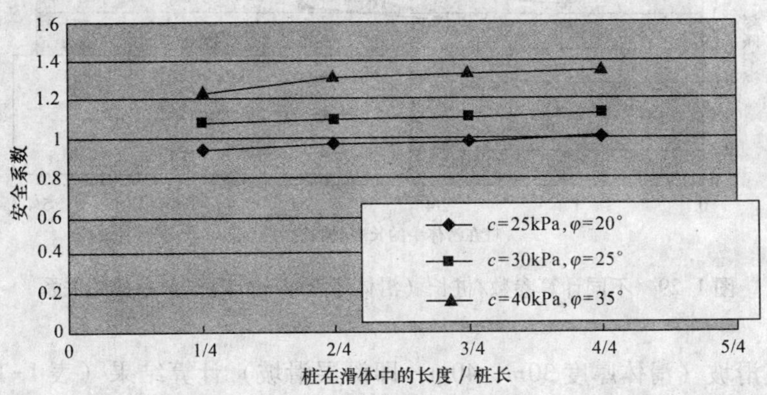

图1-28　不同计算参数/桩长（滑体厚度30m）与安全系数的关系

4）滑体土厚度为40m

滑体土计算参数：黏聚力c为40kPa，内摩擦角φ为35°。

①无桩时滑坡稳定性分析。

在有限元计算中当折减系数为1.02时计算不收敛，此折减系数为此滑坡的安全系数。

②不同桩长，不同计算参数计算得到的安全系数。

下面将其不同桩长不同计算参数计算得到的安全系数列表1-17和图1-29。

不同桩长（滑体厚度40m），不同计算参数计算得到的安全系数　　表1-17

滑体土计算参数	桩在滑体中的长度	滑体土与滑带土强度参数比		安全系数
		c/c'	φ/φ'	
c为40kPa，内摩擦角φ为35°	四分之一	1.67	1.94	1.24
	四分之二			1.35
	四分之三			1.40
	全长			1.53
c为30kPa，内摩擦角φ为25°	四分之一	1.25	1.39	1.06
	四分之二			1.12
	四分之三			1.20
	全长			1.25
c为25kPa，内摩擦角φ为20°	四分之一	1.04	1.11	0.95
	四分之二			0.97
	四分之三			1.04
	全长			1.16

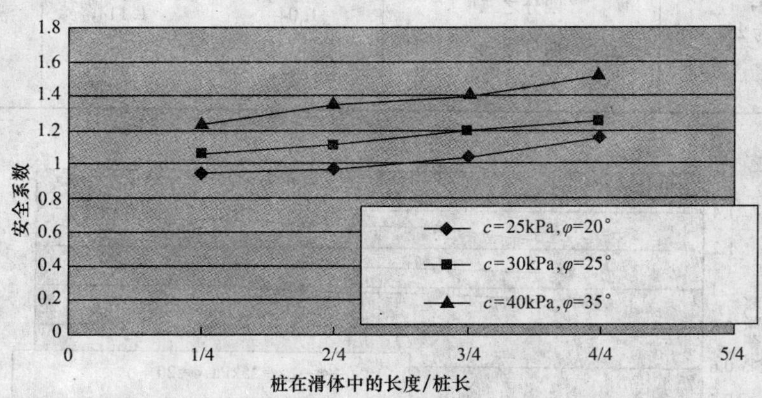

图1-29　不同计算参数/桩长（滑体厚度40m）与安全系数的关系

从第II组滑坡（滑体厚度30m、40m，即深层滑坡）计算结果（表1-16、表1-17，图1-28、图1-29）可知：

A. 同一滑坡，相同滑体土强度指标，随着桩的长度增加，滑坡设桩后的安全系数增大，但增大的幅度逐渐变小。

B. 同一滑坡，相同桩长，随着滑体土强度指标的提高，滑坡设桩后的安全系数增大。

C. 抗滑短桩进入滑体中的长度不宜小于滑体土厚度的四分之一。

D. 当滑体土与滑带土的强度相近时，使用抗滑短桩的效果会很差，有时不能使用抗滑短桩，甚至全长抗滑桩都不能满足安全要求。

5）小结

从上述计算，不难看出安全系数随着桩长的变短而降低，但在满足设计安全系数的情况下，即满足安全需要，因此可以用于工程设计。

①从每组计算所得安全系数可以看出，当滑体土强度参数和滑带土的强度参数相差较大时（即滑体土的强度明显高于滑带土的强度时），桩长可以大大变短。滑体土的参数和滑带土的参数较接近时，则桩长变短受限。

②从每组计算得到的不同计算参数/桩长与安全系数的关系的图中，可以看出，同一滑坡，相同滑体土强度指标随着桩的长度增加，滑坡设桩后的安全系数增大。

（2）滑体的几何形态对抗滑短桩适用性分析

滑体的几何形态是一个比较复杂的问题，其一般需要通过勘察和工程设计人员的经验来判断，因此在本文中只是对其进行定性的分析。

我们从上述计算结果中拿出两组来进行对比。

图1-30、图1-31分别是滑体土厚度为30m、40m的计算模型，从中我们可以看出，其坡面形态的主要差别在于设桩位置前滑体土的厚度和坡度，显然滑体土为40m的计算模型中设桩位置前滑体土的厚度和坡度要大于滑体土厚度为30m的计算模型。

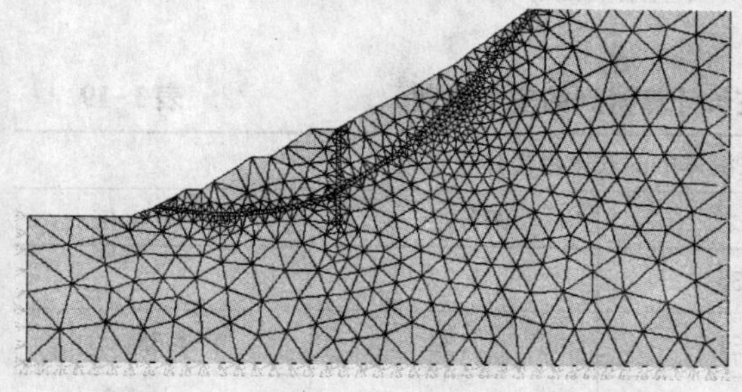

图1-30　滑体土厚度为30m计算模型

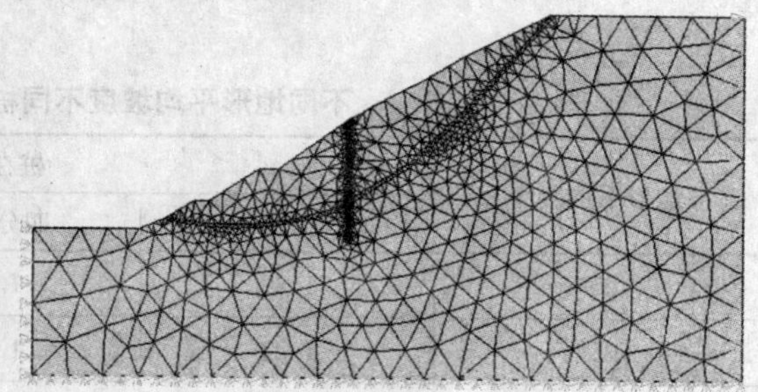

图1-31　滑体土厚度为40m计算模型

下面我们取滑体土为参数 c 为40kPa，内摩擦角 φ 为35°来分析其对安全系数的影响。

坡面形状对安全系数的影响　　表1-18

滑体土厚度	桩在滑体中的长度	安全系数
40m	四分之一	1.24
	四分之二	1.35
	四分之三	1.40
	全长	1.53
30m	四分之一	1.23
	四分之二	1.31
	四分之三	1.33
	全长	1.35

从表1-18和图1-32中可以看出，滑体土厚度为30m计算得到的安全系数随桩长的变化不明显，而滑体土为40m计算得到的安全系数随桩长的变化较明显。

计算结果表明，坡体平缓，滑体厚度愈大，采用抗滑短桩愈有利。

从四组模型中我们可以明显地看到随着地形平均坡度的增加桩前的土体逐渐变薄。通过强度折减计算得到四组地形平均坡度在不同桩长情况下的安全系数，详见表1-19。

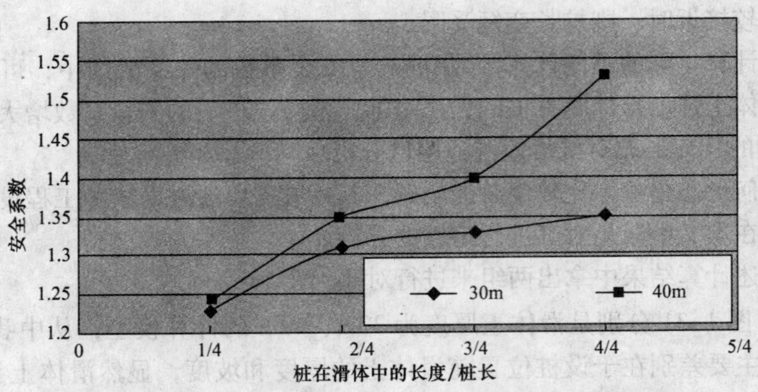

图1-32　坡面形状对安全系数的影响

不同地形平均坡度不同桩长计算得到的安全系数　　表1-19

地形平均坡度	桩在滑体中的长度占滑体土厚度			
	四分之一	四分之二	四分之三	全　长　桩
20°	1.29	1.35	1.37	1.39
25°	1.23	1.31	1.33	1.35
30°	1.21	1.29	1.32	1.34
35°	1.09	1.12	1.14	1.15

注：滑体土 $c=40\text{kPa}$，内摩擦角 $\varphi=35°$。

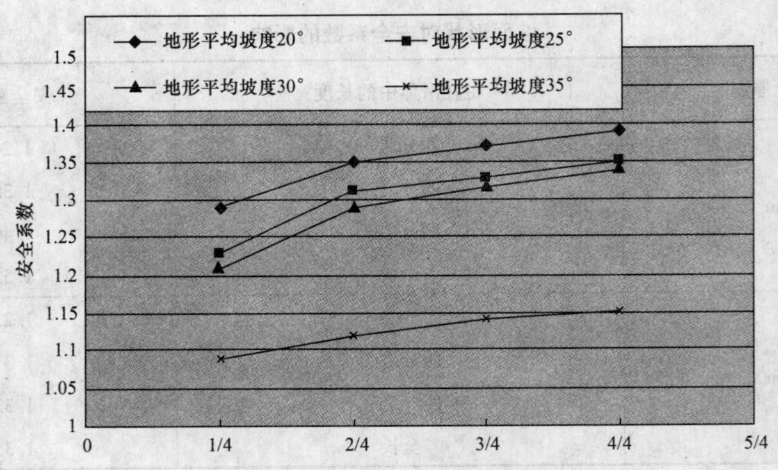

图1-33　地形坡度对安全系数的影响

从表1-19和图1-33中可以看到，在相同桩长的情况下，安全系数随着地形平均坡度的增大而变小。

4. 适用条件

(1) 当滑体力学参数远远高于滑带土力学参数时，抗滑桩的桩长可以大大缩短，即成为抗滑短桩。这正是利用了滑体土较高的土工参数来承担了部分滑坡推力，也就是说抗滑短桩更适用于滑体土强度明显高于滑带土强度的滑坡中。

(2) 随着抗滑短桩的长度增加，滑坡设桩后的安全系数增大，但增大的幅度逐渐变小。

(3) 当滑体土与滑带土的强度相近时，使用抗滑短桩的效果会很差，有时不能使用抗滑短桩，甚至全长抗滑桩都不能满足安全要求（如滑带土处于流动状态等）。

(4) 在相同桩长的情况下，安全系数随着地形坡度的增大而变小。

因此，抗滑短桩的适用条件：

①滑体强度比滑带强度大得多；

②滑体愈厚滑坡推力愈大，愈适宜采用抗滑短桩；

③滑面平缓宜使用抗滑短桩。

1.2 抗滑短桩施工

1.2.1 施工方法

抗滑短桩采用人工成孔施工或干作业机械成孔施工（本节不讨论）。

1. 施工流程

土方开挖（含抽水）→清孔壁、校核垂直度和桩径→护壁钢筋安装→安装、校正护壁模板→混凝土护壁→下挖。

2. 成孔施工方法

(1) 挖土工具

采用短把的镐、锹，或风镐、水钻凿除等施工工具进行人工挖土。

(2) 垂直运输

桩孔内应设置应急软爬梯供人员上下；使用的电葫芦、吊笼等应安全可靠，并配有自动卡紧保险装置，不得使用麻绳和尼龙绳吊挂或脚踏井壁凸缘上下；电葫芦宜用按钮式开关，使用前应检验其安全起吊能力。

(3) 通风设备

每日开工前应检查井内有无有毒有害气体，并应制定相应的安全防范措施；当桩孔开挖深度超过10m时，应有专门向井下送风的设备，风量不宜少于25L/s；可采用鼓风机和输风管向桩孔中送入新鲜空气，提土桶或吊笼上下保证联系通畅。

(4) 排水

成孔过程中，地面派专人修通排水沟、集水坑，采用潜水泵二次排水，及时排掉桩孔内抽出的水，从桩孔内挖出的废土或石碴由专人负责及时运出场外。

(5) 成孔

桩孔轴线经复核满足要求后开始第一节开挖，通常每进尺0.5~1.2m做混凝土护壁一次，即为一个施工段；成孔开挖以2～3人为一个小组，以保证每根桩每天进尺一样。

（6）终孔原则

1）桩端岩土的承载力满足设计要求。

2）桩锚固于稳定岩土层（滑床）的深度满足设计要求。

3）桩孔开挖至设计深度后，应进行桩底基槽的检验。基槽检验可用触探或其他方法，当发现与勘察报告和设计文件不一致或遇到异常现象时，应结合地质条件提出处理意见。

4）人工挖孔桩终孔时，应进行桩端持力层检验。单柱单桩的大直径嵌岩桩，应视岩性检验桩底下3d（d为桩直径）或5m深度范围内有无空洞、破碎带、软弱夹层等不良地质条件。

5）桩开挖至设计深度后，应清除护壁上的泥土和孔底残渣、积水，并应进行隐蔽工程验收。验收合格后，应立即封底和灌注桩身混凝土。

3. 流沙的处理措施

（1）概况

流沙是地下水自下而上渗流时土产生流动的现象，它与地下水的动水压力有密切关系。流沙在工程施工中能造成大量的土体流动，致使地面塌陷，能给施工带来很大困难，或直接影响滑坡治理工程的安全。

（2）流沙的判定

在施工中常常遇到的流沙现象主要有以下三种情况[9]：

1）轻微的—有一部分土（这里所称的土即易产生流沙现象的土层，如，细砂、粉砂、砾砂、粉质黏土等）随着地下水一起穿过人工挖孔桩的桩底而流入桩坑内，增加桩成孔的难度。

2）一般的—在人工挖孔桩桩坑底部，常常会发现一堆细砂缓缓冒起，人工挖孔桩桩坑底可看到细沙堆中形成小小的排水槽，冒出的水夹带一些细沙颗粒在慢慢地流动。

3）严重的—挖孔桩底如发生上述现象而继续往下开挖，在某些情况下，流沙的冒出速度很快，此时桩坑底部成为流动状态。

判断流沙现象的方法是：当地下水的动水压力大于土粒的浮重度或地下水的水力坡度大于临界水力坡度（使上升的总水压力与土体的总重量相等，在这种情况下的水力坡度称为临界水力坡度）时，就会产生流沙。

流沙现象固然是受动水压力的影响所致，但是在流动作用下，愈靠近桩边缘的部分，流沙现象愈是严重。同时，在实际施工中常发生桩附近地面的沉降现象。

（3）流沙的处理措施

处理流沙所遇到的问题实质上是处理土和水的问题。

1）减小护壁高度

将每节护壁的高度减小到300～500mm，并随挖、随验、随灌注混凝土。

2）降低地下水位

使地下水位降至可能产生流沙的地层以下，然后开挖。

①明挖排水。一般采用明沟＋集水井的施工方法，常应用于一般工程中。

②抽吸地下水。抽吸地下水在设计时所考虑的问题主要有：

A. 降雨量。需了解当地的降雨量，例如，上海的暴雨量大致为 120 ~ 150mm/d，而广州的暴雨量可达 300mm/d，重庆的暴雨量可达 250mm/d。

B. 场地环境条件。如是否有地下管网（包括上下水道、电线电缆等）、是否存在相邻建筑物、是否有井点抽水的排水通道等。

C. 形成持续抽水条件。井点降水时须保持真空，除本身总管、连贯管等保持密封外，还应注意随着抽水而沉降引起的裂缝漏气，此时应使用塑料薄膜、钢丝网水泥或纯黏土浆封闭裂缝的措施。

D. 结合当地的地质条件和施工经验处理。

E. 电源。须备有二路电源，以免因断电使井点降水停止运转而前功尽弃。

F. 泵。井点泵须有备用量，以免机械故障而停止抽水。

抽吸地下水而降水的设计和计算涉及的问题很多、很广，应综合考虑场地的地质与地形条件、土与地下水的条件、地表水径流和施工的要求；同时要求具有井点设备和一些施工经验，以便对设计有较仔细的考虑。

定量计算抽水量，可采用以下公式：

完整承压井 $$Q = 2.73kMs/\lg(R/r) \tag{1-33}$$

完整潜水井 $$Q = 1.366k(2H - s)s/\lg(R/r) \tag{1-34}$$

对于不熟悉或没有地区经验值的场地，宜进行一些现场的测试（如渗透系数、影响半径），以核对设计计算的数据，并对设计进行修改和完善。

3）施工板桩

在土中打入板桩（如，1999 年 7 月在重庆市九龙坡区直港大道某工程采用板桩处理流沙层，桩径为 ϕ1200 ~ ϕ1500mm，采用 60mm 厚的钢板，每节长度为 800mm，共打入钢板 6 节，有效地穿过了厚度 4500mm 的流沙层），一方面可以起桩护壁的作用；另一方面增长了地下水的渗流路径而减小地下水的水力坡度。

4）固结土法

①注浆固结。采用一定的灌浆工艺来固结土体，改善土的物理力学性质，从而达到桩能下挖成孔的目的。灌浆从理论上可分为四类：渗入性灌浆、劈裂灌浆、压实灌浆和电动化学灌浆。这里仅对渗入性灌浆作简要说明。

渗入性灌浆就是在灌浆压力作用下，浆液克服各种阻力而渗入裂隙，压力愈大，吸浆量及浆液扩散范围就愈大。这种理论假定，在灌浆过程中地层结构不受扰动和破坏，作用的灌浆压力相对较小。既然这种灌浆是在地层结构不被破坏的条件下渗入地层，因而浆液的颗粒尺寸必须小于土的孔隙尺寸，才能实现灌浆的目的。也就是说，满足浆材对地层的可灌性条件，是进行渗入性灌浆的前提。

渗入性灌浆浆液的扩散半径[10]为：

$$r = 2\left[t\left(k\nu hr_0/d_e\right)^{1/2}/n\right]^{1/2} \tag{1-35}$$

式中 k——砂土的渗透系数（cm/s）；

ν——浆液的运动黏滞系数（m^2/s）；

h——灌浆压力（厘米水头）；

r_0——灌浆管半径（cm）；

d_e——被灌土体的有效粒径（cm）；

n——砂土的孔隙率。

今设 $t=60s$，$n=0.3$，$k=0.1cm/s$，$\nu=4\times10^{-6}m^2/s$，$h=3m$，$r_0=4cm$，$d_e=0.2cm$，代入式（1-35），则

$$r=2\ [60\ (0.1\times300\times4\times4/0.2)^{1/2}/0.3]^{1/2}=198cm$$

上式计算表明，在前述物理力学性质的砂土中采用4cm注浆管，在3m水头压力下注浆，可形成扩散半径为198cm的注浆固结体。在该固结体的浆液达到初凝前，进行开挖，便可容易穿越流沙层而形成挖孔桩的孔位。

②麻袋混凝土固结。所谓麻袋混凝土就是用机械拌制的低强度等级普通混凝土，不需振捣而直接装入麻袋内，将麻袋封口，便成为麻袋混凝土。

在使用麻袋混凝土时，要按照一定的方法和工序将麻袋混凝土置入流沙层中，自流沙层中通过外力和自重作用，使其置于所需固结的桩底部位，形成固结土体。待该固结土体的混凝土达到初凝前开挖，便可容易形成桩的孔位。2001年，在重庆市北碚区某土坡治理工程的挖孔桩施工，采用这种方法克服流沙现象取得了良好效果。

5）其他措施

克服流沙现象的处理措施尚有冻结法、爆炸法、加重法、地下连续墙等。在桩基开挖的过程中局部地段出现流沙时，立即抛入大石块，可以克服流沙的活动。如流沙现象属于轻微的，可以采用稻草扎成一个一个的小草把，塞于桩下流沙层，并浇筑挖孔桩的钢筋混凝土护壁。

4. 桩身混凝土施工

灌注桩身混凝土时，混凝土应通过溜槽；当落距超过3m时，应采用串筒，串筒末端距孔底高度不宜大于2m；也可采用导管泵送；混凝土宜采用插入式振捣振实。

当桩孔内渗水量过大时，应采取场地截水、降水或水下灌注混凝土等有效措施。

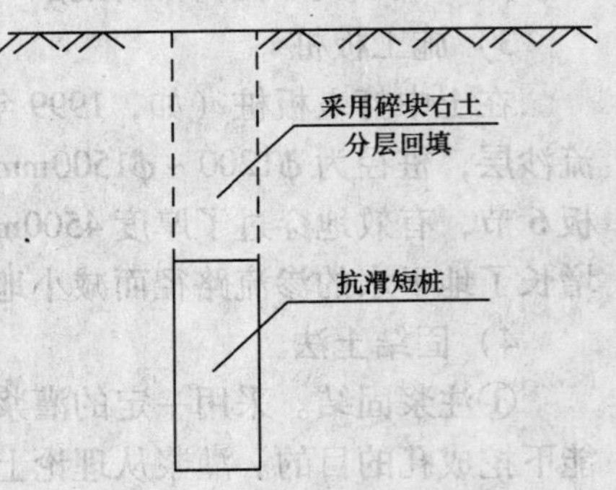

图1-34 抗滑短桩上部的回填土

5. 桩上部回填施工

在抗滑短桩的桩身混凝土施工完毕后，进行抗滑短桩上部回填土的施工（图1-34）。

1.2.2 施工要求

1. 桩径及间距

桩的孔径（不含护壁）不得小于800mm，且不宜大于2500mm；孔深不宜大于30m。当桩净距小于2500mm时，应采用间隔开挖或跳桩开挖。相邻排桩跳挖的最小施工净距不小于4500mm。

当滑坡体处于欠稳定状态时，通常应采用跳1桩开挖或跳2桩开挖。

2. 护壁施工

由于滑坡的推力较大，抗滑短桩一般采用钢筋混凝土护壁，护壁的厚度不应小于100mm，护壁的混凝土强度等级不应低于抗滑短桩的混凝土强度等级，并应振捣密实；护

壁应配置直径不小于10mm的钢筋，竖向筋应上下搭接或拉接。

3. 井圈护壁施工

（1）第一节井圈顶面应比场地高出150～250mm，壁厚应比下面井壁厚度增加150～250mm，以满足桩孔定位和施工安全。

（2）护壁的厚度、拉接钢筋、配筋、混凝土强度等级均应满足设计要求。

（3）上下节护壁的搭接长度不应小于80mm。

（4）每节护壁均应在当日连续施工完毕。

（5）护壁模板的拆除应在灌注混凝土24h之后，当采取在混凝土中掺加粉煤灰等早强剂时，可适当提前。

（6）发现护壁有蜂窝、漏水现象时，应及时补强。

（7）同一水平面上的井圈任意直径的极差不应大于50mm。

4. 孔口护栏

孔口四周应设置护栏，护栏高度宜为800mm。

5. 其他

其余要求同一般的人工挖孔桩。

1.2.3 质量检验和验收

（1）一般规定

1）桩基工程应进行桩位、桩长、桩径、桩身质量和单桩承载力的检验。

2）桩基工程的检验按时间顺序可分为施工前检验、施工检验和施工后检验。

3）对砂子、石子、水泥、钢材等桩体原材料质量的检验项目和方法应符合国家现行有关标准的规定。

4）施工前应对施工组织设计中制定的施工顺序、监测手段（包括仪器、方法）进行检查。

5）对桩身质量检测宜优先采用无损检测法进行评价。当无损检测法发现桩有质量问题时，应采用钻芯法对成桩质量进行评价。成桩质量评价应按单桩进行。

6）当采用钻芯法对成桩质量进行评价时，应按现行《建筑基桩检测技术规范》JGJ106的有关规定执行。

（2）施工前检验

1）施工前应具备下述资料：

①岩土工程勘察资料。

②邻近建筑物和地下设施类型、分布及结构质量情况。

③工程设计施工图、设计要求及需达到的标准，检验手段。

2）预制桩施工前应严格对桩进行检验。

3）灌注桩施工前应进行下列检验：

①混凝土拌制应对原材料质量与计量、混凝土配合比、坍落度、混凝土强度等级等进行检查。

②钢筋笼制作应对钢筋规格、机械连接接头规格和品种、焊条规格、品种、焊口规格、焊缝长度、焊缝外观和质量、主筋和箍筋的制作偏差等进行检查，钢筋质量检验标准

应符合表1-20的要求。

混凝土灌注桩钢筋笼质量检验标准 **表1-20**

项	序	检查项目	允许偏差或允许值（mm）	检查方法
主控项目	1	主筋间距	±10	用钢尺量
	2	长　度	±100	用钢尺量
一般项目	1	钢筋质材检验	设计要求	抽样送样
	2	箍筋间距	±20	用钢尺量
	3	直　径	±10	用钢尺量

（3）施工检验

1）桩基工程的桩位验收，除设计有规定外，应按下述要求进行：

①当桩顶设计标高与施工场地标高相同时，或桩基施工结束后，有可能对桩位进行检查时，桩基工程的验收应在施工结束后进行。

②当桩顶设计标高低于施工场地标高，送桩后无法对桩位进行检查时，对灌注桩可对护筒位置做中间验收。

2）灌注桩施工过程中应进行下列检验：

①灌注混凝土前，应按JGJ94-2008第6章有关施工质量要求，对已成孔的中心位置、孔深、孔径、垂直度、孔底沉渣厚度进行检验。

②对嵌岩桩的地基，可通过检验岩石单轴抗压强度检验地基的承载力是否达到设计要求，可采用室内试验。单项工程试样数不少于6个，对桩基工程每桩不少于1个。

③对桩端为土层或破碎、极破碎的岩石地基，可采用浅层平板试验，必要时可采用深层平板试验。检验数量为基槽每20延米应有1点，且点数不少于3点，施加荷载应不低于设计荷载的2倍。

④基槽（坑）开挖后，应进行基槽检验。基槽检验可用触探或其他方法，当发现与勘察报告和设计文件不一致、或遇到异常现象时，应结合地质条件提出处理意见。

⑤人工挖孔桩终孔时，应进行桩端持力层检验。单柱单桩的大直径嵌岩桩，应视岩性检验桩底下3d（d为柱直径）或5m深度范围内有无空洞、破碎带、软弱夹层等不良地质条件。

（4）施工后检验

1）根据不同桩型应按表1-21规定检查成桩桩位偏差。

灌注桩的平面位置和垂直度的允许偏差 **表1-21**

成孔方法		桩径允许偏差（mm）	垂直度允许偏差（%）	桩位允许偏差（mm）	
				1～3根、单排桩基垂直于中心线方向和群桩基础的边桩	条形桩基沿中心线方向和群桩基础的中间桩
人工挖孔桩	混凝土护壁	±50	<0.5	50	150
	钢套管护壁	±50	<1	100	200

注：1. 桩径允许偏差的负值是指个别断面。

2. 采用复打、反插法施工的桩，其桩径允许偏差不受上表限制。

2）工程桩应进行承载力和桩身质量检验。

3）混凝土灌注桩的质量检验标准应符合表1-22的规定。

混凝土灌注桩质量检验标准 **表1-22**

项	序	检查项目	允许偏差或允许值		检查方法
			单位	数值	
主控项目	1	桩　　位			基坑开挖前量护筒，开挖后量桩中心
	2	孔　　深	mm	+300	只深不浅，用重锤测，或测钻杆、套管长度，嵌岩桩应确保进入设计要求的嵌岩深度
	3	桩体质量检验	按基桩检测技术规范，如钻芯取样，大直径嵌岩桩应钻至桩尖下50cm		按基桩检测技术规范
	4	混凝土强度	设计要求		试件报告或钻芯取样送检
	5	承　载　力	按基桩检测技术规范		按基桩检测技术规范
一般项目	1	垂　直　度			测钻杆、套管，或用超声波探测，干施工时吊垂球
	2	桩　　径			井径仪或超声波探测，干施工时用钢尺量，人工挖孔桩不包括内衬厚度
	3	泥浆相对密度（黏土或砂性土中）	1.15～1.20		用比重计测，清孔后在距孔底50cm处取样
	4	泥浆面标高（高于地下水位）	m	0.5～1.0	目　　测
	5	沉渣厚度：端承桩 摩擦桩	mm mm	≤50 ≤100	用沉渣仪或重锤测量
	6	混凝土坍落度：水下灌注 干施工	mm mm	160～220 70～100	坍落度仪
	7	钢筋笼安装深度	mm	±100	用刚尺量
	8	混凝土充盈系数	>1		检查每根桩的实际灌注量
	9	桩顶标高	mm	+30 −50	水准仪，需扣除桩顶浮浆层及劣质桩体

4）工程桩应进行承载力检验。对于成桩质量可靠性的灌注桩，应采用静载荷试验的方法进行检验，检验桩数不应少于总桩数的1%，且不应少于3根。

5）对专用抗拔桩和对水平承载力有特殊要求的桩基工程，应进行单桩抗拔静载试验和水平静载试验检测。

6）桩身质量应进行检验。成桩质量可靠性高的灌注桩，抽检数量不应少于桩总数的30%；成桩质量可靠性低的灌注桩，抽检数量为桩总数的100%。

7）桩身质量除对预留混凝土试件进行强度等级检验外，尚应进行现场检测。检测方法可采用可靠的动测法，对于大直径桩还可以采取取芯法、声波透射法；检测数量可根据现行行业标准《建筑基桩检测技术规范》JGJ106确定。

8）工程桩的外观质量缺陷，应由监理（建设）单位、施工单位等各方根据其对结构性能和使用功能影响的严重程度，按表1-23确定。

现浇结构的外观质量缺陷　　表1-23

名　称	现　　象	严重缺陷	一般缺陷
露筋	桩内钢筋未被混凝土包裹而外露	纵向受力钢筋有露筋	其他钢筋有少量露筋
蜂窝	混凝土表面缺少水泥砂浆而形成石子外露	桩主要受力部位有蜂窝	其他部位有少量蜂窝
孔洞	混凝土中孔穴深度和长度均超过保护层厚度	桩主要受力部位有孔洞	其他部位有少量孔洞
夹渣	混凝土中夹有杂物且深度超过保护层厚度	桩主要受力部位有夹渣	其他部位有少量夹渣
疏松	混凝土中局部不密实	桩主要受力部位有疏松	其他部位有少量疏松
裂缝	缝隙从混凝土表面延伸至混凝土内部	桩主要受力部位有影响结构性能的裂缝	其他部位有少量不影响结构性能的裂缝
外形缺陷	缺棱掉角、棱角不直、翘曲不平、飞边凸肋等	有影响使用性能的外形缺陷	有不影响使用性能的外形缺陷
外表缺陷	桩表面麻面、掉皮、起砂、沾污等	有外表缺陷	有不影响使用功能的外表缺陷

（5）基桩工程验收资料

1）当桩顶设计标高与施工场地标高相近时，基桩的验收应待基桩施工完毕后进行。

2）基桩验收应包括以下资料：

①岩土工程勘察报告、桩基施工图、图纸会审纪要、设计变更单及材料代用通知单等。

②经审定的施工组织设计、施工方案及执行中的变更单。

③桩位测量放线图，包括工程桩位线复核签证单。

④原材料的质量合格和质量鉴定书。

⑤半成品如钢桩等产品的合格证。

⑥施工记录及隐蔽工程验收文件。

⑦成桩质量检查报告。

⑧单桩承载力检测报告。

⑨基坑挖至设计标高的基桩竣工平面图及桩顶标高图。

⑩其他必须提供的文件和记录。

（6）基桩质量的判定和评价

1）当对基桩质量有质疑时，宜采用钻芯法对成桩质量进行评价。成桩质量评价应按单桩进行。

2）当出现下列情况之一时，应判定该受检桩不满足设计要求：

①桩身完整性类别为Ⅳ类的桩。

②受检桩混凝土芯样试件抗压强度代表值小于混凝土设计强度等级的桩。

③桩长、桩底沉渣厚度不满足设计或规范要求的桩。

④桩端持力层岩土性状（强度）或厚度未达到设计或规范要求的桩。

3）Ⅲ类桩应进行构造处理。Ⅳ类桩应进行工程结构加固处理或采取加固边坡的措施等方案进行处理。

4）桩身完整性分类应符合表1-24的规定。

桩身完整性类别应结合钻芯孔数、现场混凝土芯样特征、芯样单轴抗压强度试验结果，按表1-24、表1-25的特征和《混凝土结构工程施工质量验收规范》GB50204-2002进行综合判定。

桩身完整性分类表 **表1-24**

桩身完整性类别	分类原则
Ⅰ类桩	桩身完整
Ⅱ类桩	桩身有轻微缺陷，不会影响桩身结构承载力的正常发挥
Ⅲ类桩	桩身有明显缺陷，对桩身结构承载力有影响
Ⅳ类桩	桩身存在严重缺陷

桩身完整性判定 **表1-25**

桩身完整性类别	特征
Ⅰ类桩	混凝土芯样连续、完整、表面光滑、胶结好、骨料分布均匀、呈长柱状、断口吻合，芯样侧面仅见少量气孔
Ⅱ类桩	混凝土芯样连续、完整、胶结较好、骨料分布基本均匀、呈柱状、断口基本吻合，芯样侧面局部见蜂窝麻面、沟槽
Ⅲ类桩	大部分混凝土芯样胶结较好，无松散、夹渣或分层现象，但有下列情况之一： 芯样局部破碎且破碎长度不大于10cm； 芯样骨料分布不均匀； 芯样多呈短柱状或块状； 芯样侧面蜂窝麻面、沟槽连续
Ⅳ类桩	钻进很困难； 芯样任一段松散、夹泥或分层； 芯样局部破碎且破碎长度大于10cm 混凝土明显有孔洞且长度大于10cm

5）混凝土芯样试件抗压强度代表值应按一组三块试件强度的平均值确定。同一受检桩、同一深度部位有两组或两组以上混凝土芯样试件抗压强度代表值时，取其平均值为该桩该深度处混凝土芯样试件抗压强度代表值。

6）受检桩中不同深度位置的混凝土芯样试件抗压强度代表值中的最小值为该桩混凝土芯样试件抗压强度代表值。

7）桩端持力层岩土性状应根据芯样特征、岩石芯样单轴抗压强度试验、动力触探或标准贯入试验结果，综合判定桩端持力层岩土性状。

8）其余要求按《建筑基桩检测技术规范》JGJ106-2003、《建筑结构检测技术标准》GB/T50344-2004、《钻芯法检测混凝土强度技术规程》CECS03：2007等规范执行。

1.3 抗滑短桩应力监测

1.3.1 概述

文献[11]表明桩的水平静荷载试验与分析已有较深的研究，但其荷载试验的加载部位大都在地表面的桩顶（图1-35），这一试验模型与滑坡治理中采用的桩的实际受荷方式完全不同。文献[12]表明国内关于抗滑桩实体水平抗力方面的试验研究较为少见。众所周知，滑坡治理中桩的长度越长，桩的截面和配筋就越大，采用抗滑短桩具有截面小和配筋少等诸多优点，因此，进行抗滑短桩的研究具有十分重要的意义。

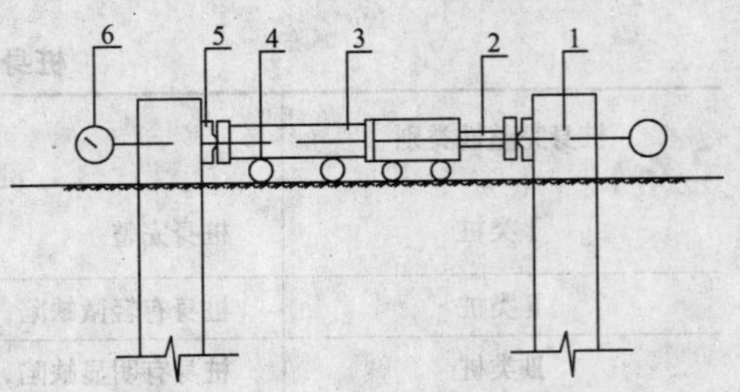

图1-35 单桩水平静载荷试验装置

1—桩；2—千斤顶及测力计；3—传力杆；4—滚轴；5—球支座；6—量测桩顶水平位移的百分表

文献[13]给出了埋入式抗滑桩简化计算，这种算法作了较多假定而缺乏充分的理论依据和实践验证。文献[14][15]作了沉埋桩机理模型试验研究。文献[16]表明滑坡监测系统的设计、监测预警预报、监测方法、监测技术的改进等方面均有研究，而滑坡治理中采用的抗滑短桩桩前土体水平抗力和桩后土体水平作用力方面的现场试验研究几乎为一空白。因此，进行抗滑短桩桩前土体水平抗力和桩后土体水平作用力方面的现场监测研究[17]，找寻岩土体水平抗力沿抗滑短桩桩身的分布规律，具有不可忽视的工程实践意义。

1.3.2 现场监测

1. 监测部位

（1）在滑体厚约9m的重庆市大渡口区跳蹬镇沟口村滑坡治理中，对连续设置的3根C30钢筋混凝土抗滑短桩［短桩的间距4000mm，短桩的断面为1200mm×1500mm，短桩自滑床（强风化岩层）伸入滑体内5.0m，短桩嵌入岩层内不少于4.0m（见图1-36］进行桩前土体水平抗力和桩后土体水平作用力的监测。

（2）3根C30钢筋混凝土抗滑短桩的桩前和桩后均自桩顶0.5m处开始沿深度方向每间隔1.0m布设1个土压力计，即每根短桩的桩前和桩后各布设5个压力计，见图1-37~图1-39。

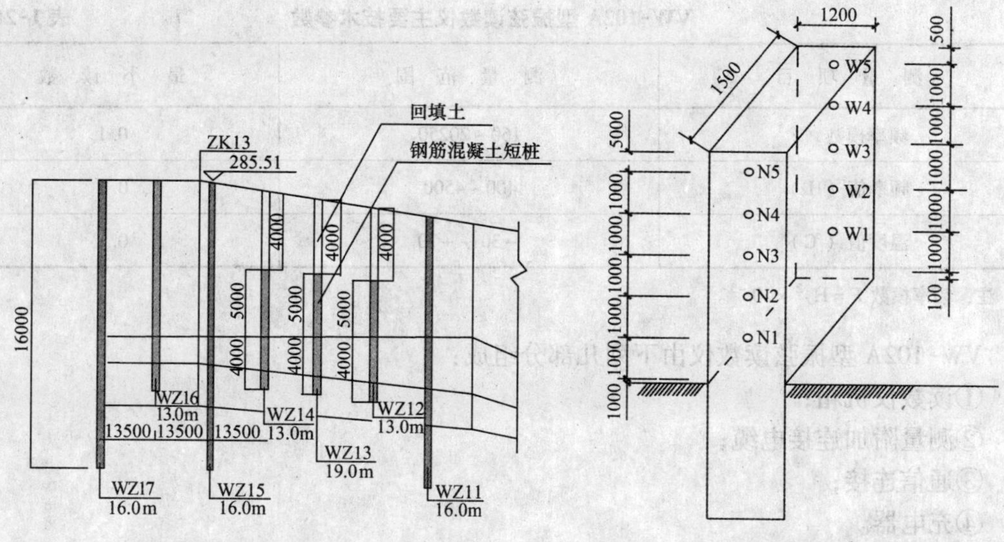

图 1-36　抗滑短桩立面图

图 1-37　抗滑短桩压力计布置

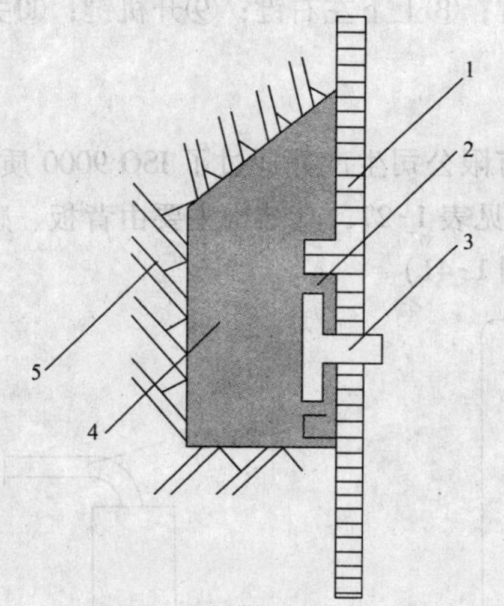

图 1-38　压力计安装图

1—护壁；2—预制混凝土模块；3—压力盒；4—填砂；5—黏土

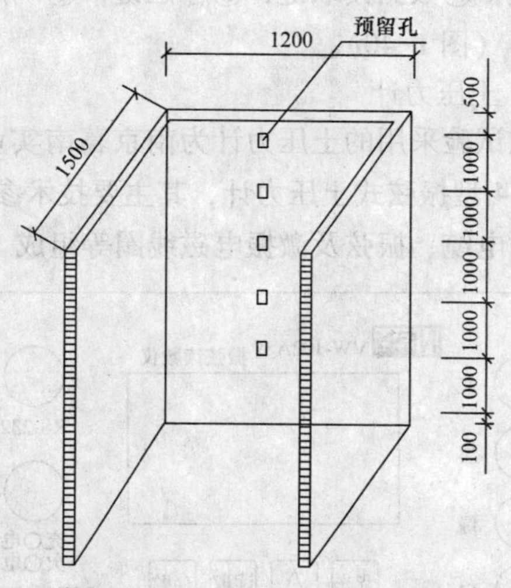

图 1-39　钢筋混凝土护壁预留孔布置

2. 监测设备

（1）读数仪

1）用途

本工程现场监测的读数仪为 VW-102A 型振弦读数仪。它适用于测读非连续激振型振弦式传感器，并能适应工程现场各种气候条件下正常工作。具有测量数据存储、计算机通信、自动时间间隔测量、温度测量直接显示温度值等功能。

2）主要技术参数及结构

主要技术参数见表 1-26。

VW-102A 型振弦读数仪主要技术参数　　表 1-26

测 量 项 目	测 量 范 围	最 小 读 数
频率模数，F	160 ~ 20250	0.1
频率值（Hz）	400 ~ 4500	0.1
温度值（℃）	−30 ~ +70	0.1

注：频率模数 $F = H_Z^{\,2} \times 10^{-3}$。

VW-102A 型振弦读数仪由下列几部分组成：

①读数仪机箱；

②测量附加连接电缆；

③通信连接；

④充电器。

面板配置为：①测量接线柱；②RS-232 通信接口；③充电接口及充电、欠电指出灯；④背光键；⑤数据读取键；⑥存贮键；⑦确定键；⑧上下左右键；⑨开机键；⑩关机键；⑪显示屏（图 1-40）。

（2）土压力计

本次试验采用的土压力计为南京葛南实业有限公司生产并通过了 ISO 9000 质量认证的 VWE-4 型振弦式土压力计，其主要技术参数见表 1-27，其结构主要由背板、感应板、信号传输电缆、振弦及激振电磁线圈等组成（图 1-41）。

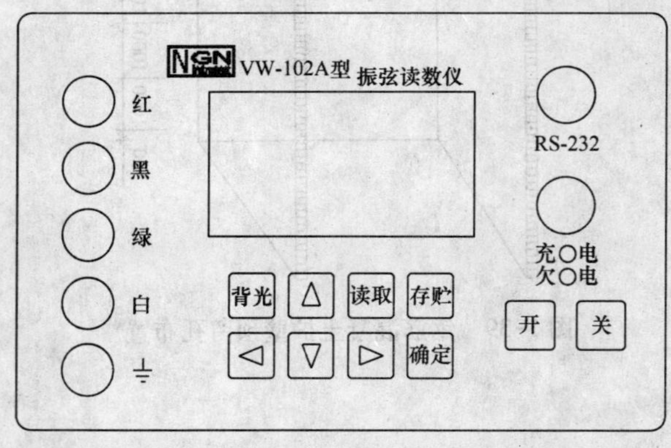

图 1-40　VW-102A 型振弦读数仪面板配置

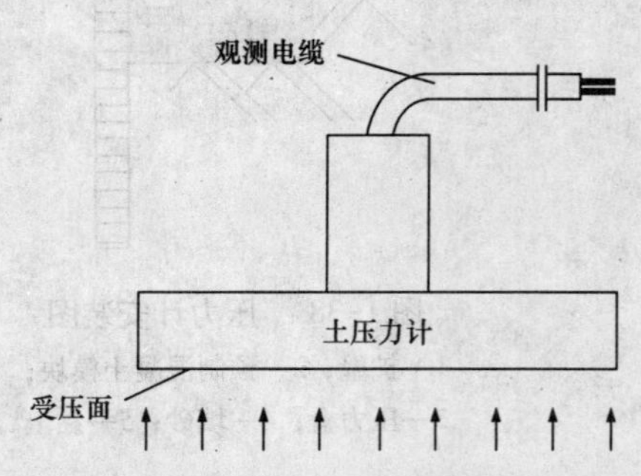

图 1-41　土压力计结构图

VWE-4 型振弦式土压力计主要技术参数　　表 1-27

尺寸参数		性 能 参 数					
最大外径（mm）	承压盘高（mm）	测量范围（kPa）	最小读数（kPa/F）	温度测量范围（℃）	温度测量精度（℃）	温度修正系数（kPa/℃）	绝缘电阻（MΩ）
156	20	0 ~ 400	≤0.2	−25 ~ +60	±0.5	≈0.5	≥50

（3）监测方法

1）工作原理

当被测结构物内土应力发生变化时，土压力计感应板同步感受应力的变化，感应板将会产生变形，变形传递给振弦转变成振弦应力的变化，从而改变振弦的振动频率。电磁线圈激振振弦并测量其振动频率，频率信号经电缆传输至读数装置，即可测出被测结构物的压应力值。同时，可同步测出埋设点的温度值。

2）计算方法

①当外界温度恒定，土压力计仅受到压应力时，其压应力值 P 与输出的频率模数 ΔF 具有如下线性关系：

$$P = k\Delta F \tag{1-36}$$

$$\Delta F = F - F_0 \tag{1-37}$$

式中 k——土压力计测量压力值的最小读数（kPa/F）；

ΔF——土压力计实时测量值相对于基准值的变化量（F）；

F——土压力计的实时测量值（F）；

F_0——土压力计的基准值（F）。

②当作用在土压力计上的压应力恒定时，而温度增加 ΔT，此时土压力计有一个输出量 $\Delta F'$，这个输出量仅仅是由温度变化而造成的，因此在计算时应给以扣除。

实验可知 $\Delta F'$ 与 ΔT 具有如下线性关系：

$$P' = k\Delta F' + b\Delta T = 0 \tag{1-38}$$

$$k\Delta F' = -b\Delta T \tag{1-39}$$

$$\Delta T = T - T_0 \tag{1-40}$$

式中 b——土压力计的温度修正系数（kPa /℃）；

ΔT——温度实时测量值相对于基准值的变化量（℃）；

T——温度的实时测量值（℃）；

T_0——温度的基准值（℃）。

③当土压力计受到压应力和温度的双重作用时，土压力计的一般计算公式为：

$$P_m = k\Delta F + b\Delta T = k(F - F_0) + b(T - T_0) \tag{1-41}$$

式中 P_m——被测结构物的压应力值（kPa）。

3）埋设与安装

滑坡推力一方面可以通过已知的工程地质条件和给定的设计参数计算求得，为整治滑坡提供依据。当工程完成以后，滑动力就是作用于构筑物的推力。因此，可利用设置于构筑物上的压力盒来实测此值，从而获得推力分布及构筑物的受力状态，并检查、校核滑坡推力设计值的准确性。

目前，对于接触压力的测定，国内外采用不同形式的压力盒，日本多采用差动式和应变式压力盒，我国多采用钢弦压力盒。

压力盒的埋设位置，视构筑物类型而异。一般做法是：抗滑挡墙设于墙背；抗滑桩设于桩前桩后；抗滑明洞设于拱圈外侧及内边墙内侧，等等。

埋设前应首先检查土压力计确保仪器完好，按设计要求接长电缆，做好编号。土压力计的面积大，埋设时应注意土压力计的受力感应板应对着土体，背板应紧靠在结构物上。埋设方法采用在钢筋混凝土短桩浇筑过程中同时进行埋设。在浇筑前先将土压力计放在土体上，要使土压力计紧压在被测土体上，再浇筑混凝土。在混凝土浇筑到埋设高程处，将土压力计放置在混凝土中，土压力计的受力感应板应与短桩表面平齐。

应特别注意：混凝土或水泥砂浆不能包裹住土压力计的受力感应板；土压力计的背板与短桩护壁应用水泥砂浆填充捣实，不能留有缝隙；土压力计的受力感应板与土体之间用细砂土填充捣实，同样不能留有缝隙。安装就位后的土压力计初测值应大于埋设前自由状态读数，即就位后的土压力计应在受压状态。

3 根连续短桩的土压力计安装结束（图 1-42）并浇筑完混凝土后，采用碎石土夯填短桩至地表面之间的地段，将有编号的电缆线接至预埋盒内（图 1-43），为了电缆盒的安全，用带钩的小块预制板封顶（图 1-44）。

(*a*) (*b*) (*c*)

图 1-42　土压力计安装现场（有编号的压力计埋置）

图 1-43　土压力计安装现场
（有编号的电缆线接至预埋盒内）

图 1-44　土压力计安装现场
（用带钩的小块预制板封顶）

4）获取数据

采用 VW-102A 型振弦读数仪获取测试数据（图 1-45）。该读数仪有测量数据存储、计算机通信、自动时间间隔测量、温度测量直接显示温度值等功能。

将通信连接电缆一端插到读数仪 RS-232 通信接口上，另一端插到计算机 RS-232 通信接口上。启动 VW-102A 型振弦读数仪通信软件，之后按通信软件菜单提示进行操作即可将测试数据拷贝至计算机的硬盘上。

图 1-45　现场应力测试

5）监测设计

①监测目的与任务。为监测和掌握目前、施工期及后期运行过程中滑坡稳定的变化趋势，检验治理工程的效果，及时发现异常现象并进行分析处理，确保滑坡体上保护对象（建筑物、公路、铁路、居民的生命财产等）的安全，均有必要布置适量的监测设施。

②监测原则。

a. 防治工程监测，应满足动态设计和信息化施工的要求，并能对防治工程的效果评估提供依据。

b. 一般应包括施工期间的安全监测和防治效果监测。

c. 防治工程监测仪器的选择，应遵从可靠、实用原则。

③监测内容。

对连续的 3 根 C30 钢筋混凝土抗滑短桩的作用力进行监测。桩前和桩后均自桩顶 0.5m 处开始沿深度方向每间隔 1.0m 布设 1 个土压力计，即每根短桩的桩前和桩后各布设 5 个压力计。

④监测时间。

抗滑短桩施工完工后第 1 个月和第 2 个月，每周监测 1 次；第 3 个月，每 2 周监测 1 次；3 个月后，每月监测 1 次。总的监测时间从抗滑短桩施工完工后 1 个水文年。

1.3.3　监测结果与分析

1. 监测结果

采用前述设备和方法对连续布设的 3 根抗滑短桩（桩号为 12 号桩、13 号桩和 14 号桩）进行了 1 个水文年的桩前土体水平抗力和桩后土体水平作用力的监测。12 号桩、13 号桩和 14 号桩桩前土体水平抗力和桩后土体水平作用力的时程变化的监测结果见图 1-46、图 1-47 和图 1-48。

12 号桩、13 号桩和 14 号桩桩前土体水平抗力和桩后土体水平作用力沿抗滑短桩滑动面以上不同竖向距离（沿桩身）的监测结果分别见图 1-49、图 1-50 和图 1-51。

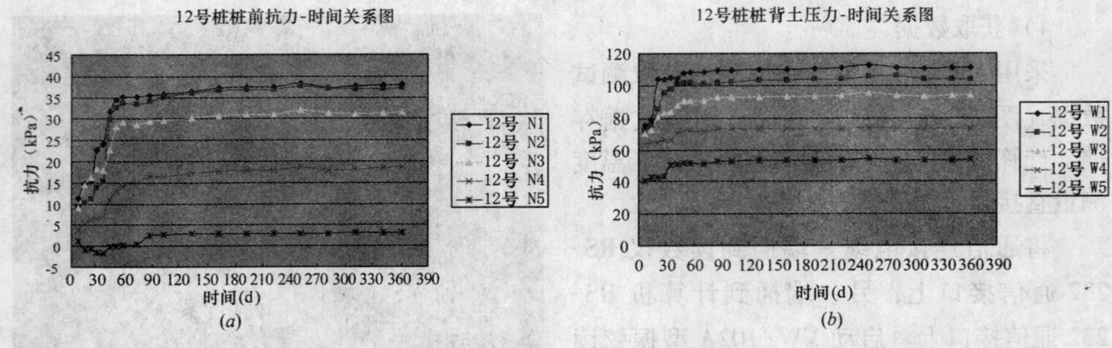

图 1-46　12 号短桩水平作用力时程变化图

（*a*）桩前土体水平抗力；（*b*）桩后土体水平作用力

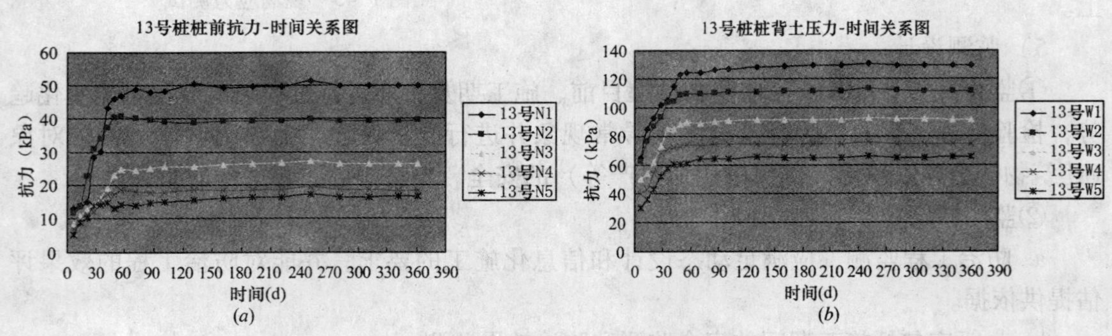

图 1-47　13 号短桩水平作用力时程变化图

（*a*）桩前土体水平抗力；（*b*）桩后土体水平作用力

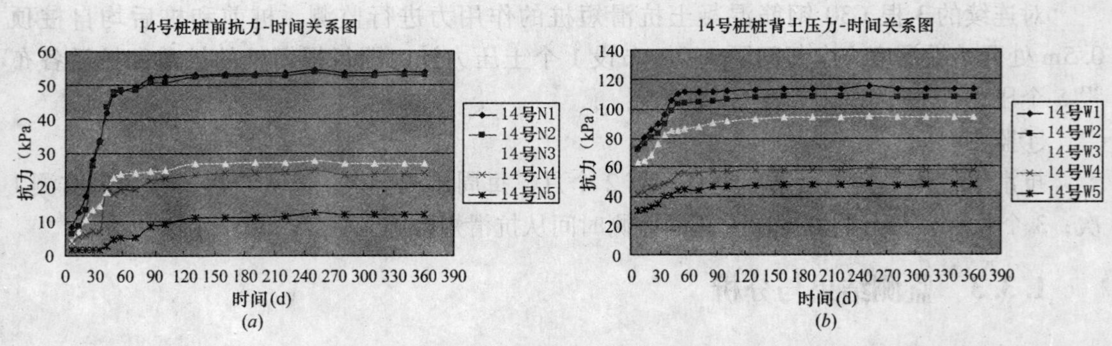

图 1-48　14 号短桩水平作用力时程变化图

（*a*）桩前土体水平抗力；（*b*）桩后土体水平作用力

2. 监测结果分析

（1）本工程中水平抗力和水平作用力在抗滑短桩施工完工后约 50d 才完全发挥并趋于稳定。

（2）12 号、13 号和 14 号抗滑短桩的桩前土体水平抗力 $F_{抗}$ 和桩后土体水平作用力 $F_{滑}$ 的平均值分别为：

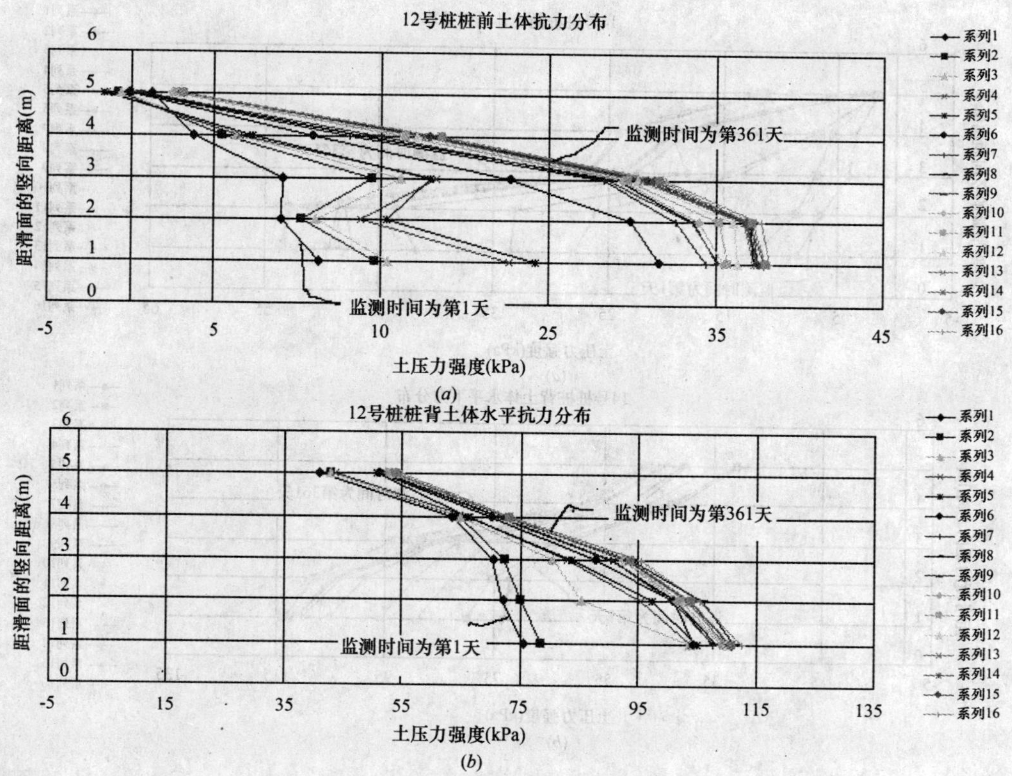

图 1-49　12 号短桩水平作用力分布

(*a*) 12 号短桩桩前土体水平抗力沿桩身分布；(*b*) 12 号短桩桩后土体水平作用力沿桩身分布

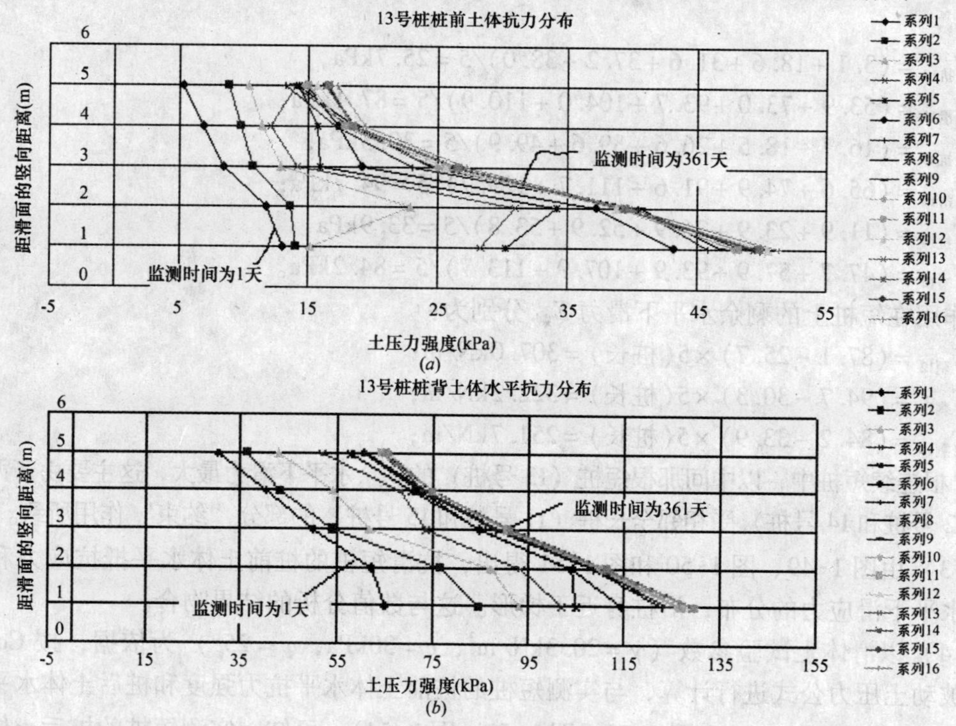

图 1-50　13 号短桩水平作用力分布

(*a*) 13 号短桩桩前土体水平抗力沿桩身分布；(*b*) 13 号短桩桩后土体水平作用力沿桩身分布

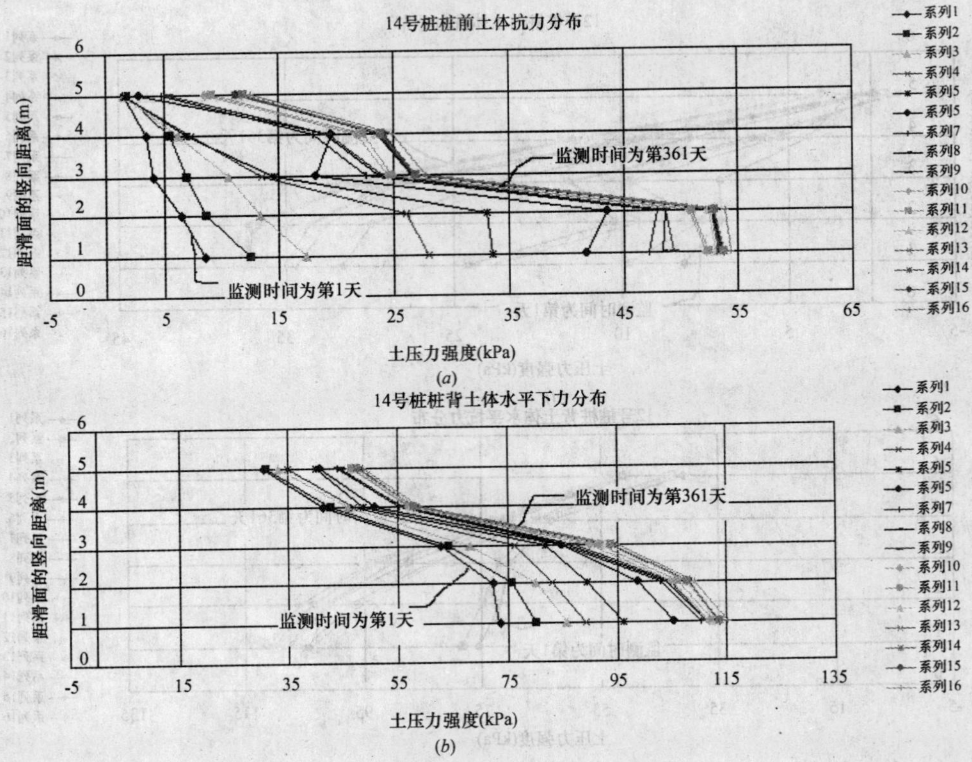

图 1-51　14 号短桩水平作用力分布

（*a*）14 号短桩桩前土体水平抗力沿桩身分布；（*b*）14 号短桩桩后土体水平作用力沿桩身分布

$F_{抗12}=(3.1+18.6+31.6+37.2+38.0)/5=25.7\text{kPa}$,

$F_{滑12}=(53.9+73.0+93.7+104.0+110.9)/5=87.1\text{kPa}$;

$F_{抗13}=(16.7+18.5+26.6+39.6+49.9)/5=30.3\text{kPa}$,

$F_{滑13}=(65.6+74.9+91.6+111.7+129.7)/5=94.7\text{kPa}$;

$F_{抗14}=(11.9+23.9+26.9+52.9+53.8)/5=33.9\text{kPa}$,

$F_{滑14}=(47.7+57.9+93.9+107.9+113.7)/5=84.2\text{kPa}$。

作用在短桩上的剩余水平下滑力 $E_{剩}$ 分别为：

$E_{剩12}=(87.1-25.7)\times5(桩长)=307.0\text{kN/m}$;

$E_{剩13}=(94.7-30.3)\times5(桩长)=322.2\text{kN/m}$;

$E_{剩14}=(84.2-33.9)\times5(桩长)=251.7\text{kN/m}$;

3 根连续短桩中，以中间那根短桩（13 号桩）的剩余水平下滑力最大，这主要由于两侧短桩（12 号桩和 14 号桩）受相邻全长桩（11 号桩和 15 号桩）的部分“约束”作用所致。

（3）由图 1-49、图 1-50 和图 1-51 得出，抗滑短桩的桩前土体水平抵抗应力和桩后土体水平下滑应力的分布，沿桩身近于梯形。这与数值分析的结果吻合。

（4）以滑体土试验参数（$\gamma=20.3\text{kN/m}^3$，$c=30\text{kPa}$，$\varphi=25°$）为依据，按 Coulomb 主、被动土压力公式进行计算，与实测短桩的桩前土体水平抗力强度和桩后土体水平作用力强度对比（见表 1-28 和图 1-52、图 1-53、图 1-54），可知，实测短桩的桩后土体水平作用力强度大于计算的主动土压力强度，而实测短桩的桩前土体水平抗力强度明显低于计算的被动土压力强度（该值较大，未在对比图中显示）。

12 号、13 号和 14 号短桩应力实测值与计算值对比表 **表 1-28**

计算及测试深度	（m）	5	6	7	8	9
计算主动土压力强度	（kPa）	21.52	26.92	32.54	38.00	43.48
计算被动土压力强度		214.98	257.97	300.97	343.96	386.96
12 号短桩桩前实测水平抗力		3.04	18.64	31.64	37.24	38.02
12 号短桩桩后实测水平作用力		53.87	72.99	93.71	103.99	110.93
12 号短桩实测剩余水平作用力		50.83	54.35	62.07	66.75	72.91
13 号短桩桩前实测水平抗力		16.71	18.54	26.57	39.57	49.91
13 号短桩桩后实测水平作用力		65.56	74.87	91.59	111.69	129.71
13 号短桩实测剩余水平作用力		48.85	56.33	65.02	72.12	79.8
14 号短桩桩前实测水平抗力		11.90	23.9	26.92	52.89	53.79
14 号短桩桩后实测水平作用力		47.68	57.92	93.89	107.89	113.67
14 号短桩实测剩余水平作用力		35.78	34.02	66.97	55.00	59.88

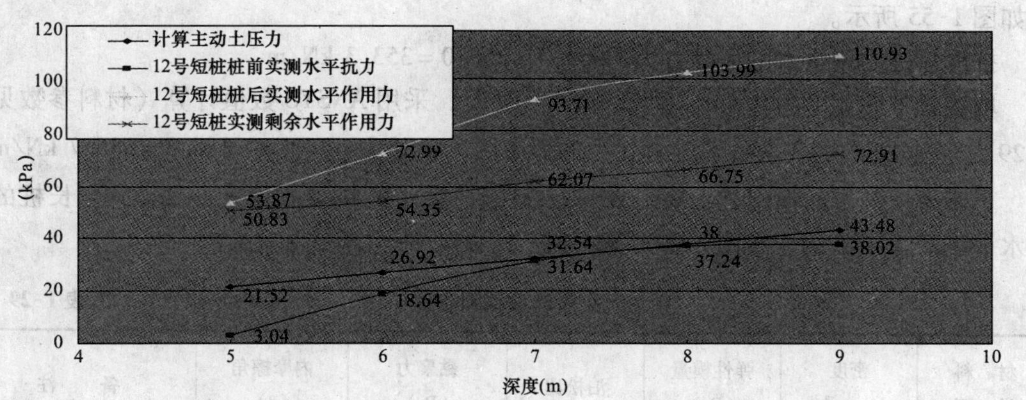

图 1-52　12 号短桩应力实测值与计算值对比

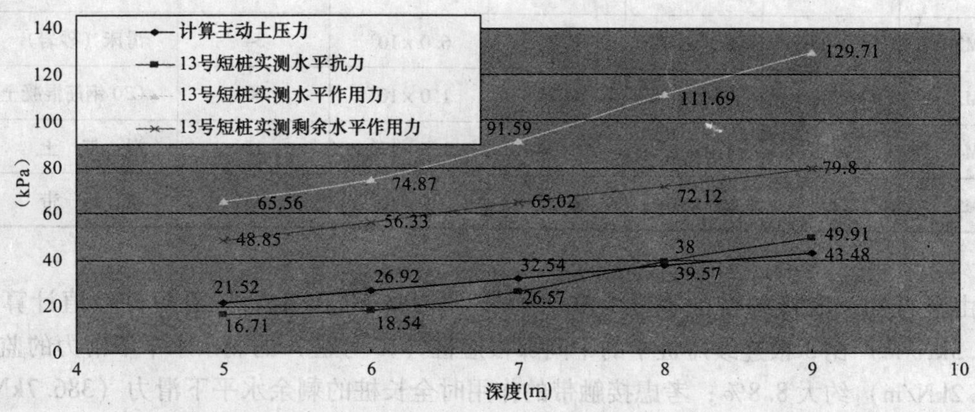

图 1-53　13 号短桩应力实测值与计算值对比

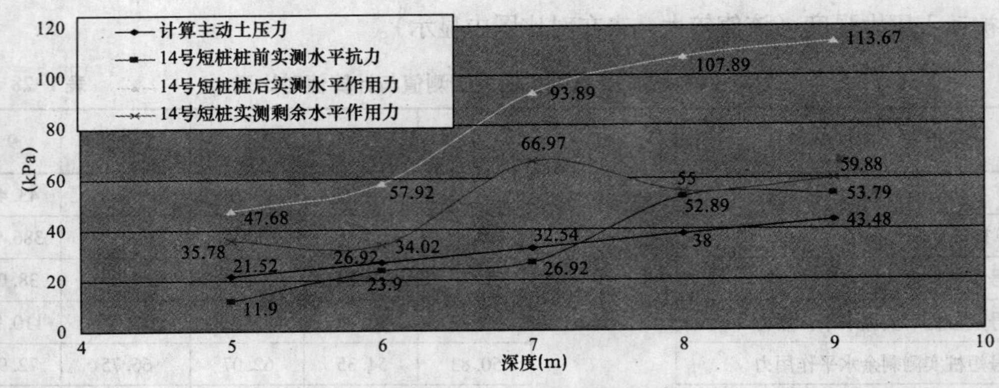

图 1-54　14 号短桩应力实测值与计算值对比

（5）实测短桩的桩前土体水平抗力强度和桩后土体水平作用力强度均随深度的增加而增大。

（6）取接触带的宽度为 0.4m，$E=2.0\times10^9$Pa 时，采用 ANSYS 数值计算（材料参数见表 1-29），抗滑短桩桩前土体累积水平抵抗力分布和作用在桩背上的累积水平下滑力分布如图 1-55 所示。

抗滑短桩的剩余水平下滑力为：609.3 − 256.0 = 353.3 kN/m

取接触带的宽度为 0.4m，$E=2.0\times10^9$Pa 时，采用 ANSYS 数值计算（材料参数见表 1-29），全长桩的剩余水平下滑力（力的分布图，略）为：703.0 − 316.3 = 386.7 kN/m

不考虑接触带的作用时，采用 ANSYS 数值计算（材料参数见表 1-29），全长桩的剩余水平下滑力（力的分布图，略）为：647.5 − 171.5 = 476.5 kN/m

土质滑坡材料参数　　**表 1-29**

材料类型	密度 (kg/m³)	弹性模量 (Pa)	泊松比	黏聚力 (Pa)	内摩擦角 (°)	备注
M1	2030	9.0×10^7	0.30	3.0×10^4	25	滑体土（黏性土）
M2	2400	1.1×10^9	0.25	6.0×10^5	34	滑床（砂岩）
M3	2500	3.1×10^{10}	0.20	1.0×10^6	60	C30 钢筋混凝土
M4	2030	8.0×10^6	0.30	1.5×10^4	15	滑带土
M5	2250	2.0×10^{10}	0.25	2.0×10^5	45	接触带

由上可知，取接触带的宽度为 0.4m，$E=2.0\times10^9$Pa 时，抗滑短桩数值计算结果（353.3kN/m）比 3 根连续短桩中的中间那根短桩（13 号桩）的剩余水平下滑力的监测值（322.2kN/m）约大 8.8%；考虑接触带的作用时全长桩的剩余水平下滑力（386.7kN/m）比该监测值（322.2kN/m）约大 16.7%；不考虑接触带的作用时全长桩的剩余水平下滑力（476.5kN/m）比该监测值（322.2kN/m）约大 32.4%。

3. 小结

（1）本工程中水平抗力和水平作用力在短桩施工完工后约50d才完全发挥并趋于稳定。

（2）3根连续短桩中，以中间那根短桩的剩余水平下滑力最大，这主要由于两侧短桩受相邻全长桩的部分“约束”作用所致。

（3）抗滑短桩的桩前土体水平抵抗应力和桩后土体水平下滑应力的分布，沿桩身近于梯形。这与数值分析的结果吻合。

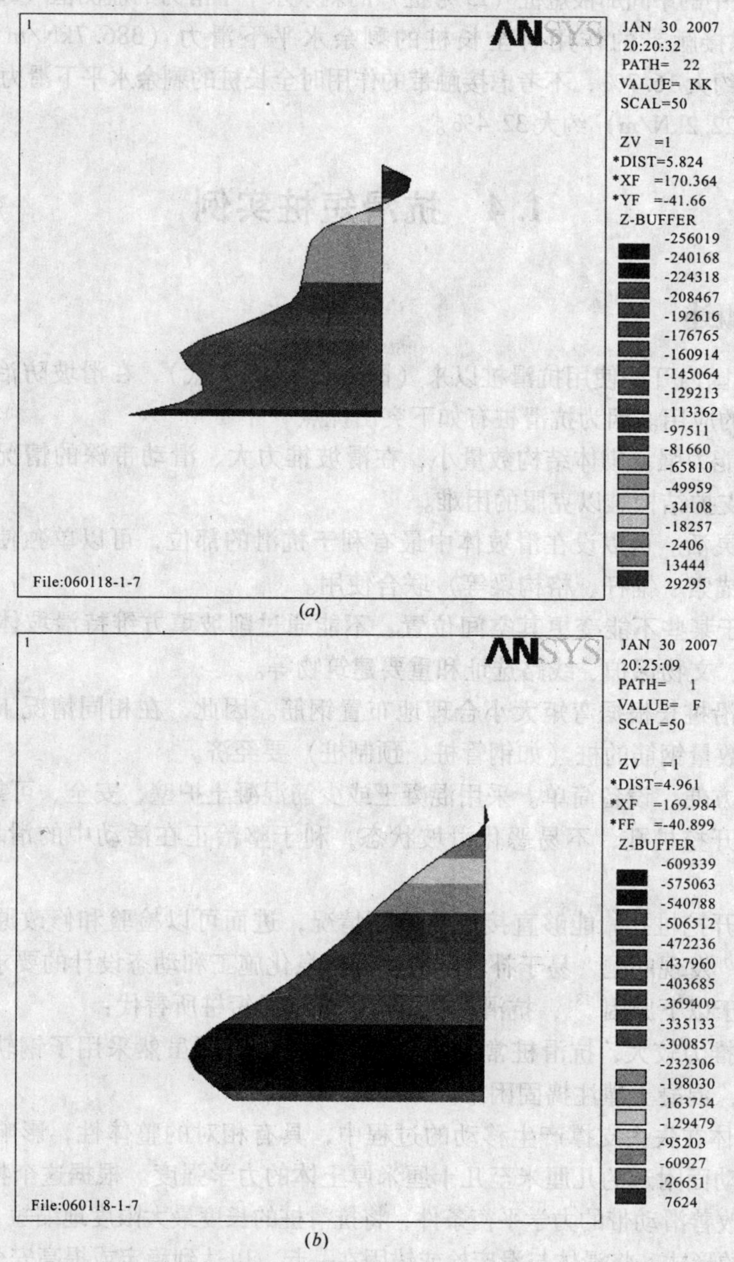

(*a*)

(*b*)

图1-55　作用在桩前、桩背的水平力分布

（*a*）桩前土体累积水平抵抗力分布；（*b*）作用在桩背上的水平下滑力分布

（4）实测短桩的桩后土体水平作用力强度大于按 Coulomb 公式计算的主动土压力强度，而实测短桩的桩前土体水平抗力强度明显低于按 Coulomb 公式计算的被动土压力强度。

（5）实测短桩的桩前土体水平抗力强度和桩后土体水平作用力强度均随深度的增加而增大。

（6）取接触带的宽度为 0.4m，$E=2.0\times10^{9}$Pa 时，抗滑短桩数值计算结果（353.3kN/m）比3 根连续短桩中的中间那根短桩（13 号桩）的剩余水平下滑力的监测值（322.2kN/m）约大 8.8%；考虑接触带的作用时全长桩的剩余水平下滑力（386.7kN/m）比该监测值（322.2kN/m）约大 16.7%；不考虑接触带的作用时全长桩的剩余水平下滑力（476.5kN/m）比该监测值（322.2kN/m）约大 32.4%。

1.4 抗滑短桩实例

1.4.1 概述

自 1964 年国内开始使用抗滑桩以来（国外自 1940 年代），在滑坡防治中抗滑桩得到了大量、广泛的应用。因为抗滑桩有如下突出优点[18]：

（1）抗滑能力强。砌体结构数量小，在滑坡推力大、滑动带深的情况下，能够克服抗滑挡土墙等支护结构难以克服的困难。

（2）桩位灵活。可以设在滑坡体中最有利于抗滑的部位，可以单独使用，也能与其他支护结构（锚索、锚杆、格构梁等）联合使用。

可以适用于某些不能变更其空间位置、不能通过削坡填方维持滑坡体稳定的特殊地段，如古建筑、文物保护、线路选址和重要建筑物等。

（3）可以沿桩长根据弯矩大小合理地布置钢筋。因此，在相同情况下，比一般不能分段布置不同数量钢筋的桩（如钢管桩、预制桩）要经济。

（4）施工方便，设备简单。采用混凝土或少筋混凝土护壁，安全、可靠。

（5）间隔开挖桩孔，不易恶化滑坡状态，利于整治正在活动中的滑坡，利于抢修、抢险工程。

（6）通过开挖桩孔，能够直接校核地质情况，进而可以检验和修改原来的设计，使之更切合实际。发现问题，易于补救。能达到信息化施工和动态设计的要求。

但是，由于以下原因[18]，抗滑桩被抗滑键或抗滑短桩所替代：

（1）滑坡推力较大，抗滑桩常需用较多的钢材，有时虽然采用了钢轨为配筋，仍然感到布筋太密，混凝土灌注捣固困难。

（2）滑坡体在失去支撑产生移动的过程中，具有相对的整体性，影响滑坡稳定的关键因素，是滑动面附近的几厘米至几十厘米厚土体的力学强度。根据这个特性，在治理滑坡时，可着重改善滑动带的力学平衡条件，将抗滑桩的长度最大限度地缩短，使之趋于抗滑键或抗滑短桩的形式，将滑体与滑床栓或锚固在一起，以达到稳定或提高安全储备的目的。

抗滑短桩是介于抗滑键与全长桩的一种特殊的抗滑桩，文献[18]表明抗滑短桩在滑坡治理中早在 20 世纪 50～70 年代就已经应用，并取得了良好的治理效果。如：1950 年代修建宝成铁路，在史家坝隧道进口石灰岩顺层滑坡，经过用几根3m长的抗滑桩（900mm×1200mm），埋置在滑动面上、下[18]（图1-56），即稳定了滑坡。又如：1979年上海铁路局南昌勘测设计院在治理萍乡市上官岭煤矿铁路专用线的牛头山滑坡中，应用了混凝土抗滑键（滑体为第四系的褐黄色黏土夹块石、碎石，滑体厚约9m）[18]（图1-57）。

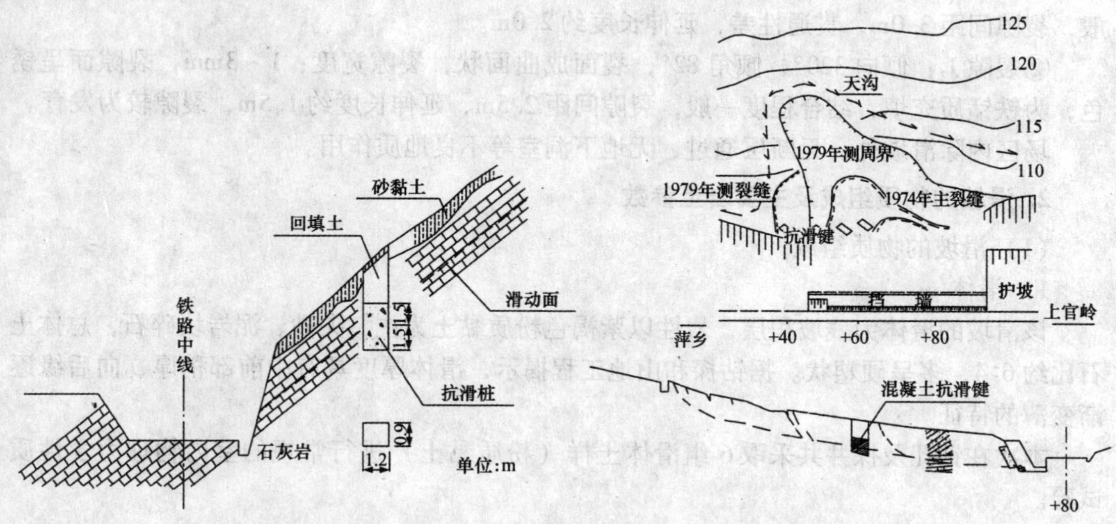

图1-56　史家坝滑坡典型剖面图　　图1-57　牛头山滑坡平面及斜交61°主轴剖面图

近年来，抗滑短桩在实际工程中已有较多的应用，如：重庆市大渡口区跳蹬镇沟口村回头湾滑坡治理工程中，连续设置了3根抗滑短桩；重庆市奉节县某土质滑坡采用钢筋混凝土抗滑短桩进行治理；重庆市云阳县太公沱至余家包库岸大咀段滑移型库岸的治理中采用抗滑短桩；重庆市万盛区东林煤矿矸石山滑坡采用钢筋混凝土抗滑短桩+重力式抗滑墙进行治理；等等。在滑坡推力作用下，抗滑桩的长度决定了抗滑桩的内力分析及结构设计，从而决定抗滑桩的造价，并对设计的安全性和合理性产生重大影响。理论上，桩长度越小，越经济，但是其设计是否安全可靠，是设计中值得注意的问题。本文结合重庆市大渡口区跳蹬镇沟口村回头湾滑坡和重庆市万盛区东林煤矿矸石山滑坡治理工程中的抗滑短桩，对其治理效果和节约经费、缩短工期进行了探讨。

1.4.2　抗滑短桩在土质滑坡治理中的应用实例

1. 工程概况

重庆市大渡口区某滑坡治理工程位于重庆市大渡口区跳蹬镇沟口村回头湾的山麓斜坡地带；斜坡地形总体呈“扇形”展布，前缘为地势较低的沟谷，后缘为砂岩陡崖，属浅丘剥蚀斜坡地貌。场地发生滑坡共分两期，第一期为古滑坡，发生年代已较久远，滑坡周界模糊，据地质勘察测绘，滑坡纵向长约350m，横向宽250m，上小下大，平面呈扇形；前缘高程为308.60m，后缘高程为241.11m，高差为67.49m，滑坡主方向为335°；该期滑坡已趋于稳定状态。第二期滑坡：发生于2003年5月的一次暴雨，该滑坡周界明显，纵向长约150m，横向宽200m；前缘高程为280.39m，后缘高程为307.10m，高差为

26.71m；滑体最厚12.70m，平均厚度为10.00m。

场区地质构造较简单，位于石桥铺向斜的南东翼，为单斜岩层产出，岩层倾角较缓，其产状为：倾向102°，倾角64°。根据场地地勘报告，场区内发育两组构造裂隙，特征如下：

①裂隙J_1：倾向213°，倾角88°，裂面较平直，多呈闭合状，无充填物，结合程度一般，裂隙间距3.0m，贯通性差，延伸长度约2.0m。

②裂隙J_2：倾向320°，倾角82°，裂面成曲面状，裂隙宽度：1～3mm，裂隙面呈锈色，为铁锰质充填，结合程度一般，裂隙间距2.5m，延伸长度约1.5m，裂隙较为发育。

场区内除滑坡外，无断层通过、无地下洞室等不良地质作用。

2. 滑坡的物质组成及主要岩土参数

（1）滑坡的物质组成

1）滑体

该滑坡的滑体为残坡积层，岩性以紫褐色粉质黏土为主，夹砂、泥岩块碎石，总体土石比约6:4，多呈硬塑状。据钻探和山地工程揭示，滑体厚度具有中前部稍厚、向后缘逐渐变薄的特征。

本次在钻孔及探井共采取6组滑体土样（粉质黏土）进行常规的室内物理力学性质试验。

2）滑动面（带）

该滑坡的滑面（带）土岩性为粉质黏土，紫褐色、褐色，软塑状，质纯，黏性强，刀切面光滑。本次勘察在各钻孔、探井中多处揭露滑面、滑带。

本次在探井中共采取3组滑带土样（粉质黏土）进行大剪试验，采取6组滑带土样（粉质黏土）进行常规的室内物理力学性质试验。

3）滑床特征

钻探和井探揭示该滑坡是沿基岩面产生的，也就是说滑床是由滑面以下未滑动的基岩（砂岩：灰色、灰白色，中粒结构，中厚层构造）组成。

本次在钻孔中共采取岩样6组进行物理力学性质试验。

（2）主要岩土参数

1）滑带土

滑带土的抗剪强度指标c、φ值的确定是抗滑支挡设计成败的关键，一般可用土的剪切试验、根据滑坡过去或现在的状态进行反算以及选用经验数据三方面来获得[19]。

用剪切试验方法确定滑动面土的抗剪强度指标：根据滑坡的滑动性质用剪切试验确定滑带土的抗剪强度指标，关键在于尽可能地模拟它的实际状态，只有这样才能获得符合实际情况的数值。土样在剪切试验过程中，随着剪切变形的增加，剪切应力逐渐增加。当剪切破裂面完全形成时，剪切应力达到峰值（即峰值抗剪强度），然后随变形的增加，剪切应力逐渐下降，最终趋近于一稳定值（即残余抗剪强度）。对于已滑动并仍在活动的滑坡，由于滑动面已经完全形成，滑动面土原状结构已遭受破坏，所以应取残余值。

用反算法确定滑动面土的抗剪强度指标：滑坡的每一次滑动都可以看成是一次大型的模型试验，只要弄清滑动瞬间的条件，就可以求出该条件下滑动面土的抗剪强度指标。通常假定滑坡体即将滑动的瞬间处于极限平衡状态，令其剩余水平下滑力为零，按稳定系数为1.00（根据现场调查的滑坡所处稳定状态，反算时的稳定系数可取0.95～1.03）的极限平衡条件反算滑动面土的抗剪强度指标。反算法所求出c、φ值的可靠性取决于反算条件是否完全具备与可靠。实践证明，只要反算条件可靠，所得指标就能较好地反映土的力学性质。因此，反算法得到较广泛的应用。根据滑动面土的性质不同，滑坡极限平衡状态抗剪强度指标的推算可分为综合c法、综合φ法及兼有c、φ法。

用经验数据确定滑动面土的抗剪强度指标：根据过去的经验发现，滑坡的发生具有一定规律，比如构成滑动面的土往往是某些性质特别软弱的土层，风化的泥质岩层及含有蒙脱石等矿物的黏性土，滑动时滑动面土的含水量也比较高，或滑动面被水湿润。因此，可以从以往治理滑坡所积累的资料里，根据滑动面土的组成、含水情况等和现有滑坡进行工程地质类比，参考选用指标。需要指出的是，使用经验数据要特别注意地质条件的相似性。

为治理滑坡选用滑带土抗剪强度指标的目的：在于求出设置治理滑坡工程措施部位的滑坡推力大小，供设计抗滑措施需要。

为治理滑坡选用滑带土抗剪强度指标的原则：为保证在一定年限内（一般为50年）应保护的设施能正常使用，所修建的抗滑措施需要承担的滑坡推力，在选用校算推力时，滑带土的抗剪强度指标应采用在今后一定年限内可能出现的最小c、φ值。包括3个方面：促使c、φ值变化的各因素可能出现的最不利组合；各治理措施建成后对c、φ值变化的影响及形成影响所需的时间；对选用的c、φ值其可靠性如何。

①大剪试验。

为确定滑带的抗剪强度参数，除常规试验外，于2005年4月20日～4月30日从滑坡现场采取原状土样进行了3组室内大剪试验。大剪试验采用的规程主要为《土工试验规程》SL264-2001和《野外大面积直剪试验规程》YSJ221-90。

图1-58　结构面直剪仪

大剪试验采用的试验仪器：试验采用自行研制的岩石结构面直剪设备，其剪切盒的平面形状为正方形，尺寸为250mm×250mm，高度为250mm。岩石结构面直剪仪如图1-58所示，由水平加压系统和垂直加压系统组成。水平加压由手动加压千斤顶加压，并通过传感器及电子应变仪测量水平荷载。垂直加压系统由油压千斤顶和压力表来施加。

大剪试验的试验方法：直剪试验按下列公式计算法向应力σ、剪切应力τ：

$$\sigma = P/A,\ \tau = Q/A$$

式中　σ——作用在剪切面上的法向应力（kPa）；

τ——作用在剪切面上的剪切应力（kPa）；

P——作用在剪切面上的总法向荷载（kN）；

Q——作用在剪切面上的总剪切荷载（kN）；

A——剪切面面积（m^2）。

按此公式计算出所需施加的法向应力。对应的压力表读数见表1-30。

压 力 换 算 **表 1-30**

施加的法向应力（kPa）	压力表读数（kPa）
100	2.3
200	4.6
300	6.9

根据室内物性试验，测出土的重度，根据其天然重度确定土的用量。将称好的土样分成三份，将其中一份装入剪切盒中，然后放上加压板及千斤顶，施加垂直压力 30min 左右，待变形稳定后卸载。重复上述步骤，以同样的方法将另两份也装入剪切盒。

试样制作完成后，在试样上部放上加压板、滚珠、传力板和千斤顶，然后装上水平和垂直百分表。待这些工作结束后，打开上下剪切盒的固定键，然后施加垂直荷载，加到预定压力后使其恒定不变，然后以每级荷载 30s 的速度施加水平荷载，测试度量每级荷载下的水平位移和竖向位移。起始水平荷载按垂直荷载的 10% 施加。当某级水平荷载下的位移超过前一级剪切位移的 1.5～2 倍时，改为 5% 施加；当水平荷载不再增加或水平位移急剧增加时，认为试样已经破坏，此时终止试验。如果无这两种情况出现，则当剪切变形达到试样宽度的 1/10 时，停止试验。试验每组做三个试件，三个试件分别在垂直荷载为 100kPa、200kPa、300kPa 下剪切。

大剪试验的试验成果：根据实测资料分别计算正应力、剪应力、切向位移，并绘制剪应力 τ 与剪切位移 s 关系曲线，根据关系曲线确定各法向应力下的剪应力残值 τ，绘制法向应力 σ 与其对应的剪应力残值曲线。其试验曲线见图 1-59。原位直剪试验成果表 1-31。

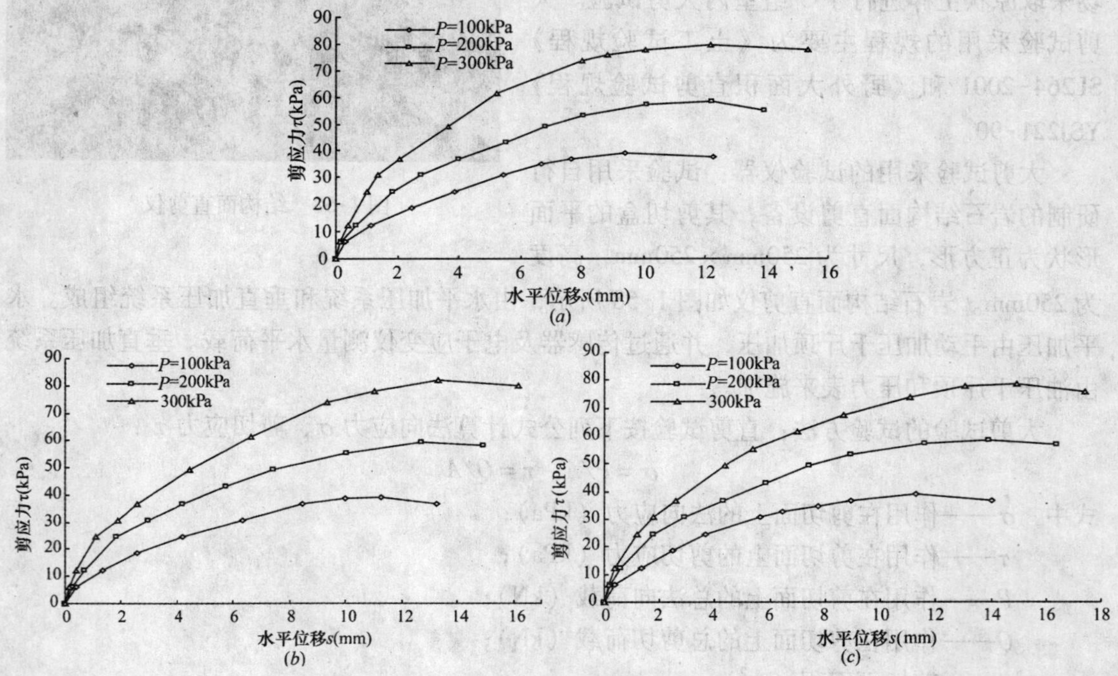

图 1-59 滑带土样试验曲线

(*a*) 第 1 组滑带土样试验的 $\sigma-\tau$ 曲线；(*b*) 第 2 组滑带土样试验的 $\sigma-\tau$ 曲线；(*c*) 第 3 组滑带土样试验的 $\sigma-\tau$ 曲线

原位直剪试验成果表 **表 1-31**

试验编号	法向应力 σ（kPa）	抗剪试验剪应力残值 τ（kPa）
第 1 组	100	38.93
	200	58.35
	300	79.70
第 2 组	100	39.05
	200	59.42
	300	81.96
第 3 组	100	38.93
	200	58.60
	300	78.68

用最小二乘法的统计结果见图 1-60 和表 1-32 所示。

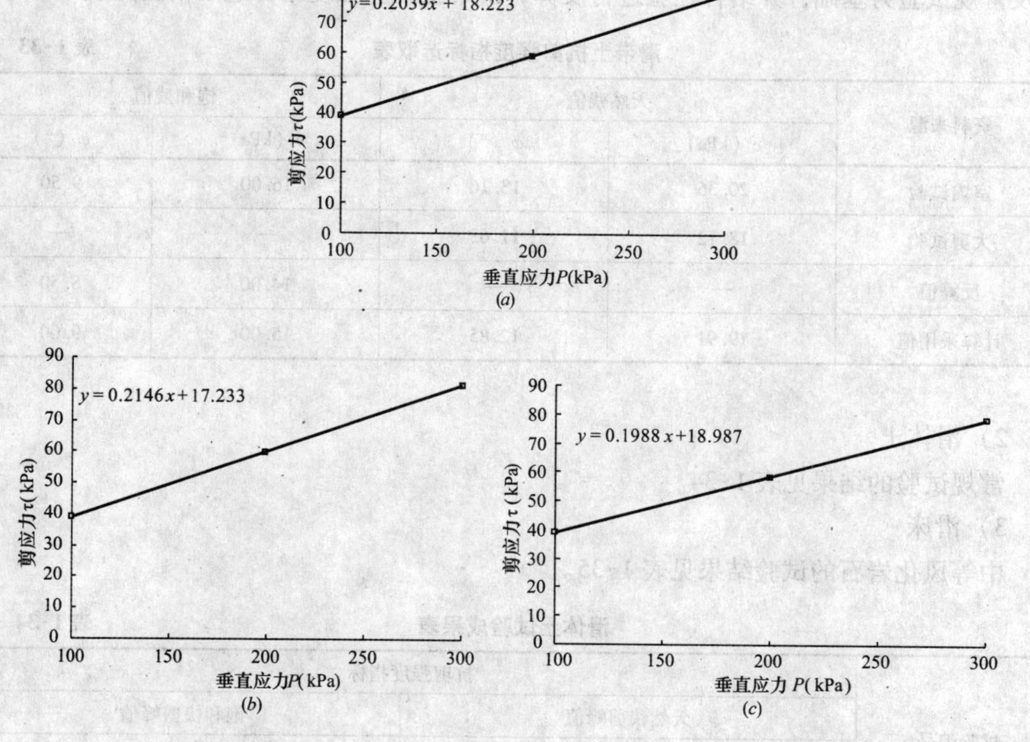

图 1-60　滑带土样试验曲线（*a*）～（*c*）

（*a*）第 1 组滑带土样试验的 $\sigma-\tau$ 曲线；（*b*）第 2 组滑带土样试验的 $\sigma-\tau$ 曲线；（*c*）第 3 组滑带土样试验的 $\sigma-\tau$ 曲线

原位直剪试验成果表　　表 1-32

试验编号	黏聚力（kPa）	内摩擦角
第 1 组	18.22	11°31′
第 2 组	17.23	12°07′
第 3 组	18.99	11°14′

注：滑带土样的试验平均值：黏聚力为 18.12kPa；内摩擦角为 17°38′。

②常规剪切试验

试验成果（略）。

③反算法

对代表性剖面反算，反算时，饱和状态稳定性系数取 0.98，滑带土的反算 c、φ 值见表 1-33。

为了确保其可靠性，对每一个滑坡滑动面土的抗剪强度指标，通常都同时从上述 3 个方面来获取数据，然后经过分析整理，确定设计使用值。

本滑坡滑带土抗剪强度指标的选取：由于该滑坡已经产生了滑动，故稳定性计算时滑带土抗剪强度指标采用残值，本次滑坡稳定性计算滑带土抗剪强度指标的选取是以大剪试验及常规试验为基础，并结合经验进行反算，滑带土抗剪强度指标选取情况见表 1-33。

滑带土抗剪强度指标选取表　　表 1-33

资料来源	天然残值		饱和残值	
	c（kPa）	φ（°）	c（kPa）	φ（°）
室内试验	20.36	13.16	16.00	9.50
大剪试验	18.12	11.63	—	—
反算值	—	—	14.00	8.50
计算采用值	19.91	12.85	15.00	9.00

2）滑体土

常规试验的结果见表 1-34。

3）滑床

中等风化岩石的试验结果见表 1-35。

滑体土试验成果表　　表 1-34

试验编号	抗剪强度指标			
	天然快剪峰值		饱和快剪峰值	
	黏聚力 c（kPa）	内摩擦角 φ（°）	黏聚力 c（kPa）	内摩擦角 φ（°）
1	33.74	26.05	29.94	25.24
2	33.17	25.13	30.32	25.42

续表

试验编号	抗剪强度指标			
	天然快剪峰值		饱和快剪峰值	
	黏聚力 c（kPa）	内摩擦角 φ（°）	黏聚力 c（kPa）	内摩擦角 φ（°）
3	33.50	25.36	30.12	25.31
4	33.90	25.61	30.14	24.87
5	33.49	25.48	30.47	25.05
6	33.74	25.63	30.83	25.02
样本数	6	6	6	6
平均值	33.59	25.54	30.30	25.15
标准差	0.26	0.31	0.32	0.21
变异系数	0.01	0.02	0.02	0.02
标准值	33.38	25.39	30.15	25.05

3. 滑坡治理

(1) 设计参数

1) 滑坡类别：浅层土质滑坡。

2) 滑坡推力安全系数为1.05（工程安全等级为三级）。

3) 设计工况：滑体自重+汽车荷载+暴雨。

中等风化泥岩试验成果表 **表1-35**

试验编号	抗拉强度 δ_τ（MPa）	抗剪强度指标 图解法		弹性模量 E（$\times10^4$MPa）	泊松比 μ	重度（kN/m^3）		含水率（%）	单轴抗压强度（MPa）	
		φ（°）	c（MPa）			天然	饱和		天然	饱和
1	0.470	34.30	1.7	0.295	0.34	24.2	24.6	1.31	7.10	5.00
	0.460			0.286	0.32				6.90	4.80
	0.460			0.267	0.36				6.80	4.60
2	0.500	33.65	1.8	0.305	0.34	24.2	25	1.30	7.40	4.60
	0.520			0.324	0.34				6.80	3.90
	0.460			0.298	0.35				7.40	4.60
3	0.510	34.77	1.7	0.286	0.37	24	24.9	1.29	7.30	4.50
	0.490			0.274	0.4				6.80	4.20
	0.450			0.268	0.36				7.00	4.30
4	0.400	34.40	1.5	0.252	0.38	24.3	24.4	1.36	7.00	4.30
	0.450			0.267	0.38				6.80	3.70
	0.410			0.284	0.36				6.40	3.30

续表

试验编号	抗拉强度 δ_τ（MPa）	抗剪强度指标 图解法		弹性模量 E（$\times 10^4$MPa）	泊松比 μ	重度（kN/m^3）		含水率（%）	单轴抗压强度（MPa）	
		φ（°）	c（MPa）			天然	饱和		天然	饱和
5	0.460	35.50	1.6	0.259	0.4	23.9	24.6	1.34	6.90	4.00
	0.440			0.266	0.38				7.10	3.50
	0.420			0.270	0.37				6.40	4.10
6	0.490	34.40	1.7	0.330	0.32	24.2	24.7	1.32	7.20	4.60
	0.460			0.306	0.33				6.80	4.20
	0.430			0.312	0.35				7.10	4.00
样本数	18	6	6	18	18	6	6	6	18	18
平均值	0.460	34.503	1.667	0.286	0.358	24.133	24.700	1.320	6.956	4.233
标准差	0.033	0.609	0.103	0.023	0.024	—	—	—	0.285	0.451
变异系数	0.072	0.018	0.062	0.079	0.068	—	—	—	0.041	0.107
统计修正系数	0.970	0.985	0.949	0.967	1.028	—	—	—	0.983	0.956
标准值	0.446	34.000	1.581	0.277	0.368	—	—	—	6.837	4.046

4）岩土参数[20]：

①滑体土：$\gamma = 20.3$kN/m^3，$c = 30.0$kPa，内摩擦角 $\varphi = 25°$。

②滑带土：$\gamma = 20.3$kN/m^3，饱和残剪：$c = 15.0$kPa，内摩擦角 $\varphi = 9.0°$。

③坡顶附加荷载：汽－10 级。

④中风化岩石天然抗压强度标准值：6.0MPa。

⑤滑坡推力：482.4kN/m（图 1-61 和表 1-36）。

（2）治理措施

根据场地边坡的工程地质特征，结合场地抗滑桩的平面布置要求以及笔者近 20 年从事滑坡的设计、施工与研究经验，对该滑坡采用人工挖孔抗滑桩（常规的全长抗滑桩和抗滑短桩）＋排水沟进行永久性支护（图 1-62 和图 1-63）。

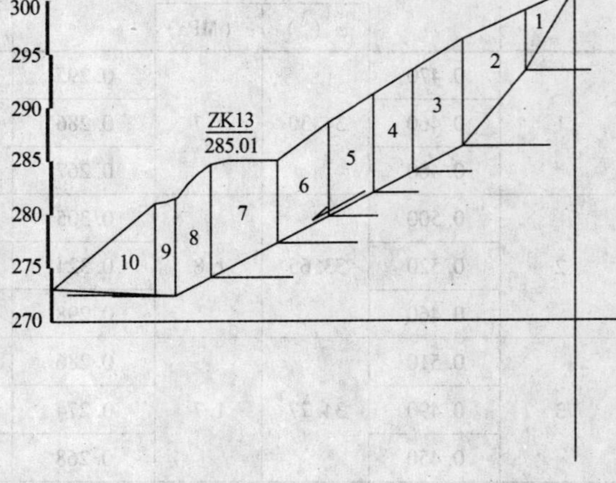

图 1-61　计算条块划分

抗滑短桩共连续布置 3 根，即 12 号桩、13 号桩和 14 号桩，其余桩均为全长抗滑桩。

1）桩间距为 4000mm，全长抗滑桩断面为 1500mm × 2000mm，抗滑短桩的断面为 1200mm × 1500mm。

2）桩的嵌岩深度：

对于抗滑短桩，桩应嵌入岩石内不少于 5.0m。

对于常规的全长抗滑桩，桩应嵌入中等风化岩石内不少于 5.0m。

3）桩的混凝土强度等级为 C30，桩护壁混凝土强度等级为 C20。

4）钢筋：HPB235（Q235），HRB335（20MnSi）。

5）桩应跳孔施工。

6）桩基施工应严格按《建筑桩基技术规范》JGJ94-2008 执行。

7）按文献[21]，本设计应采用动态设计法（根据信息施工法及施工勘察反馈的资料，确认原设计条件有较大变化时，及时补充、修改原设计的设计方法）。

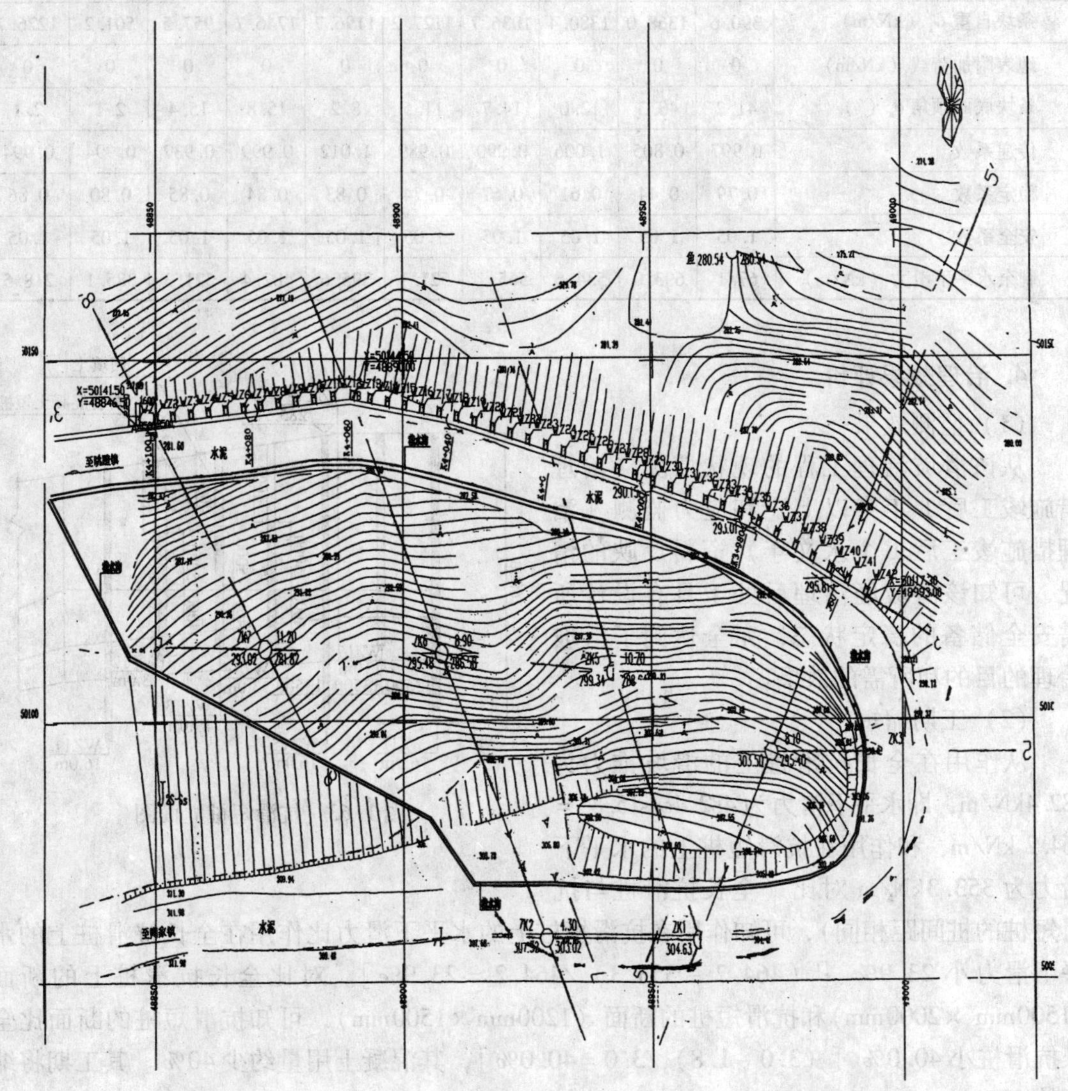

图 1-62　滑坡治理工程平面布置图

滑坡推力计算（规范法） 表 1-36

条 块 号	1	2	3	4	5	6	7	8	9	10
条块土体黏聚力（kPa）	15.0	15.0	15.0	15.0	15.0	15.0	15.0	15.0	15.0	15.0
条块土体内摩擦角（°）	15.0	15.0	15.0	15.0	15.0	15.0	15.0	15.0	15.0	15.0
条块滑动面长度（m）	10.4	9.0	7.4	6.0	6.6	7.4	10.0	5.4	2.9	14.5
天然重度（kN/m^3）	19.5	19.5	19.5	19.5	19.5	19.5	19.5	19.5	19.5	19.5
饱和重度（kN/m^3）	20.3	20.3	20.3	20.3	20.3	20.3	20.3	20.3	20.3	20.3
条块天然面积（m^2）	13.0	49.0	49.0	40.0	45.0	40.0	66.0	36.0	20.0	40.0
条块饱和面积（m^2）	6.7	20.1	20.7	12.5	12.1	20.3	22.3	12.4	5.4	21.8
条块自重 G_i（kN/m）	390.6	1368.0	1380.4	1036.7	1127.2	1196.7	1746.7	957.5	501.2	1226.7
地表附加荷载（kN/m）	0	0	0	0	0	0	0	0	0	0
条块底面倾角 θ_i（°）	41.2	40.3	12.0	14.7	11.5	8.2	15.8	15.4	2.1	2.1
传递系数	0.997	0.805	1.006	0.990	0.989	1.012	0.999	0.937	0.994	0.994
稳定系数	0.79	0.44	0.61	0.67	0.74	0.83	0.84	0.85	0.80	0.86
安全系数	1.05	1.05	1.05	1.05	1.05	1.05	1.05	1.05	1.05	1.05
剩余水平下滑力（kN/m）	67.1	693.0	534.6	565.1	521.1	395.6	482.4	521.3	385.1	218.5

4. 治理效果评价

（1）监测效果

从该滑坡治理工程的现状情况（治理措施竣工后 1 年半以上）和应力监测（治理措施竣工后 1 个水文年）资料反映的情况，可知该滑坡经治理后处于具有设计所需安全储备的稳定状态，完全达到了滑坡治理的目的和所需的效果。

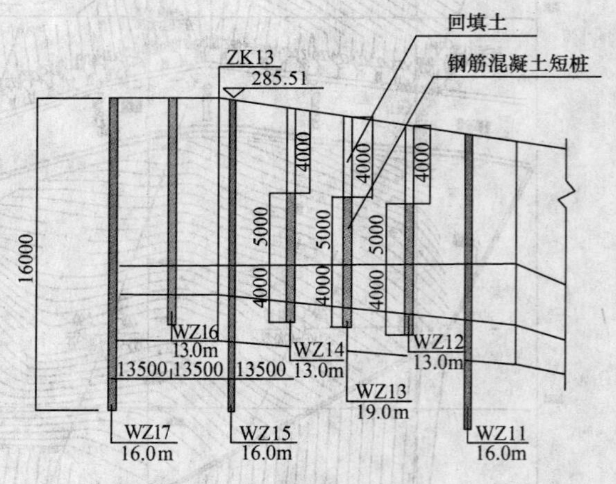

图 1-63 抗滑短桩立面图

（2）工期缩短

从作用在全长抗滑桩上的滑坡推力为 482.4kN/m，即水平下滑力为 482.4cos15.8° = 464.2 kN/m，和作用在抗滑短桩上的水平下滑力为 353.3kN/m 对比（全长抗滑桩与抗滑短桩的桩间距相同），可知作用在抗滑短桩上的水平下滑力比作用在全长抗滑桩上的水平下滑力小 23.9% ［（464.2 − 353.3）/464.2 = 23.9%］。对比全长抗滑桩上的断面（1500mm ×2000mm）和抗滑短桩的断面（1200mm × 1500mm），可知抗滑短桩的断面比全长抗滑桩小 40.0% ［（3.0 − 1.8）/3.0 = 40.0%］，其混凝土用量约少 40%。其工期将缩短约 30%。

（3）社会经济效益

滑坡前缘为部分民房，滑坡中前部为重庆市大渡口区跳蹬镇至九龙坡区陶家镇的公路。滑坡一旦整体失稳将严重影响附近居民的正常生活和交通，对其治理将极大地缓解当地居民的恐慌心理，稳定社会秩序，故有着明显的社会效益。

如果全部采用抗滑短桩，由抗滑短桩的断面比全长抗滑桩小40.0%可知，其钢筋混凝土的用量将减少40.0%以上，其支挡结构的费用将减少约40.0%。

1.4.3 抗滑短桩在矸石山滑坡治理中的应用实例

1. 工程概况

重庆市万盛区东林煤矿矸石山滑坡位于重庆市万盛区胡家沟社的山麓斜坡地带，近年来，因连续降雨，导致其弃矸场产生滑坡，致使民房、耕地、农田受损，给国家和人民财产造成了较大损失，并发生了人员伤亡，严重影响了社会稳定和企业形象。为保证弃矸场地和坡脚已建建筑物的安全，需对该矸石山进行治理。因该矸石山目前已发生垮塌，其矸石堆积体较松散，无黏性，且堆积量较大，约40万m^3，在降雨量较大时，特别是暴雨长时间作用下，可能导致泥石流地质灾害的发生。为保护场地下方部分民房和胡家沟至甘家坪公路的安全，对其实施工程治理是十分必要的、紧迫的。

场地地形总趋势为由西往东逐渐升高，坡角10°~40°，局部可达60°，最高点+516m（东侧三级矸石山平台），最低点+310m（西侧胡家沟），其中二级矸石山形成一平台，高程408.00m左右，高差总体为206m，场地中部均被上部垮塌的煤矸石堆积，且为松散堆积。场地内地层结构较复杂，主要由第四系全新统杂填土（Q_4^{ml}：以灰色、灰黑色为主，由石灰岩碎块、黏性土、煤矸石碎块及少量砂组成，石质含量一般80%~90%，局部60%，粒径2.00~8.00cm，个别20.00cm，结构松散，潮湿，无胶结，易垮孔）、坡残积黏土（Q_4^{dl+el}：黄色、褐黄色，硬塑—可塑，黏性较好，无摇震反应，干强度中等，韧性中等，刀切面较光滑，稍有光泽）、三叠系下统嘉陵江组四段（T_{1j}^4）泥质灰岩、三叠系下统嘉陵江组三段（T_{1j}^3）泥质灰岩夹钙质泥岩组成。

滑体为弃矸，滑面为弃矸场底部土石分界面的黏土及杂填土形成的软弱面；滑床为基岩。基岩岩体中主要发育两组裂隙：裂隙Ⅰ：280°∠78°，裂隙面较平直，延伸长度一般大于2m，宽3~6mm，局部黏土充填，间距1.5~4.0m；裂隙Ⅱ：175°∠85°，裂隙面平直，延伸长度1.5~5.0m，宽2~7mm，间距2~4m，裂隙多呈闭合状。场地水文地质条件简单，地下水较贫乏。

2. 工程措施

（1）计算参数[22]

1）天然状态下，土体重度$\gamma=14.37kN/m^3$，$c=15.5kPa$，$\varphi=13°$；饱和状态下，土体重度$\gamma=14.77kN/m^3$，$c=14.5kPa$，$\varphi=10°$。

2）滑带土：$c=13.5kPa$，$\varphi=9°$。

3）强风化岩石基底摩擦系数$\mu=0.3$。

4）中风化岩体承载力特征值2000kPa。

桩嵌固段地基的水平承载力特征值，$f_H=k_{H\eta}f_{rk}=0.90\times0.40\times3.99=1.43MPa$；

桩嵌固段地基的水平抗力系数：$100MN/m^4$。

5）根据可能的经济损失（此次灾害已造成3000多万元的损失）和保护对象（矸石

山下村民及村级公路，耕地和农田约200亩)，按《地质灾害防治工程设计规范》DB50/5029—2004规定，本次防治工程安全等级为二级。抗滑稳定设计安全系数 $K_s=1.15$。

（2）设置抗滑短桩处的剩余水平下滑力

第 i 块剩余水平下滑力 E_i 采用传递系数法按下式计算，其结果见表1-37。

$$E_i=\psi_i E_{i-1}+F_{st}W_i\sin\alpha_i-W_i\cos\alpha_i\tan\varphi_i-c_il_i$$

其中：传递系数 $\psi_i=\cos(\alpha_{i-1}-\alpha_i)-\sin(\alpha_{i-1}-\alpha_i)\tan\varphi_i$

支挡部位下滑推力计算结果 **表1-37**

饱和状态	2—2剖面	1—1剖面	10—10剖面
1号挡墙	1114kN/m		877kN/m
2号挡墙		272kN/m	

（3）抗滑短桩内力分布

按设桩处下滑推力1114kN/m计算，抗滑短桩的内力分布见图1-64。

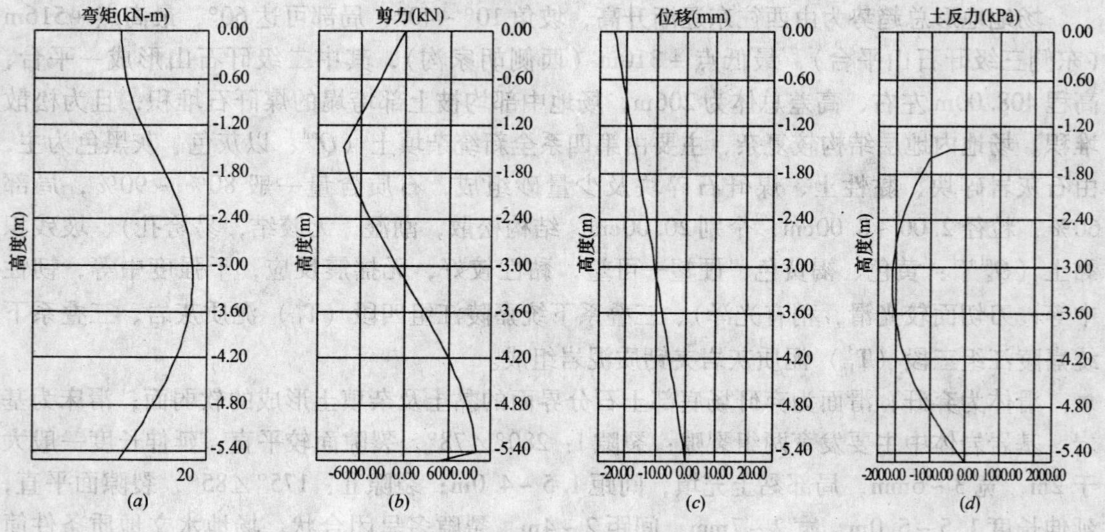

图1-64 抗滑短桩内力分布

（4）方案优选

据场地边坡的工程地质特征，结合场地边坡的平面布置要求，本次设计提出如下2个方案进行综合比选：

1）方案1：

①对高程在456.00m以上地段边坡，采用削坡减载（削坡后地形的高宽比不陡于1:2.5）。

②对1号挡墙采用重力式抗滑挡墙，2号挡墙采用抗滑短桩+重力式抗滑挡墙（图1-65）。

③重力式挡墙嵌入强风化岩层不小于0.5m，抗滑短桩嵌入中风化岩层不小于2.0m。

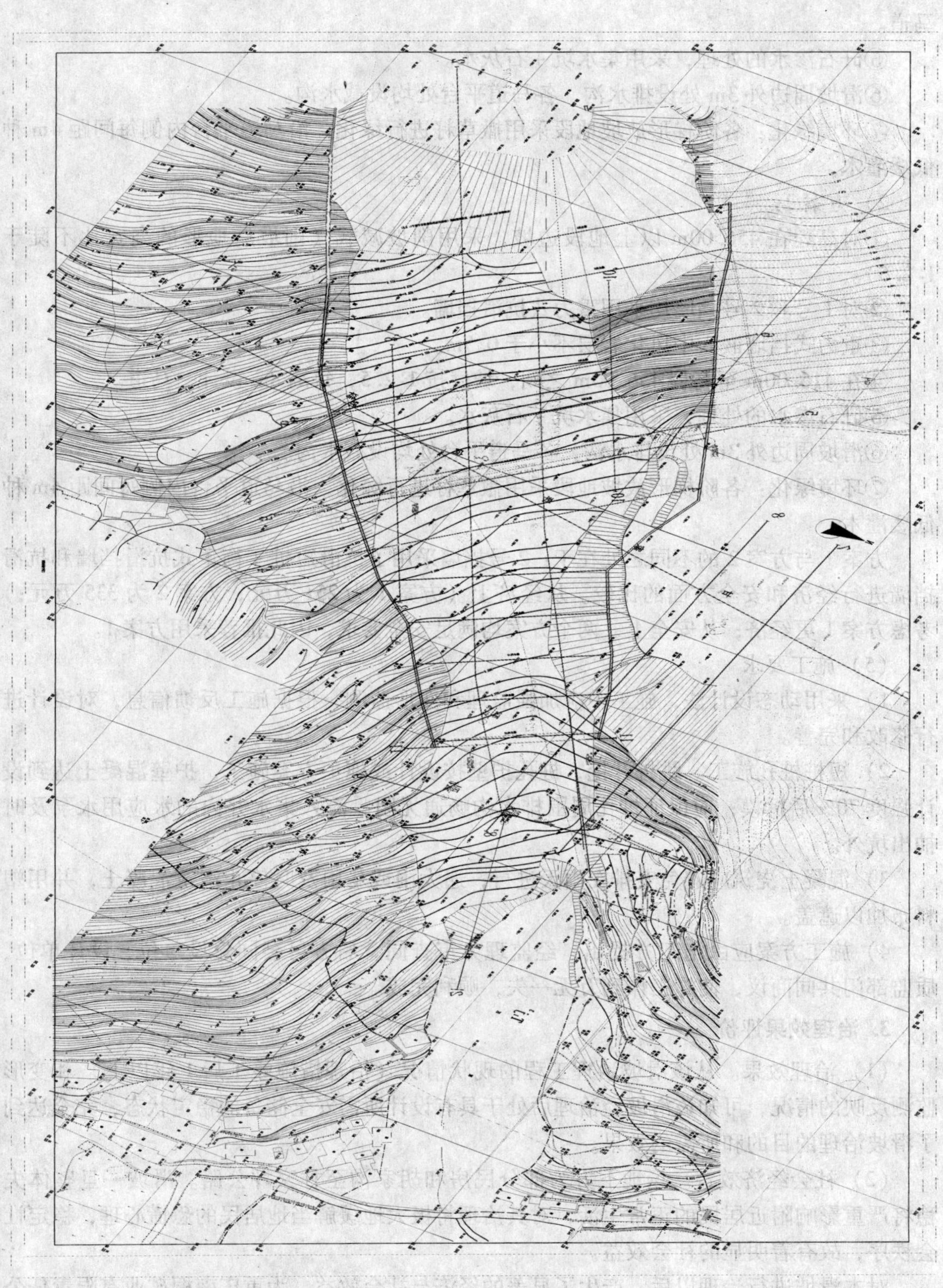

图 1-65　滑坡治理平面图

④在416.00m至高程456.00m之间，按1∶2.5放坡，每高差8m设计一宽度为2m的马道。

⑤矸石渗水的处理，采用集水坑+石灰水。

⑥滑坡周边外3m处设排水沟，各马道平台处均设截水沟。

⑦环境绿化：各阶梯形放坡地段采用撒草籽进行绿化，沿马道平台内侧每间距4m种低矮灌木。

2）方案2：

①对高程在456.00m以上地段边坡，采用削坡减载（削坡后地形的高宽比不陡于1∶2.5）。

②对1号和2号挡墙均采用重力式抗滑挡墙。

③重力式挡墙嵌入中风化岩层不小于0.5m。

④在416.00m至高程456.00m之间，坡度按1∶2.5，每高8m设计一马道。

⑤矸石渗水的处理，采用集水坑+石灰水。

⑥滑坡周边外3m处设排水沟，各马道平台处均设截水沟。

⑦环境绿化：各阶梯形放坡地段采用撒草籽进行绿化，沿马道平台内侧每间距4m种低矮灌木。

方案1与方案2的不同之处在于：2号挡墙采用了抗滑短桩+衡重式抗滑挡墙和抗滑挡墙进行经济和安全方面的比较。从经济上（方案1为251万元；方案2为335万元；）考虑方案1更经济；从安全上，两个方案均满足安全要求，因此推荐采用方案1。

（5）施工要求

1）采用动态设计法，施工中应加强监理和变形监测，根据施工反馈信息，对设计进行修改和完善。

2）短桩桩孔施工。跳桩开挖，桩孔护壁按设计或施工方案施工，护壁混凝土达到设计强度70%后拆模；应保证桩孔周围排水沟畅通无阻；流入集水井内的水应用水泵及时抽出坑外。

3）混凝土浇筑应避免安排在雨天进行；遇大雨或暴雨及时停止浇筑混凝土，并用塑料布加以遮盖。

4）施工方案应由施工方提出，经监理方审查同意后方可会同建设单位、设计单位、质监部门共同商议，使施工作到万无一失，顺利完成。

3. 治理效果评价

（1）治理效果。从该滑坡治理工程的现状情况（治理措施竣工后1年以上）和变形监测反映的情况，可知该滑坡经治理后处于具有设计所需安全储备的稳定状态，完全达到了滑坡治理的目的和所需的效果。

（2）社会经济效益。场地下方为部分民房和胡家沟至甘家坪公路。滑坡一旦整体失稳将严重影响附近居民的正常生活，对其治理将极大地缓解当地居民的恐慌心理，稳定社会秩序，故有着明显的社会效益。

对本滑坡进行治理以后，产生了显著的经济与社会效益。为重庆南桐矿业有限责任公司提供了满足放坡要求的弃矸场地。

2　树根桩设计与施工

2.1　树根桩设计

2.1.1　引言

树根桩实际上是一种小直径（通常为 $\phi100 \sim \phi250$mm）的钻孔灌注桩[23]。20 世纪 30 年代由意大利 Fondedile 公司首创。由于树根桩所形成的桩基形状如同“树根”（图 2-1）而得名。树根桩是利用小型钻机按设计直径，钻进至设计深度，然后放入钢筋笼，同时放入灌浆管，注入水泥浆或水泥砂浆，结合碎石骨料成桩。树根桩可用于加层改造工程的地基加固、在既有建筑物下施工地下隧道时对既有建筑物基础的托换，或用于边坡上建筑物以及码头下提高地基承载力和边坡稳定性。

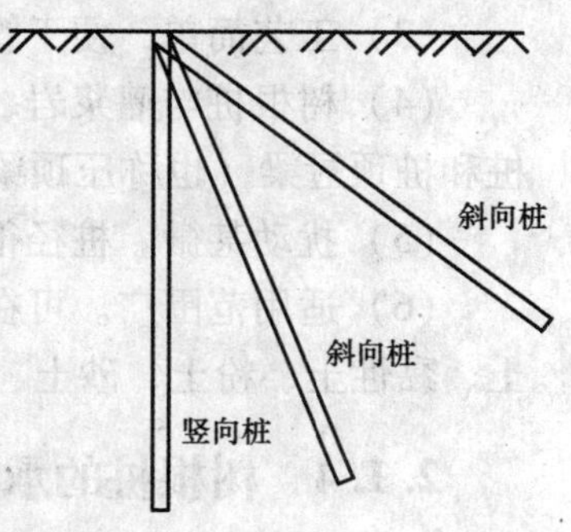

图 2-1　树根桩剖面示意图

树根桩可以根据需要，做成垂直的，即竖向桩；树根桩也可以是倾斜的，即斜向桩，多束树根桩形成网状结构的斜桩型。树根桩可以是单根的，也可以是成束的。树根桩可以是端承桩，也可以是摩擦桩。

树根桩在处理地基基础的不均匀沉降和承载力的问题上得到了广泛应用，并取得了诸多成功的工程实例。但是，树根桩在处理边坡的稳定性方面的应用却相对比较少，树根桩作为一种支挡结构形式，无论是国家和行业标准《建筑边坡工程技术规范》GB 50330-2002、《地基基础设计规范》GB 50007-2002、《建筑地基处理技术规范》JGJ79-2002、《既有建筑地基基础加固技术规范》JGJ 123-2000、《建筑基坑支护技术规程》JGJ120-99，还是重庆市强制性地方标准《建筑边坡支护技术规范》DB5018-2001，均未纳入。

树根桩作为一种支护结构形式，具有直径小，施工机具轻便，投入少；竖向树根桩能提供土层所不能满足需要的承载能力，斜向树根桩能提供侧向抗力等优点。竖向和斜向树根桩能在土质边坡的支护中充分发挥其优势，做到“少花钱，多办事”，起到事半功倍的作用，并将在支护结构形式中占有一席之地。

2.1.2　树根桩的支挡体系作用原理

竖向钢筋混凝土树根桩主要承受竖向荷载，即主要为受压构件。斜向的钢筋混凝土树根桩主要承受水平荷载，即主要为受拉构件。通过竖向的钢筋混凝土树根桩和斜向的钢筋混凝土树根桩的有机结合，同时灌浆对桩周岩、土体力学性能具有一定的改良作用，浆液固结后的网状浆脉将松散的土体连接成整体，有效提高被加固土体的抗剪强度，达到稳定边坡的作用。因此，树根桩就构筑成这样一种复合挡土结构，可以用作深基坑开挖的围护结构，滑坡治理中的挡土抗滑动结构，即新型支挡结构体系。

树根桩支挡体系作用的原理是：

（1）通过树根桩改变岩、土体破坏、失稳时的滑移面，在滑移面上增加阻力点，使之不能成为一个连续面而增长滑移路径。

（2）树根的作用是使土体形成单个的小整体，增加土体的整体性。

（3）灌浆的结果改变树根桩桩周岩、土体力学性能，提高其抗剪强度。

2.1.3 树根桩的优点

（1）占具空间小，室内外均可施工。所需施工场地较小，一般平面尺寸 0.6m × 1.8m，净空高度 2.2m 就能施工。

（2）设备简单，便于搬迁。由于施工设备小，施工时噪声小，振动小，对已有而需保护的建筑物比较安全。

（3）工艺简单，便于管理。所有操作都可在地面上进行，施工比较方便。

（4）树根桩与灌浆岩、土体紧密结合。压力灌浆使树根桩与边坡岩、土体紧密结合，桩和桩顶冠梁（也称压顶梁）联结成一整体。

（5）扰动甚微。桩径很小，因而施工对边坡原有的岩、土体几乎不产生扰动。

（6）适用范围广。可在各种类型的土中施工树根桩，即树根桩适用于淤泥、淤泥质土、黏性土、粉土、砂土、碎石土及人工填土等组成的边坡加固工程。

2.1.4 树根桩的承载力估算

1. 按荷载试验确定

（1）竖向抗压树根桩的单桩承载力可按单桩荷载试验确定。

竖向抗压树根桩的单桩承载力可通过单桩竖向静荷载试验确定。在同一条件下的试桩数量，不宜少于总桩数的 1%，且不宜少于 3 根。

单桩的竖向静荷载试验应满足以下要求：

①试验的加载方式，应采用慢速维持荷载法。

②由于树根桩的单桩承载力不大，通常可采用堆载法进行荷载试验。

③开始试验的时间，应在桩身强度达到设计强度后，才能进行。

④加荷分级不应小于 8 级，每级加载量宜为预估极限荷载的 1/8 ~ 1/10。

⑤测读桩沉降量的间隔时间：每级加载后，每 5、10、15min 时各测读一次，以后每隔 15min 读一次，累计 1h 后每隔 30min 读一次。

⑥在每级荷载作用下，桩的沉降量连续两次在每小时内小于 0.1mm 时，可视为稳定。

⑦符合下列条件之一时，可终止加载：

A. 当荷载-沉降（Q-s）曲线上有可判定极限承载力的陡降段，且桩顶总沉降量超过 40mm。

B. 后一次的沉降增量与前一次的沉降增量之比大于或等于 2，且经 24h 尚未达到稳定。

C. 25m 以上的非嵌岩桩，Q-s 曲线呈缓变形时，桩顶总沉降量大于 60 ~ 80mm。

D. 在特殊条件下，可根据具体要求加载至桩顶总沉降量大于100mm。

⑧卸载观测：

A. 每级卸载值为加载值的2倍。

B. 卸载后隔15min读一次，读两次后，隔30min读一次，即可卸下一级荷载。全部卸载后，隔3～4h再读一次。

⑨单桩竖向极限承载力应按下列方法确定：

A. 作荷载-沉降（Q-s）曲线和其他辅助分析所需的曲线。

B. 当陡降段明显时，取相应于陡降段起点的荷载值。

C. 当出现后一次的沉降增量与前一次的沉降增量之比大于或等于2，且经24h尚未达到稳定时，取前一级荷载值。

D. Q-s 曲线呈缓变型时，取桩顶总沉降量 $s=40$mm 所对应的荷载值。

E. 按上述方法判断有困难时，可结合其他辅助分析方法综合确定。对桩基沉降有特殊要求者，应根据具体情况选取。

F. 参加统计的试桩，当满足其极差不超过平均值的30%时，可取其平均值为单桩竖向极限承载力。极差超过平均值的30%时，宜增加试桩数量并分析离差过大的原因，结合工程具体情况确定极限承载力。

G. 将单桩竖向极限承载力除以安全系数2，为单桩竖向承载力特征值 R_a。

（2）抗拔树根桩的单桩承载力可按单桩抗拔试验确定。

（3）承担水平荷载的树根桩可按单桩荷载试验确定。

单桩水平承载力特征值取决于桩的材料强度、截面刚度、入土深度、土质条件、桩顶水平位移允许值和桩顶嵌固情况等因素，应通过现场水平荷载试验确定。必要时，可进行带承台桩的荷载试验，试验宜采用慢速维持荷载法。

当作用于桩基上的外力主要为水平力时，应根据使用要求对桩顶变位的限制，对桩基的水平承载力进行验算。当外力作用面的桩距较大时，桩基的水平承载力可视为各单桩的水平承载力的总和。当承台侧面的土未扰动或回填密实时，应计算土抗力的作用。当水平推力较大时，宜设置斜桩。

2. 树根桩的单桩承载力确定

可参考同类工程资料确定。

3. 树根桩的单桩承载力确定

可按以下要求进行估算。

（1）树根桩为竖向抗压桩：

树根桩的竖向抗压桩包括竖向抗压的摩擦桩和竖向抗压的端承桩。

①树根桩为竖向抗压的摩擦桩。

树根桩为竖向抗压的摩擦桩时，其单桩承载力可按下式估算：

$$R_a = \sum q_i l_i U_p \tag{2-1}$$

式中 R_a——单桩竖向承载力特征值（kN）；

U_p——桩身周边的长度（m）；

q_i——第 i 层土的桩侧阻力特征值（kPa）；

l_i——第 i 层土中的厚度（m）。

②树根桩为竖向抗压的端承桩。

树根桩为竖向抗压的端承桩时，其单桩承载力可按下式估算：

$$R_a = q_{pa}A_p \tag{2-2}$$

式中 R_a——单桩竖向承载力特征值（kN）；

q_{pa}——桩端岩土承载力特征值（kPa）；

A_p——桩底端横截面面积（m^2）。

（2）树根桩为抗拔桩。

树根桩为抗拔桩时，其单桩承载力可按下式估算：

$$R_t \leqslant 0.8\pi dlf \tag{2-3}$$

式中 R_t——单桩抗拔承载力特征值（kN）；

d——树根桩的直径（m）；

l——树根桩的锚固段长度（m）；

f——树根桩的砂浆或混凝土与岩土间的粘结强度特征值（MPa）。

（3）树根桩为承担水平荷载的桩。

①配筋率小于 0.65% 的树根桩，其单桩水平承载力特征值可按下式估算：

$$R_{ha} = (0.75\alpha\gamma_m f_t W_0/\gamma_M) \times (1.25 + 22\rho_g) \tag{2-4}$$

式中 α——桩的水平变形系数；

γ_m——桩截面模量塑性系数，圆形截面 $\gamma_m = 2$，矩形截面 $\gamma_m = 1.75$；

f_t——桩身混凝土抗拉强度设计值，按表 2-1 取值；

γ_M——桩身最大弯矩系数，按表 2-5 取值；当单桩基础和单排桩基纵向轴线与水平方向相垂直时，按桩顶铰接考虑；

ρ_g——桩身配筋率。

W_0——桩身换算截面受拉边缘的截面模量，圆形截面为：

$$W_0 = \pi d[d^2 + 2(\alpha_E - 1)\rho_g d_0{}^2]/32$$

方形截面为：$W_0 = b[b^2 + 2(\alpha_E - 1)\rho_g b_0{}^2]/6$

式中 d——桩直径；

d_0——扣除保护层厚度的桩直径；

b——方形桩截面边长；

α_E——钢筋弹性模量 E_s 与混凝土弹性模量 E_c 的比值；钢筋弹性模量 E_s 按表 2-2 取值，混凝土弹性模量 E_c 按表 2-3 取值。

混凝土抗拉强度设计值 **表 2-1**

强度种类	混凝土强度等级													
	C15	C20	C25	C30	C35	C40	C45	C50	C55	C60	C65	C70	C75	C80
f_c	7.2	9.6	11.9	14.3	16.7	19.1	21.1	23.1	25.3	27.5	29.7	31.8	33.8	35.9
f_t	0.91	1.10	1.27	1.43	1.57	1.71	1.80	1.89	1.96	2.04	2.09	2.14	2.18	2.22

钢筋弹性模量 E_s（$\times 10^5 N/mm^2$） **表 2-2**

种　　类	E_s
HPB235 级钢筋	2.1
HRB335 级钢筋、HRB400 级钢筋、RRB400 级钢筋、热处理钢筋	2.0

混凝土弹性模量 E_c（$\times 10^4 N/mm^2$） **表 2-3**

混凝土强度等级	C15	C20	C25	C30	C35	C40	C45	C50	C55	C60	C65	C70	C75	C80
E_c	2.20	2.55	2.80	3.00	3.15	3.25	3.35	3.45	3.55	3.60	3.65	3.70	3.75	3.80

桩的水平变形系数 α 可按以下要求确定：

桩的水平变形系数 α（$1/m$）为：

$$\alpha = (mb_0/EI)^{1/5} \tag{2-5}$$

式中　m——桩侧土水平抗力系数的比例系数；

b_0——桩身的计算宽度（m）；树根桩通常为圆形桩，$b_0 = 0.9\ (1.5d + 0.5)$。

地基土水平抗力系数的比例系数 m，宜通过单桩水平静载试验确定，当无静载荷试验资料时，可按表 2-4 取值。

地基土水平抗力系数的比例系数 m 值 **表 2-4**

序号	地基土类别	钢桩 m (MN/m^4)	钢桩 相应单桩在地面处水平位移（mm）	灌注桩 m (MN/m^4)	灌注桩 相应单桩在地面处水平位移（mm）
1	淤泥；淤泥质土；饱和湿陷性黄土	2~4.5	10	2.5~6	6~12
2	流塑（$I_L > 1$）、软塑（$0.75 < I_L \leq 1$）状黏性土；$e > 0.9$ 粉土；松散粉细砂；松散、稍密填土	4.5~6.0	10	6~14	4~8
3	可塑（$0.25 < I_L \leq 0.75$）状黏性土、湿陷性黄土；$e = 0.75 \sim 0.9$ 粉土；中密填土；稍密细砂	6.0~10	10	14~35	3~6
4	硬塑（$0 < I_L \leq 0.25$）、坚硬（$I_L \leq 0.25$）状黏性土、湿陷性黄土湿陷性黄土；$e < 0.75$ 粉土；密实老填土；中密中粗砂	10~22	10	35~100	2~5
5	中密、密实的砾砂、碎石类土	–	–	100~300	1.5~3

注：1. 当桩顶水平位移大于表列数值或灌注桩配筋率较高（≥0.65%）时，m 值适当降低；当钢桩的水平向位移小于 10mm 时，m 值适当提高。

2. 当水平荷载为长期或经常出现的荷载时，应将表列数值乘以 0.4 降低采用。

②配筋率不小于0.65%的树根桩，其单桩水平承载力特征值可按下式估算：

$$R_{ha}=0.75[(\alpha^3 EI)/\gamma_x]x_{0a} \tag{2-6}$$

式中 EI——桩身抗弯刚度，对于钢筋混凝土桩，$EI=0.85E_cI_0$；其中 E_c 为混凝土弹性模量，I_0 为桩身换算截面惯性矩：圆形截面为 $I_0=W_0d_0/2$；矩形截面为 $I_0=W_0b_0/2$；

x_{0a}——桩顶允许水平位移；

γ_x——桩顶水平位移系数，按表2-5取值。

桩顶（身）最大弯矩系数 γ_M 和桩顶水平位移系数 γ_x **表2-5**

桩顶约束情况	桩的换算埋深（α_h）(m)	γ_M	γ_x
铰接、自由	4.0	0.768	2.441
	3.5	0.750	2.502
	3.0	0.703	2.727
	2.8	0.675	2.905
	2.6	0.639	3.163
	2.4	0.601	3.526
固　接	4.0	0.926	0.940
	3.5	0.934	0.970
	3.0	0.967	1.028
	2.8	0.990	1.055
	2.6	1.018	1.079
	2.4	1.045	1.095

注：1. 铰接、自由时的 γ_M 系桩身的最大弯矩系数，固接的 γ_x 系桩顶的最大水平位移系数。
2. 当 $\alpha_h>4$ 时，取 $\alpha_h=4.0$。

（4）桩身混凝土强度要求。

设计树根桩桩身强度时，桩身混凝土轴心抗压强度应满足下式要求：

$$N\leqslant\psi_c f_c A_{ps}+0.9f'_y A'_s \tag{2-7}$$

式中 N——荷载效应基本组合下的桩顶轴向压力设计值；

A_{ps}——扣除纵向主筋截面面积后的桩身面积；

ψ_c——基桩成桩工艺系数，$\psi_c=0.7\sim0.8$；

f_c——桩身混凝土轴心抗压强度设计值，桩身混凝土等级应不小于C15；

f'_y——纵向主筋抗压强度设计值；

A'_s——纵向主筋截面面积。

2.2 树根桩施工

2.2.1 施工方法

1. 施工设备

树根桩的施工设备较为简单，主要包括以下设备：

（1）钻机。

通常为 $\phi50\sim\phi300$mm 岩芯钻机；在卵砾石层中，有时会采用土层钻机[24]，其性能参数见表 2-6。

土层钻机技术性能　　表 2-6

技术性能	单位	钻机型号					
		RPD－65LC	RPD－65HC	HB101	HB105	WD101	YTM87
钻孔直径	mm	101～137	60～80	127	—	168	105
钻孔深度	m	60	150	—	—	—	—
扭矩	N·m	4000	1000	950	6000	9300	7350
冲击次数	次/min	1350	2000	1800	1800	—	—
转速	r/min	—	—	0～140	0～55	0～212	—
给进力	kN	40	40	25	25	60	45
钻臂总长	m	2.6	2.6	6.25	6.25	9.55	4.51
电机功率	kW	50	50	74	74	74	37
质量	t	6.8	6.6	8.3	8.3	12.95	3.75
外形尺寸（长×宽×高）	m×m×m	5.7×2.1×2.3	5.7×2.1×2.3	6.6×2.3×2.2	6.6×2.3×2.2	6.6×2.1×2.7	4.5×2.0×2.3

（2）简易三角钻塔。

（3）水泵。可采用 BW—200、BW—250、BWB—250 水泵。

（4）排污泵。可采用 NL76—9 排污泵。

（5）挤压泵。

（6）灰浆搅拌机。可采用 300L 或自制 $0.8\sim0.9m^3$ 的泥浆搅拌桶。

（7）钢筋弯曲机。可采用 GW40 型钢筋弯曲机。

（8）钢筋切割机。可采用 GJ40 型钢筋切割机。

（9）机械连接设备。

树根桩的施工工具主要有：

（1）钻杆。

可采用 $\phi42$mm、$\phi50$mm 钻杆，根据需要制作成长度通常为 1.0m、1.5m、2.0m、2.5m、3.0m 的单根钻杆。

（2）钻头。可采用变径三翼钻头，翼片可根据钻孔直径来调节，施工时用螺栓固定。

（3）压浆管。可采用 $\phi32\times6$mm 无缝钢管，制作成 2.0m 一根，可直接车公母扣；若配接头时，则不能留外台阶，以防起管时卡管。

（4）压浆管夹持器。

（5）冲孔及压浆接头。

2. 施工工艺

（1）施工工艺流程

放线、放点、桩孔定位→钻机就位→钻孔→清孔→拔钻杆→插钢筋笼及注浆管→填碎石→注清水→第一次压力注浆→第二次压力注浆→桩头处理。

（2）施工方法及技术措施

1）桩的施工顺序。

由于树根桩的桩径小，其间距较小，注浆施工时通常采用间隔施工、间歇施工或增加速凝剂掺量等措施，以防止出现相邻桩冒浆和串孔现象。

树根桩的间隔施工通常采用"跳 1 桩施工"，即先施工单号桩或双号桩，然后施工双号桩或单号桩，或"跳 2 桩施工"，即先施工编号 1、4、7 的桩，然后施工编号 2、5、8 的桩或编号 3、6、9 的桩。

树根桩的间歇施工通常为前一排桩的注水强度达到设计值的 75% 以上所需要的时间。

为了使树根桩提前或快速达到强度，通常增加速凝剂。

2）确定桩位。

由测量人员根据设计施工平面图中各单桩的坐标，进行放线、放点，确定桩位。

3）钻机就位。

钻孔机可采用 MGJ—50 型等锚杆工程钻机，根据工程要求配备 150mm 回转式钻头。就位前，首先将现场垫实整平，并根据桩位铺设钻机的行走轨道。有时由于钻机不能直接在地面上就位，因此，需要搭设平台，然后再铺设轨道，施工时将钻机利用捯链吊到平台轨道上进行施工，水平移动利用撬辊进行。

4）钻孔。

由于施工通常是从室外自然地面直接往下钻孔，为此，钻孔的总长度为设计深度。开钻后，通过调整钻机动力头输出的转速的变化来适应土层的变化，使钻进过程中机身平稳。钻孔中，随着钻孔深度的增加，相应接长钻杆，每节钻杆的长度为 2m，需接数节钻杆，加上钻头本身自带的 1.5m 长钻杆，就可以满足设计要求的深度。

钻孔成孔难度大时，可采用以下方法进行处理：

①泥浆护壁。钻机钻进过程中，由于土层为人工杂填土等情况，为防止塌孔，现场准备泥浆池，配置泥浆，钻进过程中，由钻杆注入，进行泥浆护壁。在粉质黏土层、黏土层钻进时，施工不断由钻杆注入清水，可自成泥浆护壁。而钻孔中不断有泥浆冒出，在现场挖两个或数个泥浆坑（根据需要确定其尺寸，如 3m×3m×1.5m），将钻孔冒出的泥浆排入泥浆坑。

②套管护壁。在采用泥浆护壁仍不能阻止塌孔时，可采用套管护壁。套管大都采用钢套管，有时也可采用 PVC 套管；通常，在钻孔的深度不大时，采用 PVC 套管，而在钻孔的深度较大时采用钢套管。

③换钻头。钻孔作业中，碰到大的混凝土块或原有建筑物等的大放脚基础时，应将钻

头换成筒式钻头进行钻孔。

在需要采用“干钻”施工作业时，也可采用“麻花钻”成孔。

5）清孔。

钻机达到设计深度后，将钻杆提起200mm左右，注入清水开动钻机空钻，进行清孔作业，到孔中流出的泥浆比重小于1.2为止，从而完成置换泥浆清孔的目的。

6）插钢筋笼及注浆管。

清孔后逐节拔钻杆，插入钢筋笼。三角形的钢筋笼分截制作，插入时上下两节钢筋笼竖向钢筋采用焊接连接，其接头钢筋面积在同一截面不大于1/3。在钢筋笼的中心绑扎一根ϕ4的PVC管，作为注浆管，注浆管的下端距孔底为300mm左右，钢筋笼的三侧设定位块。

钢筋笼在定位块的约束下，垂直插入桩孔内，施工中注意防止将周围的土带入孔内，将孔堵塞。钢筋笼完全插入后，其顶端外露的注浆管与高压泥浆泵的高压胶管接头连接，高压胶管管接头与PVC管子箍紧。

7）填料。

在钢筋笼下入孔内之后，直接往孔内填入粒径5~15mm的碎石。下碎石料时不宜太快，下料过程中，应轻轻敲击钢筋笼，以保证填料密实。

当采用碎石和细石填料时，填料应经清洗，投入量不应小于计算桩孔体积的0.9倍，填灌时应同时用注浆管注水清孔。

8）注浆。

注浆材料可采用水泥浆液、水泥砂浆或细石混凝土。

当采用碎石填灌时，注浆应采用水泥浆，并应满足以下要求：

①当采用一次注浆时，泵的最大工作压力不应低于1.5MPa。开始注浆时，通常需要1MPa的起始压力，将浆液经注浆管从孔底压出，接着注浆压力宜为0.1~0.4MPa，使浆液逐渐上冒，直至浆液泛出孔口停止注浆。

②当采用二次注浆时，泵的最大工作压力不应低于4MPa。待第一次注浆的浆液初凝时方可进行第二次注浆，浆液的初凝时间根据水泥品种和外加剂掺量确定，可控制在45~60min范围。

第二次注浆压力宜为2~4MPa，二次注浆不宜采用水泥砂浆和细石混凝土，而通常采用水泥浆液。

注浆可采用BW—250型等高压泥浆泵。注浆采用52.5R普通硅酸盐水泥，注意搅拌罐中严禁有杂物及硬块，最后进行打压注浆，直到水泥浆溢出孔外为止。

第一次注浆后稳定45~60min左右，再进行第二次注浆，第二次注浆应边注浆边将注浆管向外拔。

9）拔出注浆管。

拔管后应立即在桩顶填充碎石，并在1~2m范围内补充注浆。

2.2.2 施工要求

1. 施工准备

（1）树根桩施工应具备以下资料：

1）边坡或基坑场地的岩土工程勘察报告。

2）边坡或基坑工程设计施工图及图纸会审纪要。

3）边坡或基坑工程相邻场地的地下管线、地下构筑物、精密仪器车间等的调查资料。

4）边坡或基坑工程相邻场地已有建筑的相关资料，如：建筑层数、结构类型、基础形式、修筑年代等。

5）边坡或基坑工程相邻场地已有建筑的现状裂缝调查资料。

6）主要施工机械及其配套设备的技术性能资料。

7）树根桩工程的施工组织设计。

8）水泥、砂、石、钢筋或型钢等原材料及其制品的检测报告。

9）有关荷载、施工工艺的试验参考资料。

(2) 钻孔机具及工艺的选择，应根据桩型、钻孔深度、土层情况、泥浆排放及处理条件综合确定。

(3) 树根桩工程的施工组织设计。

树根桩工程的施工组织设计应结合工程特点，有针对性地制定相应质量管理措施，主要应包括以下内容：

1）施工平面图：标明桩位、编号、施工顺序、水电线路和临时设施的位置；采用泥浆护壁成孔时，应标明泥浆制备设施及其循环系统。

2）确定成孔机械、配套设备以及施工工艺的有关资料，当采用泥浆护壁时，应有泥浆的处理措施。

3）施工作业计划和劳动力组织计划。

4）机械设备、备件、工具、材料供应计划。

5）树根桩工程施工时，对安全、防雨和环境保护等方面应按相关规定执行。

6）保证工程质量、安全生产和季节性施工的技术措施。

(4) 成桩机械应经鉴定合格，不得使用不合格机械。

(5) 施工前应组织图纸会审，会审纪要连同设计施工图等应作为施工依据，并列入工程档案。

(6) 树根桩工程施工用的供水、供电、道路、排水、临时房屋等临时设施，应在开工前准备就绪，施工场地应保证施工机械能正常作业。

(7) 树根桩工程轴线的控制点和水准点应设在不受施工影响的地方。

(8) 用于施工质量检验的仪表、器具的性能指标，应符合现行国家相关标准的规定。

2. 一般规定

(1) 不同桩型的适用条件应符合以下规定：

1）泥浆护壁钻孔灌注桩宜用于地下水位以下的黏性土、粉土、砂土、填土、碎石土及风化岩层。

2）冲孔灌注桩除宜用于上述地层外，还能穿透旧基础、建筑垃圾填土或大孤石等障碍物。

3）干作业钻孔灌注桩宜用于地下水位以上的黏性土、粉土、中等密实以上的砂土、填土及风化岩层。

(2) 成孔设备就位后，应平整、稳固，确保在成孔过程中不发生倾斜和偏移。应在成孔机具上设置控制深度的标尺，并应在施工中进行观测记录。

(3) 成孔的控制深度应符合以下要求：

1) 摩擦型桩：摩擦桩应以设计桩长控制成孔深度；端承摩擦桩应保证设计桩长及桩端进入持力层深度。

2) 端承型桩：当采用钻、冲成孔时，应保证桩端进入持力层的设计深度。

(4) 灌注桩成孔施工的允许偏差应满足表 2-7 的要求。

灌注桩成孔施工允许偏差 **表 2-7**

成孔方法	桩径允许偏差（mm）	垂直度允许偏差（%）	桩位允许偏差（mm）
泥浆护壁钻、冲孔桩	±50	1	$d/4$ 且不大于 150
干作业成孔	70	1	150

注：d 为树根桩直径。

(5) 钢筋笼制作、安装的质量应符合以下要求：

1) 钢筋笼的材质、尺寸应符合设计要求，制作允许偏差应符合表 2-8 的规定。

钢筋笼制作允许偏差 **表 2-8**

项　　目	允许偏差（mm）
主筋间距	±10
箍筋间距	±20
钢筋笼直径	±10
钢筋笼长度	±100

2) 分段制作的钢筋笼，其接头宜采用焊接或机械接头（钢筋直径大于 20mm），并应符合国家现行标准《钢筋机械连接通用技术规程》JGJ107、《钢筋焊接及验收规程》JGJ18 和《混凝土结构工程施工质量验收规范》GB 50204 的规定。

3) 加劲箍宜设在主筋外侧，当因施工工艺有特殊要求时也可置于内侧。

4) 导管接头处外径应比钢筋笼的内径小 100mm 以上。

5) 搬运和吊装钢筋笼时，应防止变形，安放应对准孔位，避免碰撞孔壁和自由落下，就位后应立即固定。

(6) 粗骨料可选用卵石或碎石，其粒径不得大于钢筋间最小净距的 1/3。

(7) 检查成孔质量合格后应尽快灌注混凝土。每个灌注台班不得少于 1 组试件；每组试件应留 3 个试块。

(8) 在正式施工前，宜进行试成孔。

(9) 施工现场所有设备、设施、安全装置、工具配件等应经常检查，确保完好和使用安全。

(10) 树根桩施工不应出现缩颈和塌孔。

2.2.3 质量检验

1. 一般规定

(1) 树根桩工程应进行桩位、桩长、桩径、桩身质量和单桩承载力的检验。

（2）树根桩工程的检验按时间顺序可分为施工前检验、施工检验和施工后检验。

（3）对砂、石子、水泥、钢材等桩体原材料质量的检验项目和方法应符合国家现行有关标准的规定。

2. 施工前检验

（1）施工前应具备下述资料：

1）岩土工程勘察资料。

2）邻近建筑物和地下设施类型、分布及结构质量情况。

3）工程设计施工图、设计要求及需达到的标准，检验手段。

（2）施工前应严格对桩位进行检验。

（3）树根桩施工前应进行下列检验：

1）混凝土拌制应对原材料质量与计量、混凝土配合比、坍落度、混凝土强度等级等进行检查。

2）钢筋笼制作应对钢筋规格，机械连接接头规格和品种，焊条规格、品种，焊口规格、焊缝长度、焊缝外观和质量，主筋和箍筋的制作偏差等进行检查，钢筋质量检验标准应符合表2-9的要求。

混凝土灌注桩钢筋笼质量检验标准 **表2-9**

项	序	检查项目	允许偏差或允许值（mm）	检查方法
主控项目	1	主筋间距	±10	用钢尺量
	2	长　度	±100	用钢尺量
一般项目	1	钢筋质材检验	设计要求	抽样送检
	2	箍筋间距	±20	用钢尺量
	3	直　径	±10	用钢尺量

3. 施工检验

（1）树根桩工程的桩位验收，除设计有规定外，应按下述要求进行：

1）当桩顶设计标高与施工场地标高相同时，或桩基施工结束后，有可能对桩位进行检查时，桩基工程的验收应在施工结束后进行。

2）当桩顶设计标高低于施工场地标高，送桩后无法对桩位进行检查时，对灌注桩可对护筒位置做中间验收。

（2）树根桩施工过程中应进行下列检验：

1）灌注混凝土前，应按JGJ94-2008第6章有关施工质量要求，对已成孔的中心位置、孔深、孔径、垂直度、孔底沉渣厚度进行检验。

2）对嵌岩桩的地基，可通过检验岩石单轴抗压强度检验地基的承载力是否达到设计要求，可采用室内试验。单项工程试样数不少于6个，对桩基工程每桩不少于1个。

4. 施工后检验

（1）根据不同桩型应按表2-10规定检查成桩桩位偏差。

灌注桩的平面位置和垂直度的允许偏差　　表2-10

序号	成孔方法	桩径允许偏差（mm）	垂直度允许偏差（%）	桩位允许偏差（mm）
1	泥浆护壁钻孔桩	±50	<1	D/6，且不大于150
2	套管成孔灌注桩	-20	<1	150
3	干成孔灌注桩	-20	<1	150

注：1. 桩径允许偏差的负值是指个别断面。
2. 采用复打、反插法施工的桩，其桩径允许偏差不受上表限制。
3. D为桩孔直径。

（2）树根桩应进行承载力和桩身质量检验。

（3）混凝土灌注桩的质量检验标准应符合表2-11的规定。

混凝土灌注桩质量检验标准　　表2-11

项	序	检查项目	允许偏差或允许值		检查方法
			单位	数值	
主控项目	1	桩位	见表2-10		基坑开挖前量护筒，开挖后量桩中心
	2	孔深	mm	+300	只深不浅，用重锤测，或测钻杆、套管长度，嵌岩桩应确保进入设计要求的嵌岩深度
	3	桩体质量检验	按基桩检测技术规范，如钻芯取样，大直径嵌岩桩应钻至桩尖下50cm		按基桩检测技术规范
	4	混凝土强度	设计要求		试件报告或钻芯取样送检
	5	承载力	按基桩检测技术规范		按基桩检测技术规范
一般项目	1	垂直度	见表2-10		测钻杆、套管，或用超声波探测，干施工时吊锤球
	2	桩径	见表2-10		井径仪或超声波探测，干施工时用钢尺量，人工挖孔桩不包括内衬厚度
	3	泥浆比重（黏土或砂性土中）	1.15~1.20		用比重计测，清孔后在距孔底50cm处取样
	4	泥浆面标高（高于地下水位）	m	0.5~1.0	目测
	5	沉渣厚度：端承桩 摩擦桩	mm mm	≤50 ≤100	用沉渣仪或重锤测量
	6	混凝土塌落度：水下灌注 干施工	mm mm	160~220 70~100	坍落度仪
	7	钢筋笼安装深度	mm	±100	用钢尺量
	8	混凝土充盈系数	>1		检查每根桩的实际灌注量
	9	桩顶标高	mm	+30 -50	水准仪，需扣除桩顶浮浆层及劣质桩体

（4）树根桩应进行承载力检验。对于成桩质量可靠性的灌注桩，应采用静载荷试验的方法进行检验，检验桩数不应少于总桩数的1%，且不应少于3根。

（5）对专用抗拔桩和对水平承载力有特殊要求的桩基工程，应进行单桩抗拔静载试验和水平静载试验检测。

（6）桩身质量应进行检验。成桩质量可靠性高的灌注桩，抽检数量不应少于桩总数的30%；成桩质量可靠性低的灌注桩，抽检数量为桩总数的100%。

（7）桩身质量除对预留混凝土试件进行强度等级检验外，尚应进行现场检测。检测方法可采用可靠的动测法，对于大直径桩还可以采取取芯法、声波透射法；检测数量可根据现行行业标准《建筑基桩检测技术规范》JGJ106确定。

（8）工程桩的外观质量缺陷，应由监理（建设）单位、施工单位等各方根据其对结构性能和使用功能影响的严重程度，按表2-12确定。

现浇结构的外观质量缺陷 表2-12

名称	现　象	严重缺陷	一般缺陷
露筋	桩内钢筋未被混凝土包裹而外露	纵向受力钢筋有露筋	其他钢筋有少量露筋
蜂窝	混凝土表面缺少水泥砂浆而形成石子外露	桩主要受力部位有蜂窝	其他部位有少量蜂窝
孔洞	混凝土中孔穴深度和长度均超过保护层厚度	桩主要受力部位有孔洞	其他部位有少量孔洞
夹渣	混凝土中夹有杂物且深度超过保护层厚度	桩主要受力部位有夹渣	其他部位有少量夹渣
疏松	混凝土中局部不密实	桩主要受力部位有疏松	其他部位有少量疏松
裂缝	缝隙从混凝土表面延伸至混凝土内部	桩主要受力部位有影响结构性能的裂缝	其他部位有少量不影响结构性能的裂缝
外形缺陷	缺棱掉角、棱角不直、翘曲不平、飞边凸肋等	有影响使用性能的外形缺陷	有不影响使用性能的外形缺陷
外表缺陷	桩表面麻面、掉皮、起砂、沾污等	有外表缺陷	有不影响使用功能的外表缺陷

5. 树根桩工程验收资料

（1）当桩顶设计标高与施工场地标高相近时，基桩的验收应待基桩施工完毕后进行。

（2）树根桩验收应包括以下资料：

1）岩土工程勘察报告、桩基施工图、图纸会审纪要、设计变更单及材料代用通知单等。

2）经审定的施工组织设计、施工方案及执行中的变更单。

3）桩位测量放线图，包括工程桩位线复核签证单。

4）原材料的质量合格证和质量鉴定书。

5）半成品（如钢桩）等产品的合格证。

6）施工记录及隐蔽工程验收文件。

7）成桩质量检查报告。

8）单桩承载力检测报告。

9）基坑挖至设计标高的基桩竣工平面图及桩顶标高图。

10）其他必须提供的文件和记录。

6. 当对基桩质量有质疑时，宜采用钻芯法对成桩质量进行评价

成桩质量评价应按单桩进行。

（1）当出现下列情况之一时，应判定该受检桩不满足设计要求：

1）桩身完整性类别为Ⅳ类的桩。

2）受检桩混凝土芯样试件抗压强度代表值小于混凝土设计强度等级的桩。

3）桩长、桩底沉渣厚度不满足设计或规范要求的桩。

4）桩端持力层岩土性状（强度）或厚度未达到设计或规范要求的桩。

（2）Ⅲ类桩应进行构造处理。

（3）Ⅳ类桩应进行工程结构加固处理或采取加固边坡的措施等方案进行处理。

（4）桩身完整性分类应符合表2-13的规定。

桩身完整性类别应结合钻芯孔数、现场混凝土芯样特征、芯样单轴抗压强度试验结果，按表2-13、表2-14的特征和现行国家标准《混凝土结构工程施工质量验收规范》GB 50204进行综合判定。

桩身完整性分类表 **表2-13**

桩身完整性类别	分类原则
Ⅰ类桩	桩身完整
Ⅱ类桩	桩身有轻微缺陷，不影响桩身结构承载力的正常发挥
Ⅲ类桩	桩身有明显缺陷，对桩身结构承载力有影响
Ⅳ类桩	桩身存在严重缺陷

桩身完整性判定表 **表2-14**

桩身完整性类别	特征
Ⅰ类桩	混凝土芯样连续、完整、表面光滑、胶结好、骨料分布均匀、呈长柱状、断口吻合，芯样侧面仅见少量气孔
Ⅱ类桩	混凝土芯样连续、完整、胶结较好、骨料分布基本均匀、呈柱状、断口基本吻合，芯样侧面局部见蜂窝麻面、沟槽
Ⅲ类桩	大部分混凝土芯样胶结较好，无松散、夹泥或分层现象，但有下列情况之一： 芯样局部破碎且破碎长度不大于10cm； 芯样骨料分布不均匀； 芯样多呈短柱状或块状； 芯样侧面蜂窝麻面、沟槽连续
Ⅳ类桩	钻进很困难； 芯样任一段松散、夹泥或分层； 芯样局部破碎且破碎长度大于10cm； 混凝土明显有孔洞且长度大于10cm

7. 混凝土芯样试件抗压强度代表值应按一组三块试件强度的平均值确定

（1）同一受检桩同一深度部位有两组或两组以上混凝土芯样试件抗压强度代表值时，取其平均值为该桩该深度处混凝土芯样试件抗压强度代表值。

（2）受检桩中不同深度位置的混凝土芯样试件抗压强度代表值中的最小值为该桩混凝土芯样试件抗压强度代表值。

（3）桩端持力层岩土性状应根据芯样特征、岩石芯样单轴抗压强度试验、动力触探或标准贯入试验结果，综合判定桩端持力层岩土性状。

（4）其余要求按《建筑基桩检测技术规范》JGJ106、《建筑结构检测技术标准》GB/T50344、《钻芯法检测混凝土强度技术规程》CECS03:2007 等规范执行。

2.3 树根桩变形监测

2.3.1 支挡结构的变形控制

1. 支挡结构的变形控制标准

影响支护结构变形的因素相当复杂，对支护结构变形允许值的规定大部分地区尚无地方标准，仅个别地区有地方标准，如上海市所制定的《软土市政地下工程施工技术手册》对其变形指标进行了明确规定，其变形控制标准见表 2-15，工程实践中可通过将实测值与变形控制标准值进行比较，判断基坑的安全性。

变形控制标准 **表 2-15**

测量项目	安全或危险判别	判别法			
		变形控制标准	危险	注意	安全
墙体变位	墙体变位与开挖深度之比	F_1 = 实测（或预测）/开挖深度	$F_1>1.2\%$	$0.4\%\leqslant F_1\leqslant 1.2\%$	$F_1<0.4\%$
			$F_1>0.7\%$	$0.2\%\leqslant F_1\leqslant 0.7\%$	$F_1<0.2\%$
基坑隆起	隆起量与开挖深度之比	F_2 = 实测（或预测）/开挖深度	$F_2>1.0\%$	$0.4\%\leqslant F_2\leqslant 1.0\%$	$F_1<0.4\%$
			$F_2>0.5\%$	$0.2\%\leqslant F_2\leqslant 0.5\%$	$F_1<0.2\%$
			$F_2>0.2\%$	$0.04\%\leqslant F_2\leqslant 0.2\%$	$F_1<0.04\%$
地表沉降	沉降量与开挖深度之比	F_3 = 实测（或预测）/开挖深度	$F_3>1.2\%$	$0.4\%\leqslant F_3\leqslant 1.2\%$	$F_3<0.4\%$
			$F_3>0.7\%$	$0.2\%\leqslant F_3\leqslant 0.7\%$	$F_3<0.2\%$
			$F_3>0.2\%$	$0.04\%\leqslant F_3\leqslant 0.2\%$	$F_3<0.04\%$

注：表中墙体变位有两种判别标准，上行适用于基坑近旁无建筑物或地下管网；下行适用于基坑近旁有建筑物或地下管网。基坑隆起和地表沉降（F_2 和 F_3）有 3 种判别标准，上、中行的适用情况同墙体变位（F_1）的相同，而下行适用于对变形有特别严格要求的情况，一般对于中、下行都需进行地基加固。

《建筑地基基础设计规范》GB50007-2002 给出了建筑物的地基变形允许值，但正常使用状态下支护结构的变形允许值尚无统一的国家标准。如悬臂护坡桩的侧向位移 Δ 及由此产生周围地面下沉可使在建工程或相邻建筑物的正常使用功能受到破坏；若侧向位移 Δ 和沉降 s 过大，则相邻建筑物会下沉、倾斜、开裂，门窗变形及周围地下管网设施受损，造成断电、断气、断水等。鉴于我国目前尚未制定出统一的限制侧向位移的标准［Δ］和限制沉降的标准［s］，因此评价正常使用极限状态下的变形标准就很难统一，只能因工程建筑物环境和地质条件而定，并根据相邻建筑物的调查（建筑层数、建筑结构、地基持力层的岩土结构、地基承载力、基础的形式、基础的埋置深度等）结果，总结已有工程的经验教训和工程监测资料，参考有关文献等来确定容许变形值。

有关文献的统计资料结果（相对沉降量0.002~0.003，即0.2%~0.3%）表明，相对沉降量为0.2%~0.3%与表2-15中的地表沉降一栏的下行的判别数据相近，因此，其他地区也可参考采用表2-15的变形控制标准。

2. 支挡结构的变形控制措施

任何支护结构设计方法和理论都是基于特定的边坡类型、工程条件下提出的。因此，基于某一支护理论进行支护结构的可靠性与准确性分析，在很大程度上取决于边坡岩土体、相邻建筑物的认识的可靠程度以及对支护结构设计理论的理解和使用能力。换言之，这里涉及两个方面的问题，其一，对于边坡岩土体、相邻建筑物的认识与研究程度；其二，设计人员如何使用这些资料和信息。笔者从边坡工程的勘察、设计、施工和检测工作的经验和教训的角度，提出以下几种控制边坡变形的认识和措施。

（1）详细、准确的边坡勘察资料是控制支挡结构变形的基础

边坡勘察中，除应查明基本的水文地质条件、工程地质条件，尚应全面收集相邻建筑物的荷载、结构、基础形式及埋深，地下设施的分布、管线材料、接头情况及埋深等，并分析确定其容许变形值。

按照重庆市地方标准《工程地质勘察规范》，岩质边坡分为Ⅰ类、Ⅱ类、Ⅲ类（ⅢA类和ⅢB类）和Ⅳ类（ⅣA类和ⅣB类）；硬质岩、软质岩的强风化层及软弱岩边坡宜划为ⅣB类。在2002年强制执行的《建筑边坡工程技术规范》GB50330-2002中，明确给出了不同边坡高度、不同边坡类别采用不同的支护结构形式。因此，准确判定边坡类型就为采用合适的支护结构形式提供了可靠的依据。

（2）施加预应力是控制支挡结构的首要措施

在边坡支护中，非预应力锚固结构属于被动支护方式，当锚固结构的变形达到一定值时才提供一定的支护抗力，只有当锚固结构有较大的变形时，这种锚固结构中的支护抗力才能充分发挥，而预应力锚固结构则恰好可以直接提供这样的抗力，起到“及时顶住”的效果。在锚固工程施加预应力以后的过程中，锚索（杆）能充分发挥它具有较大的支护抗力的优势，能够防止边坡产生过量的有害变形乃至边坡失稳，确保边坡的稳定和安全。通过模拟试验和计算分析表明，预应力锚固结构的竖向变形可减少27%，而水平变形可减少50%~90%，这些减少量随预应力的增大而逐渐减少。故采取施加预应力就比不采用预应力的锚固结构在控制边坡变形方面具有更加明显的效果。这就是实际工程中对变形要求高或变形敏感的边坡常常采用预应力锚索（杆）的原因。

预应力锚固结构的预应力容易出现损失。减少应力损失的工程措施主要有：

1）增加造孔精度，减少孔斜误差。首先选择机型小、轻便、灵活的机具，便于在支护边坡的施工架子上移动。其次应牢牢固定钻机机架，不允许钻机来回摆动，以减少孔斜误差。

2）选择合适的锚具。锁定螺母、连接套及锚杆应为通过质量认证的产品，具有材质检测报告，严禁使用不合格产品。

3）改进张拉方式。逐级缓慢加荷，消除锚具变形引起的预应力损失，减少摩阻应力。

目前预应力损失值尚不能准确测试，那么预应力锚固结构的安全性系数就不能准确计算，其安全性就难以评估与判定。

(3) 逆作法施工是控制支挡结构变形的首要措施

在锚杆挡墙的支护结构中，采用逆作法、跳槽施工取得了良好的效果。逆作法就是采用自上而下的、分阶开挖与支护的一种施工方法。分阶的高度和跳槽的长度主要根据边坡的工程地质条件、边坡滑塌区范围建筑物的侧向位移容许值和沉降值确定。边坡滑塌区范围可按式（2-8）估计。

$$L = H/\tan\theta \tag{2-8}$$

式中 L——边坡坡顶塌滑区边缘至坡底边缘的水平投影距离（m）；

H——边坡的高度（m）；

θ——边坡的破裂角（°）。对于土质边坡可取（45°＋φ）/2，φ为土体的内摩擦角；对岩质边坡可按有建筑边坡工程技术规范中第6.3.4条的规定确定。

分阶开挖与支护的目的，就是使卸荷作用的应力调整缓慢发生；边坡应随开挖随锚固，使无支承条件下的边坡所暴露的时间尽可能的短，所暴露的面积尽可能的少。

跳槽施工的目的，就是利用岩土体的自身潜力来限制边坡变形。锚杆成孔采取“跳钻”，即在水平方向上每隔2～3个锚杆孔位，并随即完成插筋、注浆作业，使扰动范围降低到最小程度。

(4) 动态设计法和信息化施工法是控制支挡结构变形的重要措施

动态设计法就是根据信息施工法及施工勘察反馈的资料，确认原设计条件有较大变化时，及时补充、修改原设计的设计方法。信息化施工法就是根据施工现场的地质情况和监测数据，对地质结论、设计参数进行再验证，对施工安全性进行判断和及时修正施工方案的施工方法。动态设计法和信息化施工法可以达到以下目的。

1）避免勘察结论失误。山区地质情况复杂、多变，受多种因素制约，地质勘察资料准确性的保证率较低，勘察主要结论失误而造成边坡工程失败的现象不乏其例。因此，在边坡施工中补充“施工勘察”，收集地质资料，查对核实原地质勘察结论，这样可有效避免因勘察结论失误而造成工程事故。

2）设计人员根据施工开挖反馈的更翔实的地质资料、边坡变形量、应力监测值等，对原设计作校核和补充、完善设计，确保工程安全，设计合理。

3）边坡变形和应力监测资料是加快施工速度或排危应急抢险，确保工程安全施工的重要依据。

(5) 设置冠梁对控制支挡结构变形具有良好效果

冠梁（设置在支护结构顶部的钢筋混凝土连梁）具有较大的截面尺寸，水平抗弯刚度不可忽视，所以，合理设计冠梁可以减少挡墙的内力与水平位移。

此外，尚有其他措施：

1）适当加大支护结构尺寸和加密锚杆，以提高支护结构的刚度。

2）对被动区土体进行加固处理是控制边坡变形的有效措施之一。

3）严格控制施工质量是控制边坡变形的关键措施。

4）缩短开挖与支护的时间。

2.3.2 支挡结构变形监测

关于支挡结构变形的计算和控制，目前还未形成完整的计算和控制理论，仅有积累的工程经验和定性认识。为此，《建筑地基基础设计规范》GB 50007、《建筑边坡工程技术规范》GB 50330 等技术文件给出了一些原则性的规定和要求。

1. 建筑边坡支挡结构变形监测依据

（1）《建筑地基基础设计规范》中的有关规定

在 GB 50007-2002 第 10 章检验与监测中关于边坡工程监测有如下规定：

1）预应力锚杆施工完成后应对锁定的预应力进行监测，监测锚杆数量不得少于总数的 10%，且不得少于 6 根。

2）边坡工程施工过程中，应严格记录气象条件、挖方、填方、堆载等情况。爆破开挖时，应监控爆破对周边环境的影响。土石方工程完成后，尚应对边坡的水平位移和竖向位移进行监测，直到变形稳定为止，且不得少于三年。

3）下列建筑物在施工期间及使用期间应进行变形观测：

①地基基础设计等级为甲级的建筑物；

②复合地基或软弱地基上的设计等级为乙级的建筑物；

③加层、扩建建筑物；

④受邻近深基坑开挖施工影响或受场地地下水等环境因素变化影响的建筑物；

⑤需要积累建筑经验或进行设计及分析的工程。

（2）《建筑边坡工程技术规范》中的有关规定

在《建筑边坡工程技术规范》GB50330-2002 第 14、16 章中给出了原则性的规定，其具体要求如下：

1）需控制变形的一级边坡工程应采取设计、施工及监测等综合措施，并根据当地工程经验采取类比法实施。

2）边坡变形控制应满足下列要求：

①工程行为引发的边坡过量变形和地下水的变化不应造成坡顶建（构）筑物开裂及其基础沉降差超过允许值；

②支护结构基础置于土层地基时，地基变形不应造成邻近建（构）筑物开裂和影响基础桩的正常使用；

③应考虑施工因素对支护结构变形的影响，变形产生的附加应力不得危及支护结构安全。

3）对边坡有较高要求时，应根据边坡周边环境的重要性、对变形的适应能力和岩土性状等因素，按当地经验确定边坡支护结构的变形允许值。

对上述要求的原因是：支护结构变形控制等级应根据周边环境条件对边坡的要求确定，可分为严格、较严格和不严格。当坡顶附近有重要建（构）筑物时除应保证边坡整体稳定性外，还应保证变形满足设计要求。边坡的变形值大小与边坡高度、地质条件、水文条件、支护结构类型、施工开挖方案等因素相关，变形计算复杂且不够成熟，有关规范均未提出较成熟的计算方法，工程实践中只能根据地区经验，采用工程类比的方法，从设计、施工、变形监测等方面采取措施控制边坡变形。

同样，支护结构变形允许值涉及因素较多，难以用理论分析和数值计算确定，工程设计中可根据边坡条件按地区经验确定。

4）需控制变形的边坡工程，应采取预应力锚杆（索）等受力后变形量较小的支护结构形式。

5）位于软弱土质地基上的边坡工程，当支护结构的地基变形不能满足设计要求时，应采取卸载、对地基和支护结构被动土压力加固等处理措施（当地基变形较大时，有关地基及被动土压力区加固方法按国家现行有关规范进行）。

6）存在临空的外倾软弱结构面的岩质边坡和土质边坡，支护结构的基础必须置于软弱面以下稳定的地层内。

7）当施工期边坡垂直变形较大时，应采取设置竖向支撑的支护结构方案。

8）对造成边坡变形增大的张开型岩石裂隙和软弱层面，可采取注浆加固。

9）边坡工程行为对邻近建（构）筑物可能引发较大变形或危害时，应加强监测，采取设计和施工措施，并应对建（构）筑物及其他地基基础进行预加固处理。

10）稳定性较差的边坡开挖方案应按不利工况进行边坡稳定和变形验算，必要时采取措施增强施工期边坡的稳定性［稳定性较差的岩土边坡（较软弱的土边坡，有外倾软弱结构面的岩石边坡、潜在滑坡等）开挖时，不利工况时边坡的稳定和变形控制应满足有关规定要求，避免出现施工事故，必要时应采取施工措施增强施工期的稳定性］。

11）锚杆施工应避免对相邻建（构）筑物地基基础造成损害。当水钻成孔可能诱发边坡和周边环境变形过大时，应采取无水成孔法。

12）支挡结构监测项目应考虑其安全等级、支护结构变形控制要求、地质和支护结构特点，根据表 2-16 进行选择。

支挡结构监测项目表 **表 2-16**

测试项目	测点布置位置	边坡安全等级		
		一级	二级	三级
坡顶水平位移和垂直位移	支护结构顶部	应测	应测	应测
地表裂缝	墙顶背后（1.0（岩质）~1.5（土质））H 范围内	应测	应测	选测
坡顶建（构）筑物变形	边坡坡顶建筑物基础、墙面	应测	应测	选测
降雨、洪水与时间关系		应测	应测	选测
锚杆拉力	外锚头或锚杆主筋	应测	选测	可不测
支挡结构变形	主要受力杆件	应测	选测	可不测
支挡结构应力	应力最大处	应测	选测	可不测
地下水、渗水与降雨的关系	出水点	应测	选测	可不测

注：1. 在边坡塌滑区内有重要建（构）筑物，破坏后果严重时，应加强对支护结构的应力监测。

2. H 为挡墙高度。

13）支挡结构应由设计单位提出监测要求，由业主委托有资质的监测单位编制监测方案，经设计、监理和业主等共同认可后实施。方案应包括监测项目、监测目的、监测方法、测点布置、监测项目报警值、信息反馈制度和现场原始状态资料记录等内容。

14）支挡结构监测应符合下列规定：

①坡顶位移观测，应在每一典型边坡段的支护结构顶部设置不少于 3 个观测点的观测网，观测位移量、移动速度和方向；

②锚杆拉力和预应力损失的监测，应选择有代表性的锚杆，测定锚杆（索）应力和预应力损失；

③非预应力锚杆的应力监测根数不宜少于锚杆总数的 5%，预应力锚索的应力监测根数不应少于锚索总数的 10%，且不应少于 3 根；

④监测方案可根据设计要求、边坡稳定性、周边环境和施工进程等因素确定。当出现险情时应加强监测；

⑤一级边坡工程竣工后的监测时间不应少于二年。

15）支挡结构监测报告应包括下列内容：

①监测方案；

②监测仪器的型号、规格和标定资料；

③监测各阶段原始资料和应力、应变曲线图；

④数据整理和监测结果评述；

⑤使用期监测的主要内容和要求。

关于边坡监测要求，GB50330-2002 未对其第 16 章内容给出有关说明，这本身也说明“边坡监测”理论与技术还很不完善，有待工程技术人员不断研究和探索。

2. 滑坡监测

（1）滑坡监测目的

为监测和掌握目前、施工期及后期运行过程中滑坡稳定的变化趋势、检验治理工程的效果，及时发现异常现象并进行分析处理，确保滑坡体上居民的生命财产安全，均有必要布置适量的监测设施。

（2）滑坡监测设计原则与依据

①以滑体表面位移和抗滑桩位移监测为主，辅以其他相应的校验监测。

②针对滑坡防治工程的需要，根据施工期和运行期不同特点，对监测进行统一规划。

③监测设备选取要满足实用性、稳定性、精确性和耐久性等要求。

④监测范围：包括整个滑坡区，重点放在滑坡后缘，抗滑工程施工处、地形突变处等。

⑤对所测资料应及时整理、处理和解释，以便对工程中存在的不安全因素及时发现和处理。

（3）滑坡监测项目

滑坡监测项目主要包括：

①位移监测，主要有大地形变、裂缝、巡视检查和深部位移。

②倾斜监测，主要有表面倾斜和深部倾斜。

③应力应变监测。

④水的动态监测，主要有地下河水位、地下水位、孔隙水压力、水量、水温。

⑤环境因素监测，主要有降雨量、气温和人类工程活动。

（4）滑坡监测要求

滑坡监测应满足下列要求：

1）监测点的设置：

①监测点应按防治工程的措施、地质条件、结构特点和观测项目来确定，并选择有代表性的部位布置。

②在开工初期，应进行仪器埋设观察，以便获得连续完整的记录。

2）监测剖面的设置。监测剖面应控制主要变形方向，原则上应与防治工程垂直和平行。每个地质灾害体上的监测纵剖面数量，对安全等级为一级的防治工程，监测纵剖面不宜少于3条；二级防治工程，不宜少于2条。单个灾害体上的纵、横剖面不应少于1条，并尽量与地质剖面一致。

3）地表变形监测点的设置。对地表变形剧烈地段的防治工程部位应重点控制，适当增加检测点和监测手段。监测熟练视防治对象的多少而确定，每条剖面上的监测点，不应少于3个。

4）监测要求：

①变形观测应以绝对位移监测为主。在剖面所经过的裂缝、支挡工程结构以及其他防治工程结构上，宜布置相对位移监测点及其他监测点。监测剖面两端要进入稳定岩（土）体并设置永久性水泥标桩作为该剖面的基准点和照准点。

②应尽量利用钻孔或平洞、竖井进行灾害体深部变形监测，并测定监测剖面上不同点的位移变化量、方向和速率。

③施工安全监测点应布置在滑坡体稳定性差部位，宜形成完整剖面，采用多种手段互相验证和补充。

④仅用地表排水的工程，应对各沟段排水流量进行监测。观测点应在修建排水沟渠时建立，主要布置在各段沟渠交接点上游10m处。

3. 基坑监测

在深基坑开挖的施工过程中，基坑内外的土体将由原来的静止土压力状态向被动和主动土压力状态转变，应力状态的改变引起土体的变形，即使采取了支护措施，一定数量的变形总是难以避免的。因此，在深基坑施工过程中，只有对基坑支护结构、基坑周围的土体和相邻构筑物进行综合、系统的监测，才能对工程情况有全面地了解，确保工程顺利进行。

（1）基坑监测的目的

对深基坑施工过程进行综合监测的目的主要有：

①根据监测结果，发现安全隐患，防止工程和环境破坏事故的发生。

②利用监测结果指导现场施工，进行信息化反馈优化设计，使设计达到优质安全、经济合理，施工简捷。

③将监测结果与理论预测值对比，用反分析法求得更准确的设计计算参数，修正理论公式，以指导下阶段的施工或其他工程的设计和施工。

（2）基坑监测项目

基坑监测项目根据基坑侧壁安全等级按表2-17执行。

基坑监测项目表 表2-17

基坑侧壁安全等级 / 监测项目	一级	二级	三级
支护结构水平位移	应测	应测	应测
周边建筑物、地下管线变形	应测	应测	宜测
地下水位	应测	应测	宜测
桩、墙的内力	应测	宜测	可测
锚杆拉力	应测	应测	可测
支撑轴力	应测	应测	可测
立柱变形	应测	应测	可测
土体分层竖向位移	应测	应测	可测
支护结构界面上侧向压力	宜测	可测	可测

（3）基坑监测技术要求

基坑现场监测应满足下列技术要求：

1）观察工作必须是有计划的，应严格按照有关的技术文件（如监测任务书）执行。这类技术文件内容，至少应该包括监测方法和使用的仪器、监测精度、测点的布置、观测周期等等。计划性是观测数据完整性的保证。

2）监测数据必须是可靠的。数据的可靠性由监测仪器的精度、可靠性以及观测人员的素质来保证。

3）观测必须是及时的。因为基坑开挖是一个动态的施工过程，只有保证及时观测才能有利于发现隐患，及时采取措施。

4）对于观测的项目，应按照工程具体情况预先设定预警值，预警值应包括变形值、内力值及其变化速率。当观测发现超过预警值的异常情况时，要立即采取应急补救措施。

5）每个工程的基坑支护监测，应该有完整的观测记录，形象的图表、曲线和观测报告。

2.3.3 支挡结构变形监测常用设备

1. 应力计和应变计原理

应力计和应变计是工程实践中最为常见的测试元件，其主要区别在于测试敏感元件与被测物体相对刚度之间的差别。这里用弹簧原理来说明此问题，将被测物体看成一个弹簧，其刚度定义为 K_1，在外荷载 P 的作用下，被测物体的变形和荷载存在如下关系：

$$P = K_1 \cdot U_1 \tag{2-9}$$

式中，U_1 为被测物体的竖向位移。

在被测物体间并联一个测试元件，其刚度为 K_2，在外荷载 P 的作用下，系统的竖向位移为 U_2，系统的变形和荷载关系为：

$$P = (K_2 + K_1) U_2 \tag{2-10}$$

将式（2-9）代入式（2-10）中，有如下结果：

$$U_1 = (K_1 + K_2)\ U_2/K_1 = (1 + K_2/K_1)\ U_2 \tag{2-11}$$

若 $K_2 \ll K_1$，则

$$U_1 \approx U_2 \tag{2-12}$$

$$P_2 = K_2 \cdot U_2 \tag{2-13}$$

将式（2-10）代入式（2-13）中有如下关系：

$$P_2 = K_2 \times P/(K_1 + K_2) = P/(1 + K_1/K_2) \tag{2-14}$$

若 $K_1 \ll K_2$，则

$$P_2 \approx P \tag{2-15}$$

由式（2-12）可知：当测试元件刚度远小于被测体刚度时，测试元件可测出系统的变形，此时，测试元件作应变计使用。

由式（2-15）可知：当测试元件刚度远大于被测体刚度时，测试元件可测出系统的荷载，此时，测试元件作应力计使用。

2. 常用几类传感器

在不同条件下，测试元件可测出系统的应力或应变，因此，测试元件被称为传感器。不论那一类传感器均是通过不同量的转换测出相应的力学量，因此，目前常用传感器有以下几类：

（1）机械式传感器，如机械式百分表、千分表等。

（2）电量式传感器，如电阻式传感器、热敏式传感器、电位式传感器、压电式传感器等，常用的产品有纸基式应变片、金属基应变片、位移传感器等。

（3）钢弦式传感器，利用钢弦内力变化转化为钢弦振动频率的变化，测量应变或应力。部分国产钢弦式传感器见表 2-18[25]。

国产钢弦式传感器 **表 2-18**

种类	钢筋应力计	土压力盒	孔隙水压力	混凝土应变计	渗水压力计
型号	GJJ10	TYJ20	TYJ25	EBJ50	TYJ36
量程	$\phi10 \sim \phi40$	0.2 ~ 6.0MPa	0.2 ~ 1.6MPa	$(-6 \sim 12) \times 10^3$ uε	0.2 ~ 1.4MPa

3. 支挡结构变形测量常用设备

支挡结构变形监测主要是测量建筑边坡坡顶、中下部及周边建筑物基础的变形，同时也需监测房屋整体的倾斜量，建筑边坡变形主要测量其水平位移和竖向位移。根据施工现场条件、周边环境、设计要求、测量精度要求和现有测量仪器情况，常采用水准仪测量建筑边坡、建筑物基础的竖向位移，用全站仪测量建筑边坡水平、竖向位移及建筑物整体倾斜。

（1）水准仪

测量地面上各点高程的工作，称为高程测量。按使用所用的仪器和实测方法不同，测量地面点高程可分为水准测量、三角高程测量和其他物理高程测量。由于水准测量快捷、精度高，地面高程测量一般采用水准测量，也称几何水准测量。

水准测量法是利用水准仪提供的水平视线，观测竖立在地面两点上的水准尺，分别读取水准尺上的读数，算出两点间的高差。利用水准测量法从一个已知的高程地面点出发可以测量出地面上任何一点的高程，其测量方法原理如图 2-2 所示。

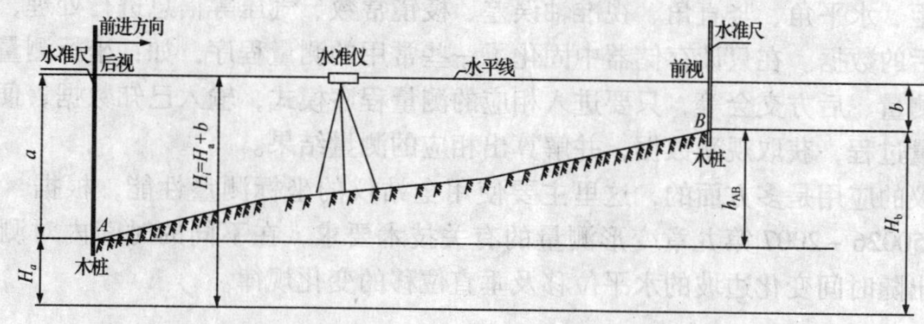

图 2-2　水准测量原理

已知 A 点高程 H_a，欲测定 B 点的高程 H_b，可在 A、B 两点上竖立水准尺，在 A、B 之间安置一台水准仪，利用水准仪提供的水平视线，分别读取 A 点上的刻度 a，B 点上的刻度 b，则 A、B 两点之间的高差为：

$$h_{AB}=a-b \tag{2-16}$$

A 点为已知高程，因此，a 称为后视读数，b 称为前视读数，地面 A 点与 B 点的高差等于后视读数减去前视读数，B 点高程为：

$$H_b=H_a+a-b \tag{2-17}$$

在建筑边坡和建筑物基础竖向位移测量中，若 A 点为不动点，B 点为建筑边坡坡顶某一测点（或建筑物基础某一测点），在不同的时间反复测量 A、B 两点之间的高差，即可测量出建筑边坡或建筑基础的竖向位移。方法如下：

1）初次测量 A、B 两点之间的高差，h_{AB}；

2）第二次（第二时间）测量 A、B 两点之间的高差，h'_{AB}。

3）计算两次测量 A、B 两点之间的高差的差值 Δ_1，$\Delta_1=h'_{AB}-h_{AB}$，若 Δ_1 为零，则此时所测 B 点无竖向位移；若 Δ_1 不为零，需判断 Δ_1 值的大小是否在仪器误差范围内，若 Δ_1 值超出仪器误差范围，则说明此次测量 B 点有竖向位移。

4）第三次（第三时间）测量 A、B 两点之间的高差，h_{AB}''，计算第三次与第一次测量 A、B 两点之间的高差的差值 Δ_2，根据 Δ_2 的差值用 3）判断 B 点是否有竖向位移。

5）按 4）的方法依时间关系反复测量 A、B 两点之间的高差，则可测量出 t_i 与 Δ_i 之间的关系，从而分析建筑边坡或建筑物基础的竖向位移。

（2）全站仪

全站仪又称全站型电子速测仪，在测站上安置好仪器后，除照准需人工操作外，其余可以自动完成，而且几乎在同一时间得到平距、高差和点的坐标。全站仪是由电子测距仪、电子经纬仪和电子记录装置三部分组成。从结构上分，全站仪可分为组合式和整体式两种。组合式全站仪是用一些连接器将测距部分、电子经纬仪部分和电子记录装置部分分别连接成的组合体。它的优点是能通过不同的构件进行灵活多样的组合，当个别构件损坏时，可以用其他部分构件代替。整体式全站仪是在一个仪器内装配测距部分、测角部分和电子记录部分。测距和测角共用一个望远镜，方向和距离测量只需一次照准，使用十分方便。

全站仪的电子记录装置是由存储器、微处理器、输入和输出部分组成。由微处理器对获取的斜距、水平角、竖直角、视准轴误差、棱镜常数、气压等信息进行处理，可以获得各种修正后的数据。在只读存储器中固化了一些常用的测量程序，如：坐标测量、导线测量、放样测量、后方交会等，只要进入相应的测量程序模式，输入已知数据，便可依据程序进行测量过程，获取观测数据，并解算出相应的测量结果。

全站仪的应用是多方面的，这里主要使用全站仪的坐标测量性能，根据《工程测量规范》GB50026－2007 第九章变形测量的有关技术要求，在不同的时间内对测点进行测量，计算出随时间变化边坡的水平位移及垂直位移的变化规律。

2.3.4 支挡结构变形监测系统

1. 常规监测网

目前，我国选用的变形监测仪器种类较多，仪器的特性与精度也不尽相同，可按仪器的特性与技术要求进行安装并测试。主要的监测方法包括大地测量法、地面摄影测量、裂缝观测和机电测量法。

(1) 大地测量法

所谓“大地测量法”系指以垂线为参照系的各种测量方法。

常用的大地测量仪器主要有：经纬仪、水准仪、视准仪、电磁波测距仪和摄影经纬仪等。

优点：由于这类方法基本上不受量程的限制，可监测边坡变形的全过程。

缺点：不便于自动化遥测。

主要的方法包括视准线法、前方交会法（前方交会分为测角交会、测边交会和测边测角交会三种）、边角网（边角网包括三角网、三边网和测边测角网三种）、水准测量和三角高程测量。

(2) 地面摄影测量

地面摄影测量的精度主要取决于 Y 距（又称纵距）及摄影仪的焦距。一般来说，纵距越小精度越高；焦距越长精度越高。因此，用地面摄影测量做边坡变形监测时，应根据边坡变形量的大小及 Y 距远近，选用适当的摄影仪。较大的滑体，Y 距一般都比较大，因此，最好在相邻测次间的变形量大于 0.1m 时才使用这种方法。由于摄影像片记录了大量的地面信息，因此，应对变形各阶段的相片进行地面摄影测量工作，以便获取监测区必要的地理信息。

(3) 裂缝观测

裂缝观测的主要任务是观测相对变形，即缝的张合变化和上下错动。

一般在裂缝的两边埋设标桩，桩顶安精密的测量标志，直接丈量两标志之间的距离（缝小时，用游标卡尺丈量；缝大时，可用钢尺或电磁波测距仪量测）即可测出裂缝的张合变化。用水准仪量测两标志之间的高差即可得出裂缝两边上下的错动值。

(4) 机电测量法

所谓“机电测量法”就是利用机械和电学原理进行变形监测。

常用的机电测量仪器主要有：激光准直仪和变位计（钻孔测斜仪、多点位移计、测缝计、渗压计、声发射仪等）。

优点：能够进行自动化观测。

缺点：量程一般不大，不能监测边坡变形发展的全过程；对环境要求较高，必须建立防护（防日光直接照射、防潮）和保护（避免人为的破坏）设施，才能保证监测工作正常进行。

机电测量方法很多，常用的方法有激光准直仪法和变位计法。

2. GPS 监测网

GPS（全球卫星定位系统，Global Positioning System，简写为 GPS）基本网由基准点和基本点组成。

基准点是进行长期连续观测的永久性 GPS 卫星观测站。每个基准站中均应配备有双频 GPS 接收机、气象元素传感器、数据通信设备及微机。

基本点是 GPS 基本网的主体，在这些点上进行定期复测时应按 GPS 测量中的最高标准进行。

采用 GPS 定位技术进行边坡变形监测具有以下优点：①观测不受气候条件限制，可进行全天候监测；②可同时进行平面位移及垂直位移监测；③可进行长期连续监测，不会漏过危险的变形信息；④从数据采集、数据处理到数据分析、管理全过程易于实现全自动化。

采用 GPS 定位技术进行边坡变形监测具有以下不足：①监测点的数量很多，如果全部进行长期连续自动化监测，需要大量的 GPS 接收机；②GPS 接收机等设备在野外无人值守的房内，安全难以得到保证。

3. 自动化监测网

边坡监测，特别是崩滑体的自动化监测，国内外都有成熟的设备和技术。

近 10 多年来，地理信息系统（Geography Information System，简写为 GIS）和全球卫星定位系统在应用于边坡监测以来，自动化监测技术又有了很大发展。

在 GIS 支持下，融 GPS、遥感（Remote Sensing）以及常规监测手段为一体，可建立完整的变形监测系统。

2.4 树根桩实例

2.4.1 树根桩的变形监测实例

以重庆市九龙坡区某办公大楼边坡治理工程变形监测实例，说明支挡结构的监测内容和方法。

(1) 工程概况

重庆市九龙坡区某办公大楼边坡治理工程位于重庆市九龙坡区杨家坪原某局办公楼地段。边坡总长约 70m，高度约 4.3 ~ 19.66m。边坡类别属于Ⅲ类岩质边坡，边坡工程安全等级为一级，边坡采用树根桩+锚杆+钢筋混凝土面板进行永久性支护。距边坡上部1~2m为7~8F的建筑物（1980年代修建，砖混结构，条形浅埋基础）。为了及时掌握边坡的变形情况，保证边坡、坡顶已有建筑物和坡脚拟建办公大楼的安全使用，重庆市九龙坡区某局委托解放军后勤工程检测中心对本边坡工程施工期间及竣工后两年期的水平位移和沉降变形监测任务，解放军后勤工程检测中心工程技术人员在熟悉有关设计图纸、相关资料和现场地形情况的基础上，制定了切实可行的变形监测方案。依据监测方案和双方签署的协议，于2007年5月23日起开始对本挡墙进行位移、沉降变形观测，至2009年05月25日止，观测了2年时间，共监测了14次，已经完成了全部监测任务，现将监测结果报告如下。

（2）监测目的、范围和内容

1）监测目的。为了及时掌握边坡在施工期间及竣工后的变形情况与发展趋势，以确保边坡、坡顶已有建筑物和坡脚拟建超高层建筑物的正常使用和安全运行，根据重庆市建委的有关文件规定要求，必须按国家和地方规范、标准对本边坡进行施工期间及竣工后长达2年时间的变形观测。通过施工期间的监测，了解挡墙和坡顶建筑物变形情况、稳定程度、预测其变形的趋势，并及时的反馈，以跟踪和控制施工进程。通过竣工后的监测及观测数据的处理与分析，获得该边坡的变形规律与变形趋势，并检验其稳定性与设计的合理性，发现异常及时向业主和设计单位报告，以便及时处理。

2）监测范围。观测范围为重庆市九龙坡区某局办公大楼边坡治理工程。

3）监测内容。监测内容为挡墙的水平位移和垂直位移。

（3）监测依据及技术标准

1）《建筑变形测量规范》JGJ8。

2）《工程测量规范》GB 50026。

3）《精密工程测量规范》GB/T12897。

4）《建筑边坡工程技术规范》GB 50330。

5）《建筑边坡支护技术规范》DB50/5018-2001。

6）《重庆市建委、重庆市规划局关于加强高切坡、深开挖建设项目管理若干问题的通知》渝建发［1999］133。

7）《边坡挡墙施工设计图》由设计单位提供。

8）工程变形监测方案及协议书。

（4）变形监测方法

1）控制点（基准点）及变形监测点的选点与埋设。

控制点是变形观测的基准点，既要稳定又要便于对监测点的观测，因此，应选在变形区之外且尽量靠近建筑物的稳定地方，以确保变形观测结果的可靠性与精度。根据现场地形情况及监测点的分布情况，建立了3个控制点，编号分别为A、B、C，构成变形监测基准网，采用独立平面坐标系和高程系，其中A为测站点，B、C为屋顶避雷针，B为定向方向，C为检查方向。测站点A埋设钢筋标志。

监测点应布置在能反映边坡和建筑物变形特征的位置上，在可能变形量较大及变形速度较快的部位应适当多布点。变形监测点应选在能够反映构筑物变形特征的位置，根据本边坡的具体情况、环境特点和观测目的，边坡顶部施工完毕后，在边坡顶部边缘布设观测点4个，编号分别为1号、2号、3号和4号，既作水平位移监测点又作沉降位移观测点，所有监测点均采取钻孔埋设为棱镜强制安置螺栓（用不锈钢加工而成），以减小目标点的对中误差和目标高的量取误差，提高变形监测数据的精度。

2）监测仪器和精度指标。

控制测量和监测点观测均使用蔡司C20ADR全站仪按二级技术要求进行观测。该仪器精度为：测角 ±1″，测距 ±（2mm +2ppm）。该仪器观测的坐标中误差可由下式计算：

$$X = S\cos\tau\sin\alpha \qquad Y = S\cos\tau\cos\alpha \qquad Z = S\tan\tau + i - v \tag{2-18}$$

取：$S = 100\text{m}$，$ms = \pm 2\text{mm}$，$m\alpha = \pm 2''$

根据中误差传播定理，该仪器观测的坐标中误差约为 ±1.5mm。

3）监测方法：

①控制点测量。

测区附近无高等级已知点，以A为测站点，假设A点的坐标为（500.000，500.000，300.000），在A点安置全站仪，以屋顶避雷针B点为定向点，并设置方位角为：0°00′00″，建立变形观测独立坐标系和高程坐标系。

②监测点观测。

在控制点A上安置全站仪，以屋顶避雷针B点为定向点，并设置方位角为：0°00′00″，在监测点上安置反光棱镜，利用全站仪的三维坐标测量功能，对监测点独立地盘左、盘右观测一个测回，取平均作为监测点一期的三维坐标观测值。要求各期观测时应在对应的控制点上观测相应的监测点，使观测路径一致，以提高位移值的精度。在A点设站观测1号、2号、3号、4号点。

4）监测精度保证措施：

①每次采用相同的监测图形（监测线路）和监测方法。

②每次使用相同的仪器和设备。

③尽可能固定监测人员。

④尽量做到在基本相同的环境和条件下监测。

5）监测数据处理：

监测点变形位移值的计算如下：设某监测点第 i 期的三维坐标观测值为（X_i，Y_i，H_i），第 j 期的三维坐标观测值为（X_j，Y_j，H_j），则该监测点在此期间的位移可按下式计算：

$$\Delta X_{ij} = X_j - X_i \tag{2-19}$$

$$\Delta Y_{ij} = Y_j - Y_i \tag{2-20}$$

$$\Delta H_{ij} = H_j - H_i \tag{2-21}$$

其中：（ΔX_{ij}、ΔY_{ij}）为水平位移，ΔH_{ij}为沉降位移。当 $i=1$ 时，上式计算的值为累计位移与沉降量。

（5）变形监测成果分析与结论

1）变形观测成果。

控制测量及变形监测结果汇总于表2-19，详细数据见表2-20～表2-23。

控制测量及变形监测结果汇总表 表 2-19

控制点点号	控制点坐标值					
A	*X*	500.000	*Y*	500.000	*Z*	300.000
B	避雷针：0°00′00″					

监测点各次累计变形量（Δ*X*，Δ*Y*，Δ*H*）单位：mm

点号 \ 观测日期		第一次 07.05.23	第二次 07.06.09	第三次 07.06.25	第四次 07.07.13	第五次 07.08.01	第六次 07.08.31	第七次 07.10.02
1	Δ*X*	0	0.8	1.4	3.1	4.0	4.2	4.0
	Δ*Y*	0	0.3	0.9	1.7	2.1	2.7	2.9
	Δ*H*	0	−0.4	−0.8	−1.8	−2.5	−2.8	−3.0
2	Δ*X*	0	−0.6	−1.0	−2.2	−3.2	−3.0	−3.6
	Δ*Y*	0	1.1	1.9	3.1	3.5	4.3	4.5
	Δ*H*	0	−0.7	−0.9	−2.5	−3.1	−3.3	−3.5
3	Δ*X*	0	0.5	0.1	1.3	0.8	0.7	1.1
	Δ*Y*	0	0.5	1.2	2.6	3.2	3.7	4.0
	Δ*H*	0	−0.6	−1.6	−2.8	−3.6	−3.6	−4.0
4	Δ*X*	0	0.2	0.2	0.4	0	0	0.4
	Δ*Y*	0	0.1	0.6	1.7	1.3	2.5	2.5
	Δ*H*	0	−1.0	−1.2	−2.8	−3.2	−3.2	−3.0

点号 \ 观测日期		第八次 07.10.30	第九次 07.12.31	第十次 08.03.01	十一次 08.05.03	十二次 08.08.09	十三次 08.11.11	十四次 09.05.25
1	Δ*X*	3.8	4.2	3.6	4.1	4.5	4.8	4.6
	Δ*Y*	3.2	3.5	3.4	3.8	4.1	4.4	4.3
	Δ*H*	−3.2	−3.3	−3.1	−3.4	−3.7	−4.0	−3.8
2	Δ*X*	−3.8	−3.5	−3.7	−3.9	−3.4	−3.3	−3.4
	Δ*Y*	4.9	5.1	5.2	5.0	5.1	5.3	5.2
	Δ*H*	−3.5	−3.6	−3.7	−3.8	−4.1	−4.3	−4.2
3	Δ*X*	1.1	1.0	1.2	0.9	0.6	0.5	0.7
	Δ*Y*	4.2	4.4	4.3	4.1	4.5	4.7	4.6
	Δ*H*	−3.8	−4.2	−3.9	−4.1	−4.4	−4.2	−4.3
4	Δ*X*	0.4	0.1	0.3	0	−0.1	0.2	0.4
	Δ*Y*	2.8	2.9	3.1	2.7	3.2	3.0	3.1
	Δ*H*	−2.8	−3.0	−3.2	−3.1	−3.4	−3.3	−3.4

点号：**NO.1** 的变形监测数据表　　　　表 2-20

观测日期	三维坐标观测值		本次变形量		累计变形量	
2007.05.23	X	505.7800	ΔX	0	ΣΔX	0
	Y	494.1067	ΔY	0	ΣΔY	0
	H	300.0960	ΔH	0	ΣΔH	0
2007.06.09	X	505.7808	ΔX	0.8	ΣΔX	0.8
	Y	494.1070	ΔY	0.3	ΣΔY	0.3
	H	300.0956	ΔH	-0.4	ΣΔH	-0.4
2007.06.25	X	505.7814	ΔX	0.6	ΣΔX	1.4
	Y	494.1076	ΔY	0.6	ΣΔY	0.9
	H	300.0952	ΔH	-0.4	ΣΔH	-0.8
2007.07.13	X	505.7831	ΔX	1.7	ΣΔX	3.1
	Y	494.1084	ΔY	0.8	ΣΔY	1.7
	H	300.0942	ΔH	-1.0	ΣΔH	-1.8
2007.08.01	X	505.7840	ΔX	0.9	ΣΔX	4.0
	Y	494.1088	ΔY	0.4	ΣΔY	2.1
	H	300.0935	ΔH	-0.7	ΣΔH	-2.5
2007.08.31	X	505.7842	ΔX	0.2	ΣΔX	4.2
	Y	494.1094	ΔY	0.6	ΣΔY	2.7
	H	300.0932	ΔH	-0.3	ΣΔH	-2.8
2007.10.02	X	505.7840	ΔX	-0.2	ΣΔX	4.0
	Y	494.1096	ΔY	0.2	ΣΔY	2.9
	H	300.0930	ΔH	-0.2	ΣΔH	-3.0
2007.10.30	X	505.7838	ΔX	-0.2	ΣΔX	3.8
	Y	494.1099	ΔY	0.3	ΣΔY	3.2
	H	300.0928	ΔH	-0.2	ΣΔH	-3.2
2007.12.31	X	505.7842	ΔX	0.4	ΣΔX	4.2
	Y	494.1102	ΔY	0.3	ΣΔY	3.5
	H	300.0927	ΔH	-0.1	ΣΔH	-3.3
2008.03.01	X	505.7836	ΔX	-0.6	ΣΔX	3.6
	Y	494.1101	ΔY	-0.1	ΣΔY	3.4
	H	300.0929	ΔH	0.2	ΣΔH	-3.1
2008.05.03	X	505.7841	ΔX	0.5	ΣΔX	4.1
	Y	494.1105	ΔY	0.4	ΣΔY	3.8
	H	300.0926	ΔH	-0.3	ΣΔH	-3.4

续表

观测日期	三维坐标观测值		本次变形量		累计变形量	
2008.08.09	X	505.7845	ΔX	0.4	$\sum\Delta X$	4.5
	Y	494.1108	ΔY	0.3	$\sum\Delta Y$	4.1
	H	300.0923	ΔH	-0.3	$\sum\Delta H$	-3.7
2008.11.11	X	505.7848	ΔX	0.3	$\sum\Delta X$	4.8
	Y	494.1111	ΔY	0.3	$\sum\Delta Y$	4.4
	H	300.0920	ΔH	-0.3	$\sum\Delta H$	-4.0
2009.05.25	X	505.7846	ΔX	-0.2	$\sum\Delta X$	4.6
	Y	494.1110	ΔY	-0.1	$\sum\Delta Y$	4.3
	H	300.0922	ΔH	0.2	$\sum\Delta H$	-3.8

点号：NO.2 的变形监测数据表 **表 2-21**

观测日期	三维坐标观测值		本次变形量		累计变形量	
2007.05.23	X	508.8332	ΔX	0	$\sum\Delta X$	0
	Y	484.2021	ΔY	0	$\sum\Delta Y$	0
	H	305.6113	ΔH	0	$\sum\Delta H$	0
2007.06.09	X	508.8326	ΔX	-0.6	$\sum\Delta X$	-0.6
	Y	484.2032	ΔY	1.1	$\sum\Delta Y$	1.1
	H	305.6106	ΔH	-0.7	$\sum\Delta H$	-0.7
2007.06.25	X	508.8322	ΔX	-0.4	$\sum\Delta X$	-1.0
	Y	484.2040	ΔY	0.8	$\sum\Delta Y$	1.9
	H	305.6104	ΔH	-0.2	$\sum\Delta H$	-0.9
2007.07.13	X	508.8310	ΔX	-1.2	$\sum\Delta X$	-2.2
	Y	484.2052	ΔY	1.2	$\sum\Delta Y$	3.1
	H	305.6088	ΔH	-1.6	$\sum\Delta H$	-2.5
2007.08.01	X	508.8300	ΔX	-1.0	$\sum\Delta X$	-3.2
	Y	484.2056	ΔY	0.4	$\sum\Delta Y$	3.5
	H	305.6082	ΔH	-0.6	$\sum\Delta H$	-3.1
2007.08.31	X	508.8302	ΔX	0.2	$\sum\Delta X$	-3.0
	Y	484.2064	ΔY	0.8	$\sum\Delta Y$	4.3
	H	305.6080	ΔH	-0.2	$\sum\Delta H$	-3.3
2007.10.02	X	508.8296	ΔX	-0.6	$\sum\Delta X$	-3.6
	Y	484.2066	ΔY	0.2	$\sum\Delta Y$	4.5
	H	305.6078	ΔH	-0.2	$\sum\Delta H$	-3.5

续表

观测日期	三维坐标观测值		本次变形量		累计变形量	
2007.10.30	X	508.8294	ΔX	−0.2	ΣΔX	−3.8
	Y	484.2070	ΔY	0.4	ΣΔY	4.9
	H	305.6078	ΔH	0	ΣΔH	−3.5
2007.12.31	X	508.8297	ΔX	0.3	ΣΔX	−3.5
	Y	484.2072	ΔY	0.2	ΣΔY	5.1
	H	305.6077	ΔH	−0.1	ΣΔH	−3.6
2008.03.01	X	508.8295	ΔX	−0.2	ΣΔX	−3.7
	Y	484.2073	ΔY	0.1	ΣΔY	5.2
	H	305.6076	ΔH	−0.1	ΣΔH	−3.7
2008.05.03	X	508.8293	ΔX	−0.2	ΣΔX	−3.9
	Y	484.2071	ΔY	−0.2	ΣΔY	5.0
	H	305.6075	ΔH	−0.1	ΣΔH	−3.8
2008.08.09	X	508.8298	ΔX	0.5	ΣΔX	−3.4
	Y	484.2072	ΔY	0.1	ΣΔY	5.1
	H	305.6072	ΔH	−0.3	ΣΔH	−4.1
2008.11.11	X	508.8299	ΔX	0.1	ΣΔX	−3.3
	Y	484.2074	ΔY	0.2	ΣΔY	5.3
	H	305.6070	ΔH	−0.2	ΣΔH	−4.3
2009.05.25	X	508.8298	ΔX	−0.1	ΣΔX	−3.4
	Y	484.2073	ΔY	−0.1	ΣΔY	5.2
	H	305.6071	ΔH	0.1	ΣΔH	−4.2

点号：NO.3 的变形监测数据表 **表 2-22**

观测日期	三维坐标观测值		本次变形量		累计变形量	
2007.05.23	X	523.9625	ΔX	0	ΣΔX	0
	Y	470.2674	ΔY	0	ΣΔY	0
	H	305.6998	ΔH	0	ΣΔH	0
2007.06.09	X	523.9630	ΔX	0.5	ΣΔX	0.5
	Y	470.2679	ΔY	0.5	ΣΔY	0.5
	H	305.6992	ΔH	−0.6	ΣΔH	−0.6
2007.06.25	X	523.9626	ΔX	−0.4	ΣΔX	0.1
	Y	470.2686	ΔY	0.7	ΣΔY	1.2
	H	305.6982	ΔH	−1.0	ΣΔH	−1.6

续表

观测日期	三维坐标观测值		本次变形量		累计变形量	
2007.07.13	X	523.9638	ΔX	1.2	$\sum\Delta X$	1.3
	Y	470.2700	ΔY	1.4	$\sum\Delta Y$	2.6
	H	305.6970	ΔH	-1.2	$\sum\Delta H$	-2.8
2007.08.01	X	523.9633	ΔX	-0.5	$\sum\Delta X$	0.8
	Y	470.2706	ΔY	0.6	$\sum\Delta Y$	3.2
	H	305.6962	ΔH	-0.8	$\sum\Delta H$	-3.6
2007.08.31	X	523.9632	ΔX	-0.1	$\sum\Delta X$	0.7
	Y	470.2711	ΔY	0.5	$\sum\Delta Y$	3.7
	H	305.6962	ΔH	0	$\sum\Delta H$	-3.6
2007.10.02	X	523.9636	ΔX	0.4	$\sum\Delta X$	1.1
	Y	470.2714	ΔY	0.3	$\sum\Delta Y$	4.0
	H	305.6958	ΔH	-0.4	$\sum\Delta H$	-4.0
2007.10.30	X	523.9636	ΔX	0	$\sum\Delta X$	1.1
	Y	470.2716	ΔY	0.2	$\sum\Delta Y$	4.2
	H	305.6960	ΔH	0.2	$\sum\Delta H$	-3.8
2007.12.31	X	523.9635	ΔX	-0.1	$\sum\Delta X$	1.0
	Y	470.2718	ΔY	0.2	$\sum\Delta Y$	4.4
	H	305.6956	ΔH	-0.4	$\sum\Delta H$	-4.2
2008.03.01	X	523.9637	ΔX	0.2	$\sum\Delta X$	1.2
	Y	470.2717	ΔY	-0.1	$\sum\Delta Y$	4.3
	H	305.6959	ΔH	0.3	$\sum\Delta H$	-3.9
2008.05.03	X	523.9634	ΔX	-0.3	$\sum\Delta X$	0.9
	Y	470.2715	ΔY	-0.2	$\sum\Delta Y$	4.1
	H	305.6957	ΔH	-0.2	$\sum\Delta H$	-4.1
2008.08.09	X	523.9631	ΔX	-0.3	$\sum\Delta X$	0.6
	Y	470.2719	ΔY	0.4	$\sum\Delta Y$	4.5
	H	305.6954	ΔH	-0.3	$\sum\Delta H$	-4.4
2008.11.11	X	523.9630	ΔX	-0.1	$\sum\Delta X$	0.5
	Y	470.2721	ΔY	0.2	$\sum\Delta Y$	4.7
	H	305.6956	ΔH	0.2	$\sum\Delta H$	-4.2
2009.05.25	X	523.9632	ΔX	0.2	$\sum\Delta X$	0.7
	Y	470.2720	ΔY	-0.1	$\sum\Delta Y$	4.6
	H	305.6955	ΔH	-0.1	$\sum\Delta H$	-4.3

点号：NO.4 的变形监测数据表 **表 2-23**

观测日期	三维坐标观测值		本次变形量		累计变形量	
2007.05.23	X	547.2304	ΔX	0	ΣΔX	0
	Y	461.8659	ΔY	0	ΣΔY	0
	H	300.9206	ΔH	0	ΣΔH	0
2007.06.09	X	547.2306	ΔX	0.2	ΣΔX	0.2
	Y	461.8660	ΔY	0.1	ΣΔY	0.1
	H	300.9196	ΔH	−1.0	ΣΔH	−1.0
2007.06.25	X	547.2306	ΔX	0	ΣΔX	0.2
	Y	461.8665	ΔY	0.5	ΣΔY	0.6
	H	300.9194	ΔH	−0.2	ΣΔH	−1.2
2007.07.13	X	547.2308	ΔX	0.2	ΣΔX	0.4
	Y	461.8676	ΔY	1.1	ΣΔY	1.7
	H	300.9178	ΔH	−1.6	ΣΔH	−2.8
2007.08.01	X	547.2304	ΔX	−0.4	ΣΔX	0
	Y	461.8672	ΔY	−0.4	ΣΔY	1.3
	H	300.9174	ΔH	−0.4	ΣΔH	−3.2
2007.08.31	X	547.2304	ΔX	0	ΣΔX	0
	Y	461.8684	ΔY	1.2	ΣΔY	2.5
	H	300.9174	ΔH	0	ΣΔH	−3.2
2007.10.02	X	547.2308	ΔX	0.4	ΣΔX	0.4
	Y	461.8684	ΔY	0	ΣΔY	2.5
	H	300.9176	ΔH	0.2	ΣΔH	−3.0
2007.10.30	X	547.2308	ΔX	0	ΣΔX	0.4
	Y	461.8687	ΔY	0.3	ΣΔY	2.8
	H	300.9178	ΔH	0.2	ΣΔH	−2.8
2007.12.31	X	547.2305	ΔX	−0.3	ΣΔX	0.1
	Y	461.8688	ΔY	0.1	ΣΔY	2.9
	H	300.9176	ΔH	−0.2	ΣΔH	−3.0
2008.03.01	X	547.2307	ΔX	0.2	ΣΔX	0.3
	Y	461.8690	ΔY	0.2	ΣΔY	3.1
	H	300.9174	ΔH	−0.2	ΣΔH	−3.2
2008.05.03	X	547.2304	ΔX	−0.3	ΣΔX	0
	Y	461.8686	ΔY	−0.4	ΣΔY	2.7
	H	300.9175	ΔH	0.1	ΣΔH	−3.1

续表

观测日期	三维坐标观测值		本次变形量		累计变形量	
2008.08.09	X	547.2303	ΔX	-0.1	$\sum\Delta X$	-0.1
	Y	461.8691	ΔY	0.5	$\sum\Delta Y$	3.2
	H	300.9172	ΔH	-0.3	$\sum\Delta H$	-3.4
2008.11.11	X	547.2306	ΔX	0.3	$\sum\Delta X$	0.2
	Y	461.8689	ΔY	-0.2	$\sum\Delta Y$	3.0
	H	300.9173	ΔH	0.1	$\sum\Delta H$	-3.3
2009.05.25	X	547.2308	ΔX	0.2	$\sum\Delta X$	0.4
	Y	461.8690	ΔY	0.1	$\sum\Delta Y$	3.1
	H	300.9172	ΔH	-0.1	$\sum\Delta H$	-3.4

注：ΔX、ΔY 的数值表示挡墙的水平位移，$d=\sqrt{\Delta X^2+\Delta Y^2}$，其中，$\Delta Y$ 的数值表示垂直于挡墙方向的水平位移，“+”表示向外，“-”表示向内；ΔH 的数值表示沉降，“+”表示上升，“-”表示下沉。

2）变形监测结果分析与结论。

从监测结果知道，在挡墙施工及竣工后的两年监测期间，所有监测点的最大水平位移为6.5mm（1号监测点），垂直于挡墙方向的最大水平位移为向外5.3mm（2号监测点），最大的水平位移变形点为1号监测点，其次是2号监测点（6.4mm），4号监测点水平位移较小为3.2mm；所有监测点的最大沉降为4.4mm（3号监测点），其次是2号监测点（4.3mm），4号监测点垂直沉降较小为3.4mm。

根据表中数据可绘制各监测点的位移及沉降与时间关系曲线（图2-3~图2-6），从曲线走势能直观看出挡墙的水平位移和垂直沉降主要发生在施工阶段和竣工前期，竣工后挡墙变形已逐渐趋于平缓，监测后期挡墙变形量均在观测误差之内，且未见挡墙及周围环境发生异常变形现象，尤其是经历了2008年5月12日“汶川大地震”后，挡墙亦没有发生明显变形，表明挡墙变形已趋于稳定。

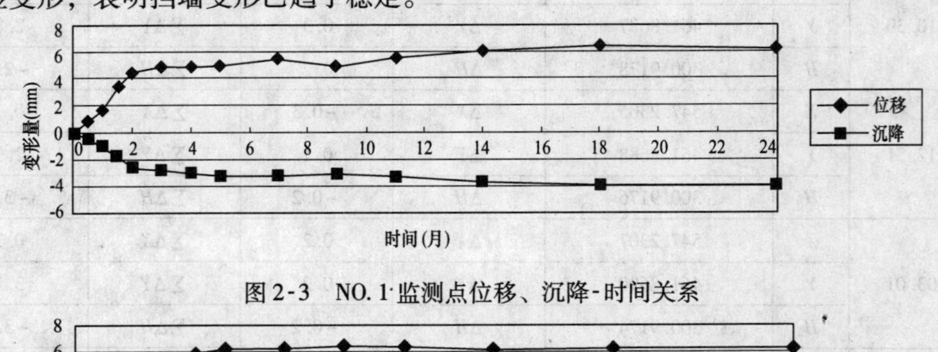

图2-3 NO.1监测点位移、沉降-时间关系

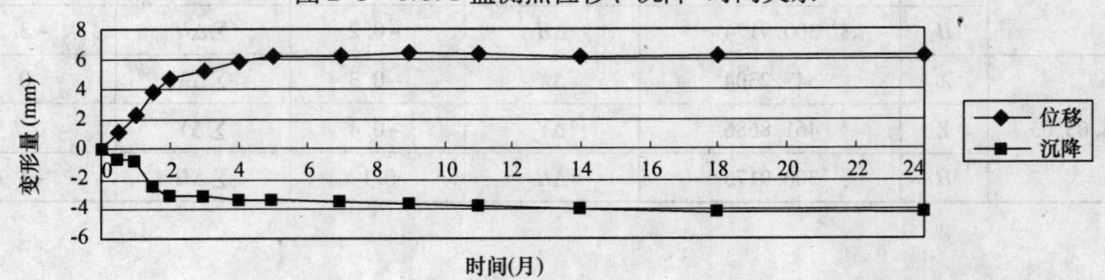

图2-4 NO.2监测点位移、沉降-时间关系

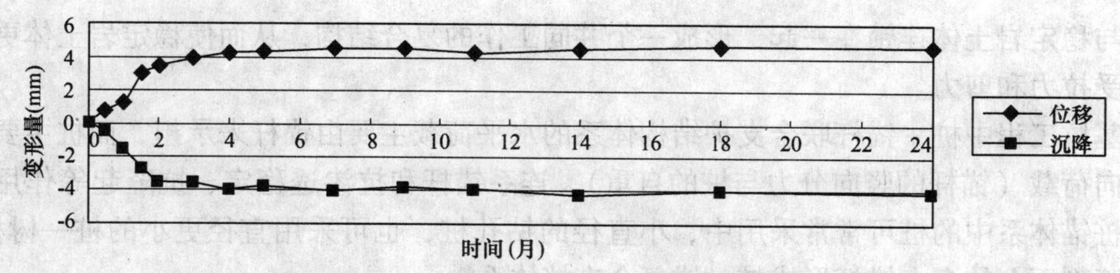

图 2-5　NO. 3 监测点位移、沉降-时间关系

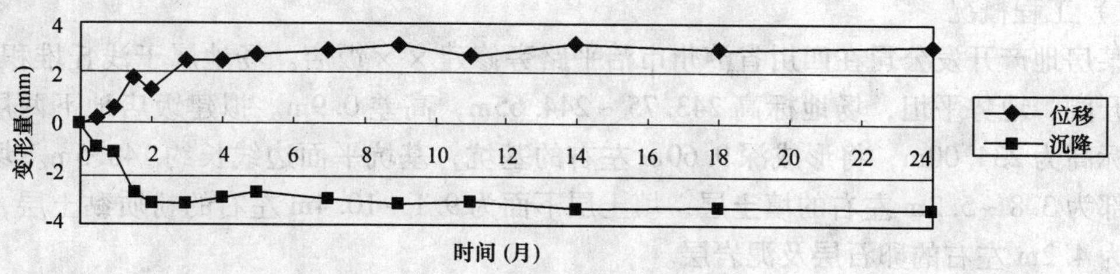

图 2-6　NO. 4 监测点位移、沉降-时间关系

2.4.2　树根桩在基坑工程中的应用实例

通过树根桩 + 锚杆联合支护结构在某土质基坑工程中的成功应用实例，说明树根桩可用于基坑加固处理，它是一种直径小，施工机具轻便，费用较低的支护结构形式；同时，提出了对这种支护结构形式的受力特性等尚需进行探讨的课题。

（1）引言

树根桩实际上是一种小直径（通常为 $\phi100 \sim \phi250$mm）的钻孔灌注桩，20 世纪 30 年代由意大利 Fordedile 公司首创[23]。由于树根桩所形成的桩基形状如同“树根”而得名。树根桩在处理地基基础的不均匀沉降和承载力的问题得到了广泛应用，并取得了诸多成功的工程实例。但是，树根桩在处理边坡的稳定性方面的应用却比较少。

树根桩作为一种支护结构形式，树根桩具有直径小，施工机具轻便，投入少等突出优点；竖向树根桩能提供土层所不能满足需要的承载能力，斜向树根桩能提供侧向抗力等优点。竖向和斜向树根桩能在土质边坡的支护中充分发挥其优势，做到“少花钱，多办事”，起到事半功倍的作用，并将在支护结构形式中占有一席之地。

随着城市人口密度的不断增加和城市建设的发展，人们越来越关注如何合理地开发和利用地下空间。基坑工程是地下空间利用中的主要工程之一。建筑基坑[26]按其物质组成可分为土质基坑和岩质基坑。本文结合一土质基坑工程实例，就几个问题进行探讨。

（2）桩-锚支挡体系作用原理

在岩土锚固工程中，以桩、锚杆（或锚索）作为锚固系统的主要构件，就形成了一个桩-锚锚固系统，或者称为桩 + 锚杆联合支护结构体系，亦称桩锚体系。

岩土锚固的基本原理就是依靠锚杆周围地层的抗剪强度来传递结构物的拉力或保持地层开挖面自身的稳定。

岩土锚固的主要功能：提供作用于结构物上用来承受外荷载的抗力；使被锚固地层产生压应力区域；加固并增加地层的强度，也相应改善地层的其他力学性能；通过锚杆，使结构与稳定岩土体连锁在一起，形成一个共同工作的复合结构，从而使稳定岩土体更有效地承受拉力和剪力。

基坑工程中桩＋锚杆联合支护结构体系的水平荷载主要由锚杆来承担，而桩主要起承担竖向荷载（锚杆的竖向分力与桩的自重）、连系锚杆和抗渗透稳定、抗隆起等作用。因此，桩锚体系中的桩可常常采用中、小直径的钻孔桩，也可采用直径更小的桩—树根桩，与计算剖面上的多点锚杆形成桩－锚复合支挡体系。

（3）工程实例

1）工程概况

某房地产开发公司在四川省泸州市治平路旁修建××饭店。场地属于浅丘堆积地带，场地开阔，地势平坦，场地标高 243.75～244.65m，高差 0.9m。拟建饭店地下两层，最底层标高为 234.00m，将形成深 9.60m 左右的基坑，基坑平面边线长约 148.5m。场地土层上部为 3.8～5.2m 左右的填土层，填土层下面为 9.1～10.4m 左右的粉质黏土层，以下依次为 4.2m 左右的卵石层及泥岩层。

填土为杂填土，杂色，稍湿，主要为炭、黏性土及少量建筑垃圾，松散状，广泛分布，厚 3.8～5.2m。

粉质黏土：黄色、黄褐色，可塑状，韧性中等，干强度中等，无摇震反应，稍有光泽，局部夹流沙，广泛分布，厚 9.1～10.4m。

卵石层：场地中均匀分布，卵石和少许漂石大小交错排列，其间充填黄色、灰色中细砂，卵石含量 50%～60%，结构稍密至中密，厚 3.5～5.5m。

泥岩层：紫红、暗红色为主，泥质结构，中厚层状，岩芯呈柱状，裂隙较发育，局部含溶蚀孔隙，岩芯节长 10～60mm。

场地地下水位标高约 233.0m，水文地质条件简单，地下水对混凝土无腐蚀性。不存在滑坡、坍塌、地面塌陷等不良地质作用，场地稳定性良好。

为保证拟建建筑物及基坑顶部建筑物的安全，应对场地基坑进行永久性支护。

2）设计依据

①建设单位提供的场地基坑平面布置图（1∶500）。

②××饭店地基岩土工程勘察报告，××地质工程勘察院，2004 年 1 月 18 日。

③《岩土工程勘察规范》GB 50021。

④《建筑地基基础设计规范》GB 50007。

⑤《建筑桩基技术规范》JGJ 94。

⑥《混凝土结构设计规范》GB 50010。

⑦《建筑边坡工程技术规范》GB 50330。

⑧《建筑基坑支护技术规程》JGJ120。

⑨《建筑结构荷载规范》GB 50009。

⑩《建筑抗震设计规范》GB 50011。

3）支护方案

根据场地的工程地质特征，结合场地边坡的平面布置要求，该基坑采用树根桩＋桩间板式锚杆挡墙进行永久性支护。

4）设计参数

①场地类别：Ⅰ类建筑场地。

②基坑类别：土质基坑。

③结构重要性系数为1.10。

④本工程按Ⅵ度抗震设防，设计使用年限为50年。

⑤岩土参数：

A. 填土：$\gamma=20\text{kN/m}^3$，综合内摩擦角 $\phi_D=30°$。

B. 粉质黏土：$\gamma=20.0\text{kN/m}^3$，$c=20\text{kPa}$，内摩擦角 $\phi=20°$

C. 坡顶附加荷载：$q=3.5\text{kN/m}^2$（边坡后缘已建建筑物采用桩基础，且嵌入岩土体塌滑区范围以内）。

5）树根桩、板工程

①材料：

A. 树根桩、板混凝土强度等级均为C25。

B. 钢筋：HPB235（Q235），HRB335（20MnSi）。

②钢筋混凝土：

A. 混凝土保护层厚度：桩为50mm，梁为35mm，板为25mm。

B. 钢筋混凝土板内应掺入水泥质量10%的UEA—H膨胀剂。

C. 钢筋接长：采用机械连接。

D. 所有箍筋弯135°，长10d。

③施工要求：

A. 树根桩施工要求：

a. 当各树根桩施工完后即可施工桩顶连梁、板，施工时，应注意梁、板与桩的整体连接。

b. 树根桩的施工应严格按《建筑桩基技术规范》JGJ94执行。

B. 板施工要求

a. 板底设置连续暗梁，梁截面200mm×500mm，上、下面配筋均为3ϕ20，侧向腰筋各2ϕ20，箍筋ϕ10@150，C25混凝土。

b. 板竖向每段水平施工缝应严格处理，保证其整体性。

c. 板泄水孔：桩间板应按2.5m×2.0m设ϕ150泄水孔，外倾5%，墙背后500mm厚范围做卵石堆囊。

④其他：

A. 挡墙应沿长度方向每20m设置一道竖向伸缩缝，缝宽30～50mm，缝中嵌沥青麻筋，嵌入深度100mm。

B. 树根桩应嵌入密实的卵石层内不少于1.5m。

C. 树根桩应进行检测。

D. 树根桩应跳槽施工，施工时应准确预留锚孔位置。

6）锚杆工程

①锚杆孔径为110mm，主筋2ϕ28（HRB335，强度标准值$f_{yk}=335\text{N/mm}^2$），锚杆与水平线夹角20°；锚杆采用M30水泥砂浆在2～3个大气压下压力灌注。

②肋柱（圆桩）：直径400mm，主筋6ϕ20，箍筋ϕ8@150，锚杆1m范围加密为

100mm，C25 混凝土。

③钢筋接长：应采用机械连接，符合《钢筋机械连接通用技术规程》JGJ107 的规定。

④施工前，锚杆应进行性能试验，性能试验锚杆的根数为 3 根（锚固长度为设计锚固长度的 0.6 倍）。施工完后应进行验收试验，验收试验锚杆的根数为锚杆总数的 5%，且不少于 5 根（试验荷载值为设计值的 1.1 倍）。

⑤锚杆的轴向拉力设计值：255kN。

⑥应保证锚杆与桩的整体连接。

⑦土层中的锚杆应进行防腐处理，可采用润滑油三度沥青玻纤布缠裹二层的方法。

⑧面板底标高为 233.60m。

⑨挡墙应沿长度方向每 20m 设置一道竖向伸缩缝，缝宽 30 ~ 50mm，缝中嵌沥青麻筋，嵌入深度 100mm。

⑩锚杆施工应满足以下要求：

A. 锚杆施工前，应查明锚杆施工区建（构）筑物基础、地下管线等情况；判明锚杆施工对临近建筑物及地下管线的影响，并拟定相应预防措施。

B. 锚孔施工应按《建筑边坡支护技术规范》DB50/5018—2001 和《建筑基坑支护技术规程》JGJ120 的有关要求进行。

7）其他要求（略）

8）部分施工图

基坑支护设计平面图见图 2-7。

基坑支护设计代表性立面图见图 2-8。

基坑支护设计代表性剖面图见图 2-9。

基坑支护设计大样图见图 2-10。

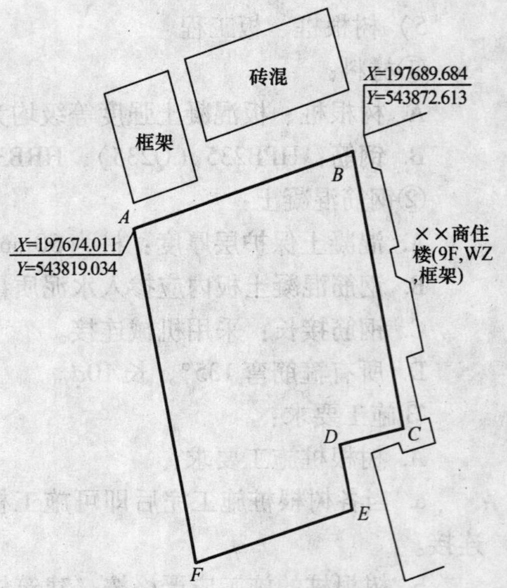

图 2-7　基坑支护设计平面图

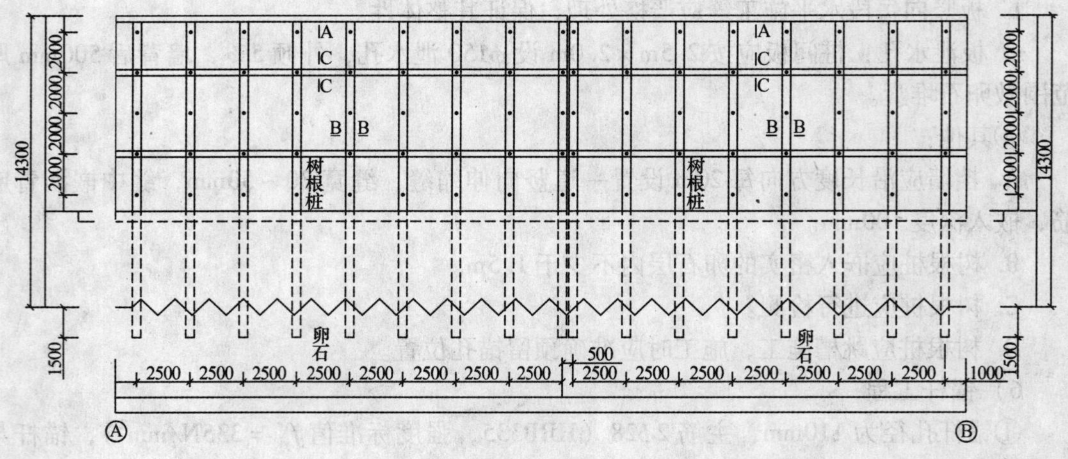

图 2-8　基坑支护设计代表性立面图（AB 段）

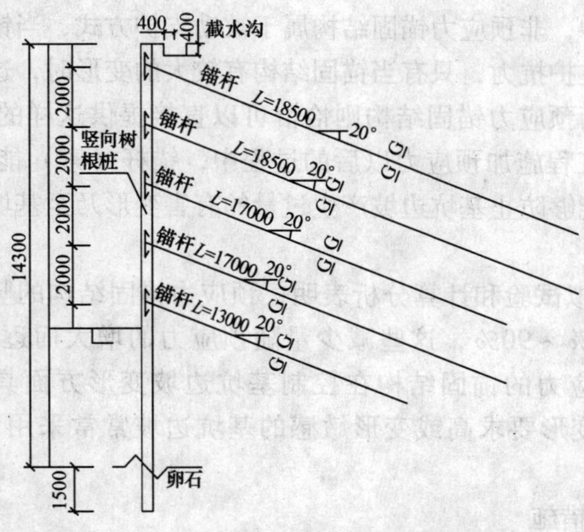

图 2-9　基坑支护设计代表性剖面图（Ⅱ—Ⅱ）

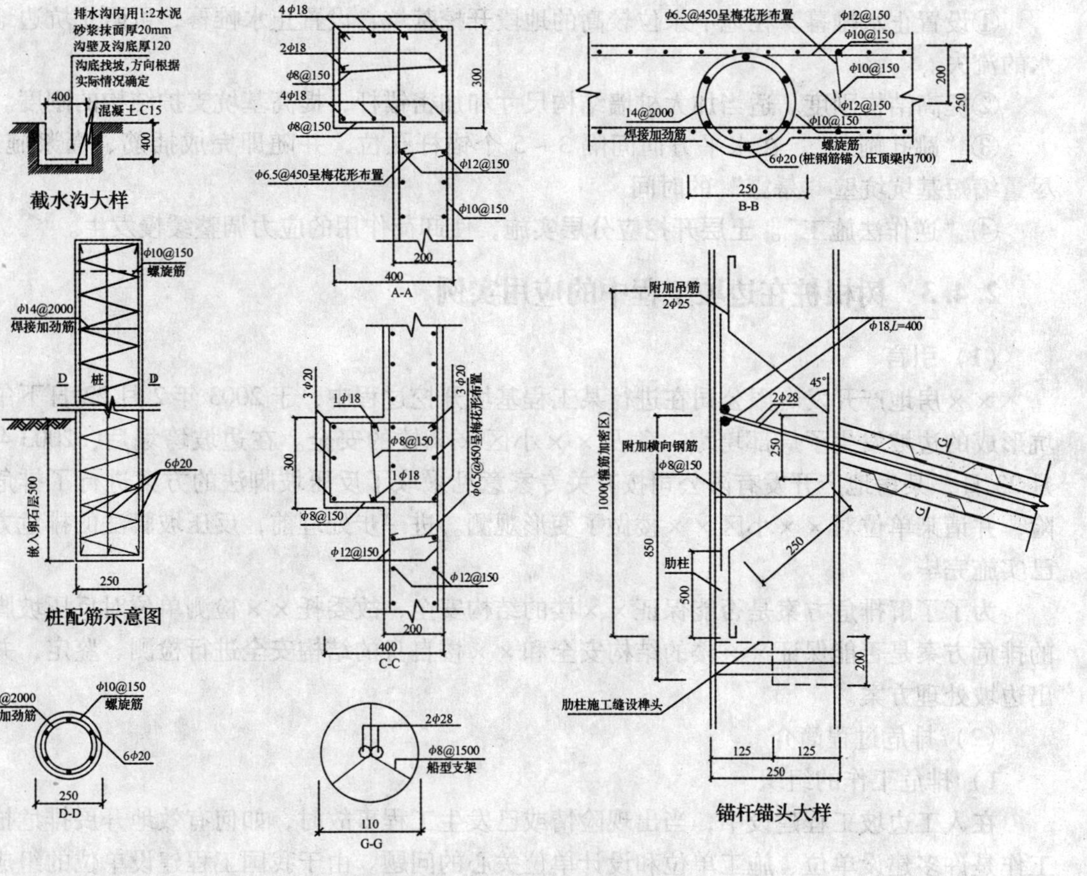

排水沟内用1:2水泥砂浆抹面厚20mm
沟壁及沟底厚120
沟底找坡，方向根据实际情况确定
混凝土C15
截水沟大样

4ϕ18
2ϕ18
ϕ8@150
4ϕ18
ϕ8@150
ϕ6.5@450呈梅花形布置
ϕ12@150
ϕ10@150
A-A

ϕ6.5@450呈梅花形布置
ϕ12@150
ϕ10@150
ϕ10@150
14ϕ@2000
焊接加劲筋
ϕ12@150
ϕ10@150
螺旋筋
6ϕ20（桩钢筋锚入压顶梁内700）
B-B

ϕ10@150
螺旋筋
ϕ14@2000
焊接加劲筋
桩
6ϕ20
嵌入卵石层500
桩配筋示意图

3ϕ20
1ϕ18
ϕ8@150
1ϕ18
ϕ8@150
ϕ12@150
ϕ12@150
ϕ6.5@450呈梅花形布置
C-C

附加吊筋
2ϕ25
ϕ18 L=400
2ϕ28
附加横向钢筋
ϕ8@150
1000(箍筋加密区)
肋柱
肋柱施工缝设榫头
锚杆锚头大样

ϕ14@2000
焊接加劲筋
ϕ10@150
螺旋筋
6ϕ20
D-D

2ϕ28
ϕ8@1500
船型支架
G-G

图 2-10　基坑支护设计大样图

(4) 探讨

1) 主、被动支护

在基坑边坡支护中，非预应力锚固结构属于被动支护方式，当锚固结构的变形达到一定值时才提供一定的支护抗力，只有当锚固结构有较大的变形时，这种锚固结构中的支护抗力才能充分发挥；而预应力锚固结构则恰恰可以直接提供这样的抗力，起到“及时顶住”的效果。在锚固工程施加预应力以后的过程中，锚杆（索）能充分发挥它具有较大的支护抗力的优势，能够防止基坑边坡产生过量的有害变形乃至基坑失稳，确保基坑的稳定和安全。

文献[27]通过模拟试验和计算分析表明，预应力锚固结构的竖向变形可减少27%，而水平变形可减少50%～90%，这些减少量随预应力的增大而逐渐减少。故采取施加预应力就比不采用预应力的锚固结构在控制基坑边坡变形方面具有更加明显的效果。这就是实际工程中对变形要求高或变形敏感的基坑边坡常常采用预应力锚杆（索）的原因。

2) 水平变形控制措施

文献[28]就边坡工程的变形控制措施进行了探讨。对于软土基坑，可采取以下措施控制或减小其水平变形。

①设置止水帷幕。在地下水位较高的地段开挖基坑，设置止水帷幕，可阻止坑边地下水的流失。

②提高结构刚度。适当加大桩墙结构尺寸和加密锚杆，提高基坑支护结构的刚度。

③“跳孔施工”。在水平方向间隔3～5个锚杆孔位，并随即完成插筋、灌浆施工，尽量缩短基坑坑壁“暴露”的时间。

④“逆作法施工”。土层开挖应分层实施，使卸荷作用的应力调整缓慢发生。

2.4.3 树根桩在边坡工程中的应用实例

(1) 引言

××房地产开发有限公司在进行某工程基坑开挖过程中，于2003年2月22日下午基坑形成的边坡发生了局部垮塌，危及××小区××楼的安全。在边坡垮塌后，2003年2月23日，某房地产开发有限公司按有关专家意见采取了反压坡脚法的方案进行了排危抢险，并请某单位对××小区××楼做了变形观测。进一步处理前，反压坡脚法的排危方案已实施完毕。

为了了解排危方案是否能保证××楼的结构安全，故委托××检测单位对反压坡脚法的排危方案是否能保证××楼的结构安全和××楼自身的结构安全进行检测、鉴定，并提出边坡处理方案。

(2) 排危过程简介

1) 排危工作的组织

在人工边坡工程建设中，当出现险情或已发生工程事故时，如何有效地开展排危抢险工作是许多建设单位、施工单位和设计单位关心的问题。由于我国工程建设单位的组成复杂、施工单位的构成混杂、设计单位素质差异过大，许多工程参建人员缺乏排危的基本经验，当险情出现预兆后，仍满不在乎；当工程条件复杂时，即使规范参编人员组成的专家组签字表态不会发生工程事故后，边坡工程仍然垮塌，这一方面说明工程地质条件的复杂性，具有不可预见性，另一方面说明工程事故的发生是不以人的意志为转移的。

边坡排危工程具有较高的风险性和不可预知性，其原因在于边坡排危工作受自然环境和地质条件的影响极大，如天降暴雨或大雨是不以人的意志为转移的，工程事故出现本身说明：在对边坡工程的认识和处理措施上有人为错误或人们未认知的原因，事故发生后，事故原因在未完全确知的条件下进行排危工作，其风险性和不确定性是显而易见的。因此，边坡排危工作不是任何一个普通工程技术人员或高级工程师就可从事的工作，排危工作本身需要特殊的知识、特殊的技能和特殊的经验，但特殊的经验并非总是成功的，因此应特别关注险情发生的特定条件，精心组织和设计排危方案，且应动态调整排危方案，才能确保排危工作的顺利进行。

根据《中华人民共和国建筑法》和《中华人民共和国安全生产法》的有关规定，探讨边坡排危工作的组织具有特殊的意义。根据已往的工程经验，在符合我国相关法律规定的前提下，宜按图 2-11 所示的排危抢险工作组织框图组织排险工作。

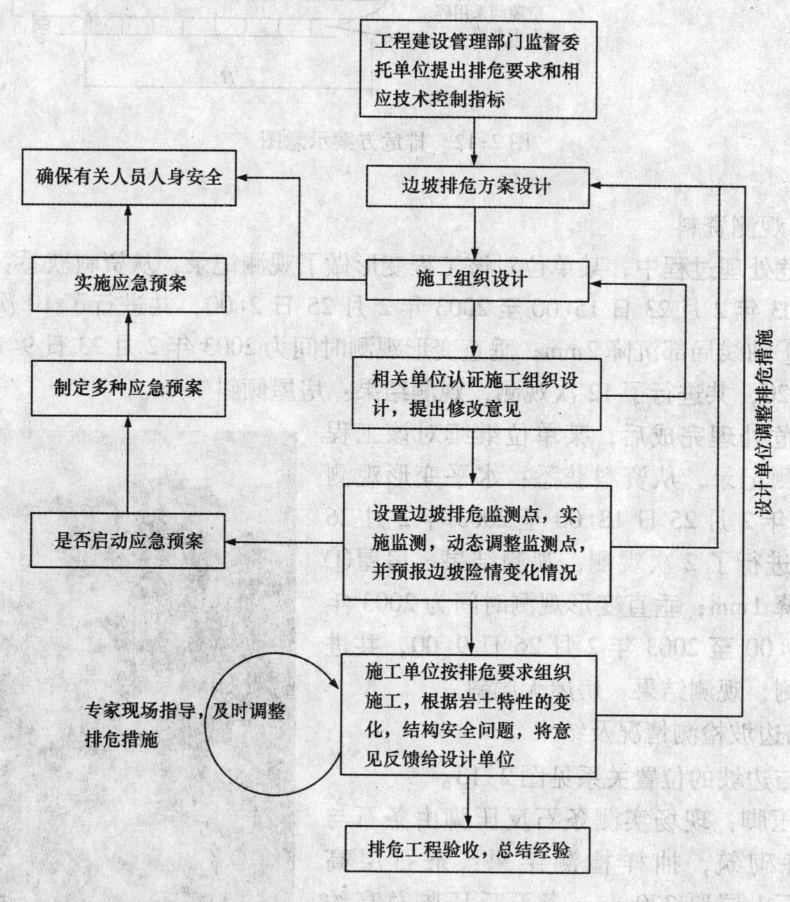

图 2-11　边坡排危工作程序框图

2）排危方案

该排危方案由 × × 高校专家设计。设计要求如下：

①第一层条石深入现有边坡底部地坪下 600mm 深。

②一层条石、一层土。

③施工期间注意监测原有八层建筑的变形。

④反压体宽度大于原有建筑不少于2m。

排危方案示意详见图2-12。

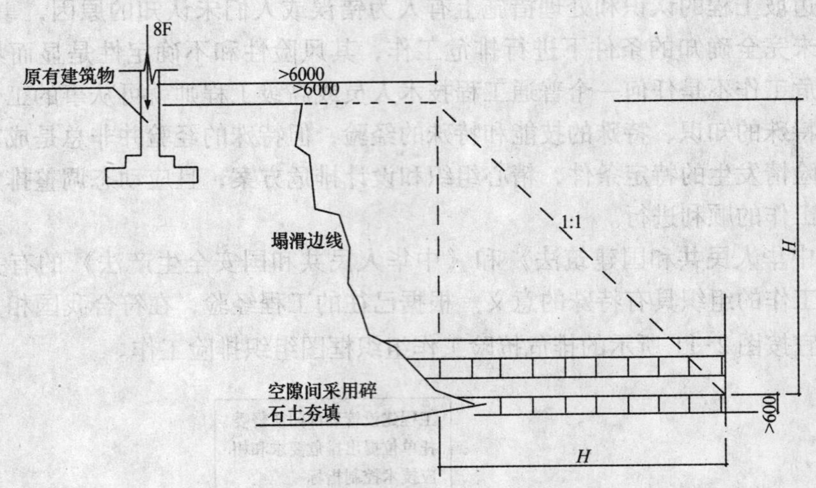

图2-12　排危方案示意图

3）变形观测资料

①在排危处理过程中，某单位对该工程变形做了观测记录，从资料获悉：水平变形观测时间为2003年2月23日15:00至2003年2月25日2:00，共进行了10次观测，观测结果：房屋①轴线局部沉降2mm；垂直变形观测时间为2003年2月23日9:10至2003年2月26日2:20，共进行了12次观测，观测结果：房屋倾斜1mm。

②在排危处理完成后，某单位继续对该工程变形做了观测记录，从资料获悉：水平变形观测时间为2003年2月25日18:00至2003年2月26日9:00，共进行了2次观测，观测结果：房屋①轴线局部沉降1mm；垂直变形观测时间为2003年2月25日18:00至2003年2月26日9:00，共进行了2次观测，观测结果：房屋无倾斜。

图2-13　××楼与边坡相关位置关系图

4）现场边坡检测情况及结果

建筑物与边坡的位置关系见图2-13。

条石反压脚：现场实测条石反压脚由条石与碎石土交替砌筑，抽样检测结果：条石层高300mm、碎石土层厚370mm，条石反压脚总高约12m。具体尺寸见图2-14。

周边环境观察：

A. ①轴线散水有水平沉降裂缝，现已用水泥

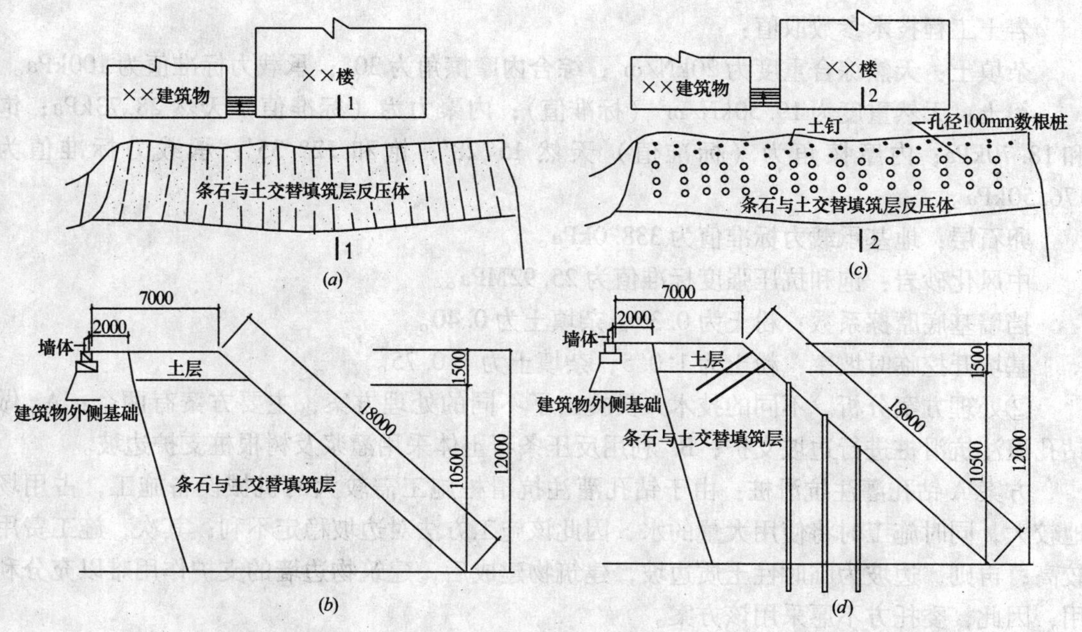

图 2-14　边坡反压情况检测数据及边坡加固示意

(*a*) 建筑物与边坡的平面位置关系示意图；(*b*) 1-1 剖面；(*c*) 边坡加固平面布置示意图；(*d*) 2-2 剖面

砂浆封闭、填实。

B. Ⓡ轴线外墙与Ⓡ轴线外梯踏步交接处有"齿"形裂缝。

C. ××楼与××楼间屋顶处伸缩缝开裂。

5）房屋安全性分析

①根据竣工验收资料获悉：该工程于 2002 年 2 月 7 日经建设单位、设计单位及质量监督单位共同按验收程序验收，并评定为合格工程；通过对室内梁、板、柱及墙体检测，没有发现受力裂缝及损伤结构的现象；在正常使用荷载作用下，结构能安全使用。

②根据排危方案、现场检测的数据综合分析得出：某房地产开发有限公司按有关专家意见采取的反压坡脚法方案进行排危抢险目前能保证"××楼"在正常使用荷载下的安全使用。

③房屋周边应采取可靠的防水、排水和截水措施，防止地表水渗入地基，软化地基。

（3）边坡加固处理方案

1）基本分析

某院加固设计人员多次到人工边坡现场了解边坡实际排险情况，查阅了有关技术资料，且了解了有关专家意见。随后对边坡处理方案提出了初步意见，并与委托方进行了交流。现将该边坡情况作如下分析。

①地质勘察情况。某广场工程地质勘察报告在第 7 页的结论及建议中有如下论述：

场地平整后中部邻××街一线将形成 5.80～7.40m 高的人工土质边坡，建议采用条石挡墙支挡，基础置于粉土或填土内，邻××街一线基坑及边坡开挖应跳槽施工，以避免影响××街的稳定；对于 4.5m 高的基坑土质边坡宜根据场地情况采取临时支护或放坡措施，此外，宜利用建筑物边墙对其作永久性支挡。

岩土工程技术参数取值：

杂填土：天然综合重度为20kN/m^3；综合内摩擦角为30°；承载力标准值为100kPa。

粉土：天然重度为19.50kN/m^3（标准值）；内聚力为（标准值）天然28.73kPa；饱和18.70kPa；内摩擦角为（标准值）天然15°28′；饱和12°35′；承载力标准值为176.50kPa。

卵石层：地基承载力标准值为338.0kPa。

中风化砂岩：饱和抗压强度标准值为25.92MPa。

挡墙基底摩擦系数：粉土为0.35，杂填土为0.40。

基坑开挖临时坡率：粉土为1:0.5，杂填土为1:0.75。

②处理方案分析。不同的技术人员提出了不同的处理方案，主要方案有两个：A. 做钻孔灌注抗滑桩进行边坡支护；B. 利用反压条石土体采用灌浆及树根桩支护边坡。

方案A钻孔灌注抗滑桩：由于钻孔灌注抗滑桩施工需较大的机械设备施工，占用场地较大，同时施工时将使用大量的水，因此该施工方法对边坡稳定不利；其次，施工费用较高；再则，边坡为临时性土质边坡，建筑物建成后，建筑物边墙的支护作用难以充分利用，因此，委托方不愿采用该方案。

方案B灌浆及树根桩方案：由于抢险后条石土体形成了一个临时性重力式条石挡墙，该挡墙的整体未得到保障，因此对后续某广场工程的施工将产生负面影响。为此，需进一步采取处理措施，采取灌浆及树根桩法进行条石土体加固，其特点是：A. 施工机械小，施工方便；B. 进水量小，对边坡的稳定性有利；C. 可利用既有反压条石土体的作用，加固费用相对较少；D. 对某广场工程后续施工影响较小，且可发挥某广场工程边墙的作用。

经相关人员和委托方多次讨论，在××楼旁边坡现状成立的条件下，确定用灌浆树根桩法加固反压体，并在土体后缘用土钉进行加强。

2）处理方案

根据上述基本分析，建议采用如图2－14所示的加固方案。

①总体要求。工程加固必须进行工程监理，施工期间必须对工程的安全性进行监测，有关加固项目必须进行检测。加固体完成后，某广场工程所修边墙等应按设计要求进行建设，严禁取消边墙。

②施工顺序：

A. 建立观测系统应能及时预报××小区××楼的安全性。

B. 按图要求进行钻孔灌浆、土钉施工。

③边坡加固要求。

采用注浆加固法加固条石土体，灌浆孔平面布置按图施工，注浆加固法按《既有建筑地基基础加固技术规范》JGJ123和《民用建筑修缮工程查勘与设计规程》JGJ117要求进行施工，灌浆深度应超过反压条石底面2m，灌浆孔中应放入1根ϕ18钢筋，钢筋长度同钻孔深度，且灌浆液强度标准值不得低于20MPa。

灌浆加固采用的灌浆料可选用水泥浆或水泥浆与水玻璃混合液，灌浆前应进行浆液配比试验，并应进行试验性灌浆试验，要求灌浆液能加固相应的土层，加固后土层的地基承载力不小于250kPa。灌浆要求有一定灌浆经验的施工单位组织实施，灌浆孔数量、间距应根据先期试验、沉降观测结果，再做适当调整。

在灌浆过程中有两个问题需要考虑：A. 当水泥浆用量较大时，在不同地层深度处可改为灌水泥砂浆液，砂的掺量根据实际工程情况确定；B. 灌浆压力的确定，在灌浆时压浆压力的控制对不同的工程及不同的施工单位有所不同，一般情况下灌浆压力控制在0.3～1.0MPa之间。

灌浆效果应按《民用建筑修缮工程查勘与设计规程》JGJ117要求进行检测。

某广场工程中的桩基工程施工完成前严禁切除反压体前缘。

××小区××楼旁边坡处理工程施工中若有不清楚的问题，应及时和处理方案单位进行联系，严禁擅自更改处理方案，否则，后果自负。

（4）边坡加固效果

边坡加固后，边坡稳定，××房地产开发有限公司开发的建筑物顺利建成，该方案的实施效果受到了建设方和当地政府的肯定。

3 锚杆设计与施工

3.1 锚 杆 设 计

3.1.1 概述

锚杆（anchor bar）就是将拉力传至稳定岩、土层的构件，由锚头、自由段和锚固段组成。

由于锚杆支挡技术的优越性，我国自20世纪50年代开始在煤炭系统使用锚杆以来，锚杆已在我国边坡、基坑、矿井、隧道、地下工程、坝体、航道、水库、机场及抗倾、抗浮结构等工程建设中获得广泛应用。

1911年，美国首先用岩石锚杆支护矿山巷道。

1934年，在阿尔及利亚的切尔斯坝的加固中，首先采用预应力岩石锚杆（承载力为10000kN）来保持加高后坝体的稳定。

1957年，法国Bauer公司采用土层锚杆。

1964年，我国安徽梅山水库采用设计承载力为2400~3200kN的预应力锚杆加固坝基。

1974年，美国的纽约世界贸易中心深开挖工程采用锚固技术，950m长，900mm厚的地下连续墙，穿过有机质粉土、砂和硬土层直达基岩，基坑深21m。

1993~1989年，澳大利亚在Warragamba重力坝加固工程中采用锚索（65根15.2mm的钢绞线），其最大承载力达16500kN。中国北京的京城大厦、王府饭店、上海太平洋饭店等深基坑工程采用预应力土层锚杆。

1999年，据初步统计，中国在深基坑和边坡工程中的预应力锚杆用量，每年约为2000~3500km。

2002年，四川省境内的川-藏公路，二郎山地段的公路岩质滑坡采用大直径人工挖孔桩（桩径达3000mm×4000mm，深度达40~45m）和预应力锚索（长度达70~75m）进行治理。

举世瞩目的三峡水利枢纽工程，长1607m，高170m的船闸边坡处于风化程度不等的闪云斜长花岗岩中，采用4000余根长25~61m的3000kN的预应力锚杆和近10万根长8~14m的高强锚杆作系统加固或局部加固。

3.1.2 锚杆的类型

目前，在我国和全世界范围内，适用于不同的地质条件，具有不同功能和用途的锚杆有数百种。锚杆分类方法按不同分类原则和分类标志也有很多种。现在介绍一些主要和常用的分类：

(1) 按应用对象划分

可分为岩石锚杆、土层锚杆和海洋锚杆。

1) 岩石锚杆：锚固段锚固在稳定岩层中的锚杆。

2) 土层锚杆：锚固段锚固在稳定土层中的锚杆。

3) 海洋锚杆：锚固段位于相对稳定的海洋中的锚杆。

(2) 按是否预先施加应力划分

可分为预应力锚杆（也称为主动式锚杆）和非预应力锚杆（也称为被动式锚杆）。

(3) 按锚固机理划分

可分为粘结式锚杆、摩擦式锚杆和机械式锚杆。

1) 粘结式锚杆：水泥砂浆锚杆和树脂锚杆。

2) 摩擦式锚杆：管缝式锚杆和水胀式管状锚杆。

3) 机械式锚杆：胀壳式锚杆和楔缝式锚杆。

(4) 按锚杆杆体材料划分

可分为金属锚杆、木锚杆、竹锚杆和钢筋混凝土锚杆。

1) 木锚杆和竹锚杆主要用于抢险工程、临时性工程。

2) 金属锚杆和钢筋混凝土锚杆主要用于永久性支挡工程。

(5) 按锚固体形态划分

可为圆柱形锚杆、端部扩大型锚杆和连续球体形锚杆（图 3-1）。

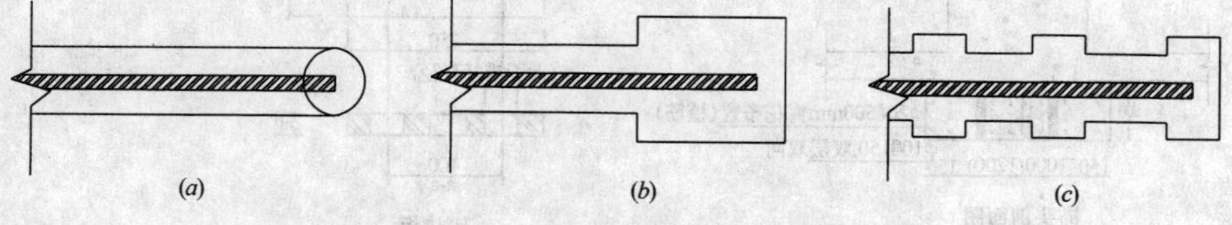

图 3-1 按锚固体形态划分的锚杆类型

(*a*) 圆柱形锚杆；(*b*) 端部扩大形锚杆；(*c*) 连续球体形锚杆

(6) 按锚固部分大小划分

可分为全长锚固式锚杆和端部锚固式锚杆。

全长锚固式锚杆：将自由段和锚固段均进行锚固的锚杆。

端部锚固式锚杆：仅对锚固段进行锚固的锚杆。

3.1.3 锚杆的锚固原理

1. 锚固系统

(1) 概念

在岩土加固工程中，如果以锚杆（索）作为加固系统的主要构件，就形成了一个锚杆（索）加固系统，或者称为锚杆（索）加固系统，简称锚固系统。

(2) 单体锚杆组成

锚固系统中通常由很多单体锚杆组成。

单体锚杆由三大部分组成：杆体、锚头和锚固体。

①锚头。锚头位于锚杆的外露端。

对于预应力锚杆，通过它最终实现对锚杆施加预应力，并将锚固力传给结构物或围岩。

对于非预应力锚杆，通过肋柱或钢筋混凝土锚头，在理论破裂面以外的岩、土体产生一定的水平变形后，将作用于锚杆上的侧向力通过杆体传给锚固段，最终将锚固力传给结构物或围岩。对于非预应力锚杆的“点锚”，可采用图3-2中的构造。

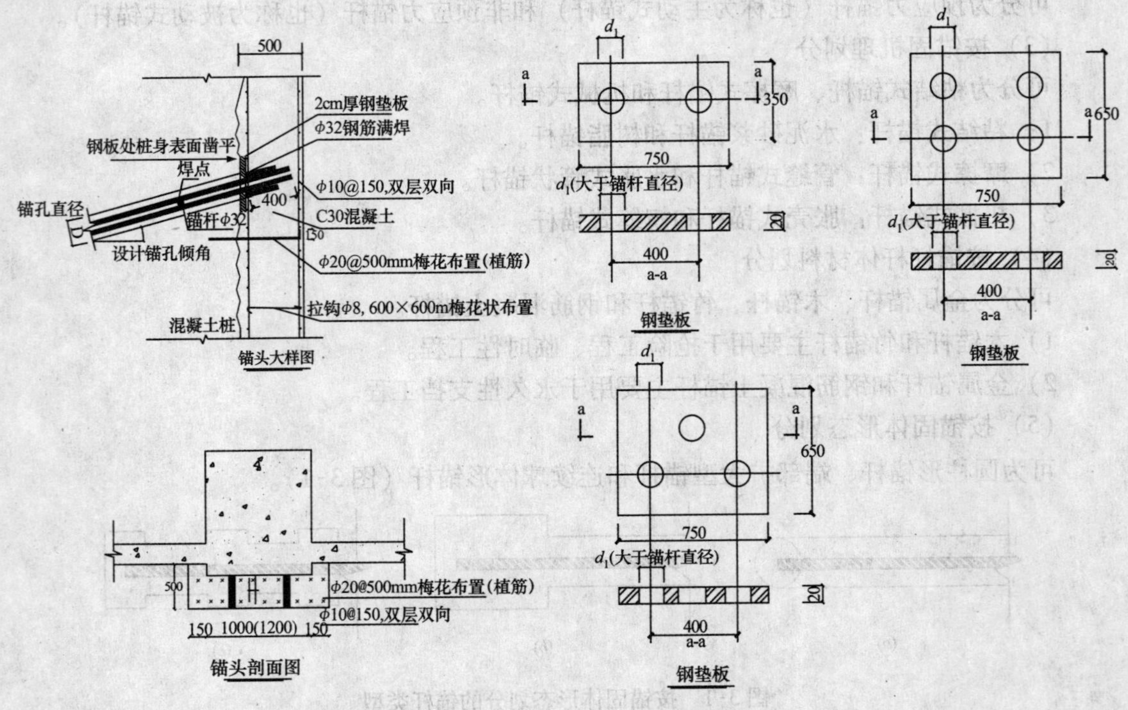

图3-2 非预应力锚杆的“点锚”构造

②杆体。杆体通常由钢筋、钢绞线或钢管、型刚等制成。承受拉张作用。

杆体连接锚头和锚固体，通常利用其弹性变形的特性，在锚固过程中对锚杆施加预应力。

③锚固体。锚固体位于锚杆的根部或理论破裂面以内的锚固段，它将拉力从杆体传给稳定的地层。

（3）单体锚索组成

随着锚固技术的发展，应用越来越广泛，处理工程的难度和规模也增大，要求锚杆承受的荷载也越来越大；同时，随着对控制或限制变形的要求越来越高，预应力锚索就用得比较多。

锚索：广义讲，锚索实际上是高承载力的锚杆。

锚索组成仍为三大部分：锚头、锚索体和锚固体。

锚头：由垫板、锚环、锚塞和混凝土墩组成。

为了不使锚头出现开裂的情况，通常在混凝土墩内设置多片的钢筋网（图3-3）。

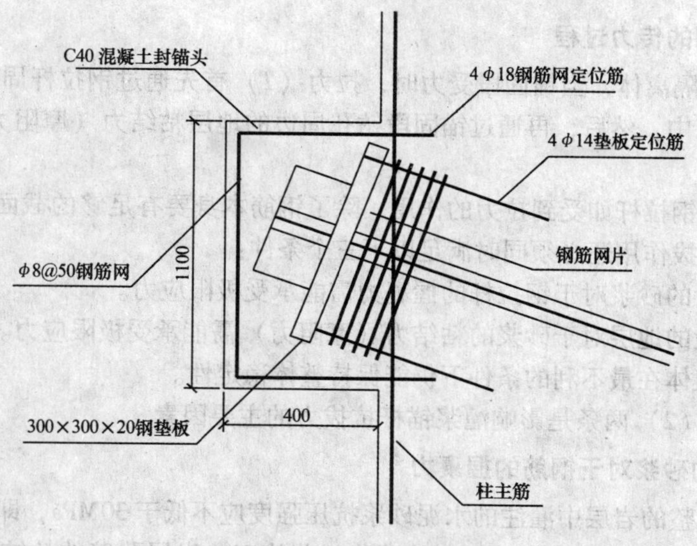

图3-3　锚索锚头大样

锚索体：由高强钢丝、钢丝束、钢丝绳、钢绞线等制成。

锚固体：由定位止浆环、扩张环、导向帽等制成。

（4）锚杆的基本力学参数

①抗拔力。锚杆在拉拔试验中承受的极限拉力，即抗拔力或锚固力。

②握固力或握裹力。锚杆杆体与粘结材料间的最大抗剪力。

③粘结力。锚杆粘结材料与孔壁岩土之间的最大抗剪力。

④拉断力。锚杆或锚杆杆体在拉拔试验中所承受的超过了它的极限力。

2. 锚固的基本原理

岩土锚固的基本原理就是依靠锚杆周围地层的抗剪强度来传递结构物的拉力或保持地层开挖面自身的稳定。

岩、土锚固的主要功能是：

（1）提供作用于结构物上用来承受外荷的抗力，其方向朝着与岩土相接触的点。

（2）使被锚固地层产生压应力区或对通过的岩石起加筋作用（非预应力锚杆）。

（3）加固并增加地层强度，也相应地改善了地层的其他力学性能。

（4）当锚杆通过被锚固结构时，能使结构本身产生预应力。

（5）通过锚杆，使结构与岩石连锁在一起，形成一种共同工作的复合结构，使岩石能更有效地承受拉力和剪力。

3.1.4　锚杆的灌浆原理

1. 灌浆锚固的基本概念

灌浆锚固的基本概念指的是用水泥砂浆（水泥浆、化学浆液、树脂等）将一组钢拉杆（粗钢筋或钢丝束等）锚固在伸向地层内部的钻孔中[24]。

在实际锚固工程中，水泥砂浆灌浆锚杆占绝大多数。

2. 砂浆锚固的传力过程

取锚固段为隔离体，当锚固段受力时，拉力（T）首先通过钢拉杆周边砂浆的握裹力（u）传递到砂浆中，然后，再通过锚固段钻孔周边的地层粘结力（摩阻力）（τ）传递到锚固的地层中。

由此可见，钢拉杆如受到拉力的作用，除了钢筋本身要有足够的截面积（A）承受拉力外，锚杆的抗拔作用还必须同时满足以下三个条件：

（1）锚固段的砂浆对于钢拉杆的握裹力需能承受极限应力。

（2）锚固段的地层对于砂浆的粘结力（摩阻力）需能承受极限应力。

（3）锚固土体在最不利的条件下仍能保持整体稳定性。

其中（1）、（2）两条是影响灌浆锚杆抗拔力的主要因素。

3. 锚固段的砂浆对于钢筋的握裹力

在一般较完整的岩层中灌注的水泥砂浆抗压强度应不低于30MPa，即在设计中经常采用M30水泥砂浆。如果严格按照规定的灌浆工艺施工，岩层孔壁的粘结力一般大于砂浆的握裹力。因此，岩层锚杆的抗拔力和最小锚固段长度一般取决于砂浆的握裹力。

为此，则有：

$$T_u \leqslant \xi_3 \pi d L_e u \tag{3-1}$$

式中 T_u——锚杆的极限抗拔力（kN）；

ξ_3——钢筋与砂浆粘结强度工作条件系数；

d——钢拉杆的直径（m）；

L_e——锚杆的有效锚固长度（m）；

u——砂浆对于钢筋的平均握裹应力（kN/m^2）。

上式中砂浆的平均握裹应力 u 是一个关键的数值。

可见，只要将孔口内的钢筋分成不同的区段，就可以根据各区段两端截面上的钢筋应力（P）的数值，按上式计算求得各个区段中砂浆对于钢筋的握裹力（u）。很多资料表明，砂浆对于钢筋的握裹力，取决于砂浆与其周边以外砂浆之间的抗剪力，也就是砂浆本身的抗剪强度。

然而，锚孔内砂浆握裹应力的分布情况相当复杂，在实际工作中，只考虑平均握裹应力的数值，并研究其所需的锚固长度。

某些钢筋混凝土试验资料建议钢筋与混凝土之间的握裹应力大约为其标准抗压强度的10%～20%，据此计算一根锚杆所需的最小锚固段长度并令锚杆钢筋的极限拉应力为 σ_s，则有：

$$(\pi d^2/4)\ \sigma_s = \pi d L_{emin} u \tag{3-2}$$

按上式计算，在岩层中一般所需的锚固段长度仅1～2m就够了，这已被铁道部科学研究院、中国人民解放军后勤工程学院、重庆市建筑科学研究院等多家单位在数十次岩层拉拔试验中得到证实。试验资料表明：当采用热轧螺纹钢筋作为拉杆时，在完整硬质岩层的锚孔中其应力传递深度不超过2m。影响岩层锚杆拉拔能力的主要因素是砂浆的握裹能力。

4. 锚杆极限抗拉强度

例如，当岩层锚固深度大于1.0m，采用ϕ25的20MnSi钢筋时，往往钢筋被拉断而锚固段不会从锚孔中拔出；$\phi32$ 的 16MnSi 钢筋被拉到屈服点（290kN）；$2\phi32$ 的 20MnSi 钢筋被拉到屈服点（550kN）都未发现岩层有较明显的变化。

上述试验表明，一般钢拉杆在完整坚硬岩层中的锚固深度只要超过 2m 就足够了。

但是，在使用中，必须判明以下情况：

（1）锚固区岩体是否稳定，是否有滑坡、塌方的可能。

（2）节理分割的锚固区岩块，在受拉力后是否会产生松动。

考虑到上述因素，建议灌浆锚固段达到岩层内部（除去表面风化层）的深部不小于 4m。这就是，在一般的边坡设计中常常将锚固段的长度明确为 4m 的原因。

同时，必须指出：

（1）上述平均握裹应力和最小锚固长度只适用于锚固在岩层中的锚杆。如果锚孔灌浆是在土层中，则土层对于锚孔砂浆的单位粘结力（摩阻力）小于砂浆对钢筋的单位握裹力。

因此，土层锚杆的最小锚固深度将受土层性质的影响。通常情况下，锚杆在土层中的最小锚固段长度不小于 8m。

（2）风化岩层中钢筋应力和砂浆握裹力的分布和岩层的情况有所不同（注意，除去表面风化层）。

5. 锚固段孔壁的抗剪强度

在风化岩层和土层中，锚杆的极限抗拔能力取决于锚固段地层对于锚固段砂浆所能产生的最大粘结力（摩阻力）。应为：

$$T_u \leqslant \xi_1 \pi D L_e \tau \tag{3-3}$$

式中 T_u——柱状锚体的极限抗拔力（kN）；

ξ_1——锚固体与地层粘结工作条件系数；

D——锚杆钻孔的直径（m）；

L_e——锚杆的有效锚固长度（m）；

τ——锚固段周边的抗剪强度（kPa）。

锚固段周边抗剪强度（τ）的大小受地层性质、锚杆的埋藏深度、锚杆类型和施工灌浆等许多复杂因素的影响。即便在相同深度处 τ 值也可能由于锚杆类型和施工灌浆方法的类别而有较大变化。

锚杆孔壁与砂浆接触面的抗剪破坏，可能有以下三种：

（1）砂浆接触面外围的岩层剪切破坏。

（2）沿砂浆和孔壁的接触面剪切破坏。

（3）沿砂浆内的剪切破坏。

一般而言，土层的强度低于砂浆强度，所以上述（3）通常不可能发生；如果施工灌浆工艺好，则（2）也不可能发生。因此，土层锚杆孔壁对于砂浆的粘结力取决于接触面外围的土层抗剪强度。即为：

$$\tau = \sigma \tan\phi + c \tag{3-4}$$

式中 c——锚固区土层的黏聚力（kPa）；

ϕ——土的内摩擦角（°）；

σ——孔壁周边法向压应力（kPa）。

3.1.5 岩土作用计算

在工程建设实践中，边坡工程设计不外乎需要解决两个问题：一是外部作用的计算，二是支护结构的抗力计算。由于岩土工程的特殊性、复杂性及可变性（或不确定性），使边坡工程外部作用的计算具有一定的不可预知性，在特定条件下，还具有突变性，加之岩体边坡作用的机理和破坏作用人们还未认知清楚，因此，岩土作用计算带有很强的经验性和探索性。故此，根据信息施工法和施工勘察反馈的资料，对地质结论、设计参数及设计方案进行再验证是非常重要的问题。下面所述的岩土作用计算方法均是有条件的，应认真核实相关计算参数，选择适合的方法计算岩土作用。

1. 土压力计算

（1）土压力分类

在挡土墙高度不大（$H<5\sim8\text{m}$）的条件下，根据土压力试验结果，挡土墙位移和墙后土体所处的应力状态，可将土压力分为以下三种：

1）静止土压力。当挡土墙的位移情况和墙后土体所处于弹性平衡状态，此时墙后土体作用在墙背上的土压力称为静止土压力，以 E_0 表示。

2）主动土压力。当挡土墙在墙后土体的推力作用下向前移动。土体的强度发挥作用，使作用在墙背上的土压力减小。挡墙向前位移不同，土体压力不同，当挡土墙向前位移达到某一临界位移时，此时墙后土体达到主动极限平衡状态，土压力减至最小，称为主动土压力，以 E_a 表示。

3）被动土压力。若挡土墙在外力作用下，向后移动推向填土，则填土受墙的挤压，使作用在墙背上的土压力增大。随挡土墙向填土方向的位移不同，被动土压力不同，当挡土墙向后位移达到某一临界位移时，墙后土体达到被动极限平衡状态，墙背上作用的土压力增至最大。墙后土体达到被动受压极限平衡状态时，作用在墙背上的土压力称为被动土压力，一般用 E_p 表示。

在相同的墙高和填土条件下，主动土压力小于静止土压力，被动土压力大于静止土压力，即：

$$E_a < E_0 < E_p \tag{3-5}$$

式中 E_a——主动土压力；

E_0——静止土压力；

E_p——被动土压力。

（2）静止土压力计算

当挡土墙静止不动，即挡土墙完全没有侧向位移、偏转和自身弯曲变形时，作用在其上的土压力即为静止土压力。

1）静止土压力计算公式

静止土压力状态犹如半空间弹性变形体，在自重作用下无侧向变形时的水平侧压力，故填土表面下任意深度 z 处的静止土压力可按下式计算

$$\sigma_z = k_0\gamma z \tag{3-6}$$

式中　σ_z——静止土压力强度（kPa）；

γ——填土的重度（kN/m^3）；

z——计算点深度（m）。

2）静止土压力系数 k_0 确定

静止土压力系数 k_0 与土的性质、密实程度以及应力历史均有关系，k_0 的值可根据试验测定，也可以根据经验公式计算。

①经验值：砂土 $k_0 = 0.34 \sim 0.45$；黏性土 $k_0 = 0.5 \sim 0.7$；

②对正常固结土，可近似按下列半经验公式计算

$$k_0 = 1 - \sin\phi \tag{3-7}$$

式中，ϕ 为土的有效内摩擦角（°）。

3）静止土压力分布及合力

由式（3-6）可知静止土压力呈三角形分布。

作用在挡土墙上的总静止土压力的计算：沿墙长度方向取 1m，只需计算土压力分布的三角形面积，即

$$E_0 = (1/2)\gamma H^2 k_0 \tag{3-8}$$

式中，H 为挡土墙高度（m）。

E_0 作用点位于静止土压力三角形分布图的重心，即下 $H/3$ 处，方向水平。

2. 主动土压力和被动土压力计算

计算主动土压力和被动土压力的理论有多种，但世界各国大多采用两种古典的土压力理论，即郎肯（Rankine）理论和库仑（Coulomb）理论。尽管这些理论都基于不同的假定，但概念明确、计算简便，且国内外大量挡土墙实验、原位测试及理论研究结果均表明，其计算方法基本可靠。

（1）朗肯土压力理论

1）基本原理

朗肯研究了半无限土体在自重作用下的应力状态，当土体向两侧平行外移，土体内各点应力从弹性平衡状态发展到极限平衡状态，提出墙后土体达极限平衡状态时，采用摩尔库仑极限平衡条件，计算挡土墙压力的理论。

朗肯理论的计算条件是表面水平的半无限土体，处于极限平衡状态，因此朗肯土压力理论的适用条件为：

①挡土墙的墙背竖直、光滑；

②挡土墙后填土地表面水平。

2）无黏性土的土压力

①主动土压力。根据主动土压力的值是土体达到主动极限平衡状态这一特点，利用极限平衡条件公式，可得无黏性土的主动土压力计算公式

$$\sigma_a = k_a \gamma z \tag{3-9}$$

式中，σ_a 为朗肯主动土压力强度（kPa）；$k_a = \tan^2$（$45° - \phi/2$）。

由式（3-9）可知，当 ϕ 一定时，k_a 为常数，且 γ 为常数，因此，σ_a 与 z 呈线性关系。当 $z = 0$ 时，$\sigma_a = 0$，当 $z = H$ 时，$\sigma_a = k_a \gamma H$。土压力分布图为三角形。

总主动土压力的计算，可取挡土墙长度方向每平方米计算，即为土压力三角形的面积，即

$$E_a = \frac{1}{2}\gamma H^2 k_a \tag{3-10}$$

作用点为重心，距墙底 $H/3$ 处，如图 3-4（c）所示。

②被动土压力。被动土压力计算公式为

$$\sigma_p = \gamma z k_p \tag{3-11}$$

式中，k_p 为朗肯被动土压力系数，$k_p = \tan^2$（$45° + \phi/2$）。

由式（3-11）可知，当 ϕ 已知时，k_p 为常数，γ 为常数，因此 σ_p 与 z 成线性关系。当 $z = 0$ 时，$\sigma_p = 0$；当 $z = H$ 时，$\sigma_p = \gamma H k_p$。故被动土压力呈三角形分布。

总被动土压力

$$E_p = \frac{1}{2}\gamma H^2 k_a \tag{3-12}$$

作用点为土压力分布三角形的重心，距墙底 $H/3$ 处，方向水平。

当挡土墙背垂直、光滑，而填土表面有无限斜坡时（倾角为 β），也可以用朗肯理论求解。

主动土压力为：

$$E_a = \frac{1}{2}\gamma H^2 \cos\beta \frac{\cos\beta - \sqrt{\cos^2\beta - \cos^2\varphi}}{\cos\beta + \sqrt{\cos^2\beta - \cos^2\varphi}} = \frac{1}{2}\gamma H^2 K'_a \tag{3-13}$$

当 $\beta = 0$ 时，
$$k'_a = \frac{1 - \sin\varphi}{1 + \sin\varphi} = \tan^2\left(45° - \frac{\varphi}{2}\right) = K_a \tag{3-14}$$

由式（1-14）可知，当 $\beta = 0$ 时，就和一般的朗肯条件相同。同理，被动土压力为

$$E_P = \frac{1}{2}\gamma H^2 \cos\beta \frac{\cos\beta + \sqrt{\cos^2\beta - \cos^2\varphi}}{\cos\beta - \sqrt{\cos^2\beta - \cos^2\varphi}} = \frac{1}{2}\gamma H^2 K'_p \tag{3-15}$$

同理，当 $\beta = 0$ 时，$k'_p = \frac{1 + \sin\varphi}{1 - \sin\varphi} = \tan^2\left(45° + \frac{\varphi}{2}\right) = K_p$ （3-16）

应该指出，式（3-12）至式（3-16）只适合于 $c = 0$ 的无黏性土。此时，墙背不是滑裂面，土压力的方向平行于墙后填土的斜坡面，因此，墙背和土之间的摩擦角必大于 β。

3）黏性土的土压力

黏性土的情况与无黏性土类似，不同的是有黏聚力 c 的存在，相应地将极限平衡条件改为黏性土的极限平衡条件公式即可。

①主动土压力计算公式

$$\sigma_a = \gamma z \cdot k_a - 2c\sqrt{k_a} \tag{3-17}$$

由式（3-17）可知，黏性土的土压力由两部分组成。一部分是 $\gamma z k_a$，是由土的自重产生的，呈三角形分布。另一部分是 $-2C\sqrt{k_a}$，由黏性土的黏聚力产生，与深度 z 无关，是一常数。

由
$$\sigma_a = \gamma z_0 k_a - 2c\sqrt{k_a} = 0$$

可得
$$z_0 = \frac{2c}{\gamma\sqrt{k_a}} \tag{3-18}$$

式（3-18）常用来计算直立边坡的高度。可以证明，它是下限值。

当 $z=0$，$\sigma_a=-2c\sqrt{k_a}$，当 $z=H$，$\sigma_a=\gamma Hk_a-2c\sqrt{k_a}$

总主动土压力

$$E_a=\frac{1}{2}\gamma H^2k_a-2cH\sqrt{k_a}+\frac{2c^2}{\gamma} \tag{3-19}$$

总主动土压力作用点位于土压力分布线的重心，即距墙底 $\frac{1}{3}(H-z_0)$ 处。

②被动土压力。

同理，当土体达到被动极限平衡状态时，由极限平衡条件，可得黏性土被动土压力公式

$$\sigma_p=\gamma zk_p+2c\sqrt{k_p} \tag{3-20}$$

由式（3-20）可知：黏性土被动土压力也由两部分组成：一部分是 γzk_p，与深度 z 成正比；另一部分是 $2c\sqrt{k_p}$，由黏性土的黏聚力产生，与深度 z 无关，是一常数。

总被动土压力

$$E_p=\frac{1}{2}\gamma H^2k_p+2cH\sqrt{k_p} \tag{3-21}$$

E_p 作用点位于土压力分布的梯形重心。

（2）库仑土压力理论

1773 年，库仑根据挡土墙后滑动楔体达到极限平衡状态时的静力平衡方程条件提出了一种土压力分析计算方法，即著名的库仑土压力理论。库仑理论计算原理简明，适应性较广，因此具有广泛地应用性。

1）基本假设与适用条件

①库仑土压力理论的基本假设为：

A. 墙后填土是理想的散粒体（$c=0$）；

B. 当墙背向前或向后达到极限平衡状态时，滑动破裂面为通过墙踵的斜平面，在土体内部还形成一个滑动面，形成滑动楔动面，即滑动楔体；

C. 土楔体处于极限平衡状态，按理论力学刚性平衡法（力多边形法）分析力的平衡关系。

②库仑土压力理论的适用条件：

A. 墙背俯斜，倾角为 ε；

B. 墙背粗糙，墙、土摩擦角为 δ；

C. 填土表面倾斜，坡角为 β。

2）无黏性土主动土压力

①计算原理（参见图 3-4）：

A. 取滑动楔形体 $\triangle ABC$ 为脱离体，其自生 W 为：$\triangle ABC\cdot\gamma$。当滑动面 BC 已定时，W 数值已知，W 随 a 变化，即 $W=W(a)$。

B. 墙背 AB 给滑动楔体的力 E_a 的数值未知。此力 E_a 与要计算的土压力大小相等，方向相反。E_a 的方向与墙背法线 N_2 成 δ 角（墙与土的摩擦角）。若墙背光滑，则 E_a 与 AB 垂直。当土体下滑时，墙给土体的阻力方向朝上，故支承力 E_a 在法线 N_2 的下方。

C. 填土中的滑动面 BC 上，滑动面下方不动土体对滑动楔体的反力 R。此反力 R 的数值未知，方向与滑动面 BC 的法线 N_1 成 ϕ 角。同理，R 位于 N_1 的下方。

D. 上述滑动楔体在自重 W 与土压力反力 E_a 和填土滑动面 AC 上的反力 R 这三个力作用下处于静止平衡状态。因此，而三个力交于一点，可得封闭的力三角形 $\triangle abc$。

由力三角形 $\triangle abc$ 可见：滑动楔体自重 W 为竖直向下降；W 与 R 的夹角：$\angle 2=\alpha-\phi$；令 W 与 E_a 的夹角为 ψ，则 E_a 与 R 的夹角为：$180°-[\psi-(\alpha-\phi)]$。

E. 取不同滑动面坡角 α_1，α_2，…，则 W、R、E_a 数值也随之变化，找出最大的 $E_a=E_{amax}$，即为所求的墙背上的主动土压力 E_a，其对应的滑动面即是土楔体最危险的滑动面。

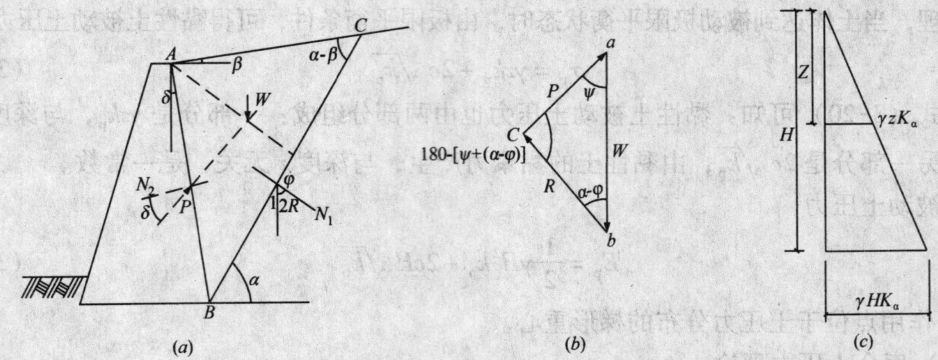

图3-4　库仑土压力计算图

(a) 土楔上的作用力；(b) 力矢三角形；(c) 主动土压力分布

②计算公式。

由正弦定理

$$\frac{a}{\sin A}=\frac{b}{\sin B}=\frac{c}{\sin C}$$

将力三角形 $\triangle abc$ 中各边及各角的数值代入上式，得

$$\frac{E_a}{\sin(\alpha-\varphi)}=\frac{W}{\sin(\psi+\alpha-\varphi)}$$

即：

$$E_a=\frac{W\sin(\alpha-\varphi)}{\sin(\psi+\alpha-\varphi)} \tag{3-22}$$

式中，ψ 为 W 与 E_a 的夹角，$\psi=90°-\varepsilon-\delta$。

因 $E_a=f(\alpha)$，求 E_a 的极大值，还需求 $\frac{\partial E}{\partial \alpha}=0$，可得真正滑动面的 α 值，代入式（3-22）可得

$$E_a=\frac{1}{2}\gamma H^2\frac{\cos^2(\varphi-\varepsilon)}{\cos^2\varepsilon\times\cos(\delta+\varepsilon)\left[1+\sqrt{\frac{\sin(\delta+\varphi)\times\sin(\varphi-\beta)}{\cos(\delta+\varepsilon)\times\cos(\varepsilon-\beta)}}\right]^2}$$

$$=\frac{1}{2}\gamma H^2 k_a \tag{3-23}$$

式中：ε 为墙背与竖直线的夹角，以垂线为准，反时针为正（称俯斜）；顺时针为负（称仰斜）；β 为墙后土面的倾角；δ 为土与墙背间的外摩擦角。

$$K_a=\frac{\cos^2(\varphi-\varepsilon)}{\cos^2\varepsilon\times\cos(\delta+\varepsilon)\left[1+\sqrt{\frac{\sin(\delta+\varphi)\times\sin(\varphi-\beta)}{\cos(\delta+\varepsilon)\times\cos(\varepsilon-\beta)}}\right]^2} \tag{3-24}$$

当墙背竖直($\varepsilon=0$)、光滑($\delta=0$)、填土面水平($\beta=0$)时,式(3-24) 变为

$$K_a=\tan^2\left(45°-\frac{\varphi}{2}\right)$$

可见，朗肯理论是库仑理论的特殊情况。

沿墙高的土压力分布强度 σ_a 可通过 E_a 对 z 取导数而得到

$$\sigma_a=\frac{dE_a}{dz}=\frac{d}{dz}\left(\frac{1}{2}\gamma z^2 k_a\right)=\gamma z k_a \tag{3-25}$$

由此可见，主动土压力分布强度沿墙高呈三角形线分布，土压力合力的作用点离墙底 $H/3$，方向与墙背法线成 δ 角。需注意，图 3-4（c）中表示的土压力分布图只表示其数值大小，而不代表其作用方向。

了解上述关系，将有助于在挡土墙设计中如何减小主动土压力。墙背与填土之间的摩擦角 δ 由试验决定，也可参照表 3-1 取值。

3）无黏性土被动土压力

$$E_p=\frac{1}{2}\gamma H^2 k_p \tag{3-26}$$

$$K_p=\frac{\cos^2(\varphi+\varepsilon)}{\cos^2\varepsilon\times\cos(\varepsilon-\delta)\left[1-\sqrt{\dfrac{\sin(\varphi+\delta)\times\sin(\varphi+\beta)}{\cos(\varepsilon-\delta)\times\cos(\varepsilon-\beta)}}\right]^2} \tag{3-27}$$

若墙背竖直（$\varepsilon=0$），光滑（$\delta=0$）及墙后填土表面水平（$\beta=0$），则式（3-27）变为:

$$k_p=\tan^2\left(45°+\frac{\varphi}{2}\right)$$

与无黏性土的朗肯公式相同。

被动土压力分布可按下式计算

$$\sigma_p=\gamma z k_p \tag{3-28}$$

被动土压力布沿墙高呈三角形分布，其合力作用点位于距墙底 $H/3$ 处。同样，此分布图只表示大小，不表示方向，方向为与墙面的法线成 δ 角。

4）黏性土的库仑压力理论

为了考虑黏性土的黏聚力 c 对土压力的效应，以往常常采用所谓“等值内摩擦角 ϕ_D”的方法计算，但误差较大，在低墙上偏于保守，而高墙偏于危险，因此，近年来较多学者在库仑理论的基础上计入了墙后填土面荷载、填土黏聚力、填土与墙背间的粘结力以及填土表面附近的裂缝深度等因素的影响，提出了所谓的“广义库仑理论”。库仑主动土压力系数 K_a 如下(见图 3-4、图 3-5)：

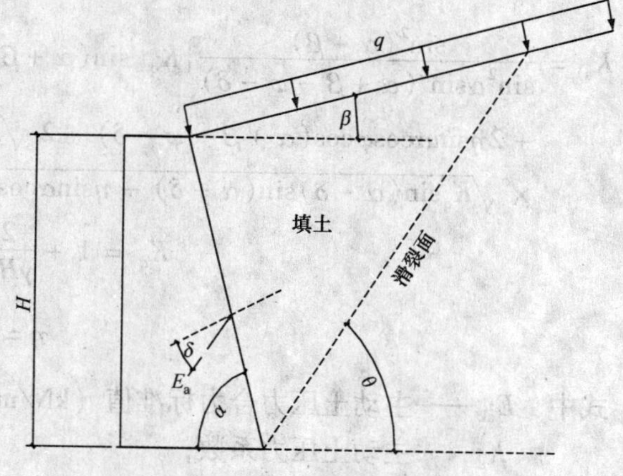

图 3-5　土压力计算简图

$$k_a=\frac{\cos(\varepsilon-\beta)}{\cos^2\varepsilon\cos^2\psi}\{[\cos(\varepsilon-\beta)\cos(\varepsilon+\delta)+\sin(\varphi-\beta)\sin(\varphi+\delta)]\,k_q$$
$$+2k_2\cos\varphi\cdot\sin\psi+k_1\sin(\varepsilon+\varphi-\beta)\cos\psi+k_0\sin(\beta-\psi)\cos\psi-2\sqrt{G_1G_2}\}\qquad(3\text{-}29)$$

其中：

$$k_q=\frac{1}{\cos\alpha}\left[1+\frac{2q}{\gamma h}\xi-\frac{h_0}{h^2}\left(h_0+\frac{2q}{\gamma}\right)\xi^2\right]$$

$$k_0=\frac{h_0^2}{h^2}\left(1+\frac{2q}{\gamma h_0}\right)\frac{\sin\varepsilon}{\cos(\varepsilon-\beta)}\xi$$

$$k_1=\frac{2c'}{\gamma h\cdot\cos(\varepsilon-\beta)}\left(1-\frac{h_0}{h}\right)\xi$$

$$k_2=\frac{2c}{\gamma h}\left(1-\frac{h_0}{h}\right)\xi$$

$$\xi=\frac{\cos\varepsilon\cdot\cos\psi}{\cos(\varepsilon-\beta)}$$

$$h_0=\frac{2c}{\gamma}\cdot\frac{\cos\varepsilon\cdot\cos\varphi}{1+\sin(\varepsilon-\varphi)}$$

$$G_1=k_q\cdot\sin(\delta+\varphi)\cos(\delta+\varepsilon)+k_2\cos\varphi+\cos\psi[k_1\cdot\cos\delta-k_0\cdot\cos(\varepsilon+\delta)]$$

$$G_2=k_q\cos(\varepsilon-\beta)\cdot\sin(\varphi-\beta)+k_2\cos\varphi$$

$$\psi=\varepsilon+\delta+\varphi-\beta$$

式中　q——填土表面的均布荷载(kPa)；

h_0——地表裂缝深度(m)。

显然，当 $c=0$，$q=0$，$c'=0$ 则，式（3-29）可变为式（3-24）。

（3）主动土压力系数“规范”计算公式

1）侧向总岩土压力可采用总岩土压力公式直接计算或按岩土压力公式求和计算，侧向岩土压力和分布应根据支护类型确定。

2）根据平面滑裂面假定（图3-5），主动土压力合力标准值可按下式计算：

$$E_{ak}=\frac{1}{2}\gamma H^2K_a\qquad(3\text{-}30)$$

$$K_a=\frac{\sin^2(\alpha+\beta)}{\sin^2\alpha\sin^2(\alpha+\beta-\varphi-\delta)}\{K_q[\sin(\alpha+\beta)\sin(\alpha-\delta)+\sin(\varphi+\delta)\sin(\varphi-\beta)]$$
$$+2\eta\sin\alpha\cos\varphi\cos(\alpha+\beta-\varphi-\delta)-2\sqrt{K_a\sin(\alpha+\beta)+\sin(\alpha-\beta)+\eta\sin\alpha\cos\varphi}$$
$$\times\sqrt{K_q\sin(\alpha-\delta)\sin(\alpha+\delta)+\eta\sin\alpha\cos\varphi}\}\qquad(3\text{-}31)$$

$$K_q=1+\frac{2q\sin\alpha\cos\beta}{\gamma H\sin(\alpha+\beta)}\qquad(3\text{-}32)$$

$$\eta=\frac{2c}{\gamma H}\qquad(3\text{-}33)$$

式中　E_{ak}——主动土压力合力标准值（kN/m）；

K_a——主动土压力系数；

H——挡土墙高度（m）；

γ——土体重度（kN/m³）；

c——土的黏聚力（kPa）；

φ——土的内摩擦角（°）；

q——地表均布荷载标准值（kN/m^2）；

δ——土对挡土墙墙背的摩擦角（°），见表3-1；

β——填土表面与水平面的夹角（°）；

α——支挡结构墙背与水平面的夹角（°）；

θ——滑裂面与水平面的夹角（°）。

土对挡土墙墙背的摩擦角 δ **表3-1**

挡土墙情况	摩擦角 δ	挡土墙情况	摩擦角 δ
墙背平滑，排水不良	$(0 \sim 0.33)\ \varphi$	墙背平滑，排水不良	$(0 \sim 0.33)\ \varphi$
墙背粗糙，排水良好	$(0.33 \sim 0.50)\ \varphi$	墙背与填土不可能滑动	$(0 \sim 0.33)\ \varphi$

3. 岩石压力计算

岩体边坡的破坏具有一定的突变性和不确定性，其破坏力极大，即使发现岩体边坡出现破坏的先兆，也无法制止其破坏，只能减少、减轻人员伤亡和部分财产损失，因此加强边坡破坏前的防护和监测是非常必要的。由于人们对岩体边坡破坏机制的认识还不充分，因此，岩体边坡的设计仍带有很大的经验性和某些盲目性，不同的计算模型，其支护结构的设计在一定条件下将产生质的差别，为此，这里主要说明建筑边坡工程技术规范对岩体压力计算的规定。

（1）静止岩石压力标准值可按式（3-34）计算，静止岩石压力系数 K_0 可按下式计算：

$$K_0 = \nu/(1-\nu) \tag{3-34}$$

式中，ν 为岩石泊松比，宜采用实测数据或当地经验数据。

（2）对沿外倾结构面滑动的边坡，其主动岩石压力合力标准值可按下式计算：

$$E_{ak} = 1/2\ \gamma H^2 k_a \tag{3-35}$$

$$k_a = \sin(\alpha+\beta)/[\sin^2\alpha\sin(\alpha-\delta+\theta-\varphi_s)\sin(\theta-\beta)] \times [k_q\sin(\alpha+\theta)\sin(\theta-\varphi_s) - \eta\sin\alpha\sin\varphi_s] \tag{3-36}$$

$$\eta = 2c_s/\gamma H$$

式中 θ——外倾结构面倾角（°）；

c_s——外倾结构面黏聚力（kPa）；

φ_s——外倾结构面内摩擦角（°）；

k_q——系数，按式（3-32）计算；

δ——岩石与挡墙背的摩擦角（°），取（$0.33 \sim 0.5$）φ。

其他符号详见图3-5；当有多组外倾结构面时，侧向岩压力应计算每组结构面的主动岩石压力并取其大值。

（3）对沿缓倾的外倾软弱结构面滑动的边坡（图3-6），主动岩石压力合力标准值可按下式计算：

$$E_{ak} = G\tan(\theta - \varphi_s) - c_s L\cos\varphi_s / \cos(\theta - \varphi_s) \quad (3\text{-}37)$$

式中 G——四边形滑裂体自重（kN/m）；

L——滑裂面长度（m）；

θ——缓倾的外倾软弱结构面的倾角（°）；

c_s——外倾软弱结构面的黏聚力（kPa）；

φ_s——外倾软弱结构面内摩擦角（°）。

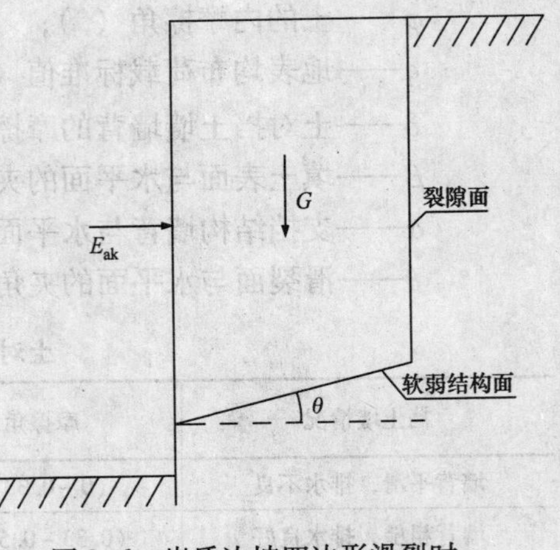

图 3-6 岩质边坡四边形滑裂时侧向压力计算

（4）侧向岩石压力和破裂角计算应符合下列规定：

1）对无外倾结构面的岩质边坡，以岩体等效内摩擦角按侧向土压力方法计算侧向岩压力；破裂角按 $45° + \varphi/2$ 确定，Ⅰ类岩体边坡可取 75°左右。

2）当有外倾硬性结构面时，侧向岩压力应分别以外倾硬性结构面的参数按（2）的方法和以岩体等效内摩擦角按侧向土压力方法计算，取两种结果的较大值；除Ⅰ类边坡岩体外，破裂角取外倾结构面倾角和 $45° + \varphi/2$ 两者中的较小值。

3）当边坡沿外倾软弱结构面破坏时，侧向岩石压力按（2）计算，破裂角取外倾结构面倾角和 $45° + \varphi/2$ 两者中的较小值，同时应按本条 1）、2）款进行验算。

（5）当坡顶建筑物基础下的岩质边坡存在外倾软弱结构面时，边坡侧压力应按（6）和（4）两种情况分别计算，并取其中的较大值。

（6）对支护结构变形有控制要求或坡顶有重要建（构）筑物时，可按表 3-2 确定支护结构上侧向岩土压力。

侧向岩土压力的修正 表 3-2

支护结构变形有控制要求或坡顶有重要建（构）筑物基础位置 a		侧向岩土压力修正方法
土质边坡	对支护结构变形控制严格；或 $a < 0.5H$	E_0
	对支护结构变形控制较严格；或 $0.5H \leqslant a < 1.0H$	$E'_a = (E_0 + E_a)/2$
	对支护结构变形控制不严格；或 $1.0H < a$	E_a
岩质边坡	对支护结构变形控制严格；或 $a < 0.5H$	$E'_0 = \beta_1 E_0$ 且 $\geqslant (1.3 \sim 1.4) E_a$
	对支护结构变形控制不严格；或 $0.5H \leqslant a$	E_a

注：1. E_a 为主动岩土压力，E_0 为静止岩土压力；E'_a 为修正主动土压力，E'_0 为岩质边坡修正静止岩石压力。

2. β_1 为岩质边坡静止岩石压力折减系数。

3. 当基础浅埋时，H 取边坡高度。

4. 当基础埋深较大，若基础周边与岩土间设有软性弹性材料隔离层或作了空位构造处理，能使基础垂直荷载传至边坡破裂面以下足够深度的稳定岩土层内，且基础水平荷载对边坡不造成较大影响，H 可从隔离下端算至坡底，否则，H 按坡高计算。

5. 基础埋深大于边坡高度且采取了表注第 4 条的处理措施，基础的垂直荷载与水平荷载均不传给支护结构时，边坡支护结构侧压力可不考虑基础荷载的影响。

6. 表中 a 为坡脚到坡顶重要建（构）筑物基础外边缘的水平距离。

（7）岩质边坡静止侧压力的折减系数 β_1，可根据边坡岩体类别按表 3-3 确定。

静止岩石压力折减系数表 **表 3-3**

边坡岩体类别	Ⅰ	Ⅱ	Ⅲ	Ⅳ
静止岩石压力折减系数 β_1	0.30～0.45	0.40～0.55	0.50～0.65	0.65～0.85

注：当裂隙发育时取表中大值，裂隙不发育时取小值。

4. 特殊情况下的岩土压力计算

（1）有限填土土压力计算

当挡墙后土体破裂面以内有较陡的稳定岩石坡面时，岩坡坡角 $\theta > 45° + \varphi/2$ 时（图 3-7），应视为有限范围填土情况计算主动土压力。

有限范围填土时，《建筑边坡工程技术规范》GB50330 规定的主动土压力合力标准值计算公式如下：

$$E_{ak} = \frac{1}{2}\gamma H^2 K_a$$

$$K_a = \frac{\sin(\alpha+\beta)}{\sin(\alpha-\delta+\theta-\delta_R)\sin(\theta-\beta)} \times \left[\frac{\sin(\alpha+\theta)\sin(\theta-\delta_R)}{\sin^2\alpha} - \frac{\eta\cos\delta_R}{\sin\alpha}\right] \quad (3\text{-}38)$$

式中 θ——稳定岩石坡面的倾角（°）；

δ_R——稳定且无软弱层的岩石坡面与填土间的摩擦角（°），宜根据试验确定。当无试验资料时，黏土与粉土可取 $\delta_R = 0.33\varphi$，砂性土与碎石土可取 $\delta_R = 0.5\varphi$。

有限范围填土时，《建筑地基基础设计规范》GB 50007—2002 规定的主动土压力系数计算公式为：

$$K_a = \sin(\alpha+\beta)\sin(\alpha+\theta)\sin(\theta-\delta_r)/\sin^2\alpha\sin(\theta-\beta)\sin(\alpha-\delta+\theta-\delta_r) \quad (3\text{-}39)$$

（2）坡顶作用线性分布荷载时土压力计算

①距支护结构顶端 a 处作用有线分布荷载 q_L 时（图 3-8），附加侧向土压力分布可简化为等腰三角形，最大侧向附加压力标准值按下式计算：

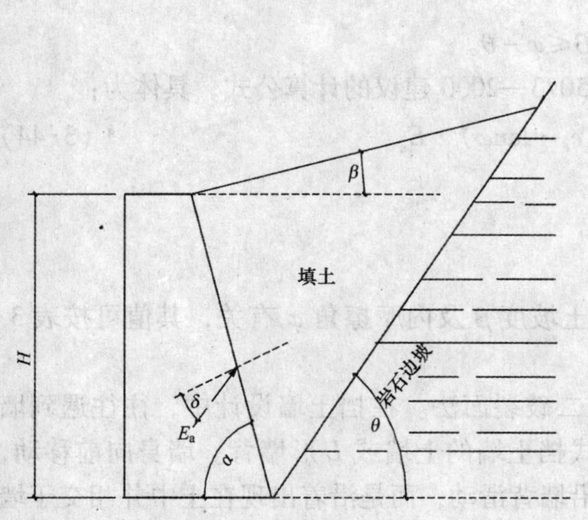

图 3-7 有限范围填土土压力计算简图

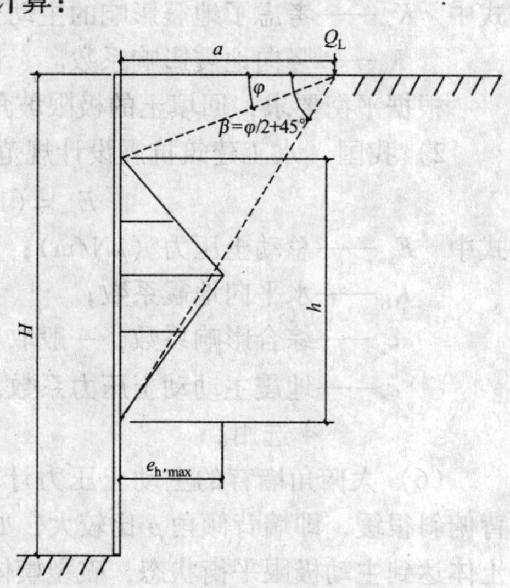

图 3-8 线荷载产生的附加侧向压力分布图

$$e_{h,max}=(2q_L/h)(K_a)^{1/2} \tag{3-40}$$

式中 $e_{h,max}$——最大附加侧向压力标准值（kN/m^2）；

h——附加侧向压力分布范围(m)，$h=(\tan\beta-\tan\varphi)a$，$\beta=45°+\varphi/2$；

q_L——线分布荷载标准值（kN/m）；

K_a——主动土压力系数，$K_a=\tan^2(45°+\varphi/2)$。

②距支护结构顶端 a 处作用有宽度 b 的均布荷载时（图 3-9），附加侧向土压力标准值按下式计算：

$$e_{hk}=K_a q_L \tag{3-41}$$

式中 e_{hk}——附加侧向压力标准值（kN/m^2）；

q_L——线分布荷载标准值（kN/m）；

K_a——主动土压力系数。

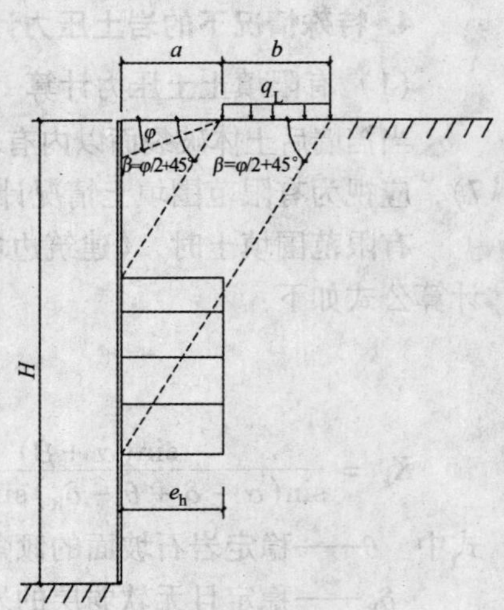

图 3-9 局部荷载产生的附加侧向压力分布图

(3) 当坡顶地面有非水平荷载作用时，按《建筑边坡工程技术规范》GB 50330 附录 B 中 B.0.3 条的有关规定进行计算。

(4) 当岩土体分层，且有水压力作用时，应分层计算，详见算例分析和工程设计实例。

(5) 地震作用计算。地震时，地震作用在挡土墙上产生的土压力称为动土压力。

1) 地震条件下的主动土压力（物部—冈部的公式）E_{ae}

$$E_{ae}=(1-K_v)\frac{\gamma H^2}{2}K_{ae} \tag{3-42}$$

$$K_{ae}=\frac{\cos^2(\varphi-\varepsilon-\theta)}{\cos\theta\cdot\cos^2\varepsilon\cdot\cos(\varepsilon+\theta+\delta)\left[1+\sqrt{\dfrac{\sin(\varphi+\delta)\sin(\varphi-\beta-\theta)}{\cos(\varepsilon-\beta)\cos(\varepsilon+\theta+\delta)}}\right]^2} \tag{3-43}$$

式中 K_{ae}——考虑了地震影响的主动土压力系数；

K_v——竖向地震影响系数。

根据平衡要求，回填土的极限坡角应为 $\beta\leqslant\varphi-\theta$。

2) 我国《水工建筑抗震设计规范》DL 5073—2000 建议的计算公式，具体为：

$$E_{ae}=(1+K_H c_z c_e\cdot\tan\varphi)\cdot E_a \tag{3-44}$$

式中 E_{ae}——总动土压力（kN/m）；

K_H——水平向地震系数；

c_z——综合影响系数，一般取 1/4；

c_e——地震主动动土压力系数，与填土坡度 β 及内摩擦角 φ 有关，其值可按表 3-4 选用。

(6) 大俯角墙背的主动土压力计算—第二破裂面法。在挡土墙设计中，往往遇到墙背俯斜很缓，即墙背倾角 ρ 比较大，如衡重式挡土墙的上墙或 L 形墙背。墙身向前移动，土体达到主动极限平衡状态，破裂楔体将不沿墙背滑动，而是沿着出现在土中并相交于墙踵的第 2 个破裂面滑动，远墙的破裂面称为第一破裂面，而近墙的破裂面则称为第二破裂面

地震主动动土压力系数 c_e 值　　表 3-4

β \ φ	21°~25°	26°~30°	31°~35°	36°~40°	40°~45°
0	4.0	3.5	3.0	2.5	2.0
10°	5.0	4.5	3.5	3.0	2.5
20°	—	5.0	4.0	3.5	3.0
30°	—	—	—	4.0	3.5

(图 3-10)。因此用库仑土压力理论来计算土压力将不再适用。在这种情况下，应按破裂面出现的位置，求算土压力。在工程实际中，常把出现第二破裂面时计算土压力的方法称为第二破裂面法。

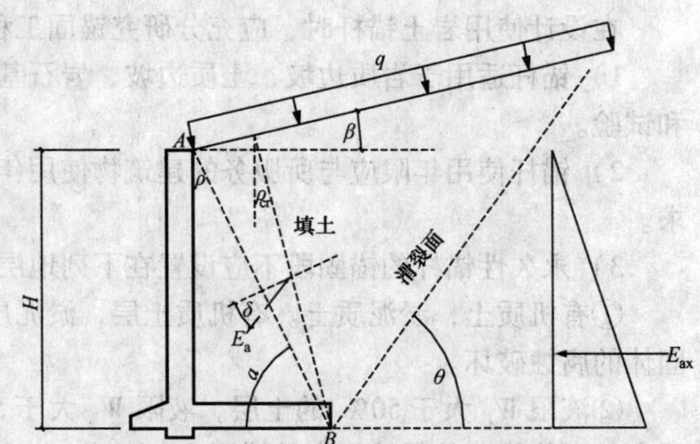

图 3-10　第二破裂面土压力计算简图

产生第二破裂面的条件是：①墙背倾角必须大于第二破裂面的倾角（ρ_{cr}），即 $\rho>\rho_{cr}$；②投影在墙背 AB 上的诸力所产生的下滑力必须小于墙背处的抗滑力，即 $E_{ax}>(E_{ay}+W)\ \mathrm{ctan}(\rho+\delta)$。

一般情况下，当 $\rho>20°\sim25°$ 时，应考虑可能产生第二破裂面。临界破裂角的计算公式如下：

$$\rho_{cr}=45°-\varphi/2+\beta/2-\arcsin(\sin\beta/\sin\varphi)/2 \tag{3-45}$$

若已知：$\varphi=30°$，$\beta=10°$，则 $\rho_{cr}\approx25°$；当确定了第二破裂面，则可按库仑理论计算土压力：

①墙后填土表面水平，其上作用有连续均匀分布荷载 q 时：

$$E_{ax}=\gamma H^2(1+2q/\gamma H)(1+\tan\varphi\tan\rho_{cr})^2\cos^2(\varphi)/2$$

$$E_{ay}=E_{ax}\tan(\varphi+\rho_{cr})$$

合力作用点在 H/3 处。

②墙后表面倾斜（无 q）时：

$$E_{ax}=\gamma H^2/2\sec^2\rho\cos(\rho-\beta)[1-\tan(\varphi-\beta)\tan(\theta'_{cr}+\beta)]^2\cos^2(\varphi-\beta)$$

$$E_{ay}=E_{ax}\tan(\varphi+\rho_{cr})$$

其中：$\theta'_{cr}=45°-\varphi/2-\beta/2+\arcsin(\sin\beta/\sin\varphi)/2$

合力作用点在 H/3 处。

3.1.6　锚杆的设计

1. 锚杆的设计原则和要求

(1) 锚杆的设计原则

1) 荷载分项系数。锚杆设计时，荷载分项系数 γ_Q 可取 1.30；当可变荷载较大时应按现行荷载规范确定。

2）锚固体与地层粘结工作条件系数。锚杆设计时，锚固体与地层粘结工作条件系数 ξ_1，对于永久性锚杆取 1.00；对于临时性锚杆取 1.33。

3）锚筋抗拉工作条件系数。锚杆设计时，锚筋抗拉工作条件系数 ξ_2，对于永久性锚杆取 0.69；对于临时性锚杆取 0.92。

4）钢筋与砂浆粘结强度工作条件系数。锚杆设计时，钢筋与砂浆粘结强度工作条件系数 ξ_3，对于永久性锚杆取 0.60；对于临时性锚杆取 0.72。

（2）锚杆设计的一般要求

在设计使用岩土锚杆时，应充分研究锚固工程的安全性、经济性和施工的可行性。

1）锚杆适用于岩质边坡、土质边坡、岩石基坑以及建（构）筑物锚固的设计、施工和试验。

2）锚杆使用年限应与所服务的建筑物使用年限相同，其防腐等级也应达到相应的要求。

3）永久性锚杆的锚固段不应设置在下列地层：

①有机质土，淤泥质土。有机质土层，淤泥质土作为永久锚固的锚固地层，会引起锚固体的腐蚀破坏。

②液限 W_L 大于 50% 的土层。液限 W_L 大于 50% 的土层，由于其高塑性会引起明显蠕变，不能长久的保持恒定的锚固力。

③相对密度 D_r 小于 0.3 的土层。相对密度 D_r 小于 0.3 的土层，锚固体单位面积上的粘结力低。

4）设计前应调查和收集有关资料：

①场地地形、地貌。

②周边已有建筑物情况，如建筑年代、建筑物的层数、建筑物的结构类型和基础形式，基础的埋置深度、基础的持力层情况等。

③地下埋设物，如地下水管、地下气管、地下电缆等。

④道路交通，如施工材料、施工设备是否可到达施工场地等。

⑤气象，如每年的集中降雨时间、降雨量等。

⑥边坡的工程地质勘察资料，如边坡所处的平面位置图、代表性剖面图、岩土类型及成因、岩土结构及物理力学参数等。

2. 锚杆的设计流程

锚杆设计包括：

（1）选择锚杆方案

根据掌握的地质情况，结合环境踏勘情况，推定边坡可能的破坏模式及其对周边环境的影响程度，进行锚杆方案的可行性和经济性评价，从而选择锚杆方案。

（2）计算外荷载

确定边坡工程的安全等级，计算所需的锚固力。

（3）选择锚杆形式，确定锚杆间距、排数和倾角

根据边坡工程所需的锚固力，选择锚杆形式，确定锚杆间距、排数和倾角。

（4）计算锚筋截面

根据锚杆杆体的承载力，计算所需的锚筋截面。

（5）锚杆锚固体尺寸设计

1）计算原则。

根据锚筋承载力进行锚固体设计，确定锚固段长度，注浆材料和工艺。

2）构造要求：

①土层锚杆的锚固段长度不应小于4m，且不宜大于10m。

②岩石锚杆的锚固段长度不应小于3m，且不宜大于45*D*和6.5m，或55*D*和8m（对于预应力锚索）。

③位于软质岩中的预应力锚索，可根据地区经验确定最大锚固段长度。

④当计算锚固段长度超过上述数值时，应采取改善锚固段岩体质量、改变锚头构造或扩大锚固段直径等技术措施，提高锚固力。

3）重新设计：

根据锚杆性能试验的结果进行调整或重新设计。

（6）确定锚杆自由段长度和锚杆总长

1）计算原则。根据边坡工程的理论破裂角、边坡高度和锚杆倾角，计算锚杆的自由段长度和锚杆总长。

2）构造要求。锚杆自由段长度按外锚头到潜在滑裂面的长度计算；预应力锚杆自由段长度应不小于5m，且应超过潜在滑裂面。

（7）稳定性验算

必要时进行锚杆支护边坡的整体稳定性验算。

（8）锚杆施工工艺建议、验收和监测要求

根据地质和可能的危害情况，明确施工工艺要求，如地层破碎、遇水移于软化或膨胀的地层、可能出现滑移等，则要求施工成孔时，采用“干钻法”。

（9）动态设计

根据施工信息反馈，必要时，调整锚杆设计。

3. 锚杆的布置和安设角度

（1）最上面一排锚杆

锚杆上覆地层的厚度不应小于4m，以避免车辆行驶等反复荷载的影响，也是为了不致由于较高注浆压力而使上覆岩土体隆起。

（2）锚杆的水平和垂直间距

锚杆的水平和垂直间距一般不宜大于4m，以避免压力集中；也不得小于1.5m，以免“群锚效应”而降低锚固力（锚固段应力影响区段土体被拉坏的可能性增大）。

（3）锚杆布置

必须充分了解斜坡的地质状况，确定斜坡变形破坏的模式后，才能决定锚杆布置位置。总原则是：锚杆布置对斜坡产生最大抗力。

（4）锚杆的安设角度

锚杆的安设角度，对基坑或近于直立的边坡而言，需考虑邻近状况，锚固地层位置及施工方法。一般锚杆与水平面的夹角不小于10°（小于10°后，锚杆外端灌浆饱满度难以保证），不大于45°，以15°~35°为好。夹角愈大，则有利于抵抗侧压力的水平分力愈小，而由于垂直分力加大，会引起肋柱向下压力增大等不良影响。此外，在可能条件下，锚杆锚固体应锚定于较好的地层中。

4. 锚杆的结构设计

（1）锚杆所承受的水平拉力标准值 H_{tk}

$$H_{tk}=E_{ak}\times L_{H}/N \tag{3-46}$$

式中 H_{tk}——锚杆所承受的水平拉力标准值（kN）；

E_{ak}——边坡的侧向力（kN/m^2）；

L_H——锚杆的水平间距（m）；

N——每肋柱上的锚杆数，$N=H/L_V$；

H——边坡高度（m）；

L_V——锚杆的竖向间距（m）。

（2）锚筋承受的轴向拉力标准值 N_{ak}

$$N_{ak}=H_{tk}/\cos\alpha \tag{3-47}$$

式中 N_{ak}——锚筋承受的轴向拉力标准值（kN）；

α——锚杆与水平面的夹角（°）。

（3）锚筋所承受的轴向拉力设计值 N_a

$$N_a=r_Q N_{ak} \tag{3-48}$$

式中 N_a——锚筋所承受的轴向拉力设计值（kN）；

r_Q——荷载分项系数，可取1.30；当可变荷载较大时应按现行荷载规范确定。

（4）锚筋拉力承载力验算

$$A_S\geqslant\gamma_0 N_a/\xi_2 f_y \tag{3-49}$$

式中 A_S——锚筋的截面面积（mm^2）；

γ_0——边坡工程重要性系数，对于安全等级为一级的边坡，取1.10；对于安全等级为二级和三级的边坡，取1.00。

ξ_2——锚筋抗拉工作条件系数，对于永久性锚杆取0.69；对于临时性锚杆取0.92。

f_y——锚筋抗拉强度设计值（kPa）。

（5）锚固段长度

$$L_a\geqslant N_{ak}/（\xi_1 3.14Df_{rb}） \tag{3-50}$$

式中 L_a——锚固段长度（m）；

ξ_1——锚固体与地层粘结工作条件系数，对于永久性锚杆取1.00；对于临时性锚杆取1.33；

D——锚固体直径（m）；

f_{rb}——地层与锚固体粘结强度特征值（kPa），应通过试验确定。

5. 锚杆的锁定荷载和锚头设计

（1）锁定荷载

对于锚杆，原则上可按锚杆设计轴向拉力值（工作荷载）作为预应力值而加以锁定。但锁定荷载应视锚杆的使用目的和地层性状而加以调整。

1）岩体加固和边坡抗滑的锚固。加固松动岩体、滑移边坡时，以设计拉力值为锁定荷载为好。

2）结构物背面地层为松散土质。一般锁定荷载为设计拉力值的0.6~0.8。

3）预计地层有明显的徐变情况。可先将锚杆张拉到设计拉力值的1.2~1.3倍，然后再退到设计拉力值锁定。

（2）预应力的张拉与锁定要求

预应力的张拉与锁定应符合下列要求：

1）锚杆张拉宜在锚固体强度大于20MPa并达到设计强度的80%后进行。

2）锚杆张拉顺序应避免相近锚杆相互影响。

3）锚杆张拉控制应力不宜超过0.65倍钢筋或钢绞线的强度标准值。

4）宜进行超过锚杆设计预应力值1.05~1.10倍的超张拉，预应力保留值应满足设计要求。

（3）锚具及其使用要求

锚具是锚索的重要组成部件，锚索锚固性能是否能满足设计要求，所选锚具的质量是关键。锚具及其使用应满足下列要求：

1）锚具应由锚环、夹片和承压板组成，应具有补偿张拉和松弛的功能。

2）预应力锚具和连接锚杆的部件，其承载能力不应低于锚杆杆体极限承载力的95%。

3）预应力筋用锚具、夹具及连接器必须符合现行行业标准《预应力筋用锚具、夹具和连接器应用技术规程》JGJ85的规定。

国内已研制和生产出了适用于不同用途的多种锚具系列产品，例如，用于钢绞线锚固的锚具就有OVM系列、JM系列、XM系列、XYM系列、QM系列等产品。OVM系列有锚具OVM15—8、OVM15—12、OVM15—15等型号。

（4）锚头设计

锚头传力台座的尺寸和结构构造应使台座具有足够的强度和刚度，不得产生有害的变形。锚具型号、尺寸的选取应保持锚杆预应力值的恒定。

6. 锚杆稳定性验算

（1）锚杆稳定性计算方法

锚杆有多种破坏形式，设计时必须仔细校核各种可能的破坏形式。因此，除了要求每根锚杆必须能够有足够的承载力之外，还必须考虑包括锚杆和岩土体在内的整体稳定性。

分析锚杆稳定性分为两种情况：

1）在锚固系统外的整体失稳：可按土坡稳定性验算。

2）在锚固系统边缘的整体失稳：可按Kranz简化计算。

（2）整体稳定性计算方法

根据边坡类型和可能的破坏模式，整体稳定性计算方法，可按下列原则确定：

1）土质边坡和较大规模的碎裂结构岩质边坡宜按圆弧滑动法计算。

2）对于可能产生平面滑动的边坡宜按平面滑动法进行计算。

3）对于可能产生折线滑动的边坡宜按折线滑动法进行计算。

4）对于结构复杂的岩质边坡，可配合采用赤平极射投影法和实体比例投影法分析。

5）当边坡破坏机制复杂时，宜结合数值分析法进行分析。

(3) 需进行稳定性评价的边坡

下列建筑边坡需进行稳定性评价：

1) 选作建筑场地的自然斜坡。

2) 由于开挖或填筑形成并需要进行稳定性验算的边坡。

3) 施工期出现不利工况的边坡。

4) 使用条件发生变化的边坡。

边坡稳定性评价应在充分查明工程地质条件的基础上，根据边坡岩土类型和结构，综合采用工程地质类比法和刚体极限平衡计算法进行。

对于土质较软、地面荷载较大、高度较大的边坡，其坡脚地面抗隆起和抗渗流等稳定性评价应按现行有关标准执行。

3.2 锚 杆 施 工

由于锚固技术在不断的发展，其施工方法也在不断发展和改进。锚杆的承载力即使在相同的地层条件下，由于施工方法、施工机械、使用材料和施工技术的不同而不同，所以，施工时为了满足设计的各项条件，应根据试验资料、试验成果以及以往的工程实例等，确定最适宜的施工方法。

锚杆施工具有隐蔽性强和专业性强的特点，施工人员的经验往往直接影响到施工的质量，所以，在进行锚杆施工时，应由具有一定施工经验的专业施工队伍承担。如：重庆市建设委员会于2002年颁布［2002］47号文，对高边坡和深基坑工程及对专业施工队伍都作了专门规定。

施工时，往往会受到地形、地貌和地质等条件的限制而不能按原设计进行施工，在这种情况下，施工人员应及时向设计人员报告新的情况，按信息化施工和动态法修改、完善设计。

锚杆施工主要包括：施工准备、锚杆孔的形成、锚杆杆体材料的制作、高压注浆、锚杆张拉与锁定、质量检验。

3.2.1 施工准备

(1) 施工准备工作

锚杆施工前，应做好下列准备工作：

1) 应掌握锚杆施工区建（构）筑物基础、地下管线等资料。

2) 应判断锚杆施工对临近建筑物和地下管线的不良影响，并拟定相应预防措施或预案。

3) 应检验锚杆的制作工艺和张拉锁定方法与设备。

4) 应确定锚杆注浆工艺并标定注浆设备。

5) 应检查原材料的品种、质量和规格型号，以及相应的检验报告。

锚固工程原材料性能应符合现行有关产品标准的规定，应满足设计要求，方便施工，且材料之间不应产生不良影响。

(2) 灌浆材料

灌浆材料性能应符合下列规定：

1）水泥宜使用普通硅酸盐水泥，必要时可采用抗硫酸盐水泥，其强度不应低于42.5MPa。

2）砂的含泥量按重量计不得大于3%，砂中云母、有机物、硫化物和硫酸盐等有害物质的含量按重量计不得大于1%。宜采用中细砂，当采用特细砂时，其细度模数不宜小于0.7。

3）水中不应含有影响水泥正常凝结和硬化的有害物质，不得使用污水。

4）外加剂的品种和掺量应由试验确定。

5）浆体配制的灰砂比宜为0.8～1.5，水灰比为0.38～0.5。

6）浆体材料28天的无侧限抗压强度，用于全粘结型锚杆时不应低于25MPa，用于锚索时不应低于30MPa。

（3）早强水泥

用于锚杆的粘结材料主要是水泥质粘结材料和树脂类粘结材料。

水泥质粘结材料是指水泥砂浆或纯水泥浆。在一般情况下，水泥质粘结材料所使用的水泥是普通硅酸盐水泥；对于要求及时提供锚固力的砂浆锚杆，可以使用硫铝酸盐早强水泥。

硫铝酸盐早强水泥的主要矿物组成是无水硫铝酸钙和铝酸二钙，通过调整二水石膏的掺入比例可获得早强，其化学成分及性能见表3-5和表3-6。

硫铝酸盐早强水泥性能　　表3-5

比表面积（cm^2/g）	标准稠度（%）	初凝时间（min）	终凝时间（min）	抗压强度（MPa）			抗拉强度（MPa）		
				1d	3d	28d	1d	3d	28d
4259	30	35	65	46.3	51.6	59.9	4.1	3.7	3.6

硫铝酸盐早强水泥化学成分　　表3-6

SiO_2	Fe_2O_3	TiO_2	Al_2O_3	CaO	MgO	SO_2
10.77	1.09	1.34	27.31	43.08	0.65	13.61

为了改进砂浆性能，在配制时可掺入适量的NNO型水剂和LiCl，因为LiCl易溶于水，能促进硫铝酸盐水能浆的早期强度，灰砂比为1:1，水灰比为0.6时的硫铝酸盐早强水泥砂浆的性能见表3-7。

硫铝酸盐早强水泥砂浆性能　　表3-7

灰砂比	附加剂		扩散度	凝结时间（min）		抗压强度（MPa）		
	NNO（%）	LiCl（%）		初凝时间	终凝时间	1h	1d	3d
0.6	0.5	5	175	15	22	0.6	16.7	23.2
0.6	0.5	7.5	230	15	18	3.5	16.8	23.5
0.6	0.5	10	185	11	14	4.7	17.7	20.9

为了获得更快的凝结强度，可使用硫铝酸盐超早强水泥，如硫铝酸盐超早强水泥 D、H、R 三种型号，其性能见表 3-8。

硫铝酸盐超早强水泥净浆强度 表 3-8

型号	温度（°C）	初凝/终凝时间（min）	抗压强度（MPa）				
			2h	4h	8h	12h	24h
D	<15	50/50	—	6.9~7.8	7.8~9.8	9.8~14.7	>39.2
	20±3	12/15	—	9.8~11.8	>24.5	>34.3	>39.2
	30±3	10/20	—	14.7~17.6	29.4	>39.2	>44.1
H	<15	150/155	—	1.0~2.0	5.9~7.8	≥14.7	≥34.3
	20±3	175/230	—	2.9~3.9	4.9~7.8	≥19.6	>39.2
	30±3	145/155	—	4.9~5.9	≥19.6	≥29.4	>44.1
R	<15	80/80	—	5.9~6.9	7.8~14.7	17.6~19.6	>34.3
	20±3	37/40	1.5~5.0	>19.6	≥24.5	≥34.3	>39.2
	30±3	25/30	≥9.8	>24.5	≥34.3	≥39.2	>39.2

需值得注意的是，使用早强或超早强水泥砂浆作为锚杆的粘结材料时，考虑到砂浆的凝结速度快，会造成注浆困难或机械堵塞，使用时可制作成速凝水泥砂浆药卷使用。

（4）套管材料

套管材料应满足下列要求：

1）具有足够的强度，保证其在加工和安装过程中不致损坏。

2）具有抗水性和化学稳定性。

3）与水泥砂浆和防腐剂接触无不良反应。

（5）防腐材料

防腐材料应满足下列要求：

1）在锚杆使用年限内，应保持耐久性。

2）在规定的工作温度内或张拉过程中不得开裂、变脆或成为流体。

3）应具有化学稳定性和防水性，不得与相邻材料发生不良反应。

（6）锚具

锚具在预应力锚索工程十分重要，应符合相关要求，施工前，应进行检验，并进行性能试验。

1）一般要求。

锚具应选用符合现行行业标准《预应力筋用锚具、夹具和连接器应用技术规程》JGJ85 规定的合格产品，使用的锚具要有出厂合格证和质量检验证明。

锚具的形式和规格应根据锚索体材料的类型、锚固力大小、锚索受力条件和锚固使用要求选取。承受动载和承受静载的重要工程，应使用 I 类锚具；受力条件一般的非重要工程，可使用 II 类锚具。锚具使用前，应按规定进行抽样检验。

2）检验。

锚具在使用前，除应按出厂证明文件核对锚固性能级别、型号、规格及数量外，还应按下列规定进行验收：

①外观检查。从每批中抽取10%的锚具，且不少于10套，检查其外观和尺寸。如有1套表面有裂纹或超过产品标准及设计图纸规定的允许偏差，则另取双倍数量的锚具进行重新检查；如仍有1套不符合要求，则应逐套检查，合格者方可使用。

②硬度检查。从每批中抽取5%，且不少于5套的锚具，对其中的锚环及不少于5片的夹片进行硬度试验。每个零件测试3点，其硬度应在设计要求的范围内。如有1个试件不符合要求，则另取双倍数量的零件重做试验；如仍有1个试件不符合要求，则该批锚具为不合格产品。

3）性能试验：

①锚具的静载锚固能力。锚具的静载锚固能力，由预应力锚具组装件试验测定的锚具效率系数 η_a 和达到实测极限拉力时的总应变 ε_{apu} 确定。

$$\eta_a = F_{apu}/(\eta_p F^c_{apu}) \tag{3-51}$$

式中 η_a——锚具效率系数；

F_{apu}——预应力筋锚具组装件的实测极限拉力（kN）；

F^c_{apu}——预应力筋锚具组装件中各根筋计算极限拉力之和（kN）；

η_p——预应力筋的效率系数。

预应力筋的效率系数 η 按下列规定采用：

A. 对于重要的锚固工程，按《预应力筋用锚具、夹具和连接器应用技术规程》JGJ85规定的计算方法进行进场验收。

B. 对于一般的锚固工程。当预应力筋为钢丝、钢绞线或热处理钢筋时，η_p 取0.97。

为保证被锚固的预应力筋在破坏时有足够的延伸性，总应变 ε_{apu} 和锚具的效率系数 η_a 要同时满足下列要求：

Ⅰ类锚具：

$$\eta_a \geqslant 0.95$$

$$\varepsilon_{apu} \geqslant 2.0\%$$

Ⅱ类锚具：

$$\eta_a \geqslant 0.90$$

$$\varepsilon_{apu} \geqslant 1.7\%$$

②锚具的动载锚固能力。

Ⅰ类锚具预应力筋锚具组装件，除必须满足静载锚固性能外，必须能经受200万次循环的疲劳试验，在抗震结构中，还应满足循环50次的周期荷载试验。

Ⅱ类锚具只需满足静载锚固性能的要求。

此外，锚具尚应符合下列要求：

A. 当预应力筋锚具组装件达到实测极限拉力时，全部零件均不应出现肉眼可见的裂缝或破坏。

B. 锚具应满足分级张拉、补偿张拉等张拉工艺要求，并具有能放松预应力筋的性能。

常用OVM15系列锚具及配套千斤顶见表3-9。

OVM15 系列锚具及配套千斤顶 **表 3-9**

锚具规格	钢绞线根数	锚固能力			配套千斤顶
		理论破断力（kN）	张拉时（kN）	超张拉时（kN）	
15－1	1	260. 7	195. 5	208. 6	YC20Q
15－3	3	782. 1	586. 6	625. 7	YCW100
15－4	4	1042. 8	782. 1	834. 2	YCW100
15－5	5	1303. 5	977. 7	1042. 8	YCW100
15－6	6	1564. 2	1173. 2	1251. 4	YCW150
15－7	7	1824. 9	1368. 7	1459. 9	YCW150
15－9	9	2346. 3	1759. 8	1877. 0	YCW250
15－12	12	3128. 4	2346. 4	2502. 7	YCW250
15－19	19	4953. 3	3715. 1	3962. 6	YCW400
15－27	27	7038. 9	5279. 3	5631. 1	YCW650
15－31	31	8081. 7	6061. 4	6465. 4	YCW650
15－37	37	9645. 9	7234. 4	7716. 7	YCW900
15－43	43	11210. 1	8407. 6	8968. 1	YCW900
15－55	55	14338. 5	10753. 9	11470. 8	YCW1200

注：1. 表中所示钢绞线为 ASTM A416、270 级。

2. 张拉时，张拉力为 $0.75F_{ptk}$，超张拉时，张拉力为 $0.80F_{ptk}$。

3.2.2 施工组织设计

在锚杆施工前，首先要根据设计文件的要求和调查、试验资料，制定切实可行的施工组织设计。

施工组织设计一般应包括工程概况（工程名称、工程地点、工期、工程量、工程地质和水文地质条件等），锚杆类型，锚杆长度，锚固力大小及设计施工图，工程进度计划表，施工场地布置图，施工技术人员配置（含主要施工经历表），主要施工机械设备及材料表，质量、工期及安全、文明保证措施，工程竣工验收时应交付的技术资料和施工工艺流程图等内容。必要时，可根据工程具体情况进行增减。

3.2.3 锚杆孔的形成

（1）一般要求

1）钻孔过程中，对锚固段的位置和岩土分层厚度进行验证。如计划的部位不适合做锚固段地层时，则要采取注浆加固或固结灌浆改良或改变锚固段位置或增加锚固段的长度。

2）根据钻孔设计要求和不同的岩土条件，应选择不同的钻机和钻孔方法，以保证杆体插入和注浆过程中孔壁不致塌陷，钻孔直径符合设计要求，不致使孔壁过分扰动。

3）钻孔应保证在钻进、锚杆安装和注浆过程中的稳定性，钻孔完成后应及时进行锚杆的安装和注浆。

4）钻孔用水以清水为好，膨润土悬浮液和浆水都会减弱锚杆的锚固力，应避免使用。

5）锚固长度区段内的孔壁如有沉渣或黏土附着，会使锚杆锚固力下降，因此，要求用清水充分清洗孔壁。

6）施工过程若有地下水从钻孔中流出，必要时应采取注浆堵水，以防止锚固段浆液流出而影响锚杆的锚固力。

7）对滑坡整治和斜坡稳定工程，钻孔水会产生不良影响，可采用固结灌浆以改良地层或采用无水钻孔法，即通常所说的“干钻法”。

8）对于下倾的钻孔，待钻孔完成并清洗干净后，应对孔口进行暂时封堵，不得使碎块、杂物等进入孔内。

9）在钻孔过程中，应有专业地质人员介入。同时，注意钻孔速度、返回介质的成分与数量、地下水等资料的收集与记录，发现异常现象，应及时向设计人员报告。

（2）钻孔精度

设计所要求的钻孔直径是为了满足施工和锚杆的锚固性能需要，直径过小会造成施工困难或影响锚杆性能，过大则会造成浪费，因此，应严格按照设计要求进行钻孔。在一般地层中，钻孔完成后其直径不会发生明显变小，但应考虑到某些地层（如新近的回填土、可塑的黏性土或破碎的岩石）中，钻孔完成后几个小时内，孔径可能会严重收缩，即通常所说的“缩径”。当采用套管钻进时，应考虑到套管占据的面积。

钻孔精度视结构物的重要程度和使用目的而有所不同。不同规范也有不同要求。一般情况下，锚孔施工应符合下列要求：

1）钻孔定位偏差不宜大于20mm。

钻孔时，由于钻机的振动可能会使钻机发生移动而造成过大的钻孔误差，因此，应将钻机固定在坚固的或稳定的基础或重料上。

2）锚孔偏斜度不应大于3%。

3）钻孔深度超过锚杆设计长度应不小于0.5m。

（3）钻孔机械和钻孔方法

钻孔机械应考虑钻孔通过的岩土类型、成孔条件、锚固类型、锚杆长度、施工现场环境、地形条件、经济性和施工速度等因素进行选择。

短锚杆孔：气功冲击钻机（风钻）。

长锚杆孔：回转，冲击，回转冲击。

一般来说，在砂卵石地层中的成孔比较困难，常使用冲击钻机或冲击式锚杆安装机（常使用布有一定密度透浆孔的钢管）直接打入地层，然后再进行压力注浆，即打入式锚杆。

土中打入式锚杆是一种将钻孔、锚杆安装、注浆、锚固合为一体的锚杆，锚杆体使用等截面的钢管取而代之（钢筋），从而可确保锚杆体的强度。该锚杆的锚固力主要由钢管表面与地层之间的摩擦力提供，钢管一定长度的范围内按一定的密度布置透浆孔，透浆孔的直径一般为6～8mm，通过钢管杆体进行压力注浆可提高锚杆的锚固力（图3-11）。该锚杆具有施工速度快、锚固力大和能及时提供锚固力的特点，可用于各类土层，特别适用于卵石层、砂砾层、杂填土和淤泥等难以成孔的地层。适用于土中打入式锚杆的“QC-

100 型锚杆机”的主要技术参数见表 3-10。

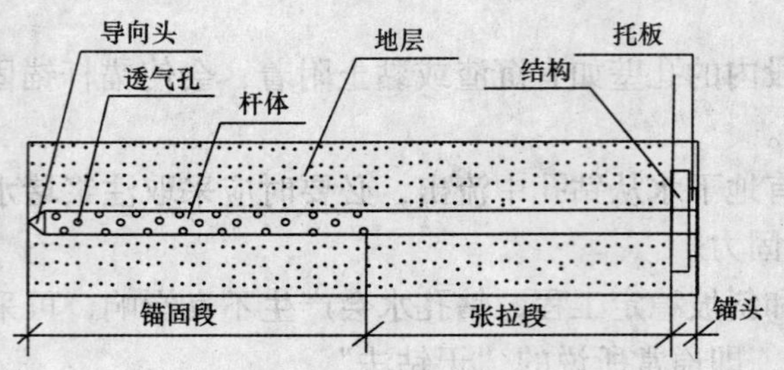

图 3-11 土中打入式锚杆示意图

“QC-100 型锚杆机”的主要技术参数 表 3-10

序 号	项 目	单 位	参 数
1	主机质量	kg	155
2	整机质量	kg	186
3	外形尺寸	mm × mm × mm	3508 × 232 × 285
4	最大工作行程	mm	2208
5	工作风压	MPa	0.4 ~ 0.7
6	耗气量	m/min	9 ~ 10
7	冲击能	J	150
8	气缸推进加压能力	N	5110
9	气缸行程	mm	1000

3.2.4 锚杆杆体材料的制作

(1) 杆体材料

包括普通钢筋、螺纹钢筋、高强钢丝、钢绞线。

短锚杆制作、安放、施加预应力等都较简单。

长锚杆制作、运输等都较困难，最好采用钢绞线，其柔性好，便于运输、安装。

(2) 锚杆的制作

按要求的长度切割钢筋，施工较简单。每隔 2 ~ 3m 放隔离件。

(3) 锚索的制作

锚索制作应由熟练的工人在有经验的岩土工程师的指导下进行，因为不同用途、不同类型、不同材料的锚索在制作与施工方面存在着较大的差异，每个细小环节的失误都可能影响到锚索的质量。

1) 锚索制作的一般程序：

锚索制作一般按下列程序进行：

①按锚固段长度、张拉段长度、锚头长度和张拉长度之和截取锚索体材料。

②按设计要求进行防腐处理。

③将处理好的锚索体材料顺直置放于制作支架上。

④按设计要求制作锚索。

⑤经检验合格后编号待用。

2）锚索制作的一般要求：

①制作锚索的材料应符合相关规定。

②锚索制作宜在加工车间或有覆盖的工棚内进行。

③锚索各种配件的放置位置及数量应在现场根据锚索组装试验后确定。

④锚索制作前，应对钻孔实际长度进行测量，并按孔号截取锚索体材料；钢绞线宜使用机械切割，不得使用电弧切割，制作好的锚索应按对应孔号进行编号。

⑤锚索制作完成后，应经有关技术人员进行详细检查，对于检查不合格的产品不得投入储存或使用。

3）高强钢丝锚索的制作：

使用高强钢丝制作锚索比较复杂，而且要占用较大的场地。

①将钢丝校正并切割成所要求的长度，其长度误差不大于1/5000且小于5mm，下料的断口要平整。

②使用带孔的金属板将钢丝刷理整齐，并在每0.5~1.0m处结合在一起。

③做好钢丝的就位，因为放置的钢丝若全长上下相互平行，就不能充分利用钢丝的截面，而且还会由于钢丝受力不均匀而降低锚索的承载力。

4）钢绞线锚索的制作：

制作多股钢绞线锚索的加工场地与多根钢丝锚索相同，由于钢绞线的根数相对钢丝要少得多，所以制作较为容易。

①按设计长度截制钢绞线，当采用自由锚索时，应在张拉段范围内套上塑料管并注入油脂。

②若使用工厂生产的带套管的钢绞线时，应将锚固段和锚头长度范围的套管剥去，并用清洗剂将套管内附着的油脂清洗干净。

③锚索段的隔离支架和束线环应根据现场装配情况而定，一般间距为0.6~1.0m。

④张拉段对中支架的间距一般为1.5~2.0m。

（4）锚索的储存

锚索的储存应符合下列要求：

①锚索制作完成后，应尽早使用，避免长期存放。

②锚索应存放在干燥、清洁的地方，不得露天存放，要避免机械损坏或使焊渣、油污溅落在锚索体上。

③锚索存放在相对湿度超过85%的环境中时，锚索体裸露部分应用浸油脂的纸张或塑料布进行防潮处理。

④锚索应遵循随用随做的原则，对存放时间较长的锚索在使用前要进行严格的检查。

（5）锚索的安装

锚索一般由人工安装，对于大型锚索有时采用吊装。

在进行锚索安装前应对钻孔重新检查，发现塌孔、掉块时应进行清理。在不良地层中安装锚索时，应谨慎小心，以防推送时破坏钻孔。

在推送过程中，用力要均匀，以免在推送时损坏锚索配件和防护层。当锚索设置有排气管、注浆管和注浆袋时，推送时不要使锚索体转动，并不断检查排气管、注浆管，以免管子折死弯、压扁和磨坏，确保锚索在就位后排气管和注浆管畅通。

在遇到锚索推送困难时，宜将锚索抽出查明原因后，再推送。

1）一般要求：

①安装锚索前，应对钻孔重新进行检查，对塌孔、掉块应进行清理或处理。

②锚索安装前，应对锚索体进行详细检查，对损坏的防护层、配件、螺纹应进行修复。

③应避免锚索安装时，张拉段与锚固段交界处产生剧烈弯曲，以防止注浆体开裂或脱落。

④推送锚索时，用力要均匀，以防止在推送过程中损伤锚索配件和防护层。

⑤推送锚索时，不得使锚索体转动，并不断检查排气管和注浆管，应确保将锚索体推送至预定深度后，排气管和注浆管畅通。

⑥当推送锚索困难时，应将锚索抽出，对抽出的锚索应仔细地进行检查，并对配件安放固定的有效性、保护层的损坏程度、孔的清洁度及排气管和注浆管的状况进行观察。当发现锚索体配件有移动、脱落或锚索体上粘附的粉尘和泥土较多时，应加强配件的固定措施并对其他钻孔的清洁程度进行检查，必要时应对钻孔重新进行清洗。

2）锚头的施工：

①锚具、垫板应与锚索体同轴安装，对于钢绞线或高强钢丝锚索，锚索体锁定后，其偏差应不超过 ±5°。

②应确保垫板与垫墩接触面无任何空隙。

③切割锚头多余的锚索体宜采用冷切割的方法，锚具外保留长度应不小于 50mm；当采用热切割时，保留长度应不小于 80mm。

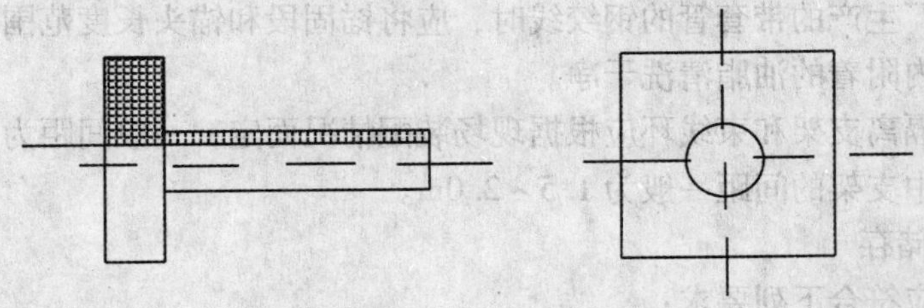

图 3-12　套筒垫板示意图

④当需要补偿张拉时，应考虑保留张拉长度。

⑤锚头的防腐处理应满足相关规定的要求。

3）垫板。锚索用垫板的材料一般为普通钢板，外形为方形，其尺寸大小和厚度应由锚固力的大小确定。为了确保垫板平面与锚索的轴线垂直和提高垫墩的承载力，一般使用与钻孔直径相匹配的钢管焊接成套筒垫板（图 3-12）。在设计时，常用垫板的几何尺寸见表 3-11。

锚索的锚固力与垫板尺寸 表 3-11

锚固力（kN）	尺寸（mm）		锚固力（kN）	尺寸（mm）	
	边长≥	厚度≥		边长≥	厚度≥
<600	200	25	2500～3000	330～350	45～50
600～1000	200～220	25～30	3000～4000	350～440	50～55
1000～1500	220～250	30～35	4000～5000	440～460	55～60
1500～2000	250～300	35～40	5000～6000	460～510	60～65
2000～2500	300～330	40～45			

4）混凝土垫墩。垫墩的混凝土强度等级一般大于 C30。有时锚头部位的地层不太规则，在这种情况下，为了保证垫墩混凝土的质量，应确保垫墩最薄处的厚度大于 100mm；对于锚固力较高的锚索，垫墩内应配置环形钢筋。

3.2.5 高压注浆

（1）注浆材料

锚杆的注浆材料一般为水泥浆和水泥砂浆。

为了改善水泥浆体在施工中和硬化后的性能，可以加入适量的外加剂，如早强剂、缓凝剂、减水剂等。

（2）注浆要求

锚杆的注浆应符合下列要求：

1）灌浆前应清孔，排出孔内积水。

2）注浆管宜与锚杆同时放入孔内，注浆管端头到孔底距离宜为 100mm。

3）浆体强度检验用试块的数量每 30 根锚杆应不少于 1 组，每组试块应不少于 6 个。

4）根据工程条件和设计要求确定注浆压力，应确保浆体灌注密实。

通常情况下，非预应力锚杆的注浆压力为 0.2～0.4MPa；预应力锚杆的注浆压力大于 0.4MPa。

（3）注浆工序

注浆是用注浆泵把液态的水泥质注浆体以一定的压力注入孔中的过程。锚杆注浆是为了形成锚固段和为锚杆提供防腐保护层。另外，一定压力的注浆可以使注浆体渗入地层的裂隙和缝隙中，从而起到固结地层，提高地层承载力的作用，固结地层的范围和效果取决于注浆的压力和地层的裂隙大小。

注浆是锚杆施工中最关键的工序之一，其效果的好坏直接影响到锚杆的锚固性能和永久性。

在注浆向下倾斜的锚杆时，注浆管应随锚索体一同送入孔底，在注浆时边注边拔，使注浆管始终有一段埋于浆液中，直到注满为止。当孔底存有积水时，最可靠的方法是注入的浆液将积水全部排出，待溢出浆液的稠度与注入浆液的稠度一样后再抽出注浆管。

对于上倾的锚杆，在注浆时采用排气法注浆，即排气管随锚杆体一同送至孔的最底端，在口部进行可靠的封堵后进行注浆，这样一来，浆液从低处流向高处，待排气管被浆液堵死后即可停止注浆。

在含有大量裂隙或破碎的岩体中，预注浆是锚杆注浆前经常采用的一道工序。用于局部改善地层的预注浆可作为锚杆施工的一部分。但是，如果当预注浆压力不大于埋深压力而注浆量超过钻孔体积的3倍时，预注浆的功能就超出了常规锚杆施工的范畴。

在冬期进行注浆时，注浆体的防冻十分重要，因为受冻的浆液会大大降低其强度，所以，冬期施工应注意采取以下防冻措施：

1）注浆时，浆体的温度应保持在5°C以上。

2）拌合料应不含雪、冰和霜。

3）锚杆体和任何接触注浆体的容器表面应无雪、无冰、无霜。

4）注浆体应处于不会导致冷却的温度环境中。

3.2.6 预应力锚杆的张拉与锁定

（1）锚杆张拉的概念

锚杆张拉就是通过张拉设备使锚杆杆体的自由段产生弹性变形，从而对锚固结构产生所要求的预应力值。

（2）锚杆张拉的目的

当注浆体达到预计强度后即可进行张拉，张拉锚杆主要达到以下目的：

1）通过对锚杆加载，进一步证实锚固段的承载力和锚杆的各种力学性能。

2）给锚杆施加预应力，达到设计加固效果。

（3）张拉的要求

1）锚杆张拉前，应对张拉设备进行标定。

2）当锚固体与台座混凝土强度大于30MPa时，方可进行张拉。

3）锚杆正式张拉前，应取0.1～0.2倍设计轴向拉力值，对锚杆预张拉1～2次，使各部位紧密接触，杆体完全平直。

最方便的张拉方法是一次性张拉，但是，正如国际岩石力学学会（ASRM 1976）所论述的那样，这种张拉方法存在着许多不可靠性，因为高应力锚杆由多根钢绞线组成，要保证每一根钢绞线受力的一致性是不可能的，特别是很短的锚杆，其微小的变形可能会出现很大的应力变化，所以，应采取有效施工措施以减小锚杆整体的受力不均匀性。

试验结果表明，采用单根预张拉后再整体张拉的施工方法，可以大大减小应力不均匀现象。

另外，使用小型千斤顶进行单根对称和分级循环的张拉方法同样有效，但这种方法在张拉某一根钢绞线时，必定会对其他的钢绞线产生影响。试验表明，分级循环次数越多，其相互影响和应力不均匀性越小。在实际工程中，根据锚杆承载力的大小一般分3～5级。

考虑到张拉时应力向远端分布的时效性，以及施工的安全性，加载速率不宜太快（加载速率要平稳，速率宜控制在设计预应力值的0.1/min左右；卸荷载速率宜控制在设计预应力值的0.2/min左右），并且在达到每一级张拉应力的预定值后，应使张拉设备稳定一定时间，在张拉系统出力值不变时，确信油压表无压力向下漂移后再进行锁定。

4）当采用先单根预张拉然后整体张拉的方法时，锚杆各单元体的预张拉应力值应当一致，预加应力总值不宜大于设计预应力的10%，也不宜小于5%。

5）永久性锚杆的张拉控制应力 $\sigma_{con} \leqslant 0.60 f_{ptk}$

临时性锚杆的张拉控制应力 $\sigma_{con} \leqslant 0.65 f_{ptk}$

其中，f_{ptk}为锚杆材料强度标准值。

6）在张拉时，应采用张拉系统出力与锚杆体伸长值来综合控制锚杆应力，当实际伸长值与理论值差别较大时，应暂停张拉，等待查明原因并采取相应有效措施后，方可张拉。

7）锚杆应力锁定必须在压力表稳定后进行，稳压时间应根据设计要求或现场施工情况确定。

8）张拉完成后48h内，若发现预应力损失大于设计预应力的10%时，应进行补偿张拉。

（4）张拉系统

张拉系统是指张拉的穿心千斤顶、高压油泵、油表以及用于连接它们的高压油管。

对于预应力较小的钢筋锚杆，有时也可使用扭力扳手。不论采用哪一种方式，只要能按设计要求的精度把锚杆预应力施加到指定量值，都是允许的。

张拉系统在正式投入使用前，应在具有相应资质的计量单位进行率定，并绘制压力表读数与系统出力曲线。为了确保张拉系统能可靠地进行张拉，其额定出力值一般不应小于锚杆设计预应力值的1.5倍。张拉系统应能在额定出力范围内以任一增量对锚杆进行张拉，且可在中间相对应荷载水平上进行可靠稳压，系统油压表的精度一般不低于1.5级，压力表常用读数不宜超过表盘刻度的75%。张拉系统在正式使用满3个月、经拆卸检修、受到强烈碰撞或损害后等情况下，必须经过重新率定才能继续使用。

常用张拉千斤顶技术参数见表3-12。

张拉千斤顶技术参数 **表3-12**

序号	型号	张拉力（kN）	张拉行程（mm）	工作油压（MPa）	张拉缸面积（cm^2）	穿心孔径（mm）	外形尺寸（mm）	质量（kg）
1	YC200D	255	200	50	51	31	$\phi116 \times 387$	19
2	QYC230	238	200、150	63	38	18	$\phi160 \times 565$	23
3	YCD1200	1450	180	50	290	128	$\phi315 \times 489$	190
4	YCD2000	2200	180	50	440	160	$\phi398 \times 489$	270
5	YCD4600	4600	160、200	50	970	200	$\phi504 \times 620$	520
6	YC20Q	198	150	51	34.6	20	$\phi93 \times 780$	20
7	YCW100	980	200	51	191	90	$\phi250 \times 480$	115
8	YCW150	1470	200	51	290	128	$\phi310 \times 510$	193
9	YCW250	2450	200	54	452	136	$\phi380 \times 491$	273
10	YCW350	3430	200	54	638	190	$\phi430 \times 510$	340
11	YCW400	3920	200	54	754	190	$\phi450 \times 530$	362
12	YCW650	6370	150	49	1350	240	$\phi570 \times 550$	960
13	YCW900	8820	150	54	1658	280	$\phi600 \times 580$	1325
14	YCW1200	11760	150	53	2243	320	$\phi740 \times 610$	1800

3.2.7 质量检验

1. 常用设备

根据锚杆工程检验和验收的要求，在锚杆工程实体检验和验收中，经常使用的检测设备如下。

（1）检测尺（卡）

目的（或作用）：检测锚杆的几何尺寸。

设备：钢卷尺、钢直尺等。如用钢卷尺测量锚杆的长度。

（2）材料强度检测仪

目的（或作用）：检测锚杆材料的强度。

设备：万能实验机等。如用万能实验机检测钢材强度等。

（3）钢筋位置探测仪

目的（或作用）：检测锚杆的配筋情况。

设备：钢筋位置探测仪、地质雷达等。如用钢筋位置探测仪检测锚杆的配筋数量，使用地质雷达同样可以完成上述任务。

（4）荷载测量设备

目的（或作用）：检测支护锚杆的抗拔承载力。

设备：穿心千斤顶、百分表、千分表、电子式位移计，应变（力）计等。如使用穿心千斤顶、百分表检测锚杆的抗拔承载力。

2. 锚杆工程检验及验收

关于锚杆工程的检验和验收在《建筑边坡工程技术规范》GB 50330—2002 中第 16 章给出了原则性的规定，其要求如下：

（1）锚杆工程的原材料质量检验应包括下列内容：

1）材料出厂合格证检查。

2）材料现场抽检。

3）锚杆浆体和混凝土的配合比试验，强度等级检验。

（2）锚杆的质量验收应按《建筑边坡工程技术规范》GB 50330—2002 附录 C 的规定执行。软土层锚杆质量验收应按现行有关标准执行。

（3）钢筋位置、数量和保护层厚度可采用钢筋探测仪复检，当对钢筋规格有怀疑时可直接凿开检查。

（4）锚杆工程质量检测报告应包括下列内容：

1）检测点的分布图。

2）检测方法与仪器设备型号。

3）检测资料整理和分析。

4）检测结论。

（5）锚杆工程验收应取得下列资料：

1）施工记录和竣工图。

2）边坡工程与周围建（构）筑物位置关系图。

3）原材料出厂合格证，场地材料复检报告或委托试验报告。

4）砂浆试块抗压强度等级试验报告。

5）锚杆抗拔试验报告。

6）锚杆和周围建（构）筑物监测报告。

锚杆工程监测项目应考虑其安全等级、支护结构变形控制要求、地质和支护结构特点，根据表3-13进行选择。

锚杆工程监测项目表　　表3-13

测试项目	测点布置位置	边坡安全等级		
		一级	二级	三级
坡顶水平位移和垂直位移	支护结构顶部	应测	应测	应测
地表裂缝	墙顶背后1.0H（岩质）~1.5H（土质）范围内	应测	应测	选测
坡顶建（构）筑物变形	边坡坡顶建筑物基础、墙面	应测	应测	选测
降雨、洪水与时间关系		应测	应测	选测
锚杆拉力	外锚头或锚杆主筋	应测	选测	可不测
支护结构变形	主要受力杆件	应测	选测	可不测
支护结构应力	应力最大处	应测	选测	可不测
地下水、渗水与降雨的关系	出　水　点	应测	选测	可不测

注：1. 在边坡塌滑区内有重要建（构）筑物，破坏后果严重时，应加强对支护结构的应力监测。
2. H为挡墙高度。

7）设计变更通知、重大问题处理文件和技术洽商记录。

3. 锚杆抗拔检测实例

锚杆工程在验收前，进行锚杆抗拔检测是必须的，也是非常重要的，因为它是作为锚杆施工质量是否满足设计要求的基本标志。现给出重庆市某区委党校边坡锚杆挡墙工程中锚杆的性能性试验和验收性试验的检测报告。

（1）概述

重庆市某区委党校边坡锚杆挡墙工程高约10~20m，边坡支护结构为：板肋式锚杆挡墙。

该场地边坡所在地段的土层厚度为1~2m左右（坡残积层的粉质黏土，具黏性，可塑）；土层下伏基岩为侏罗系中统沙溪庙组的泥岩和砂岩。泥岩为浅紫色，泥质结构，厚层状构造。砂岩为灰色，中粒结构，厚层状构造。

①粉质黏土（Q_4^{el+dl}）：黄褐色。局部含少量风化状泥岩角砾，无摇振反应，切面稍有光泽，干强度中等，韧性中等，手可搓条，呈可塑状。

②泥岩（J_2s）：紫红色、暗紫红色。主要由黏土矿物组成，泥质结构，厚层状构造，局部砂质含量较重，含少量灰绿色斑团及条带。强风化带岩质软，岩芯破碎，呈碎块状、薄饼状，该层在拟建场区大部分钻孔中有分布；中风化带岩质较坚硬，岩芯较完整，多呈长、短柱状。

③砂岩（J_2s）：灰色、灰白色。中粒结构，厚层状构造，主要矿物成分为长石、石英及云母等，泥钙质胶结。强风化带岩质较软，岩芯较破碎，呈碎块状；中风化带岩质坚

硬，岩芯完整，呈长、短柱状。

我中心技术人员受重庆市××建筑安装工程有限公司的委托，于2008年2月23日、24日对该工程的锚杆进行性能试验和验收性试验抗拔检测，性能试验检测锚杆的根数为3根，验收性试验检测锚杆的根数为17根。检测锚杆位置系建设单位、监理单位、施工单位共同确定。

（2）锚杆参数

性能试验锚杆参数见表3-14。

验收性试验锚杆参数见表3-15。

性能试验锚杆参数　　表3-14

编　号	锚孔直径（mm）	锚孔倾角（°）	锚杆钢筋	注浆材料	锚固段长度（mm）	试验日期
试桩1	110	15	3ϕ22	M30水泥砂浆	1800	2008.02.23
试桩2	110	15	3ϕ22	M30水泥砂浆	1800	2008.02.23
试桩3	110	15	3ϕ22	M30水泥砂浆	1800	2008.02.23

注：性能试验锚杆的有效锚固段长度为1800mm。

验收性试验锚杆参数　　表3-15

编　号	锚孔直径（mm）	锚孔倾角（°）	锚杆钢筋	注浆材料	锚固长度（mm）	试验日期
D-E段3排4号	110	15	3ϕ22	M30水泥砂浆	3000	2008.02.24
D-E段2排8号	110	15	3ϕ22	M30水泥砂浆	3000	2008.02.24
D-E段3排13号	110	15	3ϕ22	M30水泥砂浆	3000	2008.02.24
D-E段3排15号	110	15	3ϕ22	M30水泥砂浆	3000	2008.02.24
D-E段3排23号	110	15	3ϕ22	M30水泥砂浆	3000	2008.02.24
D-E段2排26号	110	15	3ϕ22	M30水泥砂浆	3000	2008.02.24
A-B段2排2号	110	15	3ϕ22	M30水泥砂浆	3000	2008.02.24
B-C段2排2号	110	15	3ϕ22	M30水泥砂浆	3000	2008.02.24
C-D段3排4号	110	15	3ϕ22	M30水泥砂浆	3000	2008.02.24
D-F段2排2号	110	15	3ϕ22	M30水泥砂浆	3000	2008.02.24
F-G段1排20号	110	15	3ϕ22	M30水泥砂浆	3000	2008.02.24
F-G段1排9号	110	15	3ϕ22	M30水泥砂浆	3000	2008.02.24
F-G段1排3号	110	15	3ϕ22	M30水泥砂浆	3000	2008.02.24
F-G段2排21号	110	15	3ϕ22	M30水泥砂浆	3000	2008.02.24
F-G段3排8号	110	15	3ϕ22	M30水泥砂浆	3000	2008.02.24
F-G段4排26号	110	15	3ϕ22	M30水泥砂浆	3000	2008.02.24
F-G段1排27号	110	15	3ϕ22	M30水泥砂浆	3000	2008.02.24

注：1. 锚杆砂浆试件的抗压强度均达设计M30的要求。

2. 验收试验锚杆的有效锚固段长度满足设计有效锚固段长度3000mm的要求。

3. 强度标准值为$f_{yk}=335N/mm^2$。

(3) 检测设备

本试验采用广西柳州工程机械厂生产的 YCW100 型穿心千斤顶施加荷载，0.4 级精密油压表控制荷载、百分表测量位移进行检测。测试装置（略）。

(4) 检测方法

根据《建筑地基基础设计规范》GB 50007、《建筑边坡支护技术规范》DB 50/5018 和《建筑边坡工程技术规范》GB 50330 的要求，采用逐级加载制，在每级荷载作用下，控制至变形稳定，再继续施加下一级荷载，直至达到要求为止。

验收性试验，根据设计要求，对材料为 3ϕ22 的锚杆的试验荷载值按 DB50/5018-2001 第 G.3.4 条取为 260kN。在施加初载后分八级逐级加载。加荷分级见表 3-16 所示。

锚杆加荷分级表　　表 3-16

荷载分级	一	二	三	四	五	六	七	八	备　注
加荷	26	26	26	52	52	52	13	13	杆体材料为 3ϕ22

(5) 检测结果汇总

按以上试验方法对指定锚杆进行承载力抗拔试验，性能试验锚杆见图 3-13 中 1 号 Q—s、2 号 Q—s 和 3 号 Q—s 所示的荷载—位移曲线。

验收性试验锚杆见图 3-14、图 3-15 中 Q—s 所示的荷载—位移曲线。

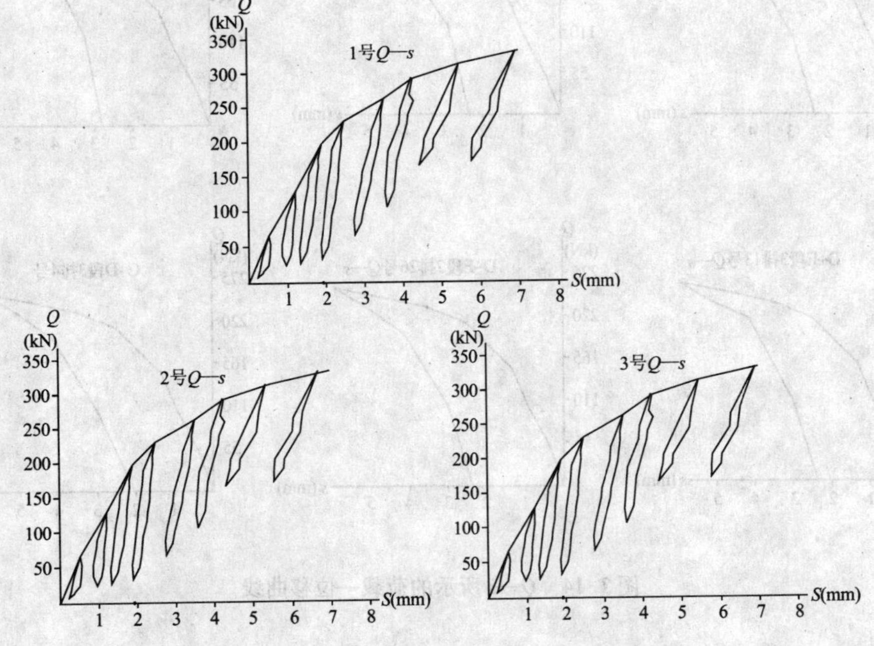

图 3-13　1 号 Q—s、2 号 Q—s 和 3 号 Q—s 所示的荷载—位移曲线

（6）检测结论

本工程场地性能试验锚杆抗拔检测的数量为3根，满足《建筑边坡支护技术规范》DB50/5018-2001的检测数量要求。根据上述检测结果，按照规范要求，本次3根性能试验锚杆抗拔检测的极限承载力基本值为340kN，锚固体与地层间粘结强度特征值满足设计要求。

验收性试验锚杆抗拔检测的数量为17根，其荷载试验值达设计和《建筑边坡支护技术规范》DB50/5018-2001的要求，即检测锚杆的施工质量满足设计和规范要求。

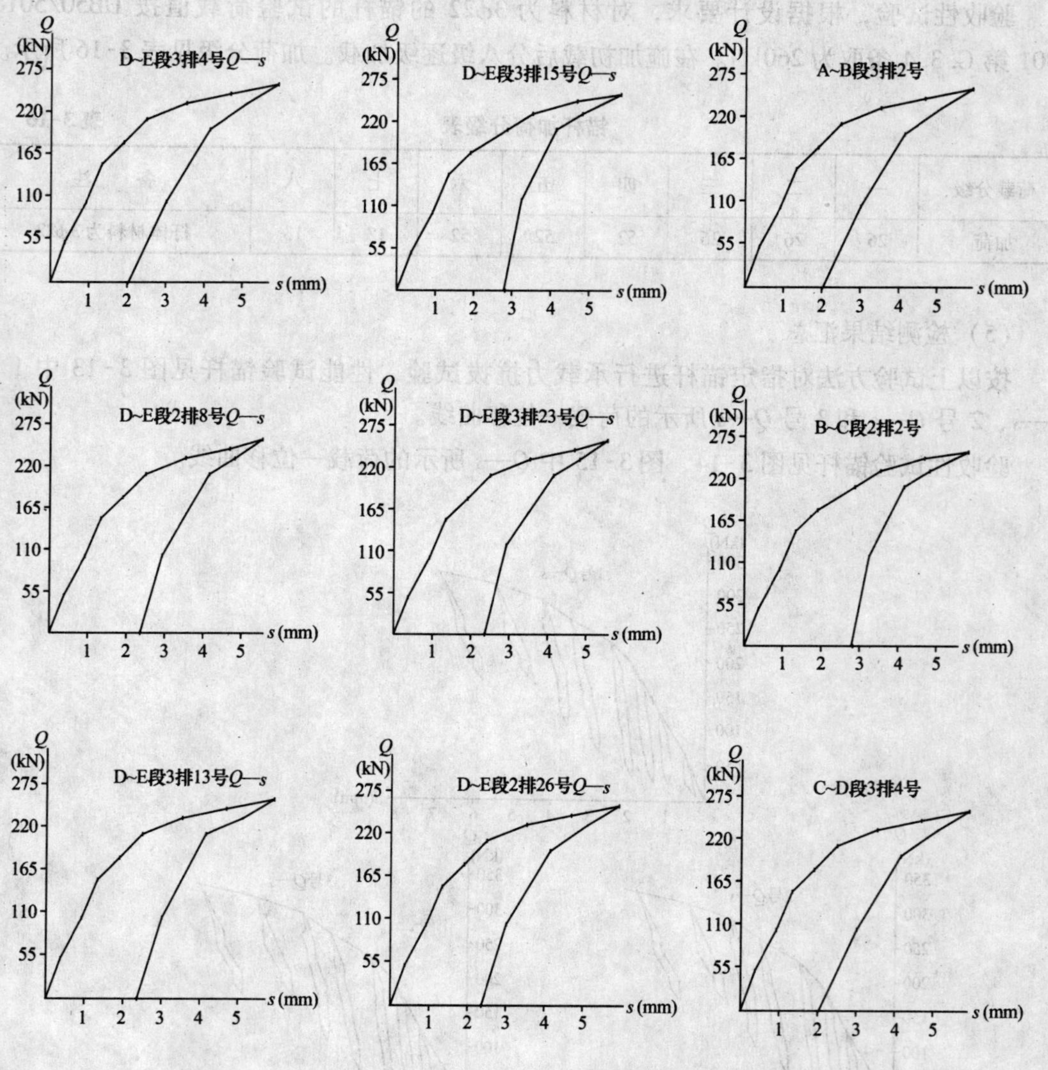

图3-14 Q—s所示的荷载—位移曲线

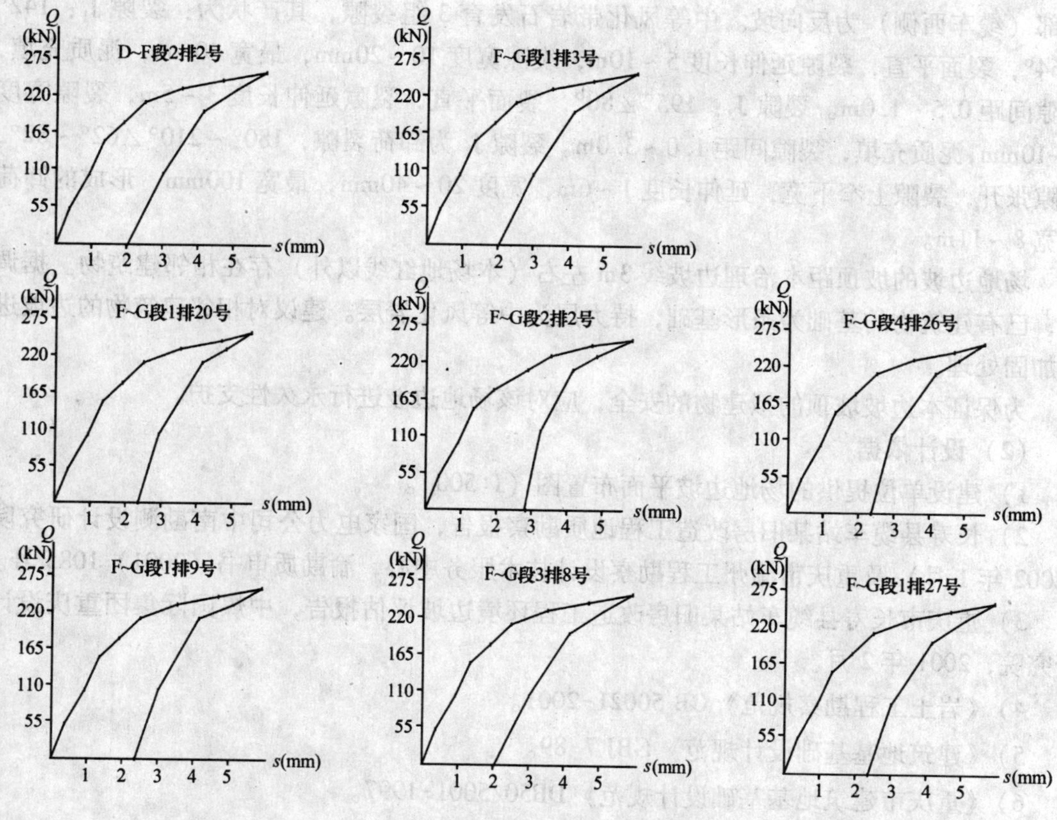

图 3-15 Q—s 所示的荷载—位移曲线

3.3 锚杆实例

3.3.1 板肋式及格构锚杆在边坡工程中的实例

重庆市长寿县缆车站某旧房改造工程环境边坡治理于 2001 年 2 月设计，2001 年 5 月竣工，使用 8 年以来，未见开裂、变形等不良现象。

（1）工程概况

重庆市长寿县缆车站某旧房改造工程环境边坡治理位于重庆市长寿县凤城镇缆车站的山麓斜坡地带，场地 A 栋南侧边坡为自然边坡，高 5 ~ 7m 左右，该边坡上部采用条石护坡，下部为砂岩。场地 A 栋西侧边坡及 B2 栋边坡为修建缆车时的切坡，高 5 ~ 7m 左右，其中 A 栋西侧边坡的上部采用条石护坡，其余为巨厚层砂岩。边坡上部为 2.0 ~ 2.5m 左右的人工杂填土（杂色，由砂、泥岩碎石、砖、瓦、建筑及生活垃圾等组成，呈松散-稍密状），下伏基岩为长石石英砂岩，紫灰色、灰白色，中粒砂状结构，厚-巨厚层状结构，局部含泥质条带及团块。

强风化岩层厚 0.5 ~ 1.0m 左右。强风化带岩层破碎，岩质软。岩层倾向 265°，倾角 11° ~ 19°，边坡岩体结构属层状结构，边坡主要为切向坡，局部（A 栋西侧）为顺向坡，局部（缆车西侧）为反向坡。中等风化带岩石发育3组裂隙，其产状为：裂隙J_1：142°∠64°，裂面平直，裂隙延伸长度5～10m，裂隙宽度10～20mm，最宽40mm，泥质充填，裂隙间距0.5～1.0m。裂隙J_2：195°∠80°，裂面平直，裂隙延伸长度3～5m，裂隙宽度5～10mm，泥质充填，裂隙间距1.0～3.0m。裂隙J_3为卸荷裂隙，180°～210°∠62°～82°，裂隙张开，裂隙上窄下宽，延伸长度1～6m，宽度20～40mm，最宽100mm，形成的卸荷带宽8～11m。

场地边坡的坡顶距本治理边坡线3m左右（本场地红线以外）存在相邻建筑物。据调查，已有建筑物的基础为条形基础，持力层为中等风化岩层。建议对相邻建筑物的边坡进行加固处理。

为保证本边坡坡顶的拟建物的安全，应对该场地边坡进行永久性支护。

（2）设计依据

1）建设单位提供的场地边坡平面布置图（1∶500）。

2）长寿县缆车站某旧房改造工程地质勘察报告，国家电力公司中南勘测设计研究院（2002年1月）及重庆市渝州工程勘察设计技术服务中心，渝勘质审书（2001）1085号。

3）重庆市长寿县缆车站某旧房改造工程环境边坡评估报告，中煤国际集团重庆设计研究院，2001年2月。

4）《岩土工程勘察规范》GB 50021-2001。

5）《建筑地基基础设计规范》GBJ 7-89。

6）《重庆市建筑地基基础设计规范》DB50/5001-1997。

7）《钢筋混凝土结构设计规范》GBJ10-89。

8）重庆市地方标准《建筑边坡支护技术规范》DB 50/5015-2001等。

（3）支护方案

根据场地边坡的工程地质特征，结合场地边坡的平面布置要求以及边坡高度，本边坡工程采用板肋式锚杆挡墙进行永久性支护。

考虑到砂岩的强度较高，故缆车道两侧的砂岩层采用格架式锚杆挡墙进行永久性支护。

（4）设计参数

1）边坡类别为ⅢA类。

2）边坡重要性系数取1.10（边坡工程安全等级为一级）。

3）岩土参数：

①土层：$\gamma=20.0\text{kN/m}^3$，综合内摩擦角$\phi=25°$。

②强风化岩石：$\gamma=24.0\text{kN/m}^3$，$C=20\text{kPa}$，$\phi=30°$（相关经验值）。

③中风化岩石：$\gamma=25.0\text{kN/m}^3$，$C=300\text{kPa}$，$\phi=30°$。

④中风化岩石饱和单轴抗压强度标准值：5.0MPa。

⑤边坡的破裂：按形成的卸荷带宽8～11m控制。

4）坡顶附加荷载：$q=3.5\text{kN/m}^2$（坡顶16F拟建物采用桩基础，桩基础的底部已达治理边坡地段的坡脚）。

5）M30水泥砂浆与岩石之间的粘结强度：0.30MPa。

（5）锚杆挡墙工程

1）锚杆按 2.5m×2.0m 网格布设。

2）锚杆孔径为 110mm，主筋为 2ϕ25，M30 水泥砂浆注浆。

3）肋柱（明肋）及联梁（明梁）：截面 400mm×400mm，主筋 6ϕ20，箍筋 ϕ8@150，锚杆 1m 范围加密为 100mm，C25 混凝土。

4）土层及强风化岩层中的锚杆应做防腐处理，可采用润滑油三度、沥青玻纤布缠裹两层的方法。

5）混凝土墙厚 200mm，水平筋 ϕ12@150（双层），竖向筋 ϕ10@150（双层），C25 混凝土。

6）泄水孔按 2500mm×2000mm 网格布置，孔径 100mm，外倾 5%，孔周 500mm 范围采用卵石堆囊。

7）挡墙每 20m 设伸缩缝一道，缝宽 30mm，缝中嵌沥青麻筋。

8）锚杆挡土墙采用逆作法施工，土层及强风化岩石段的分步高度不宜大于 2m，中风化岩石段的分步高度不宜大于 4m；同时，应采用跳槽法施工，每槽长度不宜大于 10m。支挡结构与墙后岩（土）层须接触密实，边坡分段开挖，及时支护，确保施工质量。在切坡边线土层及岩石部分 2～3m 范围严禁爆破，以保证边坡内部的岩体结构不受爆破影响。

9）混凝土保护层厚度：梁、肋柱、墙均为 35mm。

10）施工方法及要求：

①锚杆成孔与水平线成 20°，锚孔灌注 M30 水泥砂浆，在 2～3 个大气压下压浆。

②锚杆深度：锚杆的有效嵌固段长度（进入卸荷裂隙带内）不小于 4.0m。

③锚杆轴向拉力设计值：210kN（2ϕ25）。

施工前，应进行锚杆的性能试验（3 根），性能试验锚的锚固长度为设计锚固长度的 0.6 倍。锚杆应进行验收试验，试验根数为锚杆总数的 3% 且不少于 5 根；验收试验荷载值为锚杆的轴向拉力设计值 210kN（2ϕ25）的 1.1 倍。

④锚杆与肋柱连接要求：锚杆弯折 35d 锚入肋柱并与肋柱中的附加构造钢筋焊接。锚杆接长要求：采用焊接。

肋柱和挡墙应低于坡脚排水沟底标高不少于 800mm 和 400mm，肋柱设置基础，其断面为 700mm×700mm。

⑤混凝土墙中可掺入水泥质量 10% 的 UEA-H 膨胀剂。

⑥边坡后缘可用 150mm 厚的 C15 素混凝土封闭，以防地表水入渗。

场地中的泥岩易于风化，在空气中易干裂，遇水易软化，因此，经验收合格后应及时封闭。

11）其他：

①锚杆施工前，应查明锚杆施工区构筑物的基础、地下管线等情况；判断锚杆施工对邻近构筑物及地下管线的影响，并拟定相应的预防措施。

②锚孔施工应符合下列规定：

A. 锚孔定位尺寸偏差不宜大于 20mm；

B. 锚孔偏斜度偏差不应大于 3%；

C. 孔深不超过锚杆设计长度 0.5m 左右。

③锚杆体安装应符合下列要求：

A. 杆体应保持直顺，避免扭压、弯曲；

B. 锚杆与注浆管宜一起放入钻孔，注浆管内端距孔底宜为50～100mm。

④注浆材料性能应符合下列规定：

A. 水泥应使用普通硅酸盐水泥，其强度等级不应低于42.5级；

B. 砂的含泥量按重量计不得大于3%。宜采用中细砂，当采用特细砂时，其细度模数不宜小于0.7；

C. 浆体配制的灰砂比宜为0.8～1.5，水灰比宜为0.38～0.5；

D. 浆体材料28天的无侧限抗压强度，不低于25MPa。

挡墙的施工尚应严格按《建筑边坡支护技术规范》DB50/5015-2001的有关要求执行。

（6）其他

1）按重庆市人民政府文件（2001）39号文《重庆市人民政府关于在工程建设活动中加强防治地质灾害工作的意见》的要求，工程施工必须坚持先支挡、后主体的原则；凡边坡支护未完成，或达不到设计要求的，不得进行场地建筑物的施工。本边坡工程必须由具有相应施工资质的专业队伍施工。

2）应按重庆市建设委员会、重庆市规划局文件渝建发［1999］133号、重庆市建设委员会［1999］159号和重庆市建设委员会［2002］47号文的规定，进行边坡评估和施工图审查；并应按前述文件规定，进行施工期间及竣工后三年位移观测。

3）挡墙设置护栏，护栏高度1100mm。护栏和边坡排水沟按建设方要求执行。

4）其他未尽事宜，应严格按现行有关规范进行。

5）所有材质符合国家现行规范要求，不得采用小厂生产的水泥。

6）施工中如出现异常情况请及时与建设方、监理单位及勘察设计人员联系，共同协商处理。

7）本护坡顶部和底部按目前现况设计，如今后发生其他工程变更，应保证边坡的稳定安全性。

8）另外，A栋南侧地段边坡治理时，挡墙的墙面按现有条石挡墙的坡度和下部砂岩的自然坡度施工。施工前，应清除原有条石挡墙墙面的杂物；砂岩裂缝在锚杆施工后，采用灌注（常压）M30水泥砂浆的方法处理。

（7）锚杆挡墙平面图（略）。

（8）锚杆挡墙立面图见图3-16。

（9）锚杆挡墙剖面图见图3-17、图3-18。

（10）锚杆挡墙锚头及断面大样图见图3-19。

（11）锚杆挡墙肋柱基础及配筋见图3-20。

3.3.2 格构锚索在边坡加固工程中的实例

重庆晋愉地产（集团）股份有限公司修建的晋愉九龙湾滨江路某锚杆挡墙加固工程于2007年2月设计，2007年5月竣工，投入使用2年以来，监理资料（略）表明，无任何不良现象。

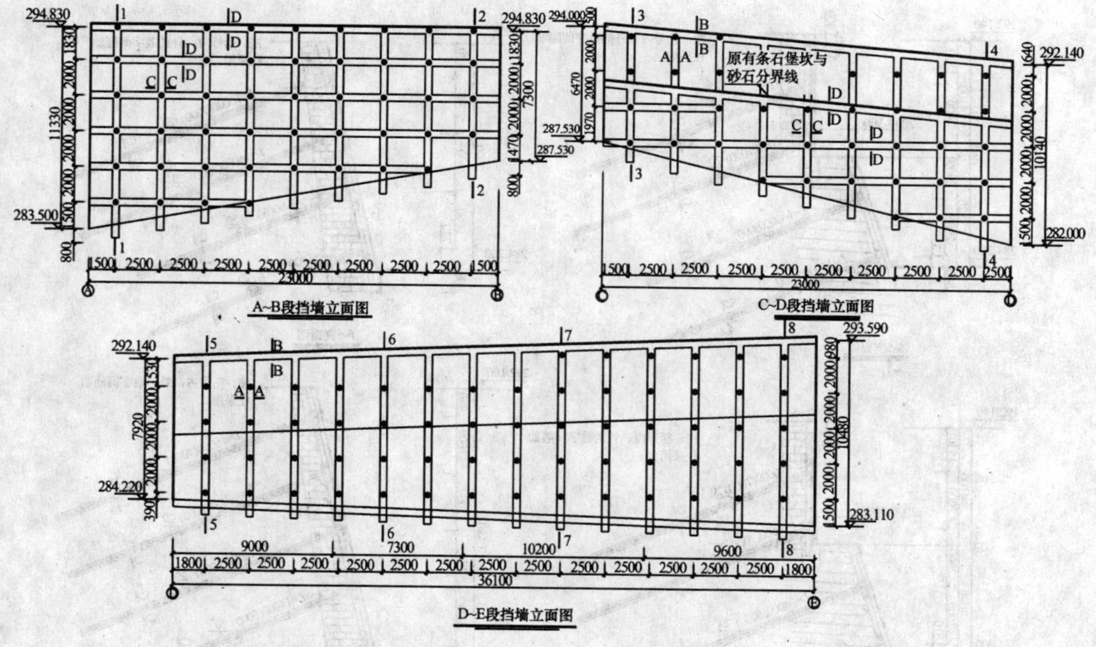

图 3-16 锚杆挡墙立面图

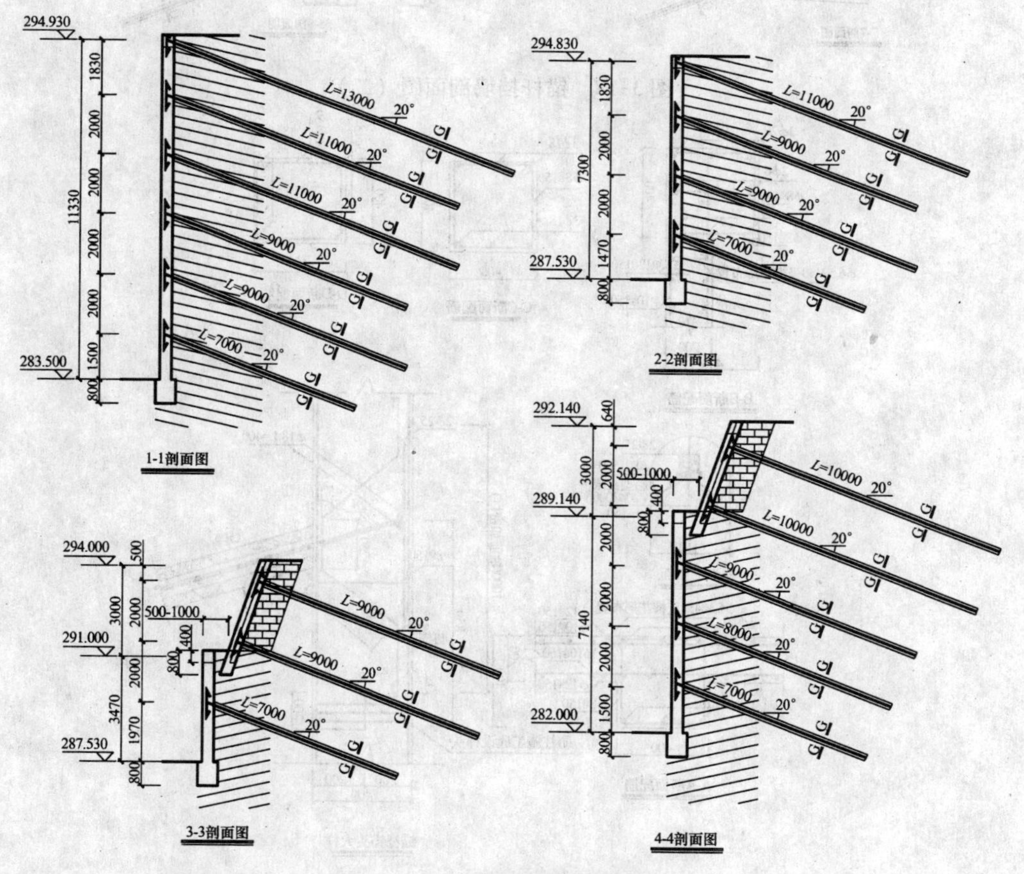

图 3-17 锚杆挡墙剖面图（一）

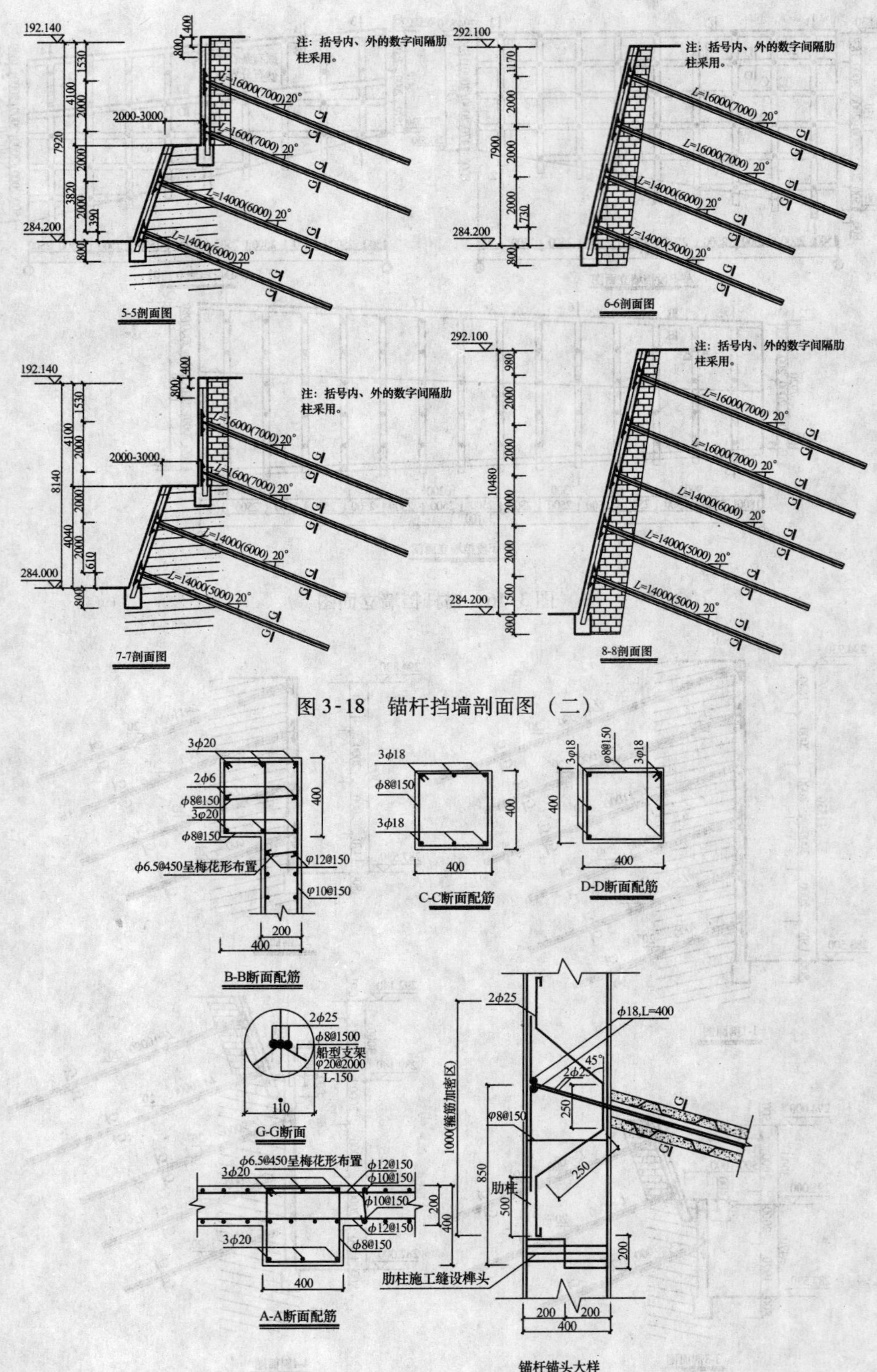

图3-18　锚杆挡墙剖面图（二）

图3-19　锚杆挡墙锚头及断面大样

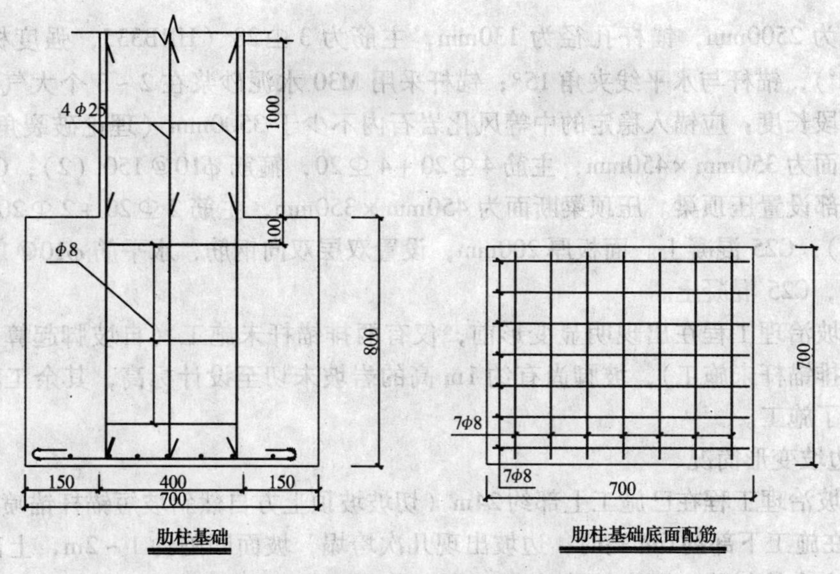

图 3-20　锚杆挡墙肋柱基础及配筋图

(1) 工程概况

1) 地质简况

重庆晋愉地产（集团）股份有限公司修建的晋愉九龙湾滨江路某锚杆挡墙加固工程位于重庆市九龙坡区滩子口的山麓斜坡地带，场地平基后已形成长约 30m，高 15 ~ 26m 左右的边坡。该边坡为切向坡，边坡表部为坡残积粉质黏土，边坡上部为中厚层砂岩，边坡中下部为巨厚层泥岩。强风化岩层厚 1.0 ~ 2.0m 左右。

粉质黏土（Q_4^{el+dl}）：褐灰色、褐黄色，可塑状。无摇振反应，稍有光滑，干强度中等，韧性中等，为残坡积层。

砂岩：灰色，细粒结构，中厚层状构造，矿物成分以长石、石英为主，含少量云母，钙质、泥质胶结。

泥岩：紫红色、褐红色，由粘土质矿物组成，含砂质条带和团块，粉砂泥质结构。

场地位于金鳌寺向斜北东翼，岩层的产状：倾向 205°，倾角 9°。场区发育 3 组构造裂隙：

裂隙 J_1：120°∠81°，裂隙间距 3.0 ~ 4.0m，较平直，顶部裂隙面张开 100 ~ 300mm，充填少量泥质；结构面很差。

裂隙 J_2：65° ~ 86°∠81° ~ 88°，裂隙间距 1.0 ~ 3.0m，一般呈闭合状，裂隙面较粗糙，部分张开 3 ~ 20mm，泥质充填，裂隙面平直；结构面结合一般至差。

裂隙 J_3：340° ~ 358°∠80° ~ 86°，裂隙间距 1.0 ~ 3.0m，裂隙面顶部张开 10 ~ 150mm，泥质充填，裂隙面较平直；结构面结合差至很差。

边坡中下部泥岩岩体中裂隙不发育，多呈闭合状，岩体相对较完整。

场地地下水贫乏，水文地质条件简单，地下水对混凝土无腐蚀性。

2) 工程施工简况

该边坡治理工程原设计采用板肋式锚杆挡墙进行支护。锚杆的水平间距为 2500mm，竖向间距为 2500mm，锚杆孔径为 130mm，主筋为 3 ⌀28（HRB335，强度标准值 f_{yk} = 330N/mm^2），锚杆与水平线夹角 15°；锚杆采用 M30 水泥砂浆在 2～3 个大气压下压力灌注。锚固段长度：应锚入稳定的中等风化岩石内不少于 3500mm（理论破裂角取为 60°）。肋柱的断面为 350mm×450mm，主筋 4 ⌀20 + 4 ⌀20，箍筋 ϕ10@150（2），C25 混凝土。肋柱的顶部设置压顶梁。压顶梁断面为 450mm×350mm，主筋 2 ⌀20 + 2 ⌀20，箍筋 ϕ10@200（2），C25 混凝土。面板厚 200mm，设置双层双向钢筋，水平筋 ϕ10@150，竖向筋 ϕ10@200，C25 混凝土。

该边坡治理工程在出现明显变形前，仅有两排锚杆未施工（自坡脚起算，第 2 排锚杆和第 3 排锚杆未施工），坡脚尚有约 1m 高的岩坡未切至设计标高，其余工程已全部按设计进行了施工。

3）边坡变形简况

该边坡治理工程在已施工上部约 24m（切坡坡顶上方自然斜坡短锚杆锚喷支护高度约 5m）、正在施工下部约 6m 高时，边坡出现几次垮塌，坡面凹陷约 1～2m，上部山体（切坡坡顶上方自然斜坡）距离挡墙约 10～16m 范围出现 2～3 条近于平行边坡走向的裂缝，裂缝最大宽度约 80mm（图 3-21），可测深度约 3.5m。

由于山体开裂，该边坡治理工程存在安全隐患的可能。经评估单位现场调查，采用工程地质类比法、理论分析、数值计算表明：该治理后的边坡现状稳定性系数 k_s = 1.04～1.09，处于极限平衡至欠稳定状态，一旦地质环境发生改变，随时可能整体失稳、垮塌。为保证边坡和坡脚已有构筑物（公路、铁路等）的安全，应对该锚杆挡墙工程进行永久性加固支护。

图 3-21　坡体裂缝情况

（2）加固设计依据

1）建设单位提供的场地边坡平面布置图（1:500）。

2）重庆晋愉九龙湾 6 号楼及滨江路某工程岩土工程勘察报告，中国建筑西南勘察设计研究院重庆分院，2005 年 6 月。

勘察文件审查报告（渝勘质审书〔2005〕0820 号）。

晋愉九龙湾边坡工程岩土工程勘察报告，中国建筑西南勘察设计研究院重庆分院，2006 年 7 月。

勘察文件审查结果表（渝勘质审〔2006〕0563 号）。

3）晋愉九龙湾滨江路某锚杆挡墙施工图，中煤国际工程集团重庆设计研究院，2006 年 6 月。

4）晋愉九龙湾滨江路某锚杆挡墙施工图设计文件审查合格书，机械工业第三设计研究院，2006 年 6 月 27 日。

5）晋愉九龙湾滨江路某锚杆挡墙施工资料。

6）《岩土工程勘察规范》GB 50021—2001。

7）《建筑地基基础设计规范》GB 50007—2002。

8）《建筑地基基础设计规范》DBJ 50—047—2006。

9）《混凝土结构设计规范》GB 50010—2002。

10）《建筑边坡工程技术规范》GB 50330—2002。

11）重庆市地方标准《建筑边坡支护技术规范》DB50/5018—2001。

12）《建筑结构荷载规范》GB 50009—2001。

13）《建筑抗震设计规范》GB 50011—2001。

14）《地质灾害防治工程设计规范》DB50/5029—2004 等。

（3）加固支挡方案

根据场地边坡的工程地质特征、现场调查评估报告，结合已施工的板肋式锚杆挡墙的情况，该边坡采用水平梁 + 预应力锚索进行永久性支护。

本工程加固设计采用动态设计方法，还应根据挡墙加固施工反馈的信息进行修改和完善。

（4）加固设计参数

1）边坡类别：Ⅲ类岩质边坡。

2）边坡重要性系数为 1.10（边坡工程安全等级为一级）。

3）本工程按Ⅵ度抗震设防，设计使用年限为：50 年。

4）岩土参数：

①填土：$\gamma = 20\text{kN/m}^3$，综合内摩擦角 $\phi = 35°$。

②粉质黏土：$\gamma = 20.0\text{kN/m}^3$，$C = 20\text{kPa}$，内摩擦角 $\phi = 20°$

③强风化岩石：$\gamma = 24.0\text{kN/m}^3$，$C = 20.0\text{kPa}$，内摩擦角 $\phi = 30°$

④中风化岩体：$\gamma = 25.2\text{kN/m}^3$，$C = 0.116\text{MPa}$，内摩擦角 $\phi = 24°$。

⑤结构面：$C_s = 50\text{kPa}$，内摩擦角 $\phi_s = 16°$。

⑥理论破裂面：$C_s = 70\text{kPa}$，内摩擦角 $\phi_s = 18°$。

⑦坡顶附加荷载：3.5kN/m^2。

⑧岩体破裂角：$\theta = 57°$（按 GB 50330—2002 第 6.3.4 条）。

⑨中风化岩石天然抗压强度标准值：8.0MPa。

⑩M30 水泥砂浆与岩石之间的粘结强度：0.30MPa。

钢绞线与 M30 水泥砂浆之间的粘结强度：2.95MPa。

（5）钢筋混凝土梁

1）材料：

①梁混凝土强度等级为 C30。

②钢筋：HPB235（Q235），HRB335（20MnSi）。

2）钢筋混凝土：

①混凝土保护层厚度：梁为 35mm。

②钢筋混凝土梁施工前应按规范要求剔去已有混凝土表面。

③泄水孔：应按 2.5m×2.5m 设 $\phi 150$ 泄水孔，外倾 5%，墙背后 500mm 厚范围做卵石堆囊。

（6）锚索工程

1）锚索的孔径为160mm，主筋为$10\times7\phi^{s}$（钢绞线ϕ^{s}的直径$d=15.2$mm，强度标准值$f_{ptk}=1860N/mm^2$，强度设计值$f_{py}=1320N/mm^2$），锚索与水平线夹角15°；锚索采用M30微胀水泥砂浆在2～3个大气压下压力灌注。

2）锚固段长度：应锚入稳定的中等风化岩石内不少于8000mm。

3）施工前，锚索应进行性能试验，性能试验锚杆的根数为3根（锚固长度为设计锚固长度的0.6倍）。施工完后应进行验收试验，验收试验锚杆的根数为锚杆总数的5%，且不少于5根（试验荷载值为设计值的1.1倍）。

4）锚索的轴向拉力设计值：1810kN（$10\times7\phi^{s}$）。

5）锚索的锁定值：800kN（自上而下第1排锚索）、600kN（第2排锚索）、500kN（第3排锚索）。

6）应保证锚索与梁的整体连接。

7）土层及强风化岩层中的锚索应进行防腐处理，可采用润滑油三度沥青玻纤布缠裹二层，最后装入塑料套管的方法。自由段两端100～200mm长范围内用黄油充填，外绕扎工程胶布固定。位于现有地形以外的外露锚索（局部还需回填土地段），除按上述要求处理外，还应采用200mm×200mm的C20素混凝土封闭，封闭层内采用PVC管脱开。

8）锚头的锚具除锈涂防腐漆后应用钢筋网片罩（每100mm设置1片，共设5片）、采用400mm×400mm的C40素混凝土封闭。

9）预应力筋用锚具、夹具及连接器必须符合《预应力筋用锚具、夹具及连接器应用技术规程》JBJ85的规定。

10）锚索施工应满足以下要求：

①锚索施工前，应查明锚索施工区建（构）筑物基础、地下管线等情况；判明锚索施工对临近建筑物及地下管线的影响，并拟定相应预防措施。

②锚孔施工应符合下列规定：

A. 锚孔定位尺寸偏差不宜大于20mm；

B. 锚孔偏斜度偏差不应大于3%；

C. 孔深超过锚杆设计长度0.5m左右。

③锚杆体安装应符合下列要求：

A. 杆体应保持直顺，避免扭压、弯曲；

B. 锚索与注浆管宜一起放入钻孔，注浆管内端距孔底宜为50～100mm。

④灌浆材料性能应符合下列规定：

A. 水泥应使用普通硅酸盐水泥，其强度等级不应低于42.5级；

B. 砂的含泥量按重量计不得大于3%。宜采用中细砂，当采用特细砂时，其细度模数不宜小于0.7；

C. 浆体配制的灰砂比宜为0.8～1.5，水灰比为0.38～0.5；

D. 浆体材料28天的无侧限抗压强度，用于全粘结型锚杆时不应低于25MPa。

11）锚索施工按《建筑边坡支护技术规范》DB50/5018—2001的有关要求进行。

（7）施工顺序及要求

1）施工前，首先采用C15细石混凝土临时封闭坡顶已有裂缝。然后，采用“干钻法”施工第 1 排和第 2 排锚索（自上而下）。

2）施工第 1 排和第 2 排锚索的梁。

3）待梁、砂浆的强度达设计要求后，张拉、锁定第 1 排和第 2 排锚索。

4）再施工第 2 排锚索，其成孔可采用“小水量钻进法”施工；施工时加强监测，如发现异常情况，则仍采用“干钻法”施工。

5）最后跳槽（跳槽的长度不超过 5m）施工坡脚尚有约 1m 高的岩坡。

6）工程完工后，采用 C15 细石混凝土封闭坡顶已有裂缝。

7）施工期间，坡脚 15m 外设置安全护栏及安全警示标志，对可能出现的险情进行预警。

（8）监测工程

1）监测时间：加固施工期间和施工竣工后 2 年。

2）监测资料应提交建设单位和加固设计单位，以便掌握工程加固治理的效果。

3）所有监测应有原始记录，监测数据应及时整理，每半年提交半年报表，年终提交年成果。监测工作结束后，提交下列成果：

①监测系统平剖面图布置；

②阶段性监测报告：半年报表、监测总结年报告；

③监测总结报告。

（9）其他

1）本工程应按重庆市建设委员会、重庆市规划局渝建发（1999）第 133 号、重庆市建设委员会渝建发（1999）159 号和重庆市建设委员会渝建发（2002）47 号文之规定，进行边坡评估和施工图审查。

2）按“重庆市人民政府关于在工程建设活动中加强防治地质灾害工作的意见”（重庆市人民政府文件〔2001〕39 号文）的要求，工程施工必须坚持先支挡、后主体的原则；凡边坡支护未完成，或达不到设计要求的，不得进行场地建筑物的施工。

3）本挡墙墙后严禁加载，按设计荷载正常使用。如需修建建筑物，其基础形式应采用桩基础，且桩端应嵌入中等风化岩层。

4）本工程必须选择具有一级施工资质等级并从事过类似挡墙加固施工的专业队伍来进行施工。

5）所有材质符合国家现行规范要求。

6）坡顶应设置围护栏，护栏的高度 1200mm，其做法按建设方要求执行。

7）其他未尽事宜，应严格按现行有关规范进行施工。

8）施工中如出现异常情况请及时与建设单位、监理单位及勘察、设计人员联系，共同协商处理。

9）本加固工程按目前设计现况设计，如今后发生其他工程变更，应保证挡墙的稳定和安全性。

（10）锚杆挡墙加固工程平面位置图见图 3-22。

（11）锚杆挡墙加固工程立面图见图 3-23。

（12）锚杆挡墙加固工程剖面图见图 3-24。

（13）锚杆挡墙加固工程大样图见图 3-25。

（14）锚杆挡墙加固工程效果图见图 3-26。

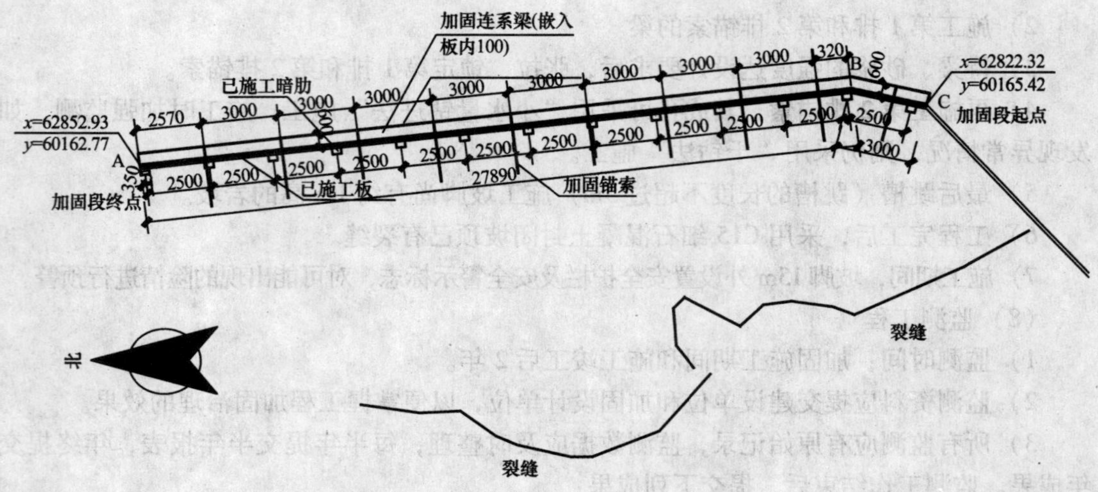

图 3-22　锚杆挡墙加固工程平面位置图

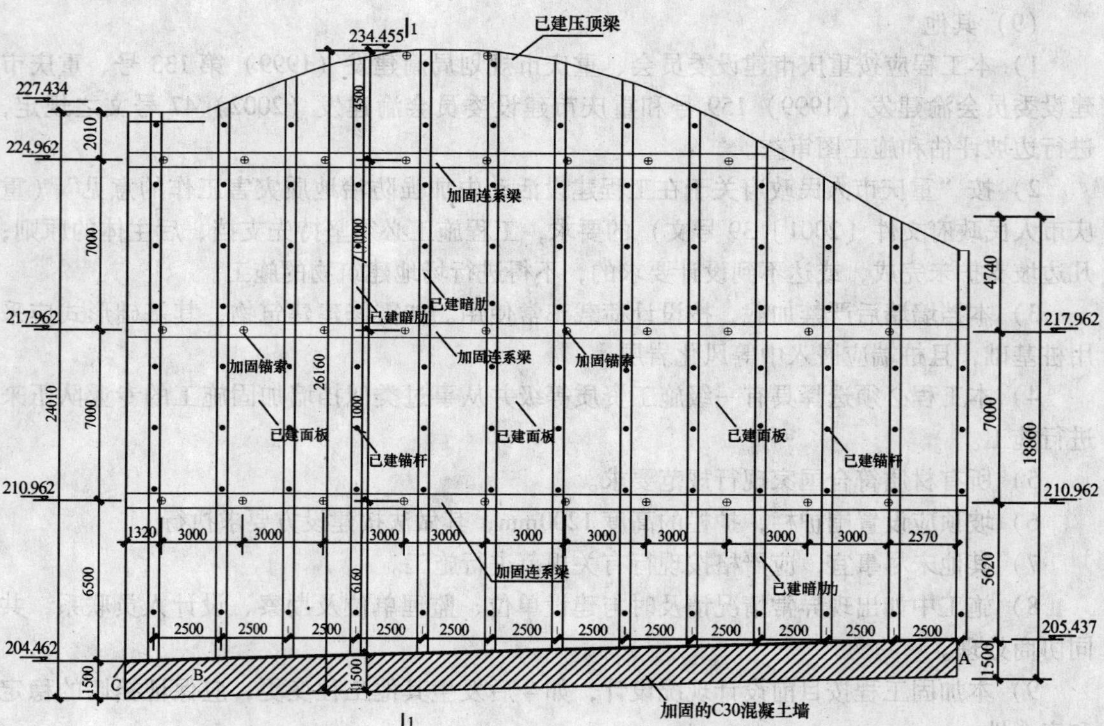

图 3-23　锚杆挡墙加固工程立面图

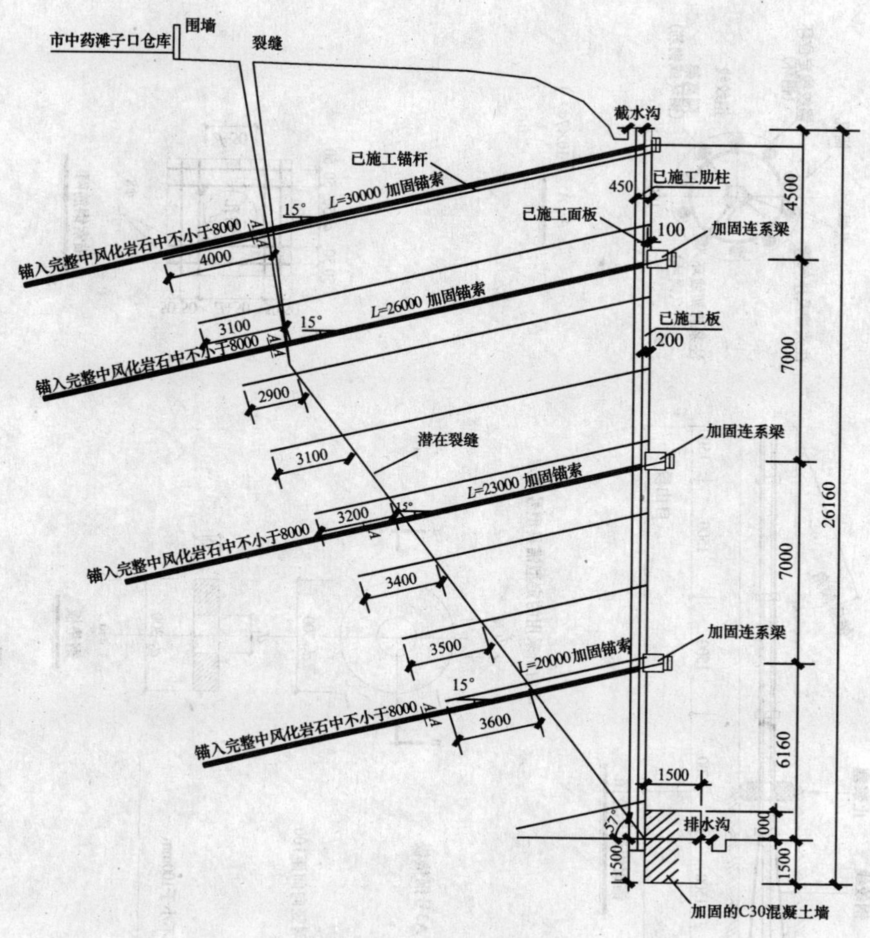

图 3-24 锚杆挡墙加固工程剖面图

3.3.3 锚杆喷射混凝土在边坡工程中的实例

三亚市大东海经济适用房环境边坡治理工程于 2004 年 12 月设计，于 2005 年 3 月竣工，投入使用以来，未见任何不良现象。

(1) 工程概况

三亚市大东海经济适用房环境边坡治理工程位于三亚市大东海榆亚大道北侧的山麓斜坡地带，场地平基后将形成长约 140m，高 2 ~ 18m 左右的边坡。

该边坡为土质边坡；其上部为 1 ~ 2m 左右的第四系残积层粉质黏土（黄褐色，主要为黏性土，稍湿，呈可塑状态）和第四系崩坡积层粉质黏土夹碎石、孤石层（灰黄色，硬塑状，碎石含量约为 40%，碎石为硅质岩的风化物，呈棱角状；孤石直径为 10 ~ 50cm），土层下伏基岩为奥陶系中统硅质岩（灰白、青灰色，致密结构，块状构造，质较硬，性脆），局部夹有燕山期侵入蚀变角闪闪长玢岩，强风化岩层厚 1.0 ~ 10.0m 左右。场区内优势节理有 4 组（J_1：250°∠58°，逆坡向裂隙；J_2：208°∠67°，与坡向呈斜交裂隙；J_3：135°∠35° ~ 63°，顺坡向裂隙；J_4：165°∠88°，与坡向呈斜交裂隙），具有倾角较陡、切割深等特点。

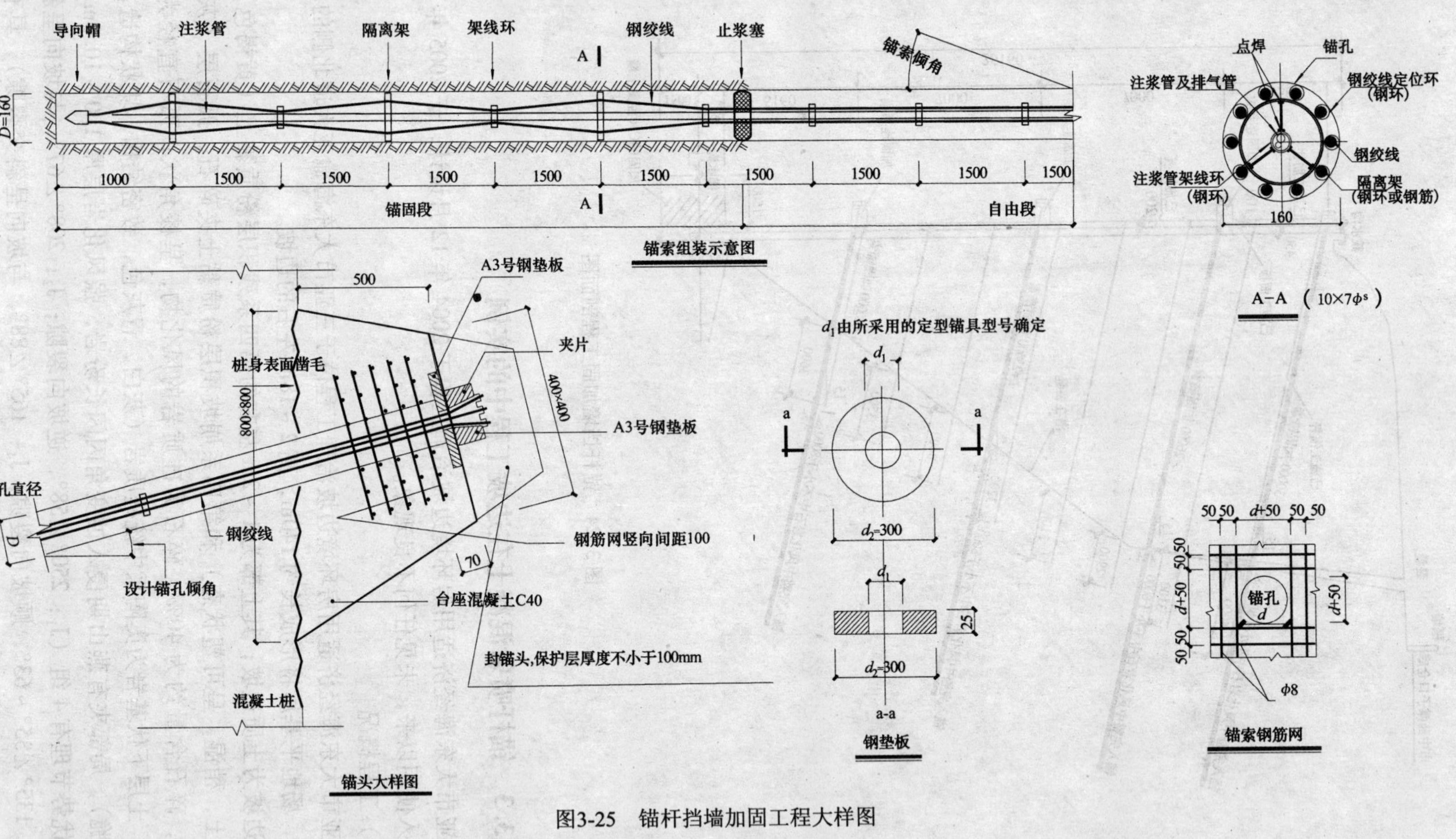

图3-25 锚杆挡墙加固工程大样图

图 3-26 锚杆挡墙加固工程效果图

场地边坡坡顶为自然风景的山体斜坡，坡度一般为40°左右；坡脚为拟建建（构）筑物（19层住宅、停车场等），为保证拟建建（构）筑物的安全，应对该场地边坡进行永久性支护。

鉴于该边坡已基本切坡至设计标高（11.80m），因此，应及时对该边坡进行永久性支护。

（2）设计依据

1）建设单位提供的场地边坡平面布置图(1:500)。

2）三亚市大东海经济适用房岩土工程勘察报告（江西地质工程勘察院海南分院，2004年4月）。该报告加盖有勘察成果审查专用章（三亚市建设工程勘察质量审查中心）。

3）《岩土工程勘察规范》GB 50021-2001。

4）《建筑地基基础设计规范》GB 50007-2002。

5）《混凝土结构设计规范》GB 50010-2002。

6）《建筑边坡工程技术规范》GB 50330-2002。

7）《锚杆喷射混凝土支护技术规范》GB 50086-2001。

8）《建筑结构荷载规范》GB 50009-2001。

9）《砌体结构设计规范》GB 50003-2001。

10）《建筑抗震设计规范》GB 50011-2001。

11）国家建筑标准设计J008-1～3挡土墙（中国建筑标准设计研究院出版）等。

（3）支护方案

根据场地边坡的工程地质特征，结合场地边坡的平面布置要求，该边坡采用放坡（放坡的高宽比为1:0.15～1:0.35，坡度为80°～70°）+锚杆喷射混凝土挡墙和重力式挡墙进行永久性支护。

本边坡治理设计采用动态设计方法，还应根据挡墙施工反馈的信息进行修改和完善。

（4）设计参数

1）边坡类别：土质边坡。

2）边坡重要性系数为1.10（工程安全等级为一级）。

3）岩土参数：

①粉质黏土：$\gamma=19.4\text{kN/m}^3$，$C=35\text{kPa}$，内摩擦角$\phi=18°$。

②粉质黏土夹碎石、孤石层：$\gamma=19.8\text{kN/m}^3$，$C=44\text{kPa}$，内摩擦角$\phi=24°$。

③强风化岩石：$\gamma=24\text{kN/m}^3$，$C=20.0\text{kPa}$，内摩擦角$\phi=30°$。

④中风化岩体：$\gamma=25.2\text{kN/m}^3$，$C=1.1\times0.20$（折减系数）$\times0.90$（时间效应系数）$=0.198\text{MPa}$，内摩擦角$\phi=38°\times0.80$（折减系数）$\times0.90$（时间效应系数）$=27°$。

⑤岩体破裂角：55°（按GB50330-2002第6.3.4条）。

⑥M30水泥砂浆与岩石之间的粘结强度：0.30MPa。

⑦中风化岩石天然抗压强度标准值：5.0MPa。

⑧基底摩擦系数：0.30。

4）坡顶附加荷载：$q=3.5\text{kN/m}^2$。

5）Ⅵ度抗震设防。

6）设计合理使用年限：50 年。

（5）锚杆工程

1）受力锚杆（结构锚杆）孔径为 110mm，主筋 2 ⏀28；构造锚杆孔径为 75mm，主筋 1 ⏀28（HRB335，强度标准值 $f_{yk}=330\text{N/mm}^2$），锚杆与水平线夹角 20°；锚杆采用 M30 水泥砂浆在 2～3 个大气压下压力灌注。

2）肋柱：截面 400mm×400mm，主筋 6 ⏀20，箍筋 ϕ8@150，锚杆 1m 范围加密为 100mm，C25 混凝土。

3）钢筋接长：应采用机械连接，机械连接接头的等级为二级。机械连接接头应相互错开；钢筋机械连接接头连接区段的长度为 $35d$（d 为受力钢筋的直径），凡接头中点位于该连接区段长度内的机械连接接头均属于同一连接区段。位于同一连接区段内的纵向钢筋接头面积百分率不宜大于 50%。钢筋连接尚应符合《钢筋机械连接通用技术规程》JGJ107-2003 的规定。

4）锚固段长度：应锚入稳定的中等风化岩石内不少于 4000mm。

5）施工前，锚杆应进行性能试验，性能试验锚杆的根数为 3 根（锚固长度为设计锚固长度的 0.6 倍）。施工完后应进行验收试验，验收试验锚杆的根数为锚杆总数的 5%，且不少于 5 根（试验荷载值为设计值的 1.1 倍）。

6）锚杆的轴向拉力设计值：255kN。

7）应保证锚杆与网筋的整体连接。

8）土层及强风化岩层中的锚杆应进行防腐处理，可采用润滑油三度沥青玻纤布缠裹二层的方法。

9）挡墙应沿长度方向每 20m 设置一道竖向伸缩缝，缝宽 30～50mm，缝中嵌沥青麻筋，嵌入深度 100mm。

10）锚杆施工应满足以下要求：

①锚杆施工前，应查明锚杆施工区建（构）筑物基础、地下管线等情况；判明锚杆施工对临近建筑物及地下管线的影响，并拟定相应预防措施。

②锚孔施工应符合下列规定：

A. 锚孔定位尺寸偏差不宜大于 20mm；

B. 锚孔偏斜度偏差不应大于 3%；

C. 孔深超过锚杆设计长度 0.5m 左右。

③锚杆体安装应符合下列要求：

A. 杆体应保持直顺，避免扭压、弯曲；

B. 锚杆与注浆管宜一起放入钻孔，注浆管内端距孔底宜为 50～100mm。

④灌浆材料性能应符合下列规定：

A. 水泥应使用普通硅酸盐水泥，其强度等级不应低于 32.5 级；

B. 砂的含泥量按重量计不得大于 3%。宜采用中细砂，当采用特细砂时，其细度模数不宜小于 0.7；

C. 浆体配制的灰砂比宜为 0.8～1.5，水灰比为 0.38～0.5；

D. 浆体材料 28 天的无侧限抗压强度，用于全粘结型锚杆时不应低于 30MPa。

锚杆施工按《建筑边坡工程技术规范》GB 50330—2002 的有关要求进行。

（6）喷射混凝土

1）材料：C25 混凝土（采用普通硅酸盐水泥，水泥强度等级不应低于 32.5MPa）；钢筋网：ϕ10@150（单层双向）；保护层厚度 25mm。

2）厚度：120mm。

3）喷射混凝土 1d 龄期的抗压强度不应低于 5MPa；喷射混凝土与岩层的粘结强度不应低于 0.5MPa；喷射混凝土的弹性模量为 2.3×10^4MPa。

4）喷射混凝土施工：

①准备工作：

A. 清除作业面的浮石、强风化岩石和墙脚的岩渣、堆积物。

B. 用风压清扫岩面。

C. 埋设控制喷射混凝土厚度的标志。

②喷射作业：

A. 喷射作业应分片分段依次进行，喷射顺序应自下而上。

B. 分层喷射时，后一层喷射应在前一层混凝土终凝后进行，若终凝 1h 后再进行喷射时，应先用清水洗喷层表面。

③钢筋网喷射混凝土施工：

A. 钢筋使用前应除去污锈。

B. 钢筋网应在岩面喷射一层混凝土后铺设，钢筋与壁面的间距宜为 30mm。

5）钢筋网应嵌入中等风化岩石 400mm。

其余要求按《锚杆喷射混凝土支护技术规范》GB 50086—2001 执行。

（7）重力式挡土墙

1）材料：C20 毛石混凝土，毛石的强度等级 MU30，毛石的掺量不超过 25%。

2）埋置深度：挡墙埋入设计标高（11.80m）以下不小于 500mm 且应低于排水沟以下不小于 200mm。

3）泄水孔：应按 2.0m×2.0m 网格呈梅花形布置，孔径 150mm，外倾 5%，墙背后 500mm 厚范围做卵石堆囊，泄水孔下部设置 500mm 厚夯实的黏土层作为隔水层。

4）墙后填料：采用碎石土，碎石含量 60%，粒径不得大于 200mm。耕土、树皮、树根、腐殖土等不能作为填料。

5）填土应分层夯实，在挡墙净距 1m 范围不得采用机械夯实，分层厚度不能超过 300mm，密实度达中密，$\gamma=20\text{kN/m}^3$，压实系数 0.93。

6）挡墙应沿长度方向每 20m 设置一道竖向伸缩缝，缝宽 30～50mm，缝中嵌沥青麻筋，嵌入深度 100mm。

7）填土质量应分层进行检测，每层土的检测点数：每 100m^2 测 1 个点且不少于 9 个点。

（8）监测工程

1）监测时间：施工期间和施工竣工后 2 年。

2）所有监测应有原始记录，监测数据应及时整理，每半年提交半年报表，年终提交年成果。

3）监测工作结束后，提交下列成果：

①监测系统平剖面图布置；

②阶段性监测报告：半年报表、监测总结年报告；

③监测总结报告。

(9) 排水系统工程

1) 建设单位应及时做好本工程场地及周边环境的整体排水系统工程。

2) 结合场地整体排水系统工程，建设单位应设置场地内的地表排水系统。

3) 本工程的施工不宜在雨期施工，并宜在雨期前竣工。

(10) 墙顶土层封闭处理

1) 采用厚100mm的C15素混凝土封闭。

2) 封闭的宽度现场确定。

(11) 其他

1) 本工程在施工中和竣工后两年内应进行位移和变形观测。

2) 根据“重庆市人民政府关于在工程建设活动中加强防治地质灾害工作的意见”（重庆市人民政府文件〔2001〕39号文）规定，工程施工必须坚持先支挡、后主体的原则；凡边坡支护未完成，或达不到设计要求的，不得进行场地建筑物的施工。

3) 本挡墙墙后严禁加载。

4) 本工程必须选择具有一级施工资质等级，并从事过挡墙施工的专业队伍进行施工。

5) 所有材质符合国家现行规范要求。

6) 坡顶应设置围护栏，高度不小于1200mm，其做法按建设方要求执行。

7) 其他未尽事宜，应严格按现行有关规范进行施工。

8) 施工中如出现异常情况请及时与建设单位、监理单位及勘察、设计人员联系，共同协商处理。

9) 本工程按目前设计现况设计，如今后发生其他工程变更，应保证挡墙的稳定和安全性。

(12) 锚杆喷射混凝土挡墙平面图见图3-27。

(13) 锚杆喷射混凝土挡墙立面图见图3-28。

(14) 锚杆喷射混凝土挡墙剖面图见图3-29、图3-30。

(15) 锚杆喷射混凝土挡墙大样图见图3-31。

(16) 锚杆喷射混凝土挡墙施工过程见图3-32。

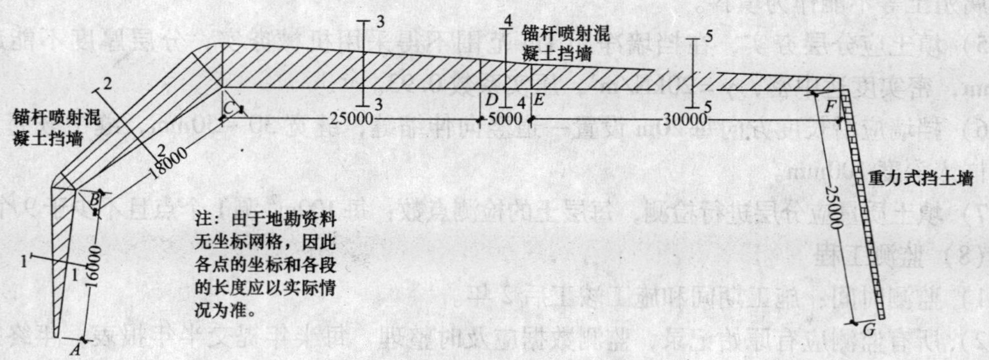

图3-27 锚杆喷射混凝土挡墙平面图

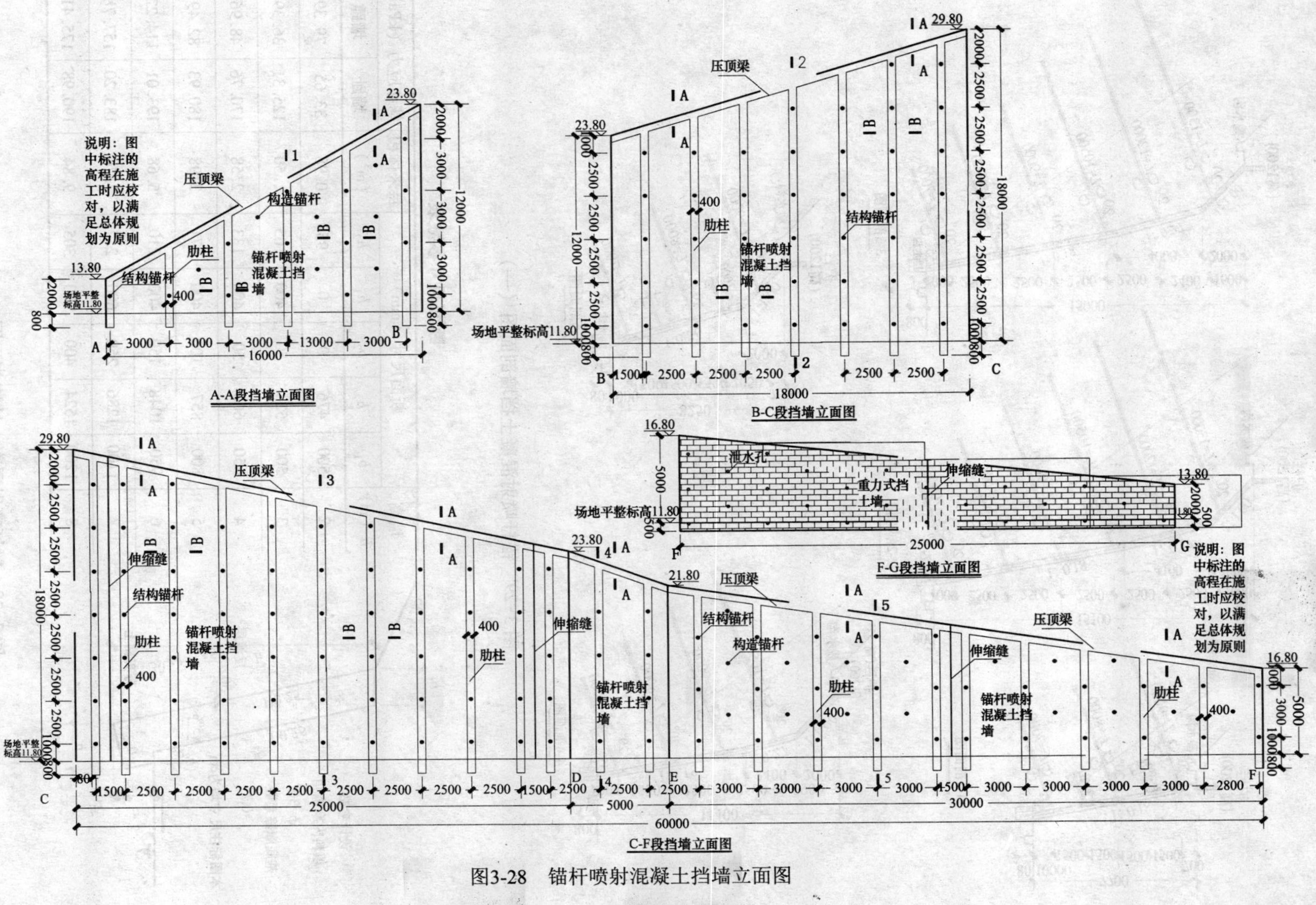

图3-28 锚杆喷射混凝土挡墙立面图

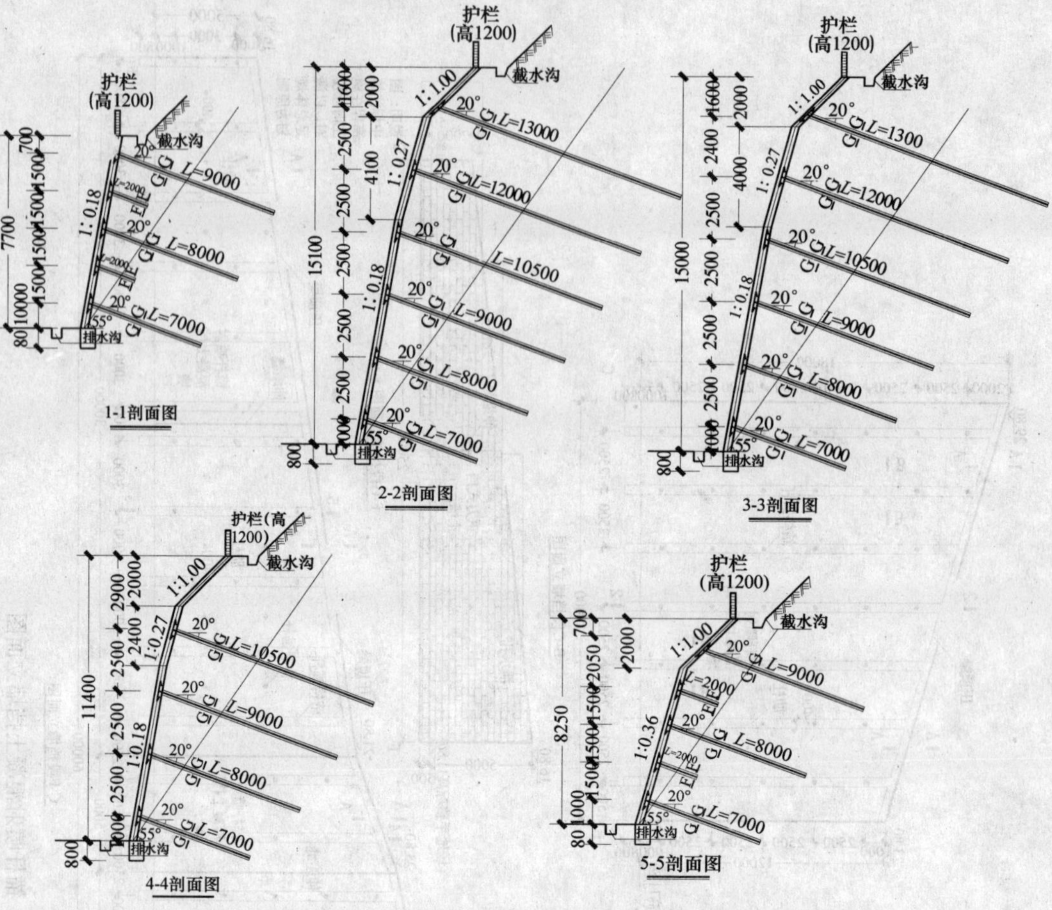

图 3-29　锚杆喷射混凝土挡墙剖面图（一）

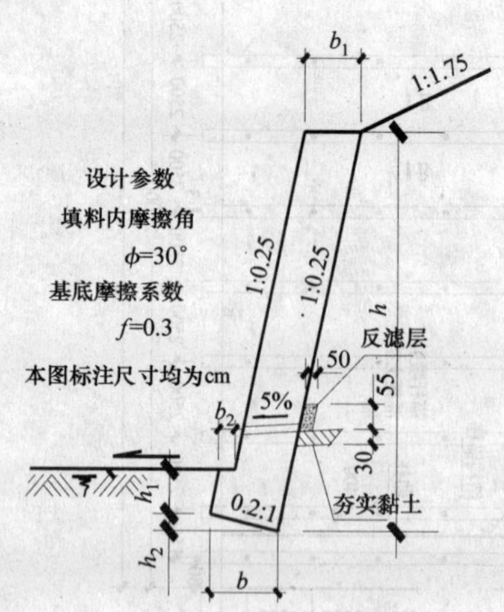

断面尺寸参数表

墙高 h（m）	断面尺寸（mm）					每米体积（m^3）	基底应力（kPa）	
	b_1	b	b_2	h_1	h_2		墙趾	墙踵
2	500	476	0	0	95	0.98	33.65	79.39
3	500	524	50	400	105	1.50	125.31	36.39
4	650	668	50	400	133	2.58	170.76	48.96
5	800	857	100	400	171	3.98	180.93	82.49
6	950	1048	150	400	210	5.68	193.01	114.22
7	1100	1286	250	600	257	7.74	183.20	157.78
8	1200	1524	400	900	305	9.84	190.98	175.41

图 3-30　锚杆喷射混凝土挡墙剖面图（二）

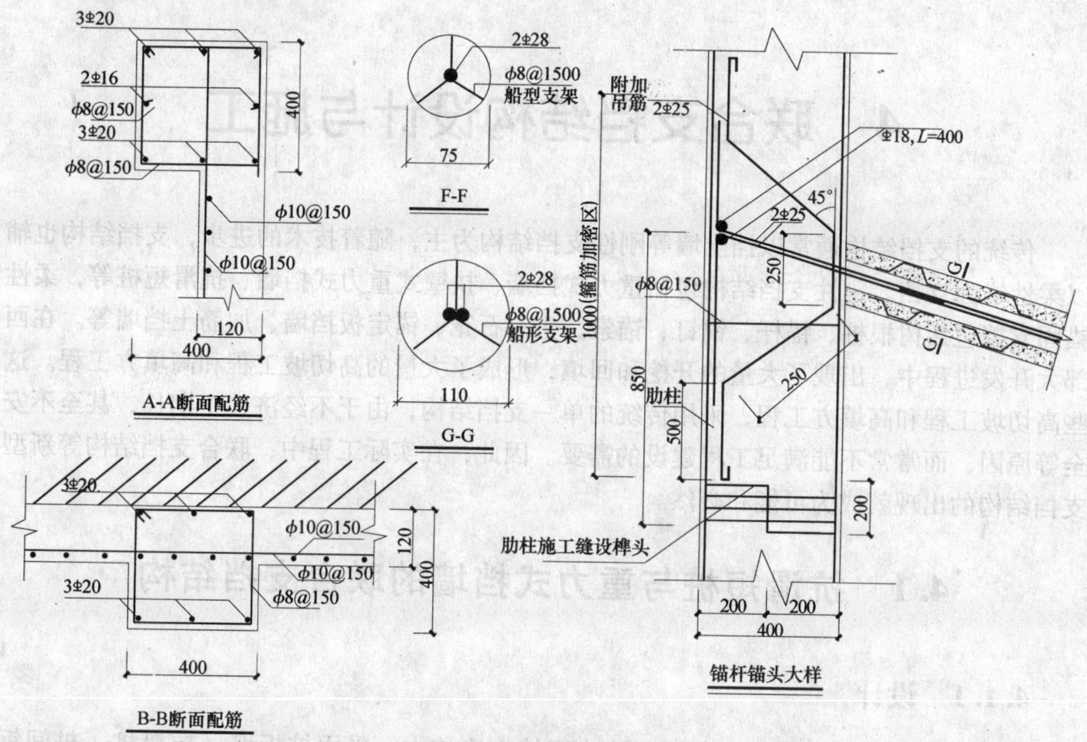

图 3-31　锚杆喷射混凝土挡墙大样图

(a)　　(b)

图 3-32　锚杆喷射混凝土挡墙施工现场

4　联合支挡结构设计与施工

传统的支挡结构通常以挡土墙等刚性支挡结构为主，随着技术的进步，支挡结构也辅以柔性锚固支挡。刚性支挡结构包括重力式挡墙、扶壁式重力式挡墙、抗滑短桩等，柔性锚固支挡包括树根桩、锚杆、锚钉、锚索、生态石笼、锚定板挡墙、加筋土挡墙等。在西部大开发进程中，出现了大量的开挖和回填，形成了大量的高切坡工程和高填方工程。这些高切坡工程和高填方工程，采用传统的单一支挡结构，由于不经济、工期长，甚至不安全等原因，而常常不能满足工程建设的需要。因此，在实际工程中，联合支挡结构等新型支挡结构的出现就成为可能和必然。

4.1　抗滑短桩与重力式挡墙的联合支挡结构

4.1.1　设计

在土质滑坡或土层厚度较大的边坡或高填方边坡中，采用桩板墙（抗滑桩 + 桩间钢筋混凝土挡板）结构进行支挡时，常常由于桩的悬壁长度过大而桩的断面和配筋均较大，从而表明这种支挡结构的经济性受到质疑，因此，便考虑既能抵抗水平荷载又能节约费用的支挡结构，即抗滑短桩与重力式挡墙的联合支挡结构。

抗滑短桩与重力式挡墙的联合支挡结构就是充分发挥了抗滑短桩能提供较大的水平抗力，而重力式挡墙又比较经济的特点；同时，由于抗滑短桩的长度相对较短，其断面及配筋较小，具有明显的经济优越性。

1. 设计要求

抗滑短桩与重力式挡墙设计时，应满足以下要求：

（1）抗滑短桩应提供整体稳定性所需的水平荷载，即满足边坡整体稳定性的要求。

（2）抗滑短桩的桩顶标高应达到一定的标高，以满足边坡不出现“越顶”的情况，即边坡不出现沿抗滑短桩的桩顶剪出破坏的情况。

（3）重力式挡墙应满足抗滑移的要求，即抗滑移安全系数不小于 1.30。

（4）重力式挡墙应满足抗倾覆的要求，即抗倾覆安全系数不小于 1.60。

（5）重力式挡土墙墙身强度可按《砌体结构设计规范》GB 50003—2001 进行验算。

（6）重力式挡土墙最经济的高度在 8m 以内。

2. 重力式挡土墙类型

重力式挡土墙的类型，通常根据墙背倾斜情况和挡墙组成的材料情况进行划分。

（1）根据墙背倾斜情况，重力式挡土墙可分为：俯斜式挡墙、仰斜式挡墙、直立式挡墙和衡重式挡墙，以及其他形式的挡墙。

（2）根据挡墙组成的材料情况，重力式挡土墙可分为：浆砌条石挡墙、浆砌片石挡墙、混凝土挡墙和毛石混凝土挡墙，以及其他形式的挡墙。

注意：①许多设计者反映，重力式挡土墙的稳定性验算主要由抗滑移稳定性控制，而现实工程中倾覆稳定破坏的可能性又大于滑动破坏。说明过去抗倾覆稳定系数偏低，因此，《建筑地基基础设计规范》GB50007—2002 对抗倾覆稳定系数进行了调整，即由原来的1.50 调整为1.60。②主动土压力 E_a 为主动土压力标准值乘以主动土压力增大系数，即

$$E_a = \Psi_c(\gamma H^2 k_a/2) \tag{4-1}$$

主动土压力增大系数 Ψ_c，土坡高度小于 5m 时宜取 1.0；高度为 5～8m 时宜取 1.1；高度大于 8m 时宜取 1.2（有的参考文献建议取值为 1.4）。

3. 凸榫设计

为了使重力式挡墙满足抗滑移和抗倾覆的要求，常常在重力式挡墙的底部、抗滑短桩的顶部设置钢筋混凝土的凸榫。

凸榫设计时，应满足以下要求：

（1）凸榫的位置

为使凸榫前被动土压力能够完全形成，墙被主动土压力不致因设置凸榫而增大，必须将整个凸榫置于过墙趾与水平方向成 $45° - \phi/2$ 角的直线和过墙踵与水平方向成 ϕ 角的直线所包围的三角形范围内，如图 4-1 所示。因此，凸榫的位置、高度和宽度必须符合下列要求：

$$B_{T1} \geqslant h_T \tan(45° + \varphi/2) \tag{4-2}$$

$$B_{T2} = B - B_{T1} - B_T \geqslant h_T \cos\varphi \tag{4-3}$$

凸榫前侧距墙趾的最小距离 $B_{T1\min}$ 满足

$$B_{T1\min} \geqslant B - \{B[B - (2k_s E_x - B\mu\sigma_1)/(\sigma_1(\cot(45° + \varphi/2) - \mu)]\}^{1/2} \tag{4-4}$$

式中 k_s——抗滑移安全系数；

E_x——作用于重力式挡墙的水平荷载（kN/m）；

μ——重力式挡墙墙底与地基土之间相互作用的摩擦系数，可按表 4-1 取值；

σ_1——墙趾与前缘处基底的正应力（kN/m^2）。

摩擦系数 μ　　　　表 4-1

0.30	0.35	0.40	0.45	0.50	0.60	0.70	0.84	1.00

（2）凸榫的高度

$$h_T = [k_s E_x - (B - B_{T1})(\sigma_2 + \sigma_3)\mu/2]/\sigma_p \tag{4-5}$$

$$\sigma_p = (\sigma_2 + \sigma_3)\tan^2(45° + \varphi/2)/2 \tag{4-6}$$

式中 σ_2——墙踵处基底的正应力（kN/m^2）；

σ_3——凸榫前缘处基底的正应力（kN/m^2）。

（3）凸榫的宽度

$$B_T = (3.5 k_s M_T/f_t)^{1/2} \tag{4-7}$$

$$M_T = h_T\{k_c E_x - [(B - B_{T1})(\sigma_2 + \sigma_3)\mu/2]\}/2 \tag{4-8}$$

式中 k_c——混凝土受弯构件的强度设计安全系数（取 2.65）；

M_T——凸榫所承受的总弯矩（kN·m/m）；

f_t——混凝土抗拉强度设计值（MPa）。

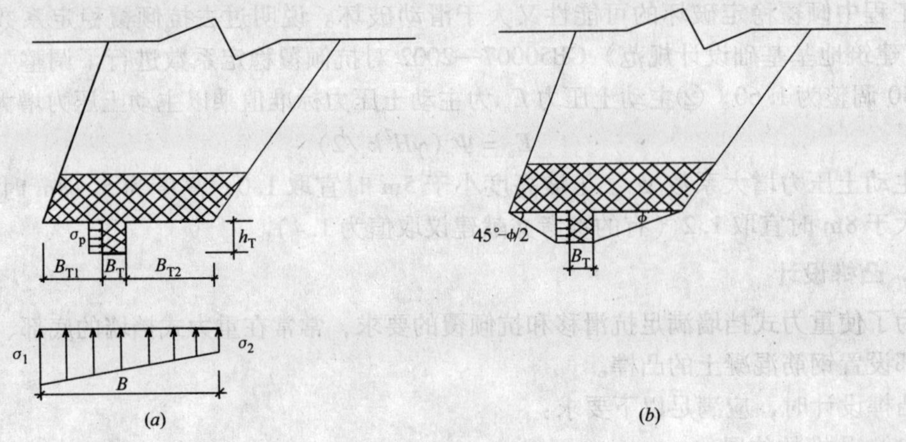

图 4-1　凸榫的结构设置

（a）榫前被动土压力；（b）凸榫设置位置

4.1.2　施工

抗滑短桩与重力式挡墙联合支挡结构的施工主要包括抗滑短桩的施工和重力式挡墙的施工。抗滑短桩的施工在前面已有叙述，这里仅对重力式挡墙的施工要求和注意事项进行说明。

（1）应将抗滑短桩中的部分钢筋插入重力式挡墙墙内，钢筋插入的长度宜按 500mm 和 300mm 间隔布置。

（2）重力式挡墙墙底应清除基岩表面风化层，当墙底为土层时，应满足埋置深度要求。

（3）重力式挡墙墙后地形坡度陡于高宽比 1∶5 时，应采取防止可能沿原有地面滑动的措施，如铲除草皮、开挖台阶等。

（4）浆砌片石挡墙，采用的砂浆水灰比应满足设计要求，砌筑砂浆应填塞饱满。

（5）不应采用易于风化的石料或未凿面的大卵石砌筑墙身，片石的厚度不应小于 200mm。

（6）砌筑挡墙时，不得做成水平通缝，也不得做成竖向通缝，满足《砌体结构设计规范》GB 50003—2001 的要求。

（7）随着墙身的砌筑，待其强度达到设计强度的 75% 以上时，方可进行墙后填土的施工。每次填土的高度不宜高于 1000mm。

（8）混凝土挡墙和毛石混凝土挡墙施工时，应采取可靠措施，如将施工面设置成往坡内成高宽比 5∶1 的逆坡，将施工面设置成榫头，在施工设置插筋等，而不得出现水平施工缝。

（9）毛石混凝土的毛石强度应不低于 MU30，毛石的掺量应不大于 30%。

（10）挡墙应每 15 ~ 20m 设置一道缝。

（11）泄水孔的孔径、间距、外倾角度、墙后滤水堆囊等应满足设计要求。在地下水较丰富的地段，应增设泄水孔。

（12）重力式挡墙宜分段施工，而不应大面积施工。

（13）填料要求：

1）级配良好的砂土或碎石土。

2）性能稳定的工业废料。

3）以砾石、卵石或块石作填料时，分层夯实时其最大粒径不宜大于400mm；分层压实时其最大粒径不宜大于200mm。

4）以粉质黏土、粉土作填料时，其含水量宜为最优含水量，可采用击实试验确定。

5）挖高填低或开山填沟的土料和石料，应符合设计要求。

6）不得使用淤泥、耕土、冻土、膨胀性土以及有机质含量大于5%的土。

（14）填土压实系数要求

墙后填土的质量以压实系数控制，并应根据结构类型和压实填土所处部位确定，通常其压实系数不应小于0.90。

4.1.3 工程抗滑短桩+重力式挡墙设计与施工实例

1. 工程概况

××监狱改造工程平场挡土墙C1段环境边坡工程位于重庆市垫江县××村的山麓斜坡地带，场地平基后将形成长约55m，高11m左右的边坡。该边坡为填方边坡；其下部为7~8m左右的残坡积层粉质黏土（灰、灰黑色，呈可塑状），土层下伏基岩为泥岩（紫红色，泥质结构，厚层状构造，易崩解风化），强风化岩层厚1.5~2.5m左右。

场地边坡坡脚为农田，坡顶为拟建的运动场和训练场，为保证拟建挡墙的安全，应对场地边坡进行永久性支护。

2. 设计依据

（1）建设单位提供的场地边坡平面布置图（1:500）；

（2）××监狱改造工程岩土工程勘察报告（详细勘察），××地质勘察工程公司，2003年1月；

（3）《岩土工程勘察规范》GB 50021—2001；

（4）《建筑地基基础设计规范》GB 50007—2002；

（5）《重庆市建筑地基基础设计规范》DB50/5001—1997；

（6）《建筑桩基技术规范》JGJ94—94；

（7）《混凝土结构设计规范》GB 50010—2002；

（8）《建筑边坡工程技术规范》GB 50330—2002；

（9）《建筑边坡支护技术规范》DB50/5018—2001；

（10）《公路工程抗震设计规范》JTJ004—89等。

3. 支护方案

根据场地边坡的工程地质特征（11m左右的填方，场地原有土层厚7~8m，即土层厚达20m左右，强风化岩石厚1.5~2.5m），结合场地边坡的平面布置要求，该边坡下部结构采用人工挖孔的抗滑短桩及桩上承台梁，上部结构采用重力式挡土墙进行永久性支护。

4. 设计参数

（1）边坡类别：土质边坡；

（2）边坡重要性系数为1.00；

（3）岩土参数：

1）墙后填土（场地平基开挖的砂岩和泥岩块、碎石与粉质黏土夯填）：$\gamma = 19kN/m^3$，综合内摩擦角 $\varphi = 35°$。

2）粉质黏土：$\gamma = 20kN/m^3$，综合内摩擦角 $\varphi = 30°$。

3）中风化岩石天然抗压强度标准值：5.0MPa。

（4）坡顶附加荷载：$q = 10kN/m^2$。

5. 钢筋混凝土桩、板工程

（1）材料

1）桩、板混凝土强度等级为C25，桩护壁混凝土强度等级为C20。

2）钢筋：HPB235级，HRB335级。

（2）钢筋混凝土

1）混凝土保护层厚度：桩为50mm，梁为35mm。

2）钢筋混凝土梁内应掺入水泥质量10%的UEA—H膨胀剂。

3）钢筋接长：均要求采用机械连接。当采用搭接焊接时，单面焊搭接长度为 $10d$，双面焊为 $5d$。焊接后钢筋应位于同一直线上，其接头位置应符合规范要求。

4）所有箍筋弯135°，平直段长 $10d$。

（3）施工要求

1）钢筋混凝土框架护壁施工要求：

①由于本工程护壁部分在土中，施工中应严格检查护壁不能错位，以保证桩的准确位置。

②护壁施工完后，应进行岩样试压，达到设计要求后，并请建设方、监理方、质检站及勘察、设计人员到现场验收合格后才能施工桩。

2）桩施工要求：

①当各桩施工完后即可施工桩顶承台梁，施工时应注意梁与桩的整体连接；

②桩基施工应严格按《建筑桩基技术规范》JGJ94—94的规定执行。

3）其他：

①挡墙应沿长度方向每20m设置一道竖向伸缩缝，缝宽30～50mm，缝中嵌沥青麻筋，嵌入深度100mm。

②桩应嵌入中等风化岩石内不少于3.5m。

③桩基应进行检测。

④桩应跳槽施工。

6. 重力式挡土墙工程

（1）材料：C20毛石混凝土，毛石的掺量不超过30%。

（2）泄水孔：按2.0m×2.0m网格布置，孔径150mm，外倾5%，墙背后500mm厚范围做卵石堆囊。泄水孔下部为500mm厚的黏土作为隔水层。

（3）墙后填料：碎石土（可采用场地平基开挖的砂岩和泥岩碎块石与粉质黏土），碎石含量不少于60%。在墙后宽度1500mm，沿整个墙身高度范围应采用手掰中等风化的砂岩碎块石（强度等级为MU30）。树皮、树根、腐殖土等不能作为填料。

（4）填土应分层夯实，在挡墙净距5m范围不得采用机械夯实，分层厚度不能超过300mm，填料的最大粒径不大于400mm，密实度达中密，$\gamma = 1.9t/m^3$，压实系数不小于0.93。

（5）挡墙应每20m长度设置一道伸缩缝。

（6）填土质量应分层进行检测，每层土的检测点数：每100m^{2}检测3个点且不少于9个点。

7. 施工顺序

（1）桩施工：

1）施工挖孔桩（跳桩施工）。

2）施工桩及桩上承台梁。

3）回填土的施工。回填的速度：每天不超过1m。

4）挡墙的高度不超过回填土高度的1.5m。

（2）施工重力式挡墙：

1）待承台梁的混凝土强度达设计强度的75%后，施工重力式挡墙。

2）重力式挡墙每天的施工高度不超过1m。

3）待重力式挡墙的混凝土强度达设计强度的75%后进行回填土施工，回填土施工的速度：每天不超过1m。

4）挡墙的高度不超过回填土高度的1.5m。

5）重力式挡墙的施工应按大体积混凝土施工的有关要求进行。

6）水平施工缝的处理：见设计交底。

（3）护栏施工：挡墙墙顶应设置护栏。

8. 排水系统工程

（1）建设单位应及时做好本工程场地及周边环境的整体排水系统工程。

（2）结合场地整体排水系统工程，建设单位应设置场地内的地表排水系统。

（3）本工程设置地下排水系统—塑料排水盲沟：在竖向上，设置3道盲沟（其标高为419.0m、422.0m和425.0m）；在垂直于挡墙平面上，每5m设置一道（每道的长度应不小于12m，坡度为3%）。

（4）设置排水明沟，截面为400mm×300mm，材料：MU20条石和M5水泥砂浆。其位置为衡重式挡墙墙顶。

（5）本工程不宜在雨期施工，并宜在雨期前竣工。

9. 填土表部处理

坡顶运动场和训练场地段：采用厚100mm的C15素混凝土封闭。

10. 其他

（1）本工程应按有关文件规定进行边坡评估和施工图审查，施工中和竣工后三年应进行位移和变形观测。

（2）按“重庆市人民政府关于在工程建设活动中加强防治地质灾害工作的意见”，工程施工必须坚持先支挡、后主体的原则；凡边坡支护未完成，或达不到设计要求的，不得进行场地建筑物的施工。

（3）本挡墙墙后严禁加载，如需修建建筑物，其基础应采用人工挖孔桩，且桩端应嵌入中等风化岩层。

（4）本工程必须选择具有一级施工资质等级并从事过挡墙施工的专业队伍施工。

（5）所有材质符合国家现行规范要求。

（6）坡顶应设置围护栏，护栏的高度不小于1500mm，其做法按建设方要求执行。

（7）其他未尽事宜，应严格按现行有关规范进行。

（8）施工中如出现异常情况请及时与建设单位、监理单位及勘察、设计人员联系，共同协商处理。

（9）本工程按目前设计现况设计，如今后发生其他工程变更，应保证挡墙的稳定和安全性。

11. 施工图

（1）边坡平面位置、桩平面位置及挡墙立面见图4-2、图4-3所示。

（2）抗滑桩配筋、挡墙施工图见图4-4、图4-5所示。

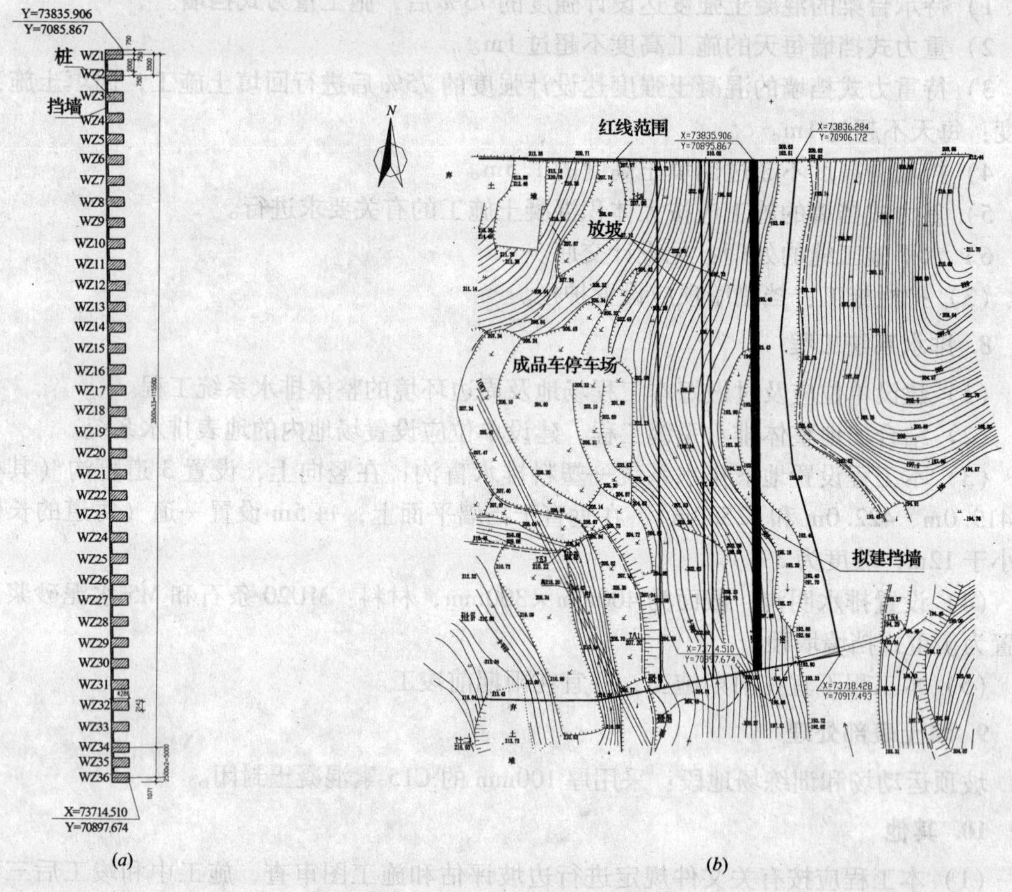

图4-2 挡墙平面位置及抗滑桩平面位置示意图

（*a*）挡墙平面布置图；（*b*）边坡平面布置图

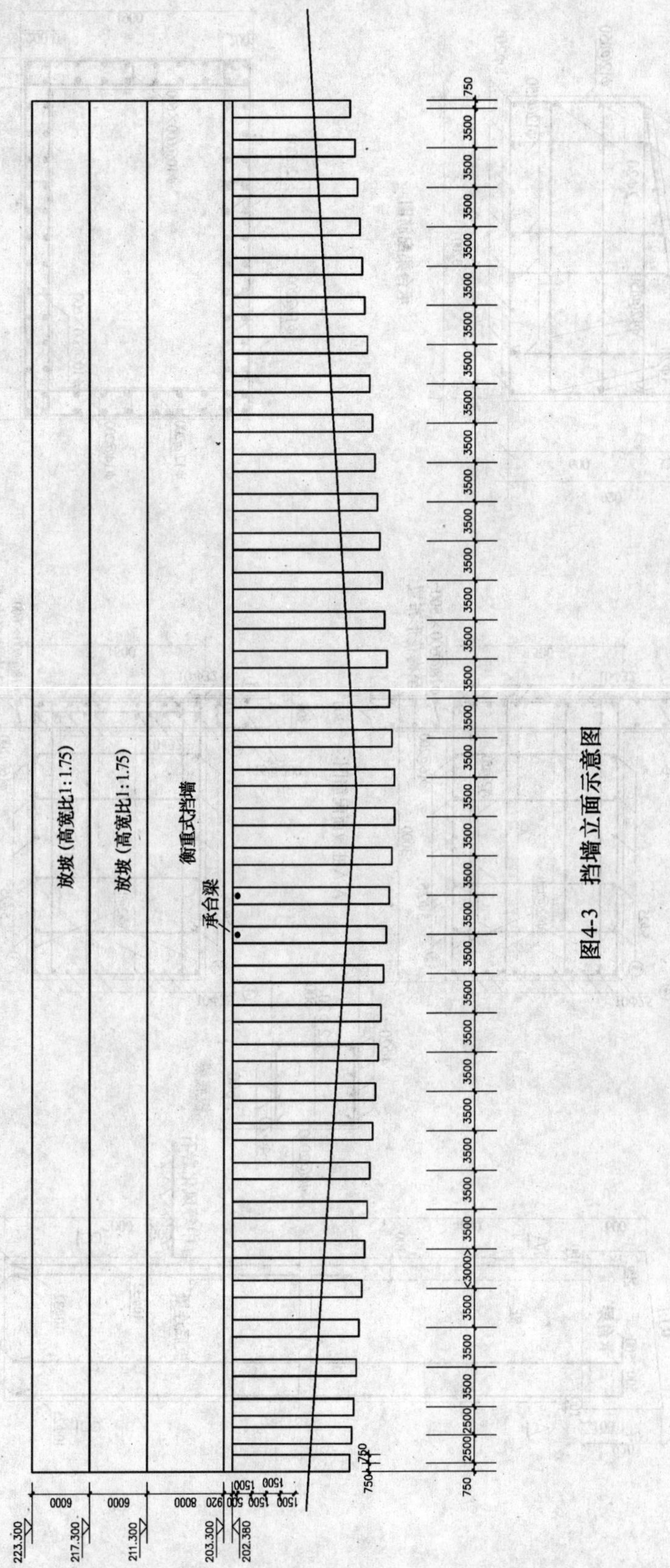

放坡（高宽比1:1.75）
放坡（高宽比1:1.75）
衡重式挡墙
承台梁
223.300
217.300
211.300
203.300
202.380
6000
6000
8000
920
500
1500
750
2500
3500
3000

图4-3　挡墙立面示意图

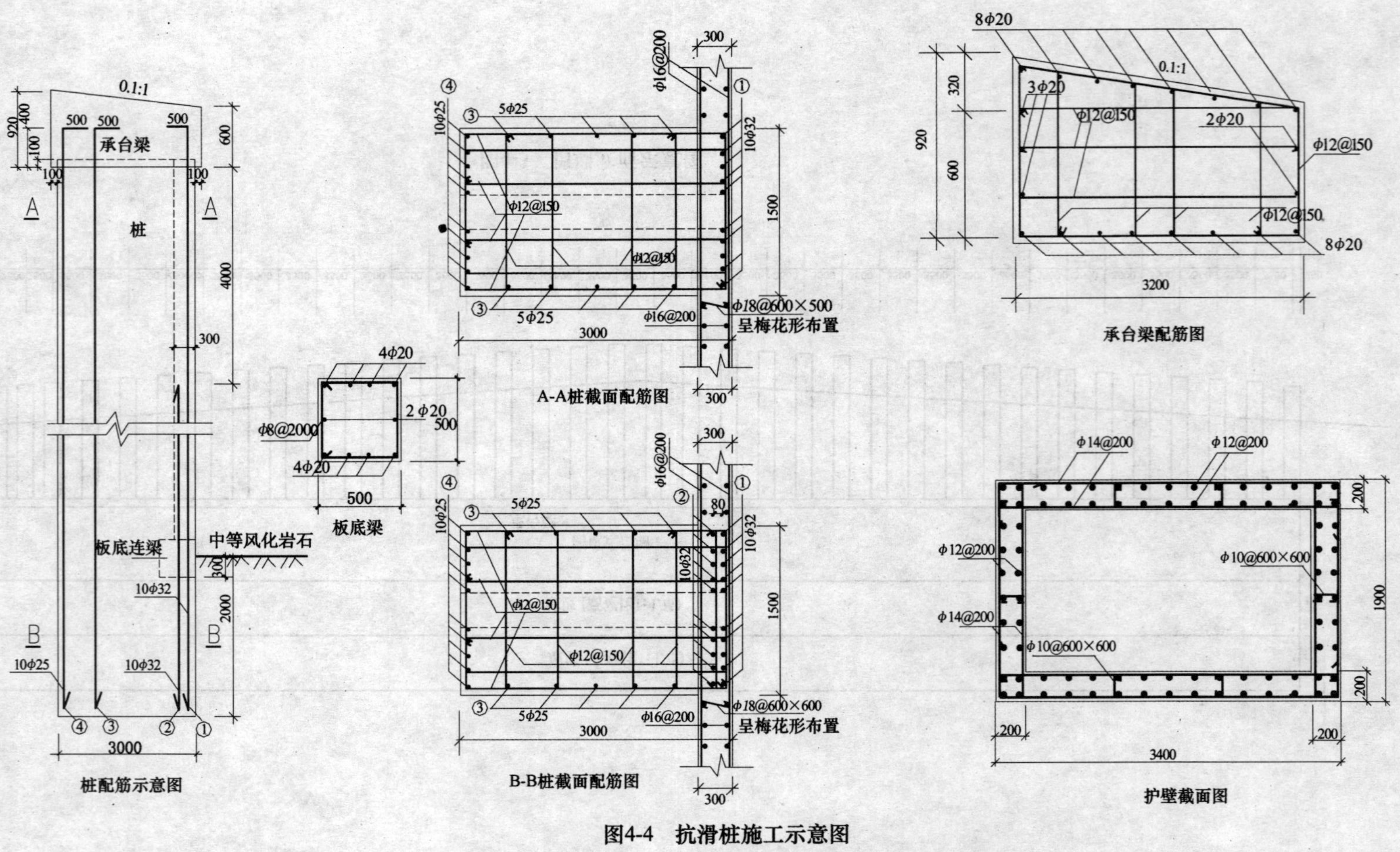

图4-4　抗滑桩施工示意图

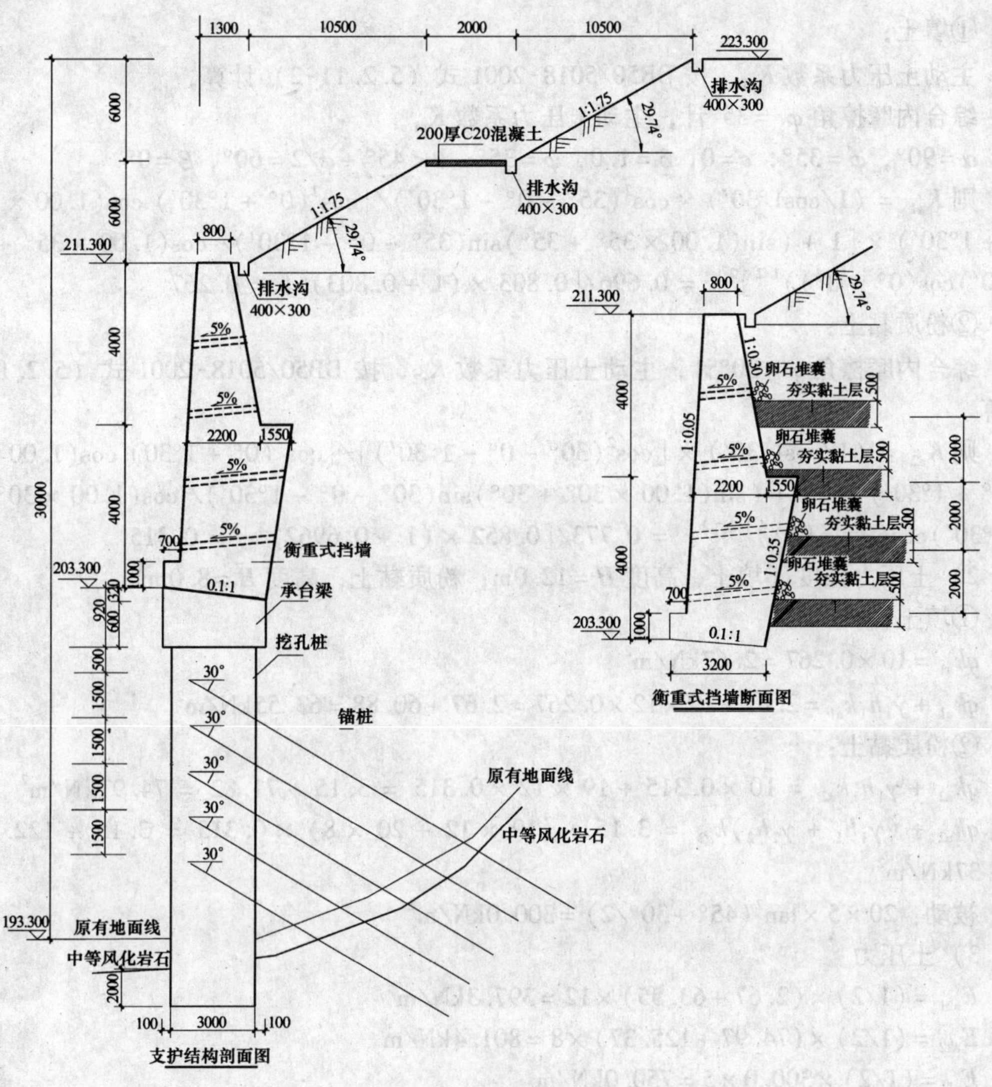

图4-5 挡墙剖面示意图

12. 支护结构计算书

（1）根据此项目工程地质勘察报告，支护结构设计参数如下值

填土：$\gamma = 19\text{kN/m}^3$，综合内摩擦角 $\varphi_D = 35°$。

粉质黏土：按综合内摩擦角 $\varphi = 30°$。

坡顶附加荷载：$q = 10.0\text{kN/m}^2$。

本工程安全等级为：二级。

中风化岩石饱和抗压强度标准值：5.0MPa。

（2）计算按《建筑桩基技术规范》JGJ94—94 和重庆市地方标准《边坡设计支护技术规范》DB50/5018—2001 等计算

（3）土压力计算

1）土压力系数

①填土：

主动土压力系数 K_{a1}，按 DB50/5018-2001 式（5.2.11-2）计算，

综合内摩擦角 φ =35°计，主动土压力系数 K_{a1}

$\alpha=90°$，$\varphi=35°$，$c=0$，$\delta=1.0$，$\varphi=35°$，$\theta<45°+\varphi/2=60°$，$\beta=0°$

则 $K_{a1}=(1/\cos 1°30')\times\cos^2(35°-0°-1°30')/\{\cos^2(0°+1°30')\cos(1.00\times35°+0°+1°30')\times[1+(\sin(1.00\times35°+35°)\sin(35°-0°-1°30')/\cos(1.00\times35°+0°+1°30')\cos(0°-0°))^{1/2}]^2\}=0.696/[0.803\times(1+0.803)^2]=0.267$

②粉质黏土：

综合内摩擦角 $\varphi=30°$计，主动土压力系数 K_{a2}，按 DB50/5018-2001 式（5.2.11-2）计算

则 $K_{a2}=(1/\cos 1°30')\times[\cos^2(30°-0°-1°30')]/\{\cos^2(0°+1°30)\cos(1.00\times30°+0°+1°30')\times[1+(\sin(1.00\times30°+30°)\sin(30°-0°-1°30')/\cos(1.00\times30°+0°+1°30')\cos(0°-0°))^{1/2}]^2\}=0.773/[0.852\times(1+0.6962)^2]=0.315$

2）土压力强度（填土，高度 $H=12.0$m；粉质黏土，高度 $H=8.0$m）

①填土：

$qk_{a1}=10\times0.267=2.67\text{kN/m}^2$

$qk_{a1}+\gamma_1h_1k_{a1}=2.67+19\times12\times0.267=2.67+60.88=63.55\text{kN/m}^2$

②粉质黏土：

$qk_{a2}+\gamma_1h_1k_{a2}=10\times0.315+19\times12\times0.315=3.15+71.82=74.97\text{kN/m}^2$

$qk_{a2}+(\gamma_1h_1+\gamma_2h_2)k_{a2}=3.15+(19\times12+20\times8)\times0.315=3.15+122.22=125.37\text{kN/m}^2$

被动：$20\times5\times\tan^2(45°+30°/2)=300.0\text{kN/m}^2$

3）土压力

$E_{ak1}=(1/2)\times(2.67+63.55)\times12=397.3\text{kN/m}$

$E_{ak2}=(1/2)\times(74.97+125.37)\times8=801.4\text{kN/m}$

$E_{pk}=(1/2)\times300.0\times5=750.0\text{kN/m}$

$E_{ak}=E_{ak1}+E_{ak2}-E_{pk}=397.3+801.4-750.0=448.7\text{kN/m}$

$E_a=1.20\times448.7=538.4\text{kN/m}$

挖孔桩的间距 $i=4.0$m

作用在桩上的土压力为：$E=E_a\times l=538.4\times4.0=2153.6\text{kN}$

（4）桩的计算

1）挖孔桩的水平承载力

桩径 $b=1500$，$h=4000$，C25 混凝土，HRB335 级钢筋

按《建筑桩基技术规范》JGJ94—94 规范第 5.4.2 条规定，桩身配筋率不小于 0.65%时，单桩水平承载力设计值为：

$R_h=[(\alpha^3EI)/\gamma_x]x_{0a}$

$=[0.247^3\times190400/2.441]\times(10\times10^{-3})=11.754\text{MN}=11754\text{kN}>1658.9\text{kN}$

$EI=0.85E_cI_c=0.85\times(2.80\times10^4)\times(1/12\times1.5\times4.0^3)=190400\text{MN}\cdot\text{m}^2$

取 $m=35$，则桩身变形系数

$\alpha = [(mb_0)/(EI)]^{1/5} = [35 \times (1.0+4.0)]/19400^{1/5} = (91.91 \times 10^{-5})^{1/5} = 0.247$

2）挖孔桩的嵌岩深度

$H_r = 2153.8 + (2153.8^2 + 9.45 \times 5.0 \times 10^3 \times 2.5 \times 523)^{1/2}/(0.79 \times 5.0 \times 10^3 \times 2.5)$
$= 1.04\text{m}$

桩嵌入中等风化岩石内不少于3.0m。

3）挖孔桩的配筋

力矩的计算：

$M_{max} = E \times (20.0/3) - (1/2) \times 300.0 \times 5 \times (5/3) \times 4.0 = 2153.6 \times (20.0/3) - 5000.0$
$= 14357 - 5000 = 9357\text{kN} \cdot \text{m}$

M_1 = 衡重式挡墙的抵抗弯矩设计值为：

$M_1 = 1.2M_1' = 1.2 \times 3433.3 = 4120.0\text{kN} \cdot \text{m}$

则桩的弯矩设计值为：

$M_2 = M_{max} - M_1 = 9357 - 4120 = 5237\text{kN} \cdot \text{m}$

$\alpha_s = (5237 \times 10^6)/(11.9 \times 1500 \times 3950^2) = 0.019$

则 $r_s = 0.991$

所以，$A_s = (5237 \times 10^6)/(0.991 \times 300 \times 3950) = 4459.5\text{mm}^2$

选20Φ28，$A_s' = 20 \times 615.3 = 12306\text{mm}^2$

故受拉区主筋选配20Φ28。

受压区按构造配10Φ20。

4）梁的计算（承台梁以上高度取12m）

桩间距 $l = 4.0$m，梁截面 $b = 4600$mm，$h = 600 + h' = 600 + 460 = 1060$mm，C25混凝土，HRB335级钢筋

①竖向荷载作用下内力计算

A. 荷载

a）按上部12m高重力式挡墙取值，即

$G = G_1 + G_2 + G_3 + G_4 + G_5 + G_6 + G_7 = 144 + 110.6 + 331.8 + 122.7 + 128.7 + 240.8$
$= 1078.6\text{kN/m}$

$q_1 = 1.2G = 1.2 \times 1078.6 = 1294.3\text{kN/m}$

b）承台梁自重：$G = (0.6 + 1.06) \times 4.6/2 \times 25 = 95.45\text{kN/m}$

$q_1 = 1.2G = 1.2 \times 95.5 = 114.5\text{kN/m}$

所以，梁上的竖向荷载为

$q = q_{1+}q_2 = 1294.3 + 114.5 = 1408.8\text{kN/m}$

B. 内力计算

a）弯矩计算

跨中弯矩，按简支计算

$M_中 = (1/8)ql^2 = (1/8) \times 1408.3 \times [1.05 \times (4.0 - 1.5)]^2 = 1213.5\text{kN} \cdot \text{m}$

支座弯矩，按两端固定计算

$M_支 = (1/12)ql^2 = (1/12) \times 1408.8 \times [1.05 \times (4.0 - 1.5)]^2 = 809.0\text{kN} \cdot \text{m}$

b）剪力计算

$V=(1/2)ql=(1/2)\times1408.8\times[1.05\times(4.0-1.5)]=1849.1\text{kN}$

②水平荷载作用下内力计算

承台梁底以上高度取 13m

$E_{ak}=\frac{1}{2}\times19\times13^2\times0.267=428.7\text{kN/m}$

$E_a=1.2\times428.7=514.4\text{kN/m}$

$E=E_a\times l=514.4\times4.0=2057.6\text{kN}$

作用点距梁底 $h/3=13/3=4.33\text{m}$

$M_{max}=E\times4.33=2057.6\times4.33=8909.4\text{kN}\cdot\text{m}$

单位长度上衡重式挡墙的抵抗弯矩设计值为

$M_1=1.2M_1'=4120.0\text{kN}\cdot\text{m}$（见后面）

所以，作用在计算单元（跨度为 4.0m）梁上单位长度上的均布扭矩为

$M_2=M_{max}-M_1=[8909.4-4120.0\times4.0]/4.0=-1892.7\text{kN}\cdot\text{m}$，即挡墙可能往墙后转动。考虑到转动时作用在墙上的土反力的贡献，其弯矩设计值为

$M_1'=1.2$ [150kN/m^2（地基承载力特征值）$\times1.78\text{m}$（墙的水平投影长）] $\times$（$4.6+1.78/2$）$=1759.0\text{kN}\cdot\text{m}$，所以，往墙后的均布扭矩为：$M_2'=M_2-M_1'=1892.7-1759.0=133.7\text{kN}\cdot\text{m}$

按两端固定单跨梁计算支座截面扭矩 T：

$T=(1/2)M/2\times l=(1/2)\times133.7\times(4.0-1.5)=167.2\text{kN}\cdot\text{m}$

5）配筋计算

内力：$M_{中}=1213.0$（$\text{kN}\cdot\text{m}$），$M_{支}=808.7\text{kN}\cdot\text{m}$，$V=1848.4\text{kN}$

材料：C25 混凝土，$f_c=11.9\text{N/mm}^2$，$f_t=1.27\text{N/mm}^2$

HRB335 级筋，$f_y=300\text{N/mm}^2$

HPB235 级筋，$f_y=210\text{N/mm}^2$

①截面尺寸验算

A. 按《混凝土结构设计规范》GB 50010—2002 式（7.6.3-1）计算受扭抵抗矩

$W_t=(b^2/6)\times(3h-b)$，式中 $b=600\text{mm}$，$h=4600\text{mm}$

$W_t=(600^2/6)\times(3\times4600-600)=792\times10^6\text{mm}^3$

B. 按《混凝土结构设计规范》GB 50010—2002 式（7.6.1-1）及式（7.6.1-2）计算

$h_w=h_0=600-50=550\text{mm}$，$b=4600\text{mm}$

$h_w/b=550/4600=0.12<4$，则

$V/(bh_0)+T/(0.8W_t)=1849.1\times10^3/(4600\times550)+167.2\times10^6/(0.8\times792\times10^6)$

$=0.731+0.263=0.995\text{N/mm}^2<0.25f_c=0.25\times11.9(\text{C25})=2.975\text{N/mm}^2$

即截面尺寸满足要求。

②判别受扭纵筋及箍筋的计算（是否计算确定）

按《混凝土结构设计规范》GB 50010—2002 式（7.6.2-1）计算

$V/(bh_0)+T/W_t=1849.1\times10^3/(4600\times550)+167.2\times10^6/(792\times10^6)$

$=0.731+0.210=0.941(N/mm^2)>0.7f_t=0.7\times1.27=0.889N/mm^2$

说明受扭纵筋及箍筋按计算确定，不能按构造设计，或者说应进行剪扭承载力计算。

③抗弯纵筋计算（即正截面承载力计算）

$b=4600mm$，$h=600mm$，按C25计

A. 跨中配筋：$M_{中}=1213.0kN\cdot m$

$\alpha_s=(1213.0\times10^6)/(11.9\times4600\times550^2)=0.073$

则 $r_s=0.962$

所以，$A_s=(1213.0\times10^6)/(0.962\times300\times550)=7645.1mm^2$

选16⌀25，$A_s'=16\times490.9=7854.4mm^2$

故受拉区主筋选配16⌀25。

B. 支座配筋：$M_{支}=808.7kN\cdot m$

$\alpha_s=(808.7\times10^6)/(11.9\times300\times550^2)=0.049$

则 $r_s=0.975$

所以，

$A_s=(808.7\times10^6)/(0.975\times4600\times550)=5028.7mm^2$

选16⌀20，$A_s'=16\times314.2=5027.2mm^2$

故受拉区主筋选配16⌀20。

④抗剪箍筋：$V=1849.1kN$

按《混凝土结构设计规范》GB 50010—2002 第7.6.11条计算

$0.35\times11.9\times4600\times550=10537kN>V=1849.1kN$

说明不需设置抗剪箍筋。

⑤按抗扭计算箍筋：

按《混凝土结构设计规范》GB 50010—2002，

$0.175f_tW_t=0.175\times1.27\times792\times10^6=176.0kN\cdot m>T=167.2kN\cdot m$

说明抗扭纵筋可不计算确定。

6）重力式挡墙

重力式挡墙的自重：

$G_1=0.6\times12\times20=144kN/m$

重心距前趾 $X_1=0.84+0.3=1.14m$

$G_2=0.5\times(2.904-0.6)\times4.8\times20=110.6kN/m$

重心距前趾 $X_2=0.84+0.6+2[(2.904-0.6)]/3=2.98$

$G_3=(2.904-0.6)\times7.2\times20=331.8kN/m$

重心距前趾 $X_3=0.84+0.6+(2.904-0.6)/2=2.59m$

$G_4=(3.756-2.904)\times7.2\times20=122.7(kN/m)$

重心距前趾 $X_4=0.84+2.904+(3.756-2.904)/2=4.17m$

$G_5=0.5\times[2.64-(3.756-2.904)]\times7.2\times20=128.7kN/m$

重心距前趾 $X_5=4.596+[2.64-(3.756-2.904)]/3=5.19m$

$G_6=2.64\times4.8\times19=240.8kN/m$

重心距前趾 $X_6 = 0.84 + 2.904 = 3.74\text{m}$

G_7 不计，作安全储备。

衡重式挡墙的抵抗弯矩为：

$$M_1 = G_1X_1 + G_2X_2 + G_3X_3 + G_4X_4 + G_5X_5 + G_6X_6$$
$$= 144 \times 1.14 + 110.6 \times 2.98 + 331.8 \times 2.59 + 122.7 \times 4.17 + 128.7 \times 5.19 + 240.8 \times 3.74$$
$$= 3433.3\text{kN} \cdot \text{m}$$

M_1 = 衡重式挡墙的抵抗弯矩设计值为：

$$M'_1 = 1.2M_1 = 1.2 \times 3433.3 = 4120.0\text{kN} \cdot \text{m}$$

$$G = G_1 + G_2 + G_3 + G_4 + G_5 + G_6 + G_7 = 144 + 110.6 + 331.8 + 122.7 + 128.7 + 240.8 = 1078.6\text{kN}$$

承台梁上部的重力式挡墙的高度 $H = 12\text{m}$，且墙后为即将施工的新回填土，故设计可选用国家图集。选用图集时，将挡墙的断面适当加大以使抗倾覆安全系数 $K_t > 1.6$。

4.2 抗滑桩与锚桩的联合支挡结构

4.2.1 设计

在土质滑坡或土层厚度大的边坡或高填方边坡等水平荷载大的治理工程中，采用桩板墙结构进行支挡时，已明显不经济，而采用桩 + 锚杆或锚索结构时，因水平荷载大而不满足安全要求，并且锚杆或锚索不能承受高填方边坡因沉降产生的竖向应力，这时，便考虑既能抵抗水平荷载又具有一定的抵抗竖向变形的能力，同时又能节约费用的支挡结构，即抗滑桩与锚桩的联合支挡结构。

抗滑桩与锚桩的联合支挡结构就是充分发挥了抗滑桩能提供较大的水平抗力，而锚桩既能提供所需的水平抗力又比较经济的特点；同时，锚桩由于其刚度比锚杆或锚索明显大，具有较好的抵抗竖向变形或竖向剪力作用的特点。

（1）锚桩的基本原理

锚桩的基本原理就是依靠锚桩周围地层的抗剪强度来传递结构物的拉力或保持地层开挖面自身的稳定。

锚桩的主要功能是：

1）提供作用于结构物上用来承受外荷的抗力，其方向朝着与岩土相接触的点。

2）使被锚固地层产生压应力区或对通过的岩石起加筋作用（非预应力锚杆）。

3）加固并增加地层强度，也相应地改善了地层的其他力学性能。

4）当锚桩通过被锚固结构时，能使结构本身产生预应力。

5）通过锚桩，使结构与岩石连锁在一起，形成一种共同工作的复合结构，使岩石能更有效地承受拉力和剪力。

（2）设计要求

抗滑桩与锚桩设计时，应满足以下要求：

1）抗滑桩和锚桩应提供整体稳定性所需的水平荷载，即满足边坡整体稳定性的要求。

2）锚桩应锚固在理论破裂角以内的稳定岩层中。

3）锚桩由于单桩提供的水平荷载大，因此，设计时应满足锚桩的锚固区段不出现应力集中的现象。

4）应确保抗滑桩和锚桩的有效锚固。

5）抗滑桩和锚桩设计的其他要求应满足《建筑桩基技术规范》JGJ94 的规定。

6）锚桩与水平方向之间的夹角宜为 15°~35°。

7）锚桩设计还应满足《建筑边坡支护技术规范》GB 50330—2001 的相关规定。

8）锚桩钢筋的锚固段长度应按下式计算：

$$l_a = \alpha f_y d / f_t \tag{4-9}$$

式中 l_a——受拉钢筋的锚固长度（mm）；

α——钢筋的外形系数，按表 4-2 取值；

f_y——钢筋的抗拉强度设计值（N/mm^2）；

f_t——混凝土轴心抗拉强度设计值（N/mm^2）；

d——钢筋的公称直径（mm）。

钢筋的外形系数 α **表 4-2**

钢筋类型	光面钢筋	带肋钢筋
α	0.16	0.14

9）轴心受拉的钢筋抗拉强度设计值应不大于 $300N/mm^2$。

4.2.2 施工

抗滑桩与锚桩联合支挡结构的施工包括抗滑桩的施工和锚桩的施工。抗滑桩的施工在前面已有叙述，这里仅对锚桩的施工要求和注意事项进行说明。

（1）锚桩施工前的准备工作

1）应掌握锚桩施工区建（构）筑物基础、地下管线等资料。

2）应判断锚桩施工对邻近建筑物和地下管线的不良影响，并拟定相应预防措施或预案。

3）应检验锚桩的制作工艺与设备。锚桩的成孔设备可采用 300 型钻机或 Y2 型钻机等。

4）应检查原材料的品种、质量和规格型号，以及相应的检验报告。

（2）灌浆材料

1）可采用高强度等级砂浆。如采用不低于 M30 的水泥砂浆。

2）可采用高强度等级混凝土。如采用不低于 C30 的混凝土。

（3）施工组织设计

在锚桩施工前，首先要根据设计文件的要求和调查、试验资料，制定切实可行的施工组织设计。

施工组织设计一般应包括工程概况（工程名称、工程地点、工期、工程量、工程地质和水文地质条件等），锚桩类型，锚桩长度，锚固力大小及设计施工图，工程进度计划表，施工场地布置图，施工技术人员配置（含主要施工经历表），主要施工机械设备及材料表，质量、工期及安全、文明保证措施，工程竣工验收时应交付的技术资料和施工工艺流程图等内容。必要时，可根据工程具体情况进行增减。

（4）钢筋笼的安装

1）钢筋笼一般由人工制作，通常采用吊装。

2）在进行钢筋笼安装前应对钻孔重新检查，发现塌孔、掉块时应进行清理。在不良地层中安装钢筋笼时，应谨慎小心，以防推送时破坏钻孔。

3）在推送过程中，用力要均匀，以免在推送时损坏钢筋笼配件和防护层。当钢筋笼设置有排气管、注浆管或混凝土灌注管时，推送时不要使钢筋笼体转动，并不断检查排气管、注浆管，以免管子折弯、压扁和磨坏，并确保钢筋笼在就位后排气管和注浆管或灌注管畅通。

4）钢筋笼安装前，应对钢筋笼进行详细检查，对损坏的防护层、配件、螺纹应进行修复。

5）当推送钢筋笼困难时，应将钢筋笼抽出，对抽出的钢筋笼应仔细地进行检查，并对配件安放固定的有效性、保护层的损坏程度、孔的清洁度及排气管和注浆管的状况进行观察。当发现钢筋笼配件有移动、脱落或钢筋笼上粘附的粉尘和泥土较多时，应加强配件的固定措施并对其他钻孔的清洁程度进行检查，必要时应对钻孔重新进行清洗。

4.2.3 工程抗滑桩+锚桩设计与施工实例

1. 工程地质及工程概况

（1）工程地质概况

1）地形地貌

重庆市环保建设有限公司修建的某工程C3栋北东侧边坡治理工程位于重庆市渝北区原龙头寺垃圾场。场地原为风化剥蚀丘陵地貌，现为清除垃圾后抛填形成。该工程C3栋北东侧边坡坡脚场地-3F=282.00m，坡顶-5F=295.00m，将形成长约26m，高13.00m左右的边坡。

2）地质构造

场地位于龙王洞背斜南西翼，岩层呈单斜产出，岩层的产状为260°∠9°。场区主要发育2组裂隙：

裂隙J1：产状50°∠85°，延伸1.5~4.0m，裂面平直、光滑，局部充填，裂缝宽0.5~2mm，间距2.5~3.5m。

裂隙J2：315°∠80°，延伸1.0~2.5m，裂缝宽1~3mm，无充填，间距2.0~6.0m，裂面平直，面呈褐黄色。

3）边坡地质结构

该工程C3栋北东侧边坡：其代表性的工程地质剖面为45-45′。边坡所处部位的抛填土层的厚度约10m，抛填土层下伏厚约0.5~1.0m的残坡积粉质黏土，其下为侏罗系中统沙溪庙组的紫红色泥岩。基岩面的坡脚约为45°。

4）地层岩性

新近的抛填土层：主要清除垃圾后的回填土，杂色，主要由砂、泥岩碎石、块石组成，松散~稍密状，稍湿，粒径20~300mm，碎石、块石含量约占75%~90%，主要分布在1号和3号地下车库及其周围。

第四系残坡积粉质黏土（Q_4^{el+dl}）：紫红色，呈硬塑状，无摇震反应，干强度及韧性中等，稍有光泽，顶部含植物根须，为残坡积成因，局部含少量砂、泥岩碎块石等。

泥岩：紫红色、暗紫色，泥质结构，构造局部含粉砂质较重，脱水易开裂，主要成分为黏土矿物，强风化岩质软，破碎，易崩解风化，强风化岩层厚一般为0.5~1.0m左右。

5）水文地质简况

①场地泥岩为相对隔水层，不利于地下水的存储，场地基岩裂隙水不丰富，但场地土层厚度大，松散层中存在一定的孔隙水。

②据地质勘察报告，地下水对混凝土无腐蚀性。

（2）工程概况

场地边坡坡顶相邻建筑物简况：该工程C3栋北东侧边坡的坡顶建筑为在建的C3栋建筑。C3栋为超高层建筑，其基础为大直径人工挖孔桩基础。基础在纵横方向的梁的配筋均进行了加强处理。临近边坡一线的桩的间距为3000~4200mm，桩的自编号为1号、2号、3号、4号、5号、6号、7号和8号，桩的编号为ZH-10、ZH-11和ZH-12，桩的施工情况见桩的收方明细表4-3。

该工程C3栋北东侧边坡的坡顶建筑（C3栋建筑）的大直径人工挖孔桩较多、较密，桩的间距约为3600mm，桩均嵌入中等风化泥岩层内。

C3栋临近地下车库一侧桩的施工收方明细表 **表4-3**

自编号	桩的编号	桩身直径（mm）	桩长（m）	主筋	桩嵌入中风化泥岩的深度（m）
1号	ZH-10	1100×1771	18.25	24⌀16	2.85
2号	ZH-11	1100×1400	19.15	24⌀14	3.45
3号	ZH-12	1100×1883	18.35	26⌀16	2.65
4号	ZH-12	1100×1883	19.50	26⌀16	2.60
5号	ZH-12	1100×1883	21.80	26⌀16	4.50
6号	ZH-10	1100×1883	22.10	24⌀16	3.30
7号	ZH-11	1100×1400	22.60	24⌀14	3.20
8号	ZH-10	1100×1771	24.25	24⌀16	2.45

为保证坡顶在建建筑物的安全，并保证坡脚拟建建筑物—车库的安全，应对该场地的边坡进行治理，以满足永久性使用的要求。

2. 设计依据

（1）建设单位提供的场地拟建挡墙平面布置图（1∶500）。

（2）重庆市环保建设有限公司某工程小区岩土工程勘察报告（重庆136地质矿产有限责任公司，2002年1月）。

岩土工程勘察文件审查报告（渝勘质审2002-1116号）。

（3）重庆市环保建设有限公司某工程C3栋基础设计施工图（深圳市建筑设计研究总院重庆分院，2003年02月）。

（4）重庆市环保建设有限公司某工程C3栋基础施工资料（重庆林建建筑工程有限公司，2003年11月18日、2003年12月25日）。

（5）《岩土工程勘察规范》GB 50021—2001。

（6）《建筑地基基础设计规范》GB 50007—2002。

（7）《重庆市建筑地基基础设计规范》DB 50/5001—1997。

（8）《混凝土结构设计规范》GB 50010—2002。

（9）《建筑边坡支护技术规范》DB 50/5018—2001。

（10）《建筑边坡工程技术规范》GB 50330—2002。

（11）《建筑结构荷载规范》GB 50009—2001。

（12）《建筑抗震设计规范》GB 50011—2001。

（13）《建筑桩基技术规范》JGJ94—94。

3. 支护方案

根据场地边坡的工程地质特征，结合场地边坡的平面布置要求和在建建筑物基础施工情况，C3栋边坡均采用抗滑桩+锚桩+钢筋混凝土板及连系梁进行永久性治理。

本工程设计采用动态设计方法，还应根据挡墙施工反馈的信息进行修改和完善。

4. 设计参数

（1）边坡类别：土质边坡。

（2）边坡重要性系数为1.10（边坡工程安全等级为一级）。

（3）岩土参数：

1）填土层：$\gamma = 20\text{kN/m}^3$，综合内摩擦角 $\varphi_D = 28°$（水土合算法）。

粉质土层：$\gamma = 20\text{kN/m}^3$，$c = 20.0\text{kPa}$，内摩擦角 $\varphi_D = 20°$（经验值，水土合算法）。

2）强风化岩石：$\gamma = 23\text{kN/m}^3$，$c = 20.0\text{kPa}$，内摩擦角 $\varphi = 25°$（经验值，水土合算法）。

3）坡顶附加荷载：$q = 10\text{kN/m}^2$。

4）中风化岩石天然抗压强度标准值：9.0MPa。

5）地基水平抗力系数：140MN/m^3。

5. 钢筋混凝土抗滑桩、板工程

（1）材料

1）抗滑桩板混凝土强度等级均为C30，抗滑桩护壁混凝土强度等级为C20。

2）钢筋：HPB235（Q235），HRB335（20MnSi）。

（2）钢筋混凝土

1）混凝土保护层厚度：抗滑桩为70mm，梁为35mm，板为30mm。

2）钢筋混凝土板内应掺入水泥质量10%的UEA—H膨胀剂。

3）钢筋接长：应采用机械连接，其接头应相互错开；钢筋机械连接接头连接区段的长度为35d（d为受力钢筋的直径），凡接头中点位于该连接区段长度内的机械连接接头均属于同一连接区段。位于同一连接区段内的纵向钢筋接头面积百分率不宜大于50%。钢筋连接尚应符合《钢筋机械连接通用技术规程》JGJ107的规定。

4）所有箍筋弯135°，平直段长$10d$。

（3）施工要求

1）钢筋混凝土框架护壁施工要求：

①由于本工程护壁部分在土中，施工中应严格检查护壁不能错位，以保证抗滑桩的准确位置。

②护壁施工完后，应进行岩样试压，达到设计要求后，并请建设方、监理方、质检站及勘察、设计人员到现场验收合格后才能施工桩。

2）桩施工要求：

①当各抗滑桩施工完后即可施工桩顶承台梁、板，施工时，应注意梁、板与抗滑桩的整体连接。

②抗滑桩的施工应严格按《建筑桩基技术规范》JGJ94—94的规定执行。

3）板施工要求：

①板竖向每段水平施工缝应严格处理，保证其整体性。

②板泄水孔：桩间板应按3.5m×2.0m设ϕ100泄水孔，外倾5%，墙背后500mm厚范围做卵石堆囊。

4）其他：

①挡墙应沿长度方向每20m设置一道竖向伸缩缝，缝宽30～50mm，缝中嵌沥青麻筋，嵌入深度100mm。

②C3栋北东侧边坡的抗滑桩应嵌入中等风化岩石内分别不少于4.0m。

③抗滑桩应进行检测，检测数量为100%。

④C3栋北东侧边坡的抗滑桩应跳2桩施工，以确保施工过程中的安全。

6. 锚桩

（1）材料

1）锚桩混凝土强度等级为C30。

2）钢筋：HPB235（Q235），HRB335（20MnSi）。

（2）钢筋混凝土

1）混凝土保护层厚度：锚桩为50mm。

2）锚桩内可掺入水泥质量10%的UEA—H膨胀剂。

3）钢筋接长：应采用机械连接，其接头应相互错开；钢筋机械连接接头连接区段的长度为$35d$（d为受力钢筋的直径），凡接头中点位于该连接区段长度内的机械连接接头均属于同一连接区段。位于同一连接区段内的纵向钢筋接头面积百分率不宜大于50%。钢筋连接尚应符合《钢筋机械连接通用技术规程》JGJ107的规定。

4）所有箍筋弯135°，平直段长$10d$。

（3）施工要求

1）钻杆应保持垂直稳固，位置准确，防止因钻杆晃动引起扩大孔径。

2）钻进速度应根据电流值变化，及时调整。

3）钻进过程中，应随时清理孔口积土，遇到地下水、塌孔、缩径等异常情况时，应及时处理。

4）锚桩的施工应严格按《建筑桩基技术规范》JGJ94—94 执行。

5）锚桩应嵌入理论破裂角以内稳定的中等风化岩石内不少于 8.0m。

6）灌注混凝土前，应在孔口安放护孔漏斗，然后放置钢筋笼，再灌注混凝土，振捣密实。

7）应保证锚桩与抗滑桩之间的可靠连接，即锚桩的钢筋应锚入抗滑桩内不少于 $35d$。

8）锚桩应进行检测，检测数量为锚桩总数的 5%，且不少于 5 根。

7. 排水系统工程

（1）建设单位应及时做好本工程场地及周边环境的整体排水系统工程。

（2）结合场地整体排水系统工程，建设单位应设置场地内的地表排水系统。

（3）泄水孔：应按 2.0m × 2.0m 网格布置，孔径 100mm，外倾 5%，墙背后 500mm 厚范围做卵石堆囊。

8. 施工顺序

（1）首先跳 2 桩施工抗滑桩。

（2）然后施工锚桩。

（3）其次施工桩间板及板底暗梁（E2 栋北侧边坡）。

（4）最后施工桩顶梁。

（5）本抗滑桩可兼作地下车库的钢筋混凝土柱。

9. 其他

（1）本工程应按重庆市建设委员会、重庆市规划局渝建发（1999）第 133 号、重庆市建设委员会渝建发（1999）159 号和重庆市建设委员会渝建发（2002）47 号文之规定实施；本工程在施工中和竣工后两年应进行位移和变形监测。

（2）按“重庆市人民政府关于在工程建设活动中加强防治地质灾害工作的意见”（重庆市人民政府文件〔2001〕39 号文）要求，工程施工必须坚持先支挡、后主体的原则；凡边坡支护未完成，或达不到设计要求的，不得进行场地建筑物的施工。

（3）挡墙墙后按设计荷载使用，不得增加使用荷载。

（4）工程必须选择具有一级施工资质等级，并从事过挡墙施工的专业队伍进行施工。

（5）所有材质符合国家现行规范要求。

（6）坡顶应设置围护栏，高度不小于 1200mm，其做法按建设方要求执行；或采取有效的围护措施。

（7）其他未尽事宜，应严格按现行有关规范进行。

（8）施工中如出现异常情况请及时与建设单位、监理单位及勘察、设计人员联系，共同协商处理。

（9）本工程按目前设计现况设计，如今后发生其他工程变动，应保证挡墙的稳定和安全性。

10. 施工图

（1）抗滑桩平面布置及支挡结构立面见图 4-6、图 4-7 所示。

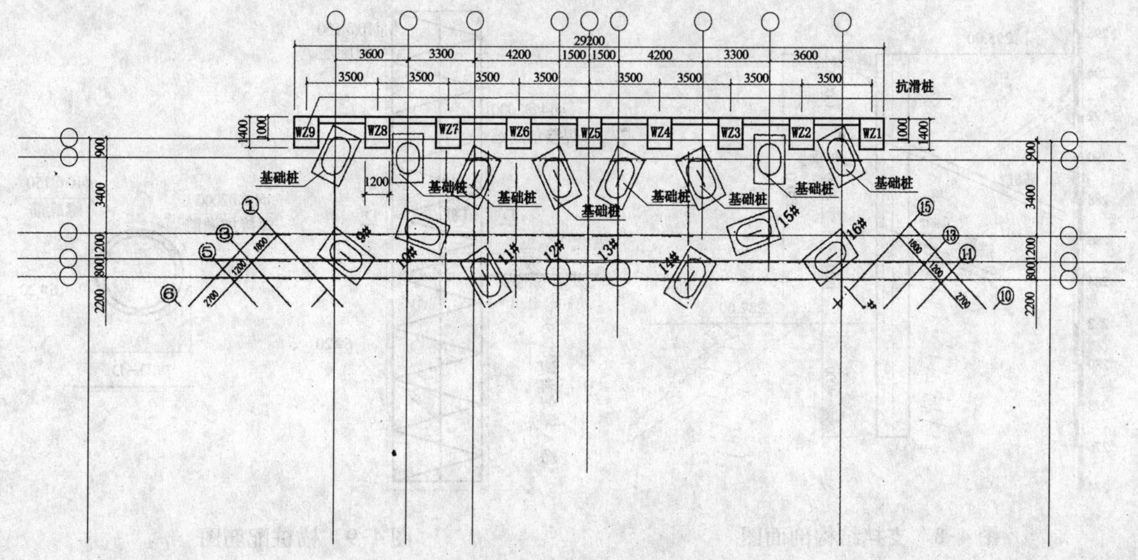

图 4-6　抗滑桩平面布置图

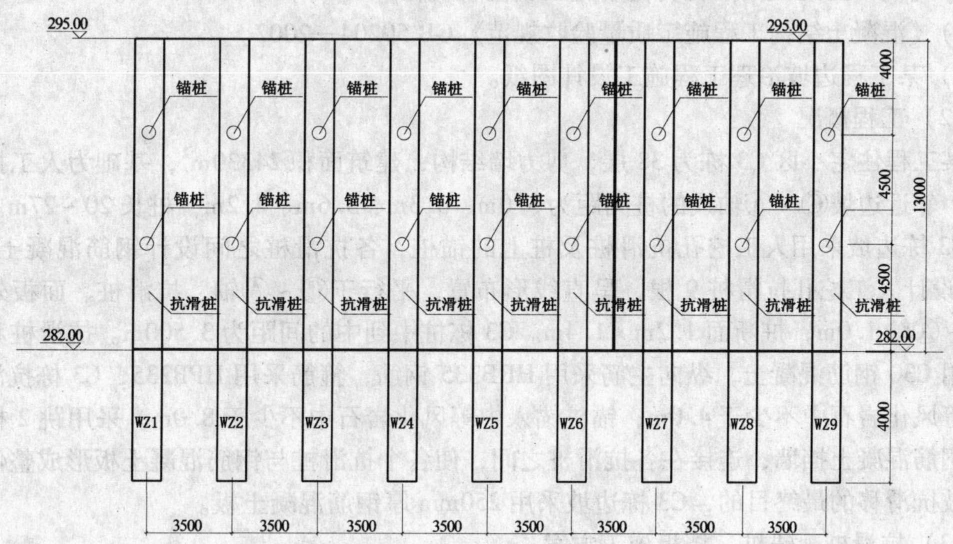

图 4-7　支挡结构立面图

（2）支挡结构剖面见图 4-8 所示。

（3）抗滑桩配筋图（略）、锚桩配筋图见图 4-9 所示。

11. 施工组织方案

（1）编制依据

1）《建筑工程施工质量验收统一标准》GB 50300-2001。

2）《建筑边坡支护技术规范》DB50/5018-2001。

3）《建筑边坡工程技术规范》GB 50330-2002。

4）《建筑桩基技术规范》JGJ94-94。

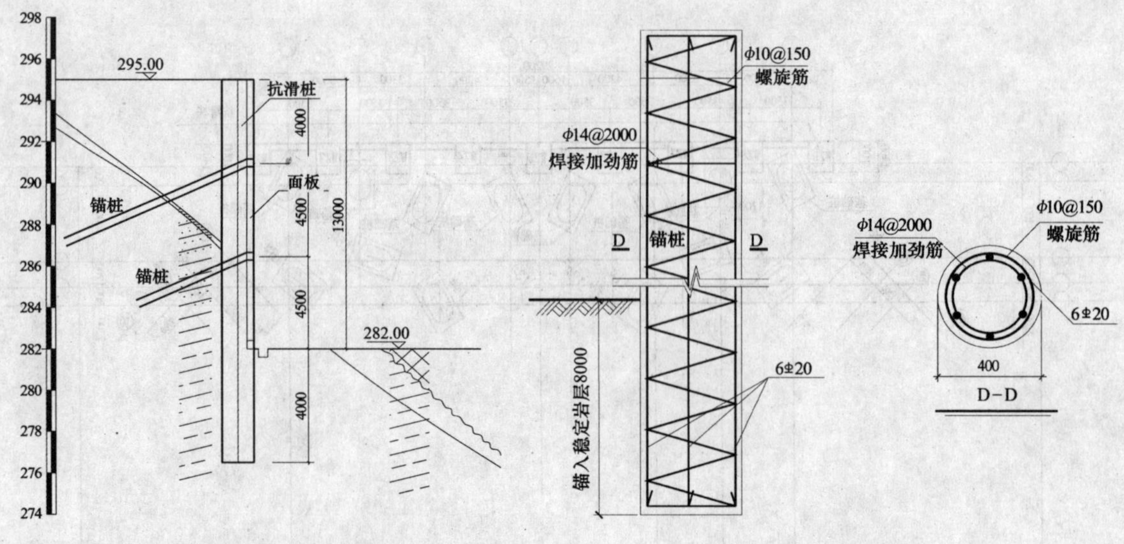

图 4-8　支挡结构剖面图　　　　图 4-9　锚桩配筋图

5）《混凝土无机锚固材料植筋施工及验收规程》DBT/T50-032-2004。

6）《混凝土结构工程施工质量验收规范》GB 50204—2002。

7）某工程边坡治理工程施工设计图纸。

（2）工程概况

某工程住宅小区 C3 栋为 38 层，剪力墙结构，建筑面积 24330m^2，基础为人工挖孔桩基础，邻近边坡Ⓒ～Ⓐ轴线的桩间距为 3.0m、3.3m、3.6m、4.2m，桩长 20～27m。

C3 栋边坡采用人工挖孔抗滑桩及桩上的锚桩，各抗滑桩之间设计钢筋混凝土挡墙。C3 栋设计人工挖孔抗滑桩 9 根，呈直线形布置，平行于Ⓒ～Ⓐ轴，抗滑桩、面板外边线距Ⓒ～Ⓐ轴 1.0m，桩断面 1.2m×1.4m。C3 栋桩中到中的间距为 3.500m。抗滑桩和锚桩均采用 C30 钢筋混凝土，纵向主筋采用 HRB335 钢筋，箍筋采用 HPB235，C3 栋抗滑桩嵌入中等风化岩石中不少于 4.0m；锚桩锚入中等风化岩石中不少于 8.0m。采用跳 2 桩法施工。钢筋混凝土挡墙，连接在各抗滑桩之间，使各个抗滑桩与钢筋混凝土板形成整体，达到边坡抗滑移的最终目的，C3 栋边坡采用 250mm 厚钢筋混凝土板。

（3）抗滑桩、锚桩、挡板施工方案

1）主要施工艺：

边坡处治施工顺序为：定位放线测量→跳 2 桩开挖→做锁口护壁→人工挖土方→护壁→凿炭桩岩石→验收抗滑桩成孔质量→抗滑桩笼钢筋安装、绑扎→浇筑抗滑桩的桩芯混凝土→钻锚桩的桩孔→再验收锚桩成孔质量→锚桩笼钢筋安装→灌注锚桩的混凝土→绑扎挖挡板土方、凿出抗滑桩护壁→植筋、绑扎挡板钢筋（泄水孔及泌谁水层回填）→安装、加固、校正挡板模板→浇筑挡板混凝土。

2）施工测量

本工程投入的仪器有全站仪、电子经纬仪、自动安平水准仪。

①定位。首先由专业测量人员按设计要求测量定位布置抗滑桩，再由质检部门专业人员复核，定位桩号必须标明桩号，以便记录。

②核实标高。由专业测量人员随时测量实际地面标高，通知各班组指挥人员，以便标出实际成孔深度，确保设计的加固深度。

3）抗滑桩挖孔施工

①开挖孔前，抗滑桩位应定位放样准确，在抗滑桩护壁外，相邻承台或基础梁上设置平面定位点、轴线，并弹出墨线、做好红油漆标示，安装护壁模板必须用桩心点校正模板位置。

C3 栋：首先选择 1 号、4 号、7 号桩孔施工，待桩芯混凝土浇筑完成后，进行 2 号、5 号桩孔施工，最后进行 3 号、6 号、9 号抗滑桩孔施工。

②井圈中心线与设计轴线的偏差不得大于 30mm，井圈顶面锁口比场地高出 150mm。上下节护壁的搭接长度不得小于 50mm，每节护壁均应在当日连续施工完毕，护壁混凝土必须浇筑振捣密实，护壁模板的拆除宜在 24h 后进行，护壁混凝土采用 C20 细石混凝土。

③采取污水潜水泵的排水措施，挖至设计标高时，孔底不应积水，终孔后应清理好护壁上的淤泥和孔底残渣、积水，然后进行隐蔽工程的验收。验收合格后，应立即封底和浇筑桩身混凝土。

④浇筑桩身混凝土时，混凝土通过串筒浇筑，串筒末端离孔底高度不宜大于 2m，混凝土采用插入式振捣器振捣密实。

4）锚桩机械成孔施工

①开钻前，锚桩桩位应定位放样准确，并弹出墨线、做好红油漆标示。

②根据锚桩的标高搭设脚手架。

③300 型钻机采用葫芦吊装就位。

④进行机械成孔施工。

⑤浇筑锚桩的桩身混凝土时，混凝土通过串筒浇筑，串筒末端离孔底高度不宜大于 2m，混凝土采用插入式振捣器振捣密实。

5）安全措施

①抗滑桩孔内必须设置应急钢爬梯，供人员上下井。使用的电葫芦、吊笼应安全可靠并配有自动卡保险装置，不准使用麻绳和尼龙绳吊挂或脚踏井壁凸缘上下。电葫芦宜用按钮式开关，使用前检验其安全起吊能力。

②每日开工前必须检测井下是否有有毒气体，预先采用钢丝笼将小动物吊至井内，停 10min 做实验，然后观察其健康状况和有无异常反应，确定是否进行施工。

③抗滑桩孔口四周必须设置护栏，一般加 0.8m 高围栏围护。

④挖出的土石方应及时运离孔口，人工转运至边坡外侧倾倒，不得堆放在抗滑桩孔口四周 1m 范围内。

⑤随时检查脚手架的安全，以确保钻机工作人员的安全。

6）检测

钢筋、水泥及混凝土的检测要求见相关规范。

7）注意事项

①施工中抗滑桩、锚桩横截面的误差只能是正，不能为负，以保证混凝土主筋保护层的厚度不小于 7cm。

②抗滑桩孔口开挖后应做好锁口。孔口以下分节开挖，每节开挖宜为 1.0m，挖一节

立即支护一节。挖孔时应按设计灌注混凝土护壁。

③开挖应在上一节护壁混凝土终凝后进行。护壁混凝土模板的支撑可于灌注后24h拆除。

④在护壁内顺滑动方向用临时横撑加强支护，并观察其受力情况，及时进行加固。当发现横撑受力变形、破损而失效时，孔下施工人员应立即撤离。

⑤抗滑桩井开挖的弃渣不得随意堆放在边坡内侧，以免引起新的滑坡。

⑥钢筋的接头不得设在土石分界和滑动面处。

⑦主筋的布置必须在靠房屋一侧，不得布反。

⑧钢筋混凝土面板必须在抗滑桩施工完成后采用逆作法进行施工。

⑨泄水孔采用ϕ100PVC管预埋，内高外低，坡度10%。

⑩大体积混凝土养护时间14d，养护期必须使混凝土保持湿润。

(4) 施工方法

1) 桩基人工成孔施工

①施工流程：

土方开挖（或抽水）→清孔壁、校核垂直度和桩径→护壁钢筋安装→安装、校正护壁模板→混凝土护壁→下挖。

②成孔施工方法：

A. 采用短把的镐、锹等简易工具进行人工挖土，遇到比较硬的岩层时，可用风镐或水钻凿除施工。用人工进行垂直运土；轴线经复核无误后开始第一节开挖，每进尺1m做混凝土护壁一次，即以1m为一个施工段；当桩孔深度超过8m时用鼓风机和输风管向桩孔中送入新鲜空气，提土桶或吊笼上下，保证联系通畅。

B. 成孔开挖以二人为一小组，每小组一天安排2根桩进行流水作业，保证每根桩每天进尺一模，施工时共成立4个小组交叉施工。

C. 开挖过程中遇到孤石或其他障碍物时，采用人工及空压机风镐和水钻配合施工。

D. 成孔过程中，地面派专人修通排水沟、集水坑，采用潜水泵二次排水，及时排掉桩孔内抽出的水，从桩孔内挖出的废土或石碴由专人负责及时运出场外。

E. 桩位、垂直度、直径校核。基桩轴线的控制点和水准点应设在不受施工影响的地方。开工前，经复核后应妥善保护，施工中应经常复测。第一节护壁成孔后，由现场技术人员在护壁锁口上弹出墨线，做好红油漆标示。

F. 护壁内每两段护壁下口采用50mm×100mm木方做水平支撑加强。

③质量检查。检查分为土方开挖、混凝土护壁二次进行，必须每段检查，发现偏差，随时纠正，保证位置准确。

④护壁施工。混凝土护壁施工时每根桩采用上口直径为桩径，下口直径为桩径加100mm，高度为1000mm。第一节护壁应高出地面150mm以上，并做500mm宽混凝土锁口，以便于护壁稳定、挡土、定点等。护壁施工时应随时监测中心偏移，根据偏移数值调整施工放样，采用现场搅拌混凝土浇筑护壁，振捣密实。

⑤终孔检查。挖孔至设计持力层后，施工单位应进行自检评定，工程桩终孔检查内容包括桩孔中心线位移偏差、桩径偏差、终孔深度、孔底沉渣以及桩底持力层等情况，各项偏差应在设计及规范允许范围内。报监理、勘察、设计院及业主等部门核验，并办理隐蔽

验收签证手续。

⑥挖孔注意事项：

A. 桩孔的垂直度和直径，应每段检查，发现偏差，及时纠正，保证位置正确。

B. 桩端终孔深度按设计要求施工，每根桩终孔后必须请勘察、设计、业主、监理人员检查验收，要逐根进行隐蔽检查。

C. 遇塌孔，采取在塌方处砌砖外模，配适量直径 $\phi 6$mm、间距 150mm 钢筋，再支内模灌筑混凝土护壁。

⑦质量标准：

A. 桩孔位中心线位移允许偏差：≤30mm；

B. 桩孔径允许偏差：不允许负偏差；

C. 护壁混凝土厚度允许偏差：±15mm；

D. 孔底沉渣厚度：不允许。

2）人工挖孔桩钢筋笼制作安装

钢筋笼制安，主筋采用直螺纹机械连接，孔上制作、孔内绑扎成型的施工工艺。

①材料要求。钢筋进场必须有出厂合格证书和质量保证书，进场钢筋应分别按规格、型号、批量堆放，并按规定进行见证取样检验，请监理单位、施工单位双方共同现场见证取样，检验结果书面通知技术负责人，报送监理单位审批认可合格后方可加工制作，钢筋现场堆放地点要求挂牌以备检查，明确标示已检查、合格、不合格字样。

②钢筋笼制作前应按不同的桩逐根翻出实样，先按实样制作加劲箍筋，主筋采用直螺纹连接，该工艺在地面操作，并按每 300 个接头为一个验收批抽样送检合格后方可使用。制作时按编号、挂牌，逐根堆放在孔口。

3）钢筋笼绑扎施工方法

①施工前应具备的条件：

A. 桩成孔经有关部门验收合格，已办理终孔验收手续。

B. 钢材原材料具有合格证及检验报告。

C. 孔内积水已抽干，用通风机具向井下输送新鲜空气，且孔内空气经测试合格后方可允许下井。

D. 下井作业前已向班组进行安全及技术交底。

②工艺流程：

钢筋井上下料、加工→井内安装加劲箍→主筋与加劲箍焊接→绑扎箍筋→办理隐蔽手续→桩身混凝土浇筑。

③钢筋笼制作。按设计要求及实际桩长，在孔上进行钢筋的配料，主筋机械连接接下料时，保证在 $35d$ 范围内搭接头的数量不超过主筋的 50%，加劲箍制作时应确保桩主筋的保护层不得小于 70mm，桩水平箍筋满扎，绑扎牢固。

④钢筋笼隐蔽检查。钢筋笼安装好后，应对其标高、主筋直径、间距、箍筋间距、直螺纹接头质量、绑扎质量、保护层等进行自检，交接检、专项检查合格后书面报请监理工程师检查，检查合格及时办理好隐蔽工程签字手续。

⑤钢筋笼制作允许偏差：

A. 主筋间距：±10mm；

B. 箍筋间距：±20mm；

C. 钢筋笼直径：±10mm；

D. 钢筋笼长度：±50mm。

4）人工挖孔桩桩身混凝土施工

桩芯混凝土的运输及浇筑必须严格按 GB50204-2002 的具体规定执行。

①原材料要求：

A. 水泥：宜用42.5级普硅或矿渣水泥，并有出厂合格证及试验报告。

B. 砂：中砂，含泥量不大于3%。

C. 石子：碎石，粒径10~20mm，含泥量不大于2%。

②混凝土供应。混凝土采用富皇搅拌站供应，运输采用罐车运输，混凝土输送泵浇筑。

③桩身混凝土浇筑：

A. 桩体混凝土要从桩底到桩顶标高一次完成。如遇停电等特殊原因，必须留施工缝时，可在混凝土面周围加插原配筋面积50%的短钢筋长度70d。在灌注新的混凝土前，接缝面必须清理干净，不得有积水和隔离物质。

B. 灌注桩身混凝土，用串筒离混凝土面高2m以内，以免混凝土离析，影响混凝土整体强度。

C. 在灌注混凝土过程中，注意防止地下水进入，不得有超过50mm厚的积水层，否则，应设法把混凝土表面积水层用导管吸干，才能灌注混凝土。

D. 混凝土边浇边振捣密实，采用插入式振捣器振捣，以保证混凝土的密实度。

E. 在灌注桩芯混凝土时，相邻范围内的挖孔作业应停止，并不得在孔底留人。

F. 灌注桩芯混凝土时，应留置试块，每根桩不得少于1组（3件），及时提出试验报告。

5）基桩检测

按图样设计要求，桩芯质量检测采用动测法，每根桩均须检测，检测报告须提交设计单位复检。

6）面板施工

①C30钢筋混凝土板，连接在各抗滑桩之间，使各个抗滑桩与钢筋混凝土板形成整体，达到边坡抗滑移的最终目的，C3栋边坡采用250mm厚钢筋混凝土板；E2栋边坡采用300mm厚钢筋混凝土板。伸缩缝宽30~50mm，钢筋混凝土断开，缝中嵌入沥青麻丝，嵌入深度100mm，C3栋将伸缩缝两侧的面板水平钢筋，由ϕ12@150mm变更为ϕ12@120mm；E2栋将伸缩缝部位平移至Ⓔ/⑲轴至Ⓔ/⑳轴间。

②面板钢筋：竖直方向相同：ϕ12@200mm；水平方向C3栋边坡：ϕ12@150mm，伸缩缝跨ϕ12@120mm；E2栋边坡ϕ16@150mm，均采用植筋方式施工，将护壁混凝土用人工凿打开，把水平钢筋植入抗滑桩内15d，新旧混凝土接触面凿毛。

③面板采用逆作法，支双面模板按剪力墙施工，钢筋、混凝土、模板每次施工高度不超过3m，采用九夹板作模板，支模前确定好泄水孔位置，安装好ϕ100PVC塑料排水管，在泄水孔在墙背后，泄水孔周边500mm半径，堆填500mm厚卵石堆囊。迎土面模板混凝土浇筑后无法拆除一次性摊销，临空面采用50mm×100mm木枋（间距≤400mm）、双钢

管，ϕ12 高强对拉螺杆、山形卡加固，对拉螺杆间距 400mm × 500mm 无法拆除一次性摊销；支模和混凝土浇筑分 5 次浇筑完成，接头部位人工剔打平整。

④挡土墙轴线允许偏差：± 15mm；垂直度允许偏差：20mm；表面平整度允许偏差：± 15mm。

（5）工程监测

本边坡治理工程的监测包括施工期间的安全监测和整治效果监测。施工期间的安全监测以简易地表变形监测为主，监测点的布设结合整治效果监测，以保持整个工程监测的完整性。施工期监测数据采集时间每天一次；主体施工期监测数据采集时间间隔为 5d（主体每上升一层），在遇暴雨时缩短监测周期，可采用实时监测方式进行。施工期间监测时限以施工开始作为起始，施工结束为终点。

1）监测方法

根据边坡处治设计图样，主要采用地表位移监测、抗滑桩监测、沉降观测。监测控制点在边坡范围以外稳定的土体、塔吊基础上设置 3 个监测基准点，基准点的位置尽量组成等边三角形。基准点采用现浇混凝土，浇筑密实、稳定。变形监测点设置 3 个基准控制点。

2）监测设备

全站仪、经纬仪、水准仪。

（6）确保质量的技术措施

1）认真学习图纸，做好图纸会审工作，对设计变更的意图以及工艺要求做到全面理解；做好各项施工准备的各级技术交底工作，严格按施工程序施工。

2）严格遵守国家施工规范和技术操作规程，以及工程质量验评标准，在分部、分项工程质量评定中，按国家工程质量验评标准进行评定。

3）成立以项目经理和操作班组长组成的检查小组，进行定期或不定期检查工作。

4）坚持操作班组自检和各工种及工序之间交接班验收制度，专职质检员跟踪检查，公司每周进行质量大检查，对检查出的质量问题及时落实整改并制定有效防范的具体措施。

5）所有原材料、半成品必须有出厂合格证、质保书及试验报告，如其中有复印件必须由原件单位加盖印章，并注明原件存在何处。有关材料进场后，材料员要及时填写“原材料质检通知单”送交试验部门，试验抽检合格后方可使用。

6）单位工程测量由工程项目经理负责，做好定位测量放线、轴线、标高、垂直监测及沉降等工作，对轴线控制点和水准点必须选择在牢固可靠部位并加以保护。定位放线以质检员和技术负责人验收复核后方可进入下道工序施工并及时办理定位放线记录和定位放线复核记录。

7）对轴线、标高、施工图放样、钢筋料单以及原材料和加工件申请等技术复核工作，须经工程技术负责人和质检员审核后，方可交付施工。

8）做好隐蔽工程的验收工作，在自评、自检、自验的基础上，提前 24h 将“隐蔽工程验收通知单”送达现场监理工程师，验收合格后方可进入下道工序的施工。

9）桩芯混凝土采用商品混凝土，每一批混凝土所需的数量，现场有专人负责。现场每次浇捣混凝土必须根据天气预报、现场条件、结构部位确定切实可行的混凝土浇捣方法；严格按照规范要求做试块取样，取样混凝土振捣应密实，不允许有蜂窝麻面的现象出现，还必须有专人定时负责混凝土养护，确保混凝土的质量。

10）施工管理人员及特殊工种施工人员必须持证上岗，严禁无证操作。

11）对上级主管部门和监理人员所提出的质量问题或隐患，必须虚心接受认真整改，对比较复杂或双方有争议的时候，应相互探讨，做到实事求是，取长补短。

12）搞好工程技术资料的管理，从工程开工起就应按国家工程质量评定标准和重庆市的有关工程技术资料的各种规定收集整理。公司各部门必须按月、按规定将各种资料，如材料合格证或质保书、试验报告、设计变更、技术核定、技术交底、验收记录、技术复核等收集齐全，送交技术负责人统一整理归档。

13）各种材料必须按品种、规格、批量、进场日期、检验报告、使用部位及数量进行登记。

14）分部分项工程检测评定资料和近期工程质量动态必须及时整理、汇总并上报公司。

以上各工程资料管理工作必须有专人负责整理、装订成册。

(7) 确保安全的技术措施

1）安全技术

①当桩孔开挖深度超过3m时，每班下班前必须将井口加盖、封闭严密。孔深超过8m时，地面应配备向孔内送风装置，风量不应少于25L/s。孔底凿岩时尚应加大送风量。

②孔内必须设置应急爬梯，供人员上下井。使用的电葫芦、吊笼等应安全可靠并配有自动卡保险装置，不得使用麻绳和尼龙绳吊挂或脚踏井壁凸缘上下。电葫芦宜用按钮式开关，使用前必须检验其安全起吊能力。

③严禁酒后操作，不准在孔内吸烟和使用明火作业。需要照明时应采用安全矿灯或36V以下的安全灯。

④孔口四周必须设置护栏，一般加0.8m高围栏围护，已灌注完混凝土和正在挖孔未完的桩口，应设置井盖和围栏。

⑤挖出的土石方应及时运离孔口，不得堆放在孔口四周1m范围内，机动车辆的通行不得对井壁的安全造成影响。

⑥凡在孔内抽水之后，必须先将抽水的专用电源切断，作业人员方可下桩孔作业。严禁带电源操作，孔口配合孔内作业人员要密切注视孔内的情况，不得擅离岗位。

⑦施工场内的一切电源电线的安装和拆除，必须由持证电工专管，电器必须严格接地、接零和使用漏电保护器。各桩孔用电必须分闸，严禁一闸多孔和一闸多用，严格执行《施工现场临时用电安全技术规范》。

2）安全管理制度

①建立以项目经理、技术负责人为领导的安全生产机构。

②制定各级人员的安全生产责任制，签订安全承包合同，并认真实施。

③对新进场工人实行严格的教育考核制度，经考核合格后录用上岗。

④所有特殊工种人员一律持证上岗，并严格管理。

⑤坚持每周一次的安全专题检查和日常不定期检查。

⑥各分部分项安全技术交底，由各施工员针对工程的实际情况进行有针对性的交底，由技术负责人审查签字后交班组负责人签字。

⑦对施工班级必须严格管理，引导班组开展好班前安全活动。

3）安全保证措施

①在C3栋抗滑桩作业区域之上，即 - 12.300m楼层搭设水平挑出防护架，挑出长度3m，大于作业边2m，满铺竹跳板、竹胶板，做水平防护。

②进入施工现场一律正确戴好安全帽，任何人不得例外。

③正确使用好安全帽、安全带、安全网及漏电保护器，充分发挥其在施工工程中的作用。

④在主要通道口、井口、出入处挂上醒目的安全标语牌。

4）施工用电

①开工前设计好现场用电设计方案。

②配电房按部颁标准设置，电箱一律使用标准电箱。

③现场架设线路均按三相五线制的要求架设，实行“三级”保护，并做到一机一闸一保险。

④各种配电箱、漏电保护器等设备均选用国家有关部门认可的产品。

⑤正确配置漏电保护器与配电箱熔断丝，不超负荷。

⑥现场所有施工用电和生活用电均由现场专职电工管理，任何人不得乱拉乱接。

⑦配电箱内各开关应标上用途标志。

⑧在潮湿空间照明应用36V以下安全电压。

5）施工机械

①钢筋机械：

A. 盘圆一级钢筋送至专业厂家调直加工后运至现场。

B. 切断机操作时，应先检查刀片的安装情况，钢筋必须调直后切断，一次切断多根钢筋时，其总截面应在切断机规定范围内，剪切断料时，手与切刀间应保持大于15cm的安全距离，短料长度小于40cm时，应用套管或夹具将短钢筋头夹牢。

C. 弯曲机和工作台的台面要在同一平面上，弯曲时将钢筋一端插入转盘固定的间隙中，另一端紧靠机身固定销，用手压紧钢筋。

D. 机械连接接头采用砂轮切割机断头，变形的断头全部切掉。

②木工机械：

A. 应在设备前挂安全操作牌，规定使用机械操作人员的条件及注意事项。

B. 设备要有开关控制，闸箱距设备距离大于2m。

C. 安全防护装置要齐全完整。

D. 木料长度不足50cm的短料，禁止上锯。

③潜水泵。应安装可靠的漏电保护器，使用前应检查其灵敏程度。电缆线应采用四芯软线。使用过程中应经常检查安全装置及绝缘情况是否良好，发生故障需检查时，应先拉开电源开关。

（8）成品保护

1）钢筋笼的主筋、箍筋和加劲箍筋应按品种、规格、长度编号堆放，以免造成弯曲和错用。

2）钢筋笼放入桩孔时必须有保护层垫块。

3）桩头外露的主钢筋要妥善保护，不得任意弯折或切断。

4）桩头在强度没有达到5MPa时，不得受压，以免桩头损坏。

（9）投入施工的劳动力计划见表4-4。

劳动力计划表 **表 4-4**

工种级别	按工程施工阶段投入劳动力情况（人）			
	挖孔阶段	浇筑阶段	挡墙阶段	收尾阶段
石 工	20	2	2	3
钢筋工	5	8	8	
模板工	5	1	10	1
混凝土工	2	6	6	
砖 工	3			6
电焊工	2		1	
机操工	2	2	2	
普 工	9	5	10	6
合 计	48	24	39	16

注：本计划表是以每班 8 小时工作制为基础的。

（10）工程进度计划：计划工期 66d。

4.3 抗滑桩与锚索的联合支挡结构

4.3.1 设计

在岩质滑坡或土层厚度大而不是高填方边坡等水平荷载大的治理工程中，采用桩板墙结构进行支挡时，已明显不经济，这时，便考虑既能抵抗水平荷载又能节约费用的支挡结构，即抗滑桩 + 锚索结构。

抗滑桩与锚索的联合支挡结构就是充分发挥了抗滑桩能提供较大的水平抗力，而锚索既能提供所需的水平抗力又比较经济的特点。

（1）锚索的基本原理

锚索的基本原理就是依靠锚索周围地层的抗剪强度来传递结构物的拉力或保持地层开挖面自身的稳定。

锚索的主要功能是：

1）提供作用于结构物上用来承受外荷的抗力，其方向朝着与岩土相接触的点。

2）使被锚固地层产生压应力区或对通过的岩石起加筋作用（非预应力锚杆）。

3）加固并增加地层强度，也相应地改善了地层的其他力学性能。

4）当锚索通过被锚固结构时，能使结构本身产生预应力。

5）通过锚索，使结构与岩土连锁在一起，形成一种共同工作的复合结构，使岩土能更有效地承受拉力和剪力。

（2）设计要求

抗滑桩与锚索设计时，应满足以下要求：

1）抗滑桩和锚索应提供整体稳定性所需的水平荷载，即满足边坡整体稳定性的要求。

2）锚索应锚固在理论破裂角以内的稳定岩层中。

3）锚索由于单桩提供的水平荷载大，因此，设计时应满足锚索的锚固区段不出现应力集中的现象。

4）应确保抗滑桩和锚索的有效锚固。

5）抗滑桩设计的其他要求应满足《建筑桩基技术规范》JGJ94 的规定。

6）锚索与水平方向之间的夹角宜为 15°~35°。

7）锚索设计还应满足《建筑边坡支护技术规范》GB 50330—2001 的相关规定。

8）预应力锚索材料，应采用低松弛高强钢绞线，应符合《预应力混凝土用钢绞线》GB/T 5224 的要求。

9）预应力锚索所用锚具，应符合《预应力筋用锚具、夹具和连接器应用技术规程》JGJ85 的规定。锚具类型可采用 OVM 系列锚具的 OVM15-12、OVM15-15、OVM15-8 型号等。

10）预应力锚索永久性防护涂层材料，应满足以下要求：

①对钢绞线具有防腐作用。

②能与钢绞线牢固粘结，且无有害反应。

③能与钢绞线协调变形，在高应力状态下，不脱壳、不裂。

④具有较好的化学稳定性，在强碱条件下，不降低其耐久性。

11）预应力锚索注浆水泥，应采用硅酸盐水泥或普通硅酸盐水泥。

12）预应力锚索所用钢绞线规格，可按表 4-5 选用。单束锚索设计吨位，宜在 500~2500kN，不超过 3000kN 范围内选用。

预应力钢绞线规格　　表 4-5

名　称	d_s (mm)	f_{ptk} (MPa)	A_p (mm²)	理论重量 (kg/m)	P_u（kN）	$P_a=0.7P_u$ (kN)	伸长率 (%)
由 7 根钢丝构成 12.7mm	12.7	1860	98.7	0.774	184	129	3.5
由 7 根钢丝构成 15.2mm	15.2	1860	139	1.101	259	181	3.5

注：钢绞线直径 d_s 系指钢绞线外接圆直径，即《预应力混凝土用钢绞线》GB/T 5224 的公称直径 D_g。f_{ptk} 为钢绞线强度标准值，A_p 为公称面积，P_u 为承载力标准值，P_a 为承载力设计值。

13）锚索轴向拉力设计值按下式计算：

$$N_t = F_n / [\sin(\alpha+\beta)\tan\varphi + \cos(\alpha+\beta)] \tag{4-10}$$

式中　N_t——锚索轴向拉力设计值（kN）；

F_n——设锚处每孔锚索承担的水平荷载设计值（kN）；

φ——滑动面内摩擦角（°）；

α——滑动面与水平面夹角（°）；

β——锚索与水平面夹角（°）。

根据锚索轴向拉力设计值 N_t 和所选用的钢绞线强度，按下式计算每孔锚索钢绞线的根数 n：

$$n = \gamma_0 N_t / (\xi_2 P_a) \tag{4-11}$$

式中　γ_0——结构重要性系数；

ξ_2——锚索抗拉工作系数，取 0.85。

14）锚索的锚固段长度可按下列公式计算，采用 L_{sa}、L_m 中的大值。锚固段长度不应小于 4m，且不宜大于 55 倍锚固体直径和 10m，所以，锚固段长度通常选取 4~10m。

①按锚索与水泥砂浆粘结强度，确定锚固段长度 L_{sa} 即：

$$L_{sa}=\gamma_0 N_t/(\xi_3 \pi d_s f_b) \tag{4-12}$$

当锚索锚固段为枣核状时，

$$L_{sa}=\gamma_0 N_t/(\xi_3 n \pi d f_b) \tag{4-13}$$

②按锚固体与锚孔壁的粘结强度，确定锚固段长度 L_m 即：

$$L_m=N_t/(\xi_1 \pi d_h f_{rb}) \tag{4-14}$$

式中 d_s——锚索公称直径（mm），见表4-6；

d——单根钢绞线公称直径（mm）；

d_h——锚固体（即钻孔）直径（mm）；

ξ_1——锚固体与地层粘结工作条件系数，取1.00；

ξ_3——锚索与锚固砂浆间的粘结强度工作条件系数，永久性锚索取0.40；

f_b——锚索与水泥砂浆的粘结强度设计值（MPa），按表4-7选用；

f_{rb}——锚固体与锚孔壁的粘结强度特征值（kPa），见表4-8。

15）锚固体的直径、锚索保护层厚度及截面要求

预应力锚索设计参数 **表4-6**

束数	公称直径 d_s（mm）	ϕ12.7mm 型		ϕ15.2mm 型	
		直径 d_s（mm）	周长（cm）	直径 d_s（mm）	周长（cm）
3	$(d\pi+3d)/\pi$	24.8	77.9	30.0	94.2
4	$(d\pi+4d)/\pi$	28.9	90.8	34.6	108.6
5	$(d\pi+5d)/\pi$	32.9	103.4	39.4	123.8
6	$(d\pi+6d)/\pi$	37.0	116.2	44.2	138.9
7	$(d\pi+6d)/\pi$	37.0	116.2	44.2	138.9
9	$(d\pi+8d)/\pi$	45.0	141.4	53.9	169.3
12	$(d\pi+9d)/\pi$	49.1	154.3	58.7	184.4

锚索与水泥砂浆的粘结强度设计值 f_b **表4-7**

水泥浆或水泥砂浆强度等级	M25	M30	M35
锚索与水泥砂浆间 f_b（MPa）	2.75	2.95	3.40

锚固体与锚孔壁的粘结强度特征值 f_{rb} **表4-8**

岩 石 类 别	f_{rb}（kPa）	岩 石 类 别	f_{rb}（kPa）
极软岩	120~180	较硬岩	650~1100
软 岩	170~400	坚硬岩	1000~1400
较软岩	360~700		

注：1. 表中数据适用于注浆体强度等级为M30，且采用常压灌浆，当采用较高强度砂浆、微胀砂浆等措施时，可按试验结果提高使用；

2. 表中数据可用于设计估算，施工前应通过试验确定；

3. 岩体结构面发育时，取表中下限值；

4. 表中岩石类别，根据《岩土工程勘察规范》GB 500021 划分。

锚固体的直径，应根据每孔锚索承担的轴向拉力设计值、地基性状、锚固类型、张拉材料、钻孔能力等因素确定，通常采用 $\phi100\sim\phi200$mm，保护层厚度不应小于 30mm。

(3) 锚索的适用条件

下列情况不应采用预应力锚索：

1) 水位以下及水位变动区。

2) 土体为欠固结土或对锚索可能产生横向荷载的地区。

3) 对锚具及索具有腐蚀性环境的地区。

4.3.2 施工

抗滑桩与锚索联合支挡结构的施工包括抗滑桩的施工和锚索的施工。抗滑桩的施工在前面已有叙述，这里仅对锚索的施工要求和注意事项进行说明。

(1) 锚索施工前的准备工作

1) 应掌握锚索施工区建（构）筑物基础、地下管线等资料。

2) 应判断锚索施工对邻近建筑物和地下管线的不良影响，并拟定相应预防措施或预案。

3) 应检验锚索的制作工艺与设备。锚索的成孔设备可采用 100 型、300 型钻机或 Y2 型钻机等。

4) 应检查原材料的品种、质量和规格型号，以及相应的检验报告。

(2) 灌浆材料

可采用高强砂浆。如采用不低于 M30 的水泥浆或水泥砂浆。

(3) 施工要求

1) 锚索应做好防锈、防腐处理。锚固段锚索只需清污除锈，自由段锚索还需涂防腐剂，外套套管隔离防护，在张拉完成后，张拉段锚索也需涂防腐剂。

2) 套管材料应满足下列要求：

①具有足够的强度，保证在加工和安装过程中不致损坏；

②具有抗水性和化学稳定性；

③与水泥砂浆和防腐剂接触，无不良反应。

3) 防腐材料应满足下列要求：

①在锚索使用年限内，应保持耐久性；

②在规定的工作温度内或张拉过程中不得开裂、变脆或成为流体；

③应具有化学稳定性和防水性，不得与相邻材料发生不良反应。

4) 钻孔根据需要可采用水钻或干钻，当水钻可能影响边坡稳定时，应采用干钻。

5) 钻孔注浆材料宜采用水泥浆或水泥砂浆，一般采用 M25 ~ M35 水泥砂浆。注浆采用孔底注浆法，注浆压力不应小于 0.3MPa，注浆应饱满密实，第一次注浆完毕，浆液凝固收缩后，孔口应进行补浆。

6) 锚索张拉应分两次逐级张拉，第一次张拉值为锚索张拉控制应力的 70%，两次张拉间隔时间，不宜小于 3 ~ 5d。

为减小预应力损失，总张拉力应包括超张拉值，自由段为土层时，超张拉值宜为 15% ~ 25%；自由段为岩层时，超张拉值宜为 10% ~ 15%。

锁定值为控制应力的 1.10 ~ 1.15 倍。张拉应在孔内砂浆强度达到设计强度的 70% 后方可进行。应核实锚索伸长量与受力值是否相符。

7）锚具底座顶面与钻孔轴线应垂直，确保锚索张拉时，千斤顶张拉力与锚索同在同一轴线上。

8）预应力锚索张拉锁定后，锚头部分应涂防腐剂，再用不低于C20级的混凝土封闭。

9）在锚索锚固工程施工前，应进行预应力锚索锚固性能试验。锚固性能试验的数量，可按工作锚索的3%，且不应少于3根，当有特殊要求时，可适当增加。

（4）施工组织设计

在锚索施工前，首先要根据设计文件的要求和调查、试验资料，制定切实可行的施工组织设计。

施工组织设计一般应包括工程概况（工程名称、工程地点、工期、工程量、工程地质和水文地质条件等），锚索类型、锚固段长度，锚固力大小及设计施工图，工程进度计划表，施工场地布置图，施工技术人员配置（含主要施工经历表），主要施工机械设备及材料表，质量、工期及安全、文明保证措施，工程竣工验收时应交付的技术资料和施工工艺流程图等内容。必要时，可根据工程具体情况进行增减。

4.3.3 工程抗滑桩+锚杆、锚索设计与施工实例

（1）工程概况

重庆某置业有限公司J、K组团环境治理及挡墙加固工程位于重庆市渝中区临江门至一号桥的山麓斜坡地带。场地±0.00＝192.90m，坡顶已有公路路面标高为226.5～232.5m，坡脚场地平基标高为192.90m（－9F），场地完全平基后将形成长约110m，高20～39m左右的高切坡，其中B～D号地段的边坡上部为高3～17m左右的公路条石挡墙（据调查，该条石挡墙建于1951年，距今已有50多年，经安全性评估，条石的强度达到12.5MPa，挡墙抗滑移、抗倾覆的安全系数分别为1.27和1.12，均不满足规范安全的要求）。

场地原有边坡上部为厚3～5m（A～C号）和5～9m（C～E号地段）的杂填土（暗灰～灰黑色，稍密，主要由炭渣、砖瓦块、砂泥岩碎块石、粉质黏土等组成）；土层下伏基岩为泥岩（紫红色，泥质结构，构造局部含粉砂质较重，脱水易开裂，主要成分为黏土矿物），强风化岩质软，破碎，易崩解风化，强风化岩层厚一般为0.8～5.2m左右。基岩的倾向110°，倾角10°，边坡的坡面倾角310°，该边坡为反向坡。强风化带基岩网状风化裂隙发育，中等风化带岩石层间裂隙较发育，另发育两组主要裂隙：裂隙J_1：倾向120°，倾角80°，裂隙面平整，呈闭合状，无充填物，裂隙连通性差，裂隙间距1.50～3.00m；裂隙J_2：倾向330°，倾角80°，裂隙面粗糙，裂隙间距0.50～1.00m，裂隙宽度约为1mm，铁质填充，裂隙连通性差。另外，经安全性评估，发现一组外倾裂隙，倾向：260°～295°，倾角54°～58°。

该工程原为由“重庆市涪陵某实业总公司”修建的“重庆临江广场二期J_2、K_2商住楼挡墙”，目前该工程由“重庆某置业有限公司”承建。该工程已施工的情况：（1）A～C号地段已完工锚杆挡墙（但配电房地段，顶部高约4m左右的土层尚未处理）；A～C号地段已完工锚杆挡墙下部已切高约10m左右的边坡，该边坡仅进行了锚杆的施工，墙体尚未封闭（切坡时间已达五年多）。（2）D～E号地段的护壁已完工。（3）其余地段的支护均未实施。（4）A～C号地段已完工锚杆的外露部分钢筋大多出现锈蚀，个别被人切断。

现在按照重庆××置业有限公司的要求，A～C号地段的边坡开挖线虽不往坡体内切坡3m左右（水平距离），但应满足边坡坡顶设置人行和消防车道的天桥而设置桥台基础的需要。天桥桥面消防车道的附加活荷载为35kN/m^2，绿化耕地厚度1m，即附加恒载为20kN/m^2。天桥桥台基础采用桩基础（土层厚度较大地段）和墩基础（土层厚度较小地段），基础的横向间距为9m，天桥的纵向跨度约为5～20m。

（2）设计依据

1）建设单位提供的场地已建挡墙平面布置图（1∶500）。

2）重庆临江广场二期J_2、K_2商住楼工程勘察报告，重庆南江工程地质勘察院，2000年5月。重庆市工程勘察成果质量审查意见书，重勘质地字（2000）374号（重庆市勘察测量质量监督站）。

3）重庆临江广场二期J_2、K_2商住楼挡墙设计施工图，后勤工程学院建筑设计研究院，2001年1月。

4）临江广场二期J_2、K_2商住楼挡墙安全性评估报告，中煤国际工程集团重庆设计研究院，2002年1月。

5）临江广场二期J_2、K_2商住楼挡墙竣工资料，重庆福斯特施工公司，2003年3月。

6）《岩土工程勘察规范》GB 50021—2001。

7）《建筑地基基础设计规范》GB 50007—2002。

8）《建筑地基基础设计规范》DBJ 50—047—2006。

9）《混凝土结构设计规范》GB 50010—2002。

10）《建筑边坡工程技术规范》GB 50330—2002。

11）《建筑边坡支护技术规范》DB 50/5018—2001。

12）《建筑结构荷载规范》GB 50009—2001。

13）《建筑抗震设计规范》GB 20011—2001。

14）《建筑桩基技术规范》JGJ94—94。

（3）支护方案

根据场地边坡的工程地质特征，结合场地边坡的平面布置要求和已有挡墙现状，采用以下方案进行支护：

1）对已完工尚需设置天桥桥台基础的地段：①清除边坡已风化、松动的岩石。②用钢丝刷清除锚杆外露部分已锈蚀的钢筋。③沿锚杆肋柱方向人工凿槽深约800mm，采用焊接将已有锚杆钢筋接出后锚入肋柱。④采用预应力锚索+钢筋混凝土柱+连系梁+板进行永久加固支护。

2）对已有公路条石挡墙地段：采用锚杆+钢筋混凝土柱+连系梁进行永久加固支护。（条石挡墙墙脚采用C20混凝土封脚处理）

3）对杂填土较厚的地段：采用人工挖孔桩+锚杆+连系梁+板进行永久性支护。

4）其余地段：采用板肋式锚杆挡墙进行永久性支护。

本边坡治理设计采用动态设计方法，还应根据挡墙施工反馈的信息进行修改和完善。

（4）设计参数

1）边坡类别：Ⅲ$_A$类。

2）本工程设计使用年限为：50年。

3）边坡重要性系数为1.10（边坡工程安全等级为一级）。

4）岩土参数：

①填土：$\gamma=19.0\text{kN/m}^3$，综合内摩擦角 $\varphi_D=35°$

②强风化岩石：$\gamma=23\text{kN/m}^3$，$c=20.0\text{kPa}$，内摩擦角 $\varphi=30°$。

③中风化岩体：$\gamma=25\text{kN/m}^3$，$c=0.214\times0.90$（时间效应系数）$=0.192\text{MPa}$，内摩擦角 $\varphi=33.4°\times0.90$（时间效应系数）$=30.1°$。

④外倾结构面：$c=100\text{kPa}$，内摩擦角 $\varphi=21°$。

⑤天桥桥面消防车道的附加活荷载为 35kN/m^2，附加恒载为 $20\ \text{kN/m}^2$。

⑥岩体破裂角：55°。

⑦中风化岩石天然抗压强度标准值：8.8MPa。

⑧M30水泥砂浆与岩石之间的粘结强度：0.30MPa。

（5）钢筋混凝土桩、板工程

1）材料

①桩、板混凝土强度等级为C25，桩护壁混凝土强度等级为C20。

②钢筋：HPB 235（Q235），HRB 335（20MnSi）。

2）钢筋混凝土

①混凝土保护层厚度：桩为50mm，梁为35mm，板为30mm。

②钢筋混凝土板内应掺入水泥质量10%的UEA—H膨胀剂。

③钢筋接长：均要求采用电渣压力焊接。当采用搭接焊接时，单面焊搭接长度为$10d$，双面焊为$5d$。焊接后钢筋应位于同一直线上，其接头位置应符合规范要求。

④所有箍筋弯135°，平直段长$10d$。

3）施工要求

①钢筋混凝土框架护壁施工要求：

A. 由于本工程护壁部分在土中，施工中应严格检查护壁不能错位，以保证桩的准确位置。

B. 护壁施工完后，应进行岩样试压，达到设计要求后，并请建设方、监理方、质检站及勘察、设计人员到现场验收合格后才能施工桩。

C. 护壁施工时，应准确预留锚杆的孔位。

②桩施工要求：

A. 当各桩施工完后即可施工桩顶承台梁、板，施工时，应注意梁、板与桩的整体连接。

B. 桩基施工应严格按《建筑桩基技术规范》JGJ94—94的规定执行。

③板施工要求：

A. 板竖向每段水平施工缝应严格处理，保证其整体性。

B. 板泄水孔：桩间板应按 $3.0\text{m}\times2.0\text{m}$ 设 $\phi150$ 泄水孔，外倾5%，墙背后500mm厚范围做卵石堆囊。

④其他：

A. 挡墙应沿长度方向每20m设置一道竖向伸缩缝，缝宽30～50mm，缝中嵌沥青麻筋，嵌入深度100mm。

B. 桩应嵌入中等风化岩石内不少于2.0m。

C. 桩基应进行检测，检测数量为100%。

D. 桩应跳桩施工。

（6）锚杆工程（略）

（7）锚索工程

1）锚索的孔径为180mm，主筋为$9\times7\phi^{s}$（钢绞线ϕ^{s}的直径$d=15.2$mm，强度标准值$f_{ptk}=1860\text{N/mm}^2$，强度设计值$f_{py}=1320\text{N/mm}^2$），锚索与水平线夹角20°；锚索采用M30微胀水泥砂浆在2~3个大气压下压力灌注。

2）锚固段长度：应锚入中等风化岩石内不少于8000mm。

3）施工前，应进行预应力锚索锚固性能试验，性能试验锚索的根数为3根。施工完后应进行验收试验，验收试验锚索数为锚索总数的5%，且不少于5根（试验荷载值为设计值的1.1倍）。

4）锚索的轴向拉力设计值：1600kN（$9\times7\phi^{s}$），锚索的锁定值：600kN（$9\times7\phi^{s}$）。

5）应保证锚索与桩的整体连接。

6）土层及强风化岩层中的锚索应进行防腐处理，可采用润滑油三度沥青玻纤布缠裹二层，最后装入塑料套管的方法。自由段两端100~200mm长范围内用黄油充填，外绕扎工程胶布固定。

7）锚头的锚具除锈涂防腐漆后应用钢筋网片罩（每100设置1片，共设5片）、采用400mm×400mm的C40素混凝土封闭。

8）预应力筋用锚具、夹具及连接器必须符合《预应力筋用锚具、夹具及连接器应用技术规程》JGJ85的要求。

9）锚索定位及灌浆同锚杆。

（8）工程施工顺序

1）A~C号地段：

①处理尚未进行处理的坡顶配电房附近地段顶部高约4m左右的土层（采用换土处理，即跳槽清除岩石表部的土层及部分强风化岩层之后，采用C20混凝土原槽浇筑至拟建的扩建公路标高，跳槽的长度不小于4m）。

②待坡顶处理浇筑的混凝土强度达到设计强度的75%后，分段跳槽进行已施工锚杆的人工凿槽处理并施工预应力锚索、柱、梁及板。跳槽的长度不小于6m，分段的高度不大于4m。

③待已切坡地段完全封闭，并且其强度达到设计强度的75%后，跳槽施工该段中剩余地段。待该段完全封闭，并且其强度达到设计强度的75%后，实施下一施工作业段，其要求同前述。

④待预应力锚索加固地段完全封闭，锚索张拉锁定后，方可进行下部锚杆挡墙的施工。切坡施工时，应注意对已有锚杆的保护，并注意锚杆的长度满足锚固长度的要求。

2）C~E号地段：

①首先进行条石挡墙的护脚处理（清除岩石表部的土层及部分强风化岩层之后，采用C20毛石混凝土（毛石掺量不大于25%）原槽浇筑至条石挡墙墙脚）。

②待挡墙墙脚的护脚毛石混凝土强度达到设计强度的75%后，进行条石挡墙的锚杆、

柱、梁及板的施工。

③施工人工挖孔桩。检查复核原有人工挖孔桩护壁、锚孔预留情况及嵌岩深度等情况，满足设计要求后，方可施工桩。

④待条石挡墙完全封闭，人工挖孔桩混凝土强度达到设计强度的75%后，方可进行下一步的切坡施工。

⑤切坡施工按照分段跳槽的逆作法要求进行。跳槽的长度不应大于12m；分段的高度不应大于4m。待桩上的锚杆锁定、墙体封闭后，可进行剩余地段的施工。上一段施工完，强度达设计强度的75%后，可进行下一步的切坡施工。

3）A～C号和D～E号地段下部中等风化岩石地段：

①切坡施工按照分段跳槽的逆作法要求进行。

②跳槽的长度不应大于15m；分段的高度不应大于6m。

③待切坡地段的锚杆锁定、墙体封闭后，可进行剩余地段的施工。

④上一段施工完，强度达设计强度的75%后，可进行下一步的切坡施工。

所有切坡地段，在切坡线2～3m的范围内严禁爆破作业，以保证坡内的岩体结构及已有支护结构不受爆破作业的影响。

（9）其他

1）本工程应按重庆市建设委员会、重庆市规划局渝建发（1999）第133号、重庆市建设委员会渝建发（1999）159号和重庆市建设委员会渝建发（2002）47号文之规定，进行边坡评估和施工图审查；按照《建筑边坡支护技术规范》DB50/5018—2001第3.3.18条的规定，本工程的施工组织方案应组织专家论证；本工程在施工中和竣工后三年应进行位移和变形观测。

2）按"重庆市人民政府关于在工程建设活动中加强防治地质灾害工作的意见"（重庆市人民政府文件〔2001〕39号文）规定，工程施工必须坚持先支挡、后主体的原则；凡边坡支护未完成，或达不到设计要求的，不得进行场地建筑物的施工。

3）本挡墙墙后严禁加载，按设计荷载正常使用。

4）本工程必须选择具有一级施工资质等级，并从事过相关挡墙施工的专业队伍进行施工。

5）所有材质符合国家现行规范要求。

6）墙顶应设置围护栏，高度不小于1200mm，其做法按建设方要求执行。

7）其他未尽事宜，应严格按现行有关规范进行。

8）施工中如出现异常情况请及时与建设单位、监理单位及勘察、设计人员联系，共同协商处理。

9）本工程按目前设计现况设计，如今后发生其他工程变更，应保证挡墙的稳定和安全性。

（10）环境边坡治理工程平面布置图（略）。

（11）环境边坡治理工程立面见图4-10。

（12）环境边坡治理工程剖面见图4-11。

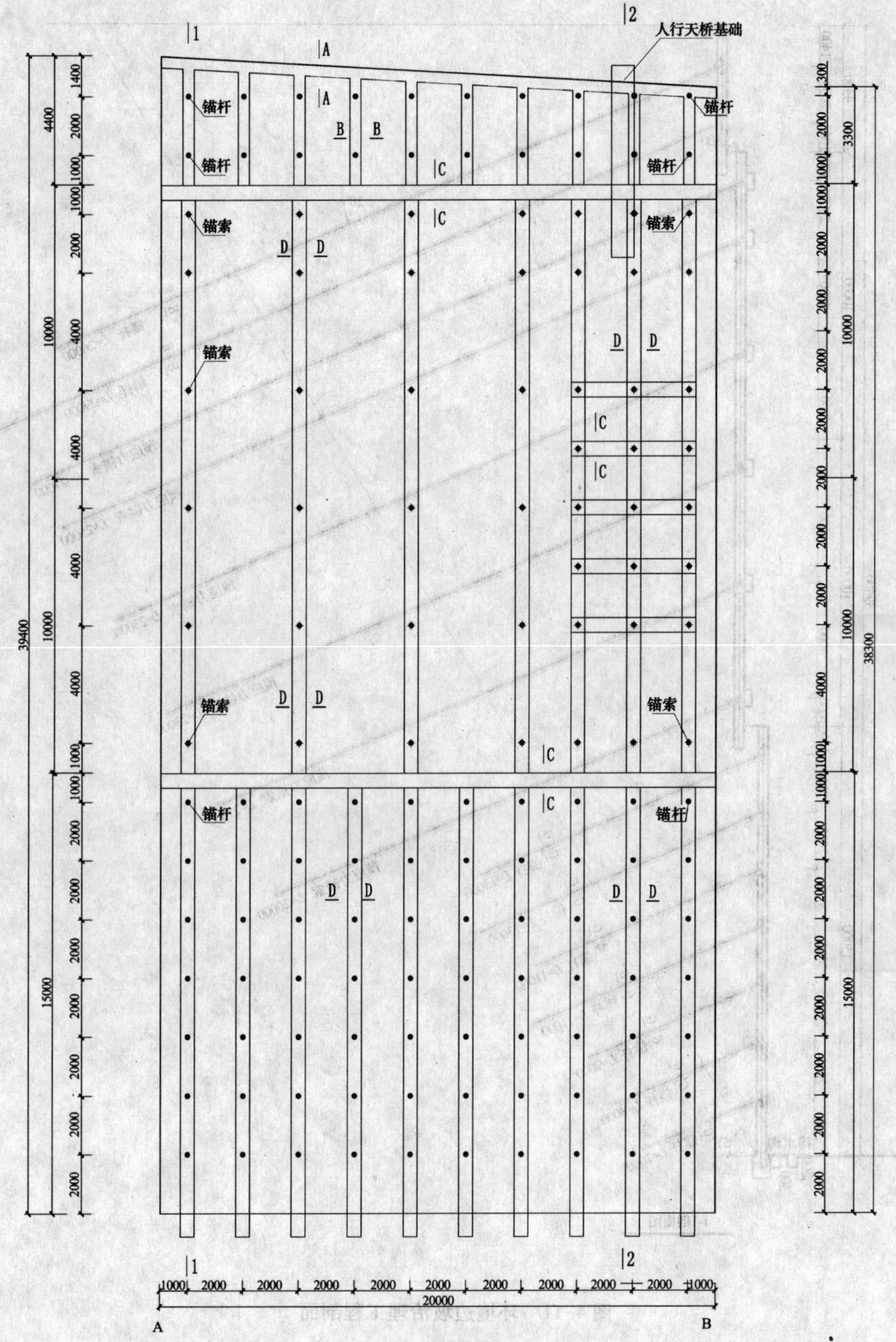

图 4-10　环境边坡治理工程立面

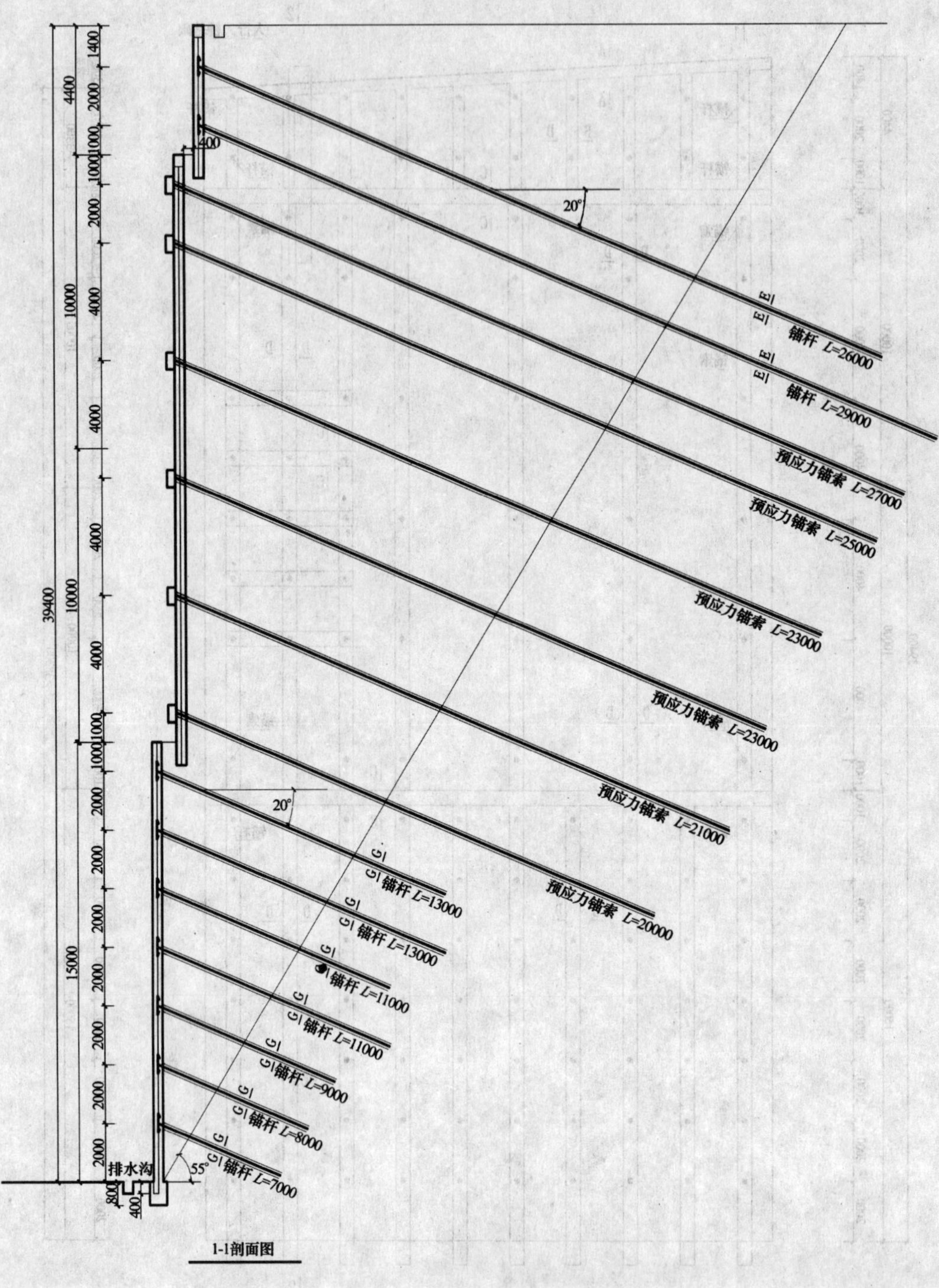

图 4-11　环境边坡治理工程剖面

4.4 锚杆与锚钉的联合支挡结构

4.4.1 设计

在岩质边坡或土层厚度不大的岩土组合边坡的治理工程中，采用板肋式锚杆挡墙进行支挡时，已明显不经济，这时，便考虑既能抵抗水平荷载又能节约费用的支挡结构，即锚杆与锚钉的联合支挡结构。

锚杆与锚钉的联合支挡结构就是充分发挥了锚杆能提供较大的水平抗力，解决整体稳定性的问题；而锚钉既能提供一定的水平抗力，解决局部稳定性的问题，同时又满足构造需要，具有相对比较经济的特点。

锚杆的锚固原理、灌浆原理等基本原理和设计要求在第3章已有叙述，这里仅对锚钉的相关问题加以说明。

(1) 锚钉的基本原理

锚钉就是短、小且全长粘结的锚杆。

锚钉没有自由段。

锚钉的基本原理与锚杆一样，就是依靠锚钉周围地层的抗剪强度来传递结构物的拉力或保持地层开挖面自身的稳定。

锚钉的主要功能是：

1）提供作用于结构物上用来承受局部外荷的抗力，其方向朝着与岩土相接触的点。

2）使被锚固地层产生压应力区或对通过的岩石起加筋作用（非预应力锚钉）。

3）加固并增加局部地层的强度，也相应地改善了局部地层的其他力学性能。

4）通过锚钉发挥构造锚杆的作用，使结构锚杆（或称受力锚杆或称系统锚杆）与岩土连锁在一起，形成一种共同工作的复合结构，使岩土能更有效地承受拉力和剪力，达到保持边坡稳定的目的。

(2) 设计要求

锚钉设计时，应满足以下要求：

1）锚钉起到受力锚杆与锚杆之间的构造作用；锚钉与锚杆共同作用应满足边坡的整体稳定性。

2）由于锚钉是解决局部稳定的问题，因此，锚钉仅锚固在理论破裂角以外的岩层中，其长度通常为3~5m。

(3) 锚钉的适用条件

下列情况不应采用锚钉：

1）地下水发育且严重侵蚀的边坡。

2）软塑、流塑状态的土质边坡。

3）膨胀性岩土边坡。

4）新近填土边坡。

下列情况不宜采用锚钉：

1）稳定性差的土质边坡。

2）砂卵石边坡。

3）沿外倾结构面滑动的岩质边坡。

4）对变形有特殊要求的边坡。

4.4.2 施工

锚钉的施工基本同于锚杆。本节不再重复。

4.4.3 锚杆+锚钉联合支挡结构设计与施工实例

(1) 工程概况

重庆银茂景苑物业发展有限公司（业主）修建的凤天俊园环境边坡治理工程位于重庆市沙坪坝区凤天新城 K9-12/02 地块。场地处于山麓斜坡地带，地表树木葱茏、植被覆盖。场地地形高差较大，东高西低。地面高程为 310.17~361.07m；坡向为 288°，坡角为 25°~40°。因平场开挖将自然斜坡西侧坡脚切削成坡度较陡的人工挖方边坡，该挖方边坡坡角为 42°~54°，坡顶开挖线高程 315.50~327.56m，坡高 5.0~10.0m，坡面不平整，表面基岩裸露，风化较严重，呈碎块状及颗粒状风化剥落。

根据区域地质资料及详细调查，场区地质构造位于沙坪坝背斜的东翼，为单斜岩层产出，岩层产状为：倾向 144°，倾角 6°。根据地质勘察报告，场区发育两组构造裂隙，其产状为：LX_1 裂隙：倾向 290°，倾角 59°~66°；LX_2 裂隙：倾向 18°，倾角 78°，其特征如下：LX_1 产状：倾向：290°，倾角：59°，裂面较平直，闭合，裂隙面呈锈色，为铁锰质充填，结合一般，裂隙间距 0.50~3.50m，贯通性差，延伸长度约 2.0~12.0m。LX_2 产状：倾向：18°，倾角 78°，裂隙宽度 1~2mm，铁锰质充填，部分地段见少量泥质充填，结合一般，裂隙间距 4.00~5.00m，延伸长度 3.50~6.50m。根据地质测绘和探槽揭露，斜坡上部岩层卸荷作用不明显，未见卸荷裂隙。按照规范，场区范围内岩体裂隙较发育，岩体结构类型为中厚~厚层状结构，故定性划分场区岩体完整程度为较完整。

距场地边坡开挖线 1 倍边坡高度范围的坡顶和坡脚无建（构）筑物。

场地边坡上部为厚约 0.5~1m 的第四系残坡积粉质黏土（Q_4^{el+dl}）：褐黄色、灰色，含有少量植物根，呈可塑状。切面稍有光泽，无摇震反应，干强度中等，韧性中等；含 2%~7% 砂、泥岩角砾，粒径 0.2~1.0cm。土层下伏基岩为泥岩（紫红色，泥质结构，中厚层状构造，局部夹砂质条带或团块，部分岩体夹钙质结核，脱水易开裂，主要成分为黏土矿物）夹少量砂岩（砂岩：灰白色、灰褐色，主要由石英、长石、云母等矿物组成，细~中粒结构，钙质胶结，中厚层状构造）或砂岩透镜体。强风化岩质软，破碎，易崩解风化，强风化岩层厚一般为 0.5~2.0m 左右。

场地平基后将形成 3 段高切坡，即北侧 AB 段边坡（长约 40m，高 18~29m 左右的挖方边坡）、东侧 BC 段边坡（长约 40m，高 27~29m 左右的挖方边坡）和南侧 CD 段边坡（长约 35m，高 16~27m 左右的挖方边坡）。场地西侧的边坡由于需要与规划公路相连接，建设单位将开挖平基，基本没有边坡；开挖平基后的局部边坡，其高度不超过 10m，根据开挖情况，再做处理（处理的方案为锚杆喷射混凝土）。

为保证边坡和坡脚拟建建筑物的安全，应对该场地的边坡进行永久性支护。

（2）设计依据

1）建设单位提供的场地拟建挡墙平面布置图（1∶500）。

2）《凤天俊园岩土工程勘察报告》（中国××设计建设有限公司，2007 年 5 月）。

3）《岩土工程勘察规范》GB 50021—2001。

4）《建筑地基基础设计规范》GB 50007—2002。

5）《建筑地基基础设计规范》DBJ 50—047—2006。

6）《锚杆喷射混凝土支护技术规范》GB 50086—2001。

7）《混凝土结构设计规范》GB 50010—2002。

8）《建筑边坡工程技术规范》GB 50330—2002。

9）重庆市地方标准《建筑边坡支护技术规范》DB 50/5018—2001 等。

（3）支护方案

根据场地边坡的工程地质特征，结合场地边坡的平面布置要求，采用锚杆、锚钉喷射混凝土和板肋式锚杆挡墙进行永久性支护。

本边坡治理设计采用动态设计方法，还应根据挡墙施工反馈的信息进行修改和完善。

（4）设计参数

1）边坡类别：IIIA 类。

2）本工程设计使用年限为：50 年。

3）边坡重要性系数为 1.10（边坡工程安全等级为一级）。

4）岩土参数：

①粉质黏土：$\gamma = 19.0\text{kN/m}^3$，综合内摩擦角 $\varphi = 30°$

②强风化岩石：$\gamma = 24\text{kN/m}^3$，$c = 20.0\text{kPa}$，内摩擦角 $\varphi = 30°$

③中风化岩体：$\gamma = 25.2\text{kN/m}^3$，$c = 0.96 \times 0.20$（折减系数）$\times 0.90$（时间效应系数）$= 0.173\text{MPa}$，内摩擦角 $\varphi = 34° \times 0.80$（折减系数）$\times 0.90$（时间效应系数）$= 24°$。

④外倾结构面：$c = 90\text{kPa}$，内摩擦角 $\varphi = 22°$。

⑤坡顶附加荷载：$q = 3.5\text{kN/m}^2$。

⑥岩体破裂角：BC 地段 59°，AB、CD 地段 62.5°（按 GB50330—2002 第 6.3.4 条）。

⑦中风化岩石天然抗压强度标准值：7.7MPa。

⑧M30 水泥砂浆与岩石之间的粘结强度：0.20MPa。

（5）土石方工程

1）本工程的土石方施工按逆作法执行。

逆作法要求：每一阶的高度不应大于 4m；跳槽的长度不应大于 20m；待上一阶的挡墙混凝土强度达设计强度的 75% 后，方可施工下一阶。

2）边坡施工应先按 1∶0.10 坡率进行坡顶削坡，再进行下部锚杆挡墙工程，土方开挖应自上而下分阶分段依次进行，随时做成一定的坡势，以利泄水，并不得在影响边坡稳定性范围内积水。

3）先期坡顶削坡的弃土应暂时留于坡底，不应立即运走，以利于边坡的稳定。

4）挖方上侧弃土时，应保证挖方边坡的安全；在挖方下侧弃土时，应将弃土堆表面修整成向外倾斜，或在弃土堆与挖方边坡间设排水沟，防止地表水流入挖方场地。

5）不宜在雨期施工，应遵循先整治后开挖的施工顺序，不应破坏挖方上方的自然植被和排水系统，防止地面水渗入土体，必须遵循自上而下的开挖顺序，严禁先切除坡脚。

6）爆破施工时，应控制装药量，采取措施减小因放炮振动影响边坡的稳定。在距边坡2m范围内严禁放炮。

（6）锚杆工程

1）受力锚杆孔径为130mm和110mm，主筋分别为3ϕ28和2ϕ28（HRB335，强度标准值$f_{yk}=330N/mm^2$），锚杆与水平线夹角15°；锚杆采用M30水泥砂浆在2~3个大气压下压力灌注。

构造锚杆（即锚钉）孔径为75mm，主筋为1ϕ28（HRB335，强度标准值$f_{yk}=330N/mm^2$），锚杆与水平线夹角15°；锚杆采用M30水泥砂浆在2~3个大气压下压力灌注。

2）其余（略）。

（7）喷射混凝土

1）材料：C25混凝土（采用普通硅酸盐水泥，水泥强度等级不应低于32.5MPa）；钢筋网：ϕ10@150（单层双向）；保护层厚度25mm。

2）厚度：150mm。

3）喷射混凝土1d龄期的抗压强度不应低于5MPa；喷射混凝土与岩层的粘结强度不应低于0.5MPa；喷射混凝土的弹性模量为2.3×10^4MPa。

4）喷射混凝土施工：

①准备工作：

A. 清除作业面的浮石、强风化岩石和墙脚的岩渣、堆积物。

B. 用风压清扫岩面。

C. 埋设控制喷射混凝土厚度的标志。

②喷射作业：

A. 喷射作业应分片分段依次进行，喷射顺序应自下而上。

B. 分层喷射时，后一层喷射应在前一层混凝土终凝后进行，若终凝1h后再进行喷射时，应先用清水洗喷前一层表面。

③钢筋网喷射混凝土施工：

A. 钢筋使用前应除去锈污。

B. 钢筋网应在岩面喷射一层混凝土后铺设，钢筋与壁面的间距宜为30mm。

5）钢筋网应嵌入中等风化岩石400mm或锚入已施工的坡脚排水沟条石的后部深300mm的C20混凝土内。

其余要求按《锚杆喷射混凝土支护技术规范》GB 50086—2001的规定执行。

（8）排水系统工程

1）建设单位应及时做好本工程场地及周边环境的整体排水系统工程。

2）结合场地整体排水系统工程，建设单位应设置场地内的地表排水系统。

3）挡墙应按2.50m×2.0m设ϕ100泄水孔，外倾5%，墙背后500mm厚范围做卵石堆囊。

4）挡墙墙脚的排水应按整体排水系统要求执行。

（9）边坡治理工程立面代表面见图4-12。

（10）边坡治理工程剖面代表图见图4-13。

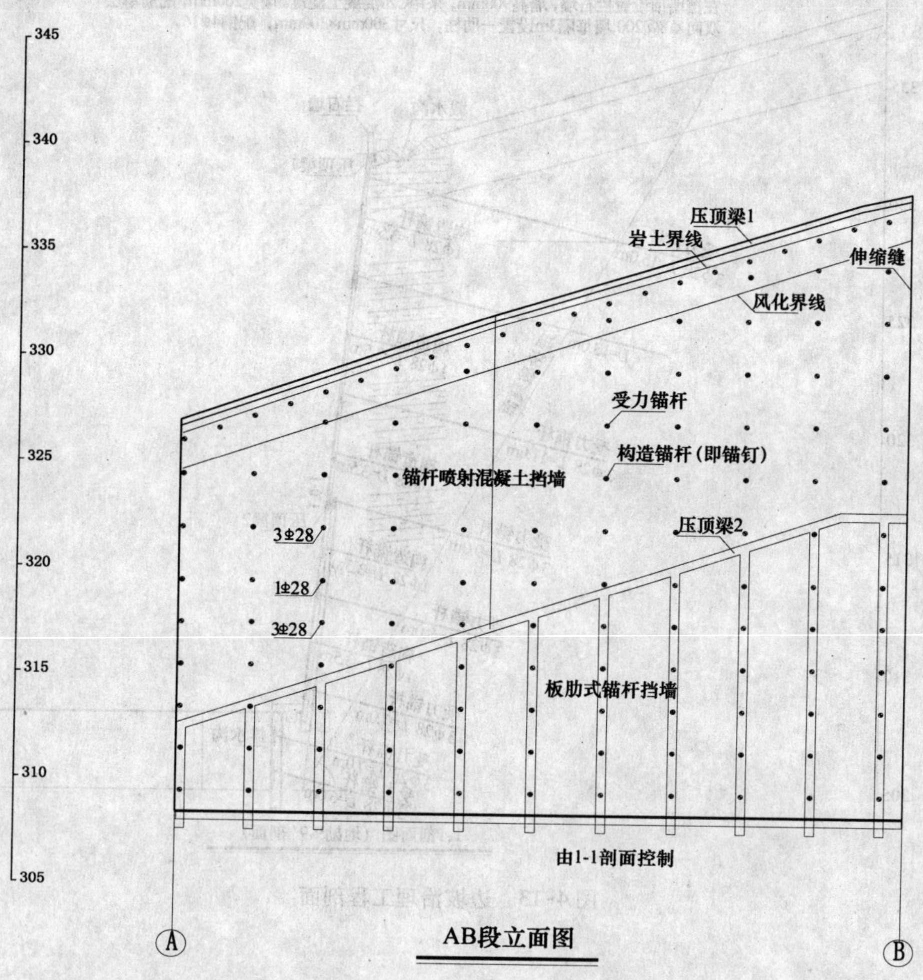

说明：

1. 坡高H大于等于20m段边坡，锚杆采用3Φ28；坡高H小于20m段边坡，锚杆采用2Φ28。
2. 顶部第一排锚杆水平间距为1.5m(1.25m)，距坡顶距离1m。
3. 锚杆喷射混凝土挡墙高度不大于15m，其下为板肋式锚杆挡墙。

图4-12 边坡治理工程立面

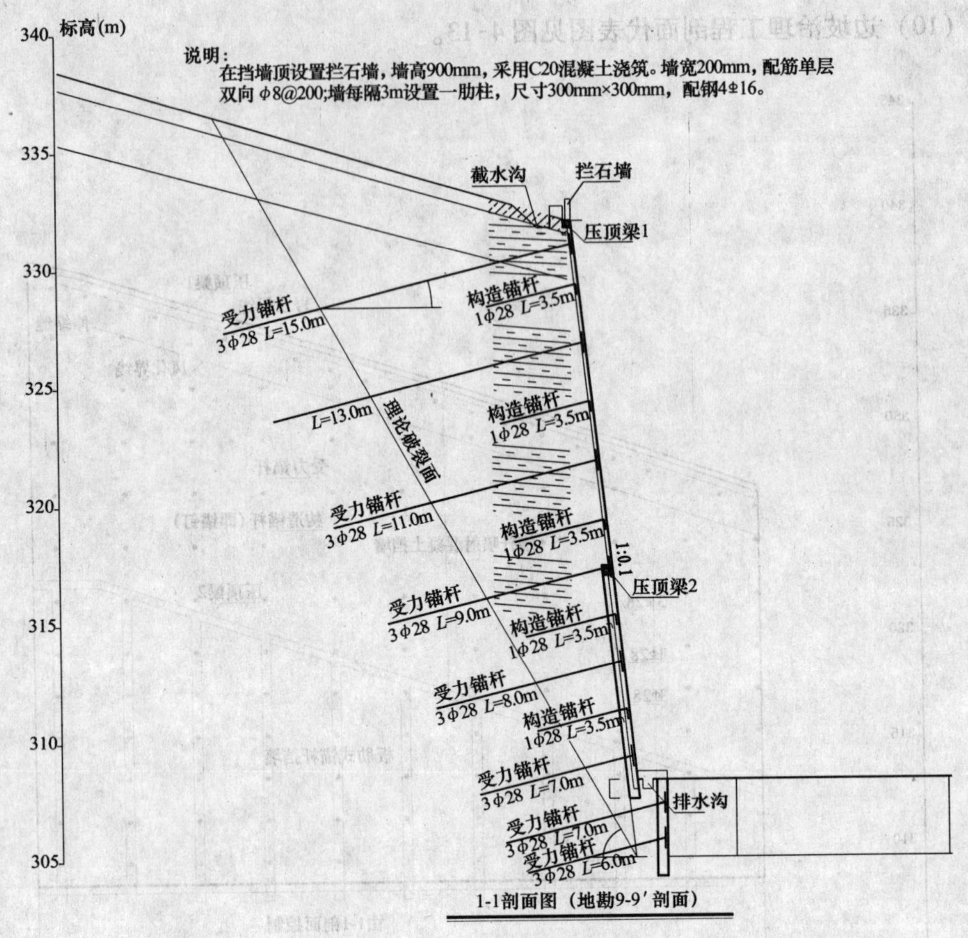

图4-13　边坡治理工程剖面

4.5　树根桩与灌浆的联合支挡结构

树根桩是一种小直径的就地灌注的钢筋水泥桩，是20世纪30年代由意大利FONDEDILE公司F. Lizzi首创。制桩时可竖向也可斜向，并在各个方向上可倾斜任意角度，采用压浆法施工的树根桩，其浆液对粉性土和砂性土夹层有明显的渗透性，在桩体周围形成脉状细杆而类似树根，故名树根桩。

化学灌浆是用专门设施通过压力将特定的化学浆和水泥浆灌入需要处理部位，以实现加固或防渗目的的一种施工工艺。“树根桩+化学灌浆”是树根桩与化学灌浆两种边坡加固技术的有机结合。树根桩通常由多根（一般3~5根）直径20cm左右的斜桩组成，在空间按一定方式展布，能为土体提供强有力的支撑骨架，对边坡土体产生抗滑和锚固作用；而化学灌浆能加速土体固结，封堵土体裂缝，提高土体密实度，浆液固结后的立体网状浆脉将松散的土体连接成整体，有效提高被加固土体的抗剪强度，达到稳定边坡的作用。

采用“树根桩+化学灌浆”技术具有所需场地较小、设备简单，施工灵活、快速等优点，特别是在边坡已经发生滑动或处于极限状态，采用抗滑桩等工艺施工具有较大危险时，应用“树根桩+化学灌浆”技术基本可以做到无损修复，具有安全、快速、有效的突出特点。树根桩在加固边坡中，有类似于土钉的作用，但区别于土钉的是树根桩桩群的三维几何分布形态可使加固土体形成一体，有效提高边坡的稳定性。

4.5.1 设计

（1）树根桩的直径宜为$\phi100\sim\phi300$mm，桩长不宜超过30m，桩的布置可采用直桩型或网状结构斜桩型。

（2）桩身混凝土强度等级应不小于C20，钢筋笼外径宜小于设计桩径40~60mm。主筋不宜少于3根。对软弱地基，主要承受竖向荷载时的钢筋长度不得小于1/2桩长；主要承受水平荷载时应全长配筋。

（3）树根桩采用的碎石骨料粒径宜在10~25mm范围内，钢筋笼外径宜小于设计桩径40~60mm。作为侧向支护和抗渗漏的树根桩，宜注水泥浆，浆液水灰比宜为0.4~0.5。树根桩成桩时可根据工程需要掺入适量的早强剂和减水剂。

（4）在沟槽开挖埋管时作为侧向支护的树根桩工程可不采用井点降水措施，树根桩墙的设计应满足抗渗漏的要求。

（5）在开挖基坑中，作为侧向支护的树根桩墙参照有顶梁和顶撑的板桩挡土墙设计，其插入深度宜在1.0~1.2倍开挖深度内选取，桩体组合应确保墙体有良好的抗渗性。在无条件采用顶部对撑的工程，应根据具体施工条件采用墩桩、排桩、锚桩或角撑，使树根桩墙具有足够的抗稳定性。

4.5.2 施工

（1）定位和校正垂直度。桩位偏差应控制在20mm以内，直桩的垂直度偏差应不超过1%，斜桩的倾斜度应按设计要求作相应调整。

（2）可采用钻机成孔。在土层中钻孔时宜采用清水或天然泥浆护壁，也可用套管。

（3）吊放钢筋笼和注浆管。分节吊放钢筋笼，节间钢筋搭接焊缝长度不小于10倍钢筋直径（双面焊）。注浆管可采用直径20mm钢管，直插孔底。需二次注浆的树根桩应插两根注浆管，施工时应缩短吊放和焊接时间。

（4）当采用碎石和细石填料时，填料应经清洗，投入量不应小于计算桩孔体积的0.9倍，填灌时应同时用注浆管注水清孔。

（5）注浆材料可采用水泥浆液、水泥砂浆或细石混凝土，当采用碎石填灌时，注浆应采用水泥浆。

（6）当采用一次注浆时，泵的最大工作压力不应低于1.5MPa，开始注浆时，需要1MPa的起始压力，将浆液经注浆管从孔底压出，接着注浆压力宜为0.1~0.3MPa，使浆液逐渐上冒，直至浆液泛出孔口停止注浆。当采用二次注浆时，泵的最大工作压力不应低于4MPa。待第一次注浆的浆液初凝时方可进行第二次注浆，浆液的初凝时间根据水泥品种和外加剂掺量确定，可控制在45~60min范围．第二次注浆压力宜为2~4MPa，二次注浆不宜采用水泥砂浆和细石混凝土。

（7）注浆施工时应采用间隔施工、间歇施工或增加速凝剂掺量等措施，以防止出现相邻桩冒浆和串孔现象。树根桩施工不应出现缩颈和塌孔。

（8）拔管后应立即在桩顶填充碎石，并在1～2m范围内补充注浆。

4.5.3 质量检验

（1）施工过程中应做好现场验收记录，包括钢筋笼制作、成孔和注浆等各项工序指标考核。

（2）每三根桩做一组试块（每组三块，150mm×150mm×150mm），以便测定桩身混凝土强度。

（3）对作为侧向支护的树根桩，可边开挖边垂直检验。当发现严重偏斜、缩颈、露筋、蜂窝、断桩等现象时，应及时采取加固措施。

（4）对作为防渗漏的树根桩。可采用监测墙后孔隙水压力在开挖期下跌幅度的方法来检验防渗效果。当墙面出现有渗漏现象时，应及时采取墙前封堵和墙后注浆等措施。

4.5.4 树根桩+灌浆支挡结构设计与施工实例

1. 工程概况

广西某高速公路K16+958～K17+178段穿越低缓丘陵，开挖山体后1:1放坡，坡面南倾，右幅削坡高约18.0m。由于边坡开挖后在雨水冲刷、渗透作用下沿公路走向出现150m长裂缝，并有向下滑移趋势。根据原有地勘资料，场地由上至下主要分布有第四系黏土夹碎石层、全强风化泥岩、泥质砂岩及弱风化砂质泥岩。为确保高速公路边坡安全，需要对该边坡进行加固处理。

2. 加固设计方案

依据该路段岩土特征及开挖边坡情况，并且考虑到边坡已经开始滑移，采用分层抗滑桩等结构存在施工难度大，危险性高的特点，决定在原边坡防护结构的基础上，采用树根桩+化学灌浆加固边坡。

（1）在病害边坡二、三、四平台上各布置一排树根桩，树根桩孔径为ϕ120mm，桩长一般为6～12m，桩孔也作为灌浆孔，桩组间距为3m；

（2）桩孔中置一根ϕ25螺纹钢筋，采用水灰比为0.35～0.4的“水泥特浓浆”灌注成桩，浆液固结体抗压强度≥50MPa。其中第二个平台共69组，第三组平台约47组，第四组平台约50组，每组5个孔，第四平台的全部树根桩用截面为300mm×300mm的C25钢筋混凝土梁连接成一整体。

（3）在第三至第四平台的坡面及第二、第四平台上以3～4m的间距设置ϕ60mm灌浆孔，深度3～5m，浆液配比为水:水泥:专用化学灌浆浆材=0.7:1:0.25～0.35，浆液凝固时间控制在30～60s内，灌浆压力≤0.3MPa。

（4）树根桩及灌浆孔布置如图4-14所示。

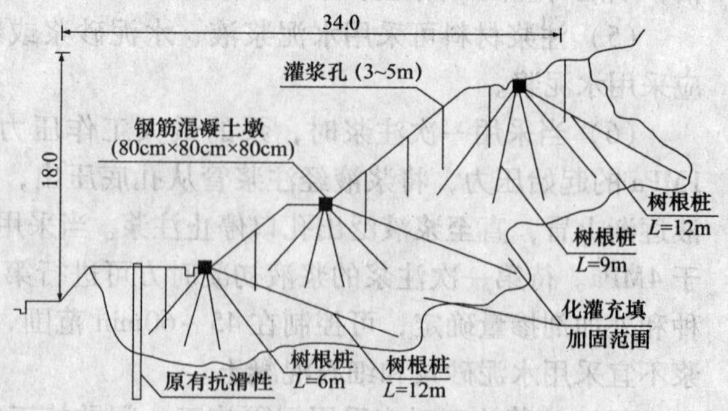

图4-14 树根桩布置示意图

4.6 生态石笼与卵石回填压脚的联合支挡结构

石笼结构，又称格宾（Gabion）结构，是由双绞六角形钢丝网制成的，钢丝网由高强度金属镀层钢丝编制而成。石笼经过石头充填，构成具有一定柔性、透水性及整体性的结构，不但能够满足一定的拦挡强度要求，而且具备一定的土壤条件后可以恢复植被。石笼缝隙可以有效防治径流对坡面的冲刷，拦截上游流失土壤，并过滤地表径流。这种结构的起源可追溯到闻名于世的四川都江堰水利工程。“竹笼”、“羊圈”用竹木为材料，用江河中的卵石构成完整的建筑构件，用于堤坝、围堰、护岸护坡等不同用途的工程中。石笼分箱式石笼和垫式石笼，与传统的干砌石、浆砌石、混凝土、预制块等结构相比，石笼具有以下优点：

(1) 能够紧密地结合形成一体，具有延展性和柔性，可抵抗高强度压力，可承受大范围的变形而不破裂。

(2) 由于网箱内填充的是石头，孔隙比传统结构条件下的孔隙大得多，非常有利于空气和水体的自由交换，能有效地解决孔隙水压力的影响，防止由流体静力造成的损害。更接近于原生态河床，便于水生动植物生长，还能满足水土保持、消声敛光、绿化美化环境的要求。此外，水流中泥砂的自然沉积以及水位的变化能有利于坡面生态环境的恢复，促进驳岸坡面与环境的亲和性。

(3) 网箱内填充的石料可就地取材，既方便又经济。只需将石头放入笼子封口即可。施工简便，不需要特殊的技术。运输费用小，可将石笼网格折叠起来运输，在工地上装配（图4-15）。

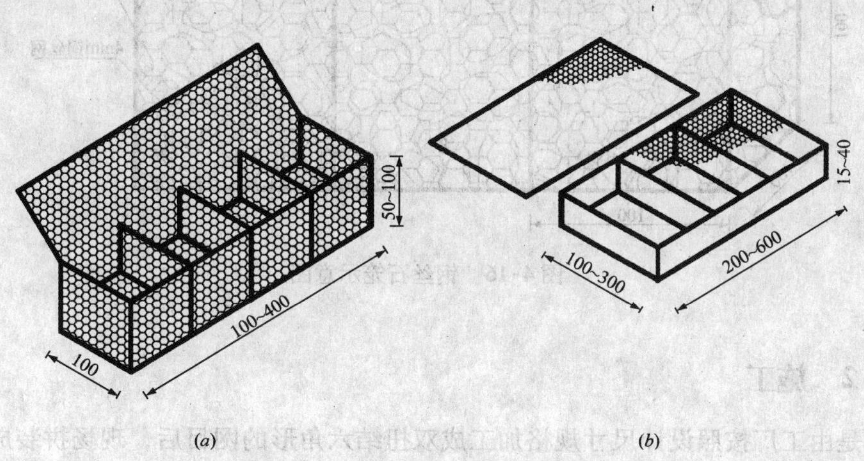

图4-15 石笼示意图

（a）石笼网箱；（b）石笼网垫

(4) 采用热厚镀锌并覆塑表面防腐处理的钢丝具有很强的耐久性，使用寿命可达百年。有很强的抵御自然破坏及耐磨蚀和抗恶劣气候影响的能力。

4.6.1 设计

（1）钢丝网笼：

生态石笼材料多项指标必须进行严格的检验，检验项目及指标是：

1）锌层含量 $\phi2.6>250g/m^2$，$\phi3.4>270g/m^2$；

2）钢丝抗拉强度：>400MPa；

3）钢丝延伸率：>12%；

4）PVC 抗拉强度：>25MPa；

5）PVC 断裂延伸率：>180%；

6）PVC 抗老化试验中，抗拉强度和断裂延伸率的改变量不超过25%。

（2）网眼尺寸范围。生态石笼网眼规格尺寸是一个重要的技术指标，在10cm之内为宜。

（3）石块。石料应质地坚硬，充填石料抗压强度应满足设计要求，大小搭配要达到设计要求的空隙度并保证石笼的直线外形。大于80%石块的粒径为100～180mm，填充石料可选用粒径为网眼2倍左右为宜（图4-16）。

（4）石笼内宜设加强拉筋，拉筋间距一般为50 cm，以控制挡墙变形。

（5）可在砌筑好的网笼上铺垫10～15cm的腐殖土，以便于植被生长。

（6）网笼适用于坡率范围1∶1.5～1∶2的边坡坡面拦挡或不同坡比边坡坡脚防护。

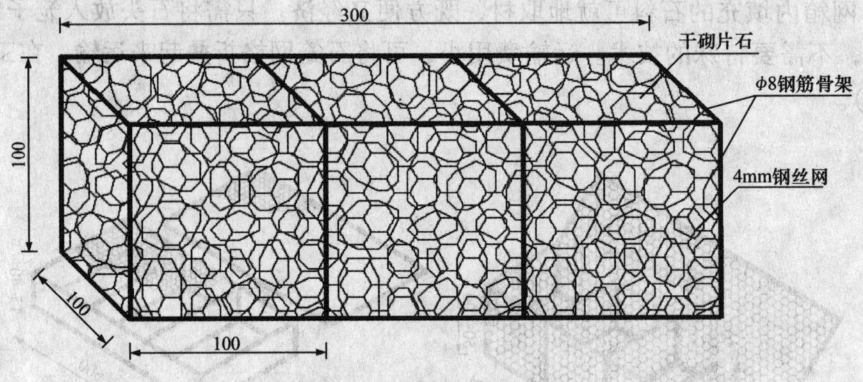

图4-16　钢丝石笼示意图

4.6.2 施工

网笼是由工厂按照设计尺寸规格加工成双扭结六角形的网目后，现场拼装成箱式网笼或垫式网笼，网笼施工主要是立架、装料、砌平及封口等。

（1）网笼安装前，应适当修整基底和坡面，不应出现明显的隆起或洼陷。石笼网箱挡墙的基底土质及土的密实度、基础层网箱入土深度和轮廓线长度及宽度、基础底高程均应满足设计要求。

（2）现场如遇地基土质不符合设计要求，需作地基处理的，处理后的地基承载力及土的各项力学指标必须达到设计要求后，才可进入安装、砌筑石笼网箱挡土墙施工工序。

（3）安装时将网笼四边立起，用绑线将相邻边沿锁紧。绑锁时，将绑线围绕两条重合的框线或框线与网笼的双扭结边螺旋状扭紧。避免重镀锌损伤，螺距不大于50mm。安装好的网笼错缝摆设就位，避免出现纵向贯通缝。

（4）当在已安装的底层网石笼上面安装网笼时，应用绑线沿新装网笼下部边框将其固定在底层的网笼上，同一层相邻的网笼也应用绑线相互系牢，使网笼连成一体。

（5）在某单元工程的同一水平施工时，应将网笼全部就位后才开始充填卵石，为了防止网笼变形，相邻两个网笼的填石高差不应大于35cm。

（6）石笼充填时，应保证超填石料顶面高出2.5～3cm，以便于为沉降留有余地。

（7）网笼内填满石料后即将顶盖盖下，然后用绑线将两条重合的框线螺旋状扭紧。

4.6.3 生态石笼＋卵石回填支挡结构设计与施工实例

实例1：某河道整治工程设计采用生态石笼工艺

1. 一般规定

其设计施工要点如下：

（1）石笼网箱挡墙的基底土质及土的密实度、基础层网箱入土深度和轮廓线长度及宽度、基础底高程均应满足设计要求。现场如遇地基土质不符合设计要求，需作地基处理，处理后的地基承载力及土的各项力学指标必须达到设计要求后，才可进入安装、砌筑石笼网箱挡土墙施工工序。

（2）石笼网箱挡墙每层网箱（挡墙）施工结束，墙后应及时回填土方，填土面与网箱面平齐。墙后回填土每坯厚度应控制在20～30cm，且必须夯实，夯实度应达到85%以上。

（3）铺设防渗土工膜施工应符合SL260-98标准第6.6条有关规定。铺设土工织物或反滤层施工应符合SL260-98标准第6.7条有关规定。

2. 组装、铺设石笼网箱

（1）石笼网箱的间隔网片与网身应呈90°，才可进入绑扎工序，组装绑扎成网箱。

（2）组装网箱时，绑扎用的组合丝及水平拉力丝必须与网丝同材质。

（3）组装网箱时，组合丝绑扎必须绞绕收紧（图4-17）。

（4）组装网箱连接绑扎时，间隔网片与网身的四处交角各绑扎一道，间隔网片框线与网身交接处必须采用组合丝绞绕收紧连接。

（5）组装完成的网箱必须按设计图示位置依次安放到位。

（6）网箱间连接绑扎，应符合下列要求：

1）相邻网箱的上下四角各设一道组合丝绑扎；

2）相邻网箱的间隔网位置上下各设一道组合丝绑扎；

3）相邻网箱的网片结合面每平方米设四道组合丝绑扎；

4）网箱按设计图安放到位，在网箱放置前，应测量放线，调整网箱位置后，相邻网箱的框线及折线每20cm用组合丝双股绑扎；

5）网箱按设计要求放置好后，在网箱外露面横向绑扎竹竿、木棒、钢管或木板等，纵向间隔每1m绑扎钢管或竹竿，以保持网箱不变形，待填充料施工结束后拆除（图4-18）。

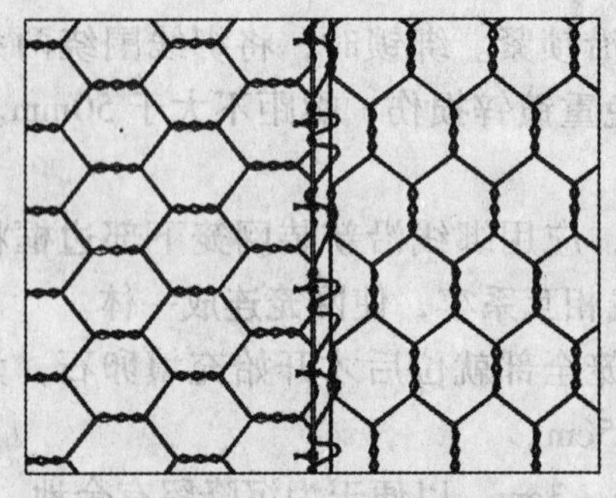
图 4-17 组合丝绑扎示意图

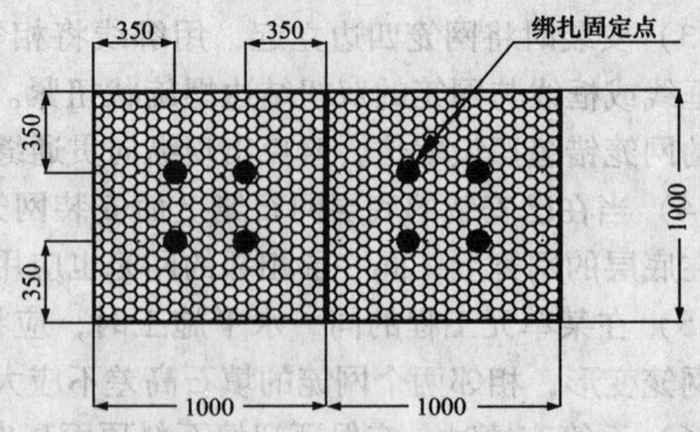

图 4-18 网箱（组）结合面绑扎示意图

3. 填充料施工

（1）网箱的填充料规格、质量，必须符合要求。

（2）网箱填料时必须逐坯、依次、均匀地向同一层各网箱内投料，严禁往单个网箱一次投满填充料。

（3）以人工填充料施工时，应控制每坯投料厚度在 35cm 以下。

（4）以机械化填充料施工时，要控制在 1m 高网箱分四次均匀投料。

（5）每批投料后，应采取用木棒或铁棒捣实措施，以使小碎石填满空隙，确保结构体内填充料的密实度。

（6）填充料顶面应适当高出网箱上框线，高出的范围控制如下：

1）基础的网箱填充料应高出网箱顶部 3 ±1cm。

2）第二层网箱填充料应高出网箱顶部 2 ±1cm。

3）网箱封盖前应测量高度是否符合要求。

4）在测量每层网箱的高度符合设计图要求后，再施工上层网箱。

5）5m 高以上的挡墙应控制好设计图高度，可重复（1）、（2）的施工步骤。

6）顶部网箱封盖前的填充料高度必须达到设计图要求。

（7）石笼网箱内填充料的容重必须≥1.70t/m³。

（8）外露面的填充料不得小于网孔尺寸，必须人工砌垒整平，填充料间应相互搭接。

（9）每层网箱填料至 1/3 处必须设置水平拉力丝。水平及垂直间距为 25 ~35cm，呈“8”字形向内与边网片或临土面网片连接并拉紧。

4. 网箱封盖施工

（1）封盖前必须把顶部的填充料铺砌整平。

（2）盖片与网箱顶部边框线必须采取组合丝绑扎方式连接。

（3）每层网箱的施工步骤按 3.（2）~（4）进行。

（4）用作抛石笼的网箱，制作程序应按设计进行。

（5）层与层间的网箱施工：

1）将组装好的网箱按设计要求安放到位。

2）层与层间的网箱应纵横交错或“丁字形”叠砌，上下连接，严禁出现“通缝”。

3）将安放到位的网箱边框线与下层交接处每 20cm 双股绑扎。

4）上层网箱的底部与下层网箱的顶部每平方米应均匀 4 点双股绑扎。

5）放置填充料按要求，砌体外露面填充料应人工铺砌整平，保证美观。

6）封盖按要求进行。

7）多层网箱挡土墙结构施工时，放置、绑扎上层网箱时，必须与下方网箱面层框线或网片绑扎在一起，使整个墙身连成一体。

5. 注意事项

（1）用户在购买石笼时，应注明产品的规格型号，网孔、网丝尺寸、网箱的大小尺寸以及套数等相关信息。

（2）当石笼结构应用在河道衬砌工程中时，水流通过填石的孔隙可以冲刷衬砌下面的裸土，需要设置土工布，降低接触面的流速。

（3）石笼绑扎处，金属钢丝的切断面比较尖锐，应将钢丝头部弯曲到石笼内，防止勾挂垃圾或伤害行人。

（4）在工程上，最常用的填料是卵石或块石。填充料须满足抗风化，密度和强度等性能符合结构上、功能上和耐久性上的要求，粒径较网孔大即可。填充料的粒径，网箱应控制8～25cm粒径的达到80%以上；网垫应控制5～10cm粒径的达到90%以上。用较小粒径的碎石灌实填充料间的孔隙。可以用粗加工的小石块甚至道砟或拆下的旧混凝土碎块。考虑结构的美观要求，石笼结构的外露面最好采用块石和规则的卵石堆放整齐（图4-19）。

(*a*)

(*b*)

图4-19　现场照片

（5）水平拉力丝应按照要求绑扎，组合丝绑扎必须绞绕收紧。

6. 质量验收

（1）检查石笼检验报告是否完备及符合设计要求。

（2）检查石笼基础承载力是否符合重力挡墙及设计要求。

（3）检查块石大小是否符合要求，是否填充饱满，大块石之间是否以小块石填充压实，堆砌是否错缝，齐整。

（4）检查石笼绑扎是否牢固，钢丝头不外露。

（5）检查石笼是否与其他构造正确连接。

实例 2：某滑坡工程治理采用生态石笼与卵回填工艺

1. 工程概况

重庆市南川头渡镇 2 号滑坡位于头渡镇中心学校（含初中、小学）后侧，滑坡威胁教学楼、教师宿舍、学生宿舍等，常住在学校内的师生共计约 200 余人。近几年，每逢洪水季节，滑坡内地表均出现了新的裂缝、土坎垮塌、堡坎开裂、建构筑物变形加剧的迹象，并有逐年加剧之趋势，每逢洪水季节滑坡都有失稳的可能，故对该滑坡的治理刻不容缓。

2. 地质灾害防治工程等级

根据地质灾害危害对象、危害人数和可能造成的经济损失，按照《地质灾害防治工程勘察规范》（重庆地方标准 DB50/143-2003）、《地质灾害防治工程设计规范》（重庆地方标准 DB50/5029—2004）中有关规定，本工程地质灾害防治工程等级为二级。

3. 工程治理方案

原初步设计在 2 号滑坡 1—1 剖面控制区段布设 A 型抗滑桩 7 根，2—2′剖面控制区段布设 B 型抗滑桩共 8 根，3—3′剖面控制区段布设 C 型抗滑桩 6 根，4—4′剖面控制区段布设 D 型抗滑桩 4 根。根据调查，抗滑桩开挖难以避免地下水上涌，施工难度巨大。结合对设计方案进一步优化的原则，本次施工图设计结合现场实际情况，将原设计的抗滑桩 + 地表排水方案调整为生态石笼 + 卵石回填压脚 + 地表排水方案。

4. 设计荷载组合

（1）设计荷载

①自重：基本为滑体自重。

②地下水作用力：主要考虑暴雨下渗产生的滑体加载影响，滑体渗透系数较小，不考虑地下水的动静水压力。

③地表荷载：滑坡区范围内存在人与车的活动或堆载，计算时建筑物采用 15kPa 的均布荷载，公路段采用 25kPa 的均布荷载考虑。

（2）设计工况

暴雨洪水工况：滑体重 + 荷载 + 暴雨。

（3）设计标准

本工程防治工程安全级别为Ⅱ级，安全系数：$K_S = 1.15$；防治工程结构设计基准期为 50 年。

5. 计算参数取值

勘察报告对滑坡参数取值作了较深入的分析，参数取值是根据现场试验、室内试验及滑面贯通程度综合确定，即反应了不同试验方法对参数的影响，又体现了滑面贯通程度对取值的作用，计算结果与滑坡实际的稳定性状态基本一致；在设计阶段中，勘察报告对有关参数及计算进行了补充及复核更正，初步设计阶段滑坡参数即是采用勘察复核后的结果，主要参数取值见表 4-9。

6. 抗滑桩计算推力

滑坡稳定性及推力计算成果见表 4-10。

滑坡防治工程稳定性及推力计算设计参数取值表 **表 4-9**

滑坡号				2号滑坡			
位置				滑体	滑带	滑床	
岩性				含块碎石粉质黏土	粉质黏土	块碎石夹砂	中等风化泥岩
重度（kN/m^3）	天然			20	19.22	21*	26.75
	饱和			20.8	19.6	21.5*	26.85
抗压强度（MPa）	天然			—	—	—	15.67
	饱和			—	—	—	11.01
抗剪强度	天然	c	kPa	44.95	27.57	—	—
		φ	°	20.65	16.06	—	—
	饱和	c	kPa	28.96	18.95	—	—
		φ	°	15.42	12.92	—	—
基底摩擦系数				0.30	—	0.35	0.45
水平抗力系数的比例系数（MN/m^4）				40	—	40	—

头渡镇滑坡稳定性及推力计算成果一览表 **表 4-10**

剖面编号	计算工况及稳定性评价			推力计算安全系数
剖面线	暴雨工况：自重＋地表荷载＋暴雨			
	稳定安全系数	稳定性	剩余推力（kN）	
1—1 剖面	1.059	基本稳定	534.41	1.15
2—2 剖面	1.083	基本稳定	431.51	1.15
3—3 剖面	1.030	欠稳定	878.05	1.15
4—4 剖面	1.080	基本稳定	729.41	1.15
2—2 次级剪出口	1.127	基本稳定	50.09	1.15

通过稳定性校核计算滑坡在暴雨工况下 3—3 剖面整体处于欠稳定状态，1—1、2—2、4—4，剖面及 2—2 剖面次级剪出口在暴雨工况下处于基本稳定状态，稳定性校核计算结果与勘察报告基本一致。

7. 生态石笼支挡＋回填压脚分项工程设计

依据滑坡区的 4 条勘探剖面，设置了 5 种类型的生态石笼。

（1）A 型生态石笼。依据 1—1 剖面进行设计，截面 $35m^2$，长度为 60m，坡架斜率为 1∶0.25；起点坐标 $X = 3202445.86$，$Y = 36420166.45$；终点坐标 $X = 3202389.17$，$Y = 36420155.56$；预计总方量 $2100m^3$，预计回填量 $3258.6m^3$。

（2）B 型生态石笼。依据 2—2′剖面进行设计，截面 $25m^2$，长度为 51m，坡架斜率为 1∶0.25；起点坐标 $X = 3202389.17$，$Y = 36420155.56$；终点坐标 $X = 3202336.03$，$Y =$

36420139.34，预计总方量1311m^3，预计回填量2128m^3。

（3）C型生态石笼。依据3—3′剖面进行设计，截面29m^2，长度为33m，坡架斜率为1∶0.25；起点坐标 $X=3202336.03$，$Y=36420139.34$；终点坐标 $X=3202308.55$，$Y=36420122.93$，预计总方量930m^3，预计回填量800m^3。

（4）D型生态石笼。依据4—4′剖面进行设计，截面39m^2，长度为40m，坡架斜率为1∶0.25；起点坐标 $X=3202308.55$，$Y=36420122.93$；终点坐标 $X=33202272.40$，$Y=36420112.72$；预计总方量1560m^3，预计回填量1223m^3。

（5）E型生态石笼。依据2—2′剖面次级剪出口进行设计，截面5m^2，长度为50m，坡架斜率为1∶0.25；起点坐标 $X=3202401.83$，$Y=36420119.95$；终点坐标 $X=3202362.29$，$Y=36420100.88$；预计总方量236m^3，预计回填量104m^3。

8. 排水工程

排水工程布置：根据滑坡区已有的斜坡冲沟和地表汇水面积分布，本次设计2号滑坡区后缘外围环形截排水沟1条（J2，长402m），以拦截滑坡区外围的坡面大气降水并排导滑坡区横向截水沟和坡面汇聚地表水，沟的起点一般始于比较容易积水的滑坡平台、洼地、堰塘及居民集中区附近，目的是将滑坡区内的地表积水尽快排导出滑坡区。其中截水沟为新建水沟，采用人工挖槽厚浆砌石砌筑，直角梯形断面；纵向排水沟多在原有斜坡冲沟的基础上进行改造，局部裁弯取直，采用开挖修整后浆砌石砌筑，沟底设防渗层，水沟断面采用等腰梯形。此外，考虑到截排水沟上口宽度较大，影响居民日常生活，在截水沟段（J1）每隔5m设置一盖板。

排水沟砌筑技术要求：截、排水沟均采用M7.5浆砌块石结构，石料的尺寸应大于20cm，且毛石强度为MU30。在砂浆初凝后，在砌石间砌宽10mm高5mm的砂浆皮带缝；对坡降较缓的公路边沟，为增大水沟的排导能力，在水沟砌筑成型后在渠底和沟边用1∶2水泥砂浆进行抹面，抹面厚度2cm。为防止温差裂缝和渠道基础不均匀沉陷造成渠道断裂，所有衬砌均设置沉降缝。

当排水沟坡降大于1∶20或局部高差较大时，设置跌水，当跌水高差在5m以内时，宜采用单级跌水，跌水高差大于5m时，宜采用多级跌水。跌水前趾平台长度一般为2～5m，跌水胸墙厚度为0.4m，跌水前趾平台渠底衬砌厚度加大至0.5m。

9. 生态石笼压脚施工方法及相关参数

（1）钢丝

钢丝直径及相应公差应符合表4-11的规定。

钢丝直径公差 **表4-11**

钢丝直径（mm）	公差（mm）
2.20	±0.06
2.70	±0.08
3.4～3.9	±0.10

抗张强度：用于制造产品钢丝的抗张强度应在350～500 N/mm² 之间。

伸张度：伸张度不能低于10%，测试所用样品至少应有25cm长。

镀锌层的粘附力应达到下述要求：当钢丝绕具有4倍钢丝直径的心轴6周时，它不会剥落或开裂。

为达到更强的耐久性，生态石笼产品可在热厚镀锌或重镀高尔凡（Galfan）后再覆塑，PVC覆层平均厚度应达到0.5mm（公差为0.05mm），最小量不应低于0.4mm，且颜色应为灰色。覆塑钢丝在暴露于自然及海水条件下应能够抵御侵蚀，其物理特性无变化。

（2）钢丝网格

钢丝网格应由机器预先整体编织成六边形双绞合网格，其连接处是由相互缠绕3圈的一对绞合钢丝组成，如图4-20所示，产品规格见表4-12。

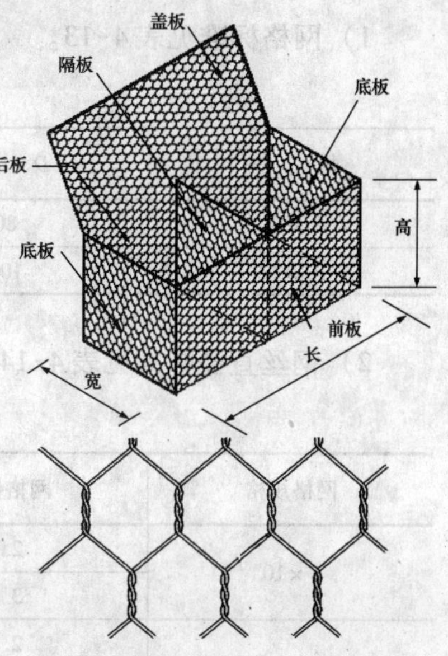

图4-20 格宾产品示意图

产品规格表（单位：m） 表4-12

G 1×1×1 ZN	G 1×1×1 GF	G 1×1×1 ZNP	G 1×1×1 GFP
G 1.5×1×1 ZN	G 1.5×1×1 GF	G 1.5×1×1 ZNP	G 1.5×1×1 GFP
G 2×1×1 ZN	G 2×1×1 GF	G 2×1×1 ZNP	G 2×1×1 GFP
G 3×1×1 ZN	G 3×1×1 GF	G 3×1×1 ZNP	G 3×1×1 GFP
G 4×1×1 ZN	G 4×1×1 GF	G 4×1×1 ZNP	G 4×1×1 GFP
G 1×1×0.5 ZN	G 1×1×0.5 GF	G 1×1×0.5 ZNP	G 1×1×0.5 GFP
G 1×1×0.5 ZN	G 1×1×0.5 GF	G 1×1×0.5 ZNP	G 1×1×0.5 GFP
G 1.5×1×0.5 ZN	G 1.5×1×0.5 GF	G 1.5×1×0.5 ZNP	G 1.5×1×0.5 GFP
G 2×1×0.5 ZN	G 2×1×0.5 GF	G 2×1×0.5 ZNP	G 2×1×0.5 GFP
G 3×1×0.5 ZN	G 3×1×0.5 GF	G 3×1×0.5 ZNP	G 3×1×0.5 GFP
G 4×1×0.5 ZN	G 4×1×0.5 GF	G 4×1×0.5 ZNP	G 4×1×0.5 GFP
G 6×2×0.5 ZN	G 6×2×0.5 GF	G 6×2×0.5 ZNP	G 6×2×0.5 GFP
G 1×0.5×0.5 ZN	G 1×0.5×0.5 GF	G 1×0.5×0.5 ZNP	G 1×0.5×0.5 GFP
G 2×0.5×0.5 ZN	G 2×0.5×0.5 GF	G 2×0.5×0.5 ZNP	G 2×0.5×0.5 GFP
G 2×1×0.3 ZN	G 2×1×0.3 GF	G 2×1×0.3 ZNP	G 2×1×0.3 GFP

型号范例：G 4×1×1 GF

长度为4m，宽度为1m，高度为1m，钢丝为镀高尔凡（Galfan）的格宾产品

G(ZN)系列＝热厚镀锌钢丝格宾，G(GF)系列＝重镀高尔凡（Galfan)钢丝格宾。

G(ZNP)＝热厚镀锌并覆塑钢丝格宾，G(GFP)＝重镀高尔凡（Galfan)并覆塑钢丝格宾。

1）网格标准见表4-13。

钢丝网格标准　　表4-13

规　格	D（mm）	容许公差	钢丝直径（mm）
8×10	80	+16%/-4%	2.7
10×12	100	+16%/-4%	2.7

2）钢丝直径标准见表4-14。

钢丝直径标准（单位：mm）　　表4-14

网格规格	网格钢丝	边端钢丝	铰边钢丝
8×10	2.7	3.4	2.2
	3.0	3.9	2.4
10×12	2.7	3.4	2.2
	3.0	3.9	2.4

3）钢丝允许公差及镀层数据表见表4-15。

钢丝容许公差及镀层数据表　　表4-15

钢丝直径（mm）	2.20	2.40	2.70	3.00	3.40	3.90
钢丝容许公差（±）ϕmm	0.06	0.06	0.06	0.07	0.07	0.07
Galfan或镀锌最小用量（gr/m^2）	230	230	245	255	265	275

4）边端钢丝。除端面和隔板的底部边缘外，格宾施工中所有网面的边缘钢丝都应由表4-16所示直径的钢丝构成，所有面板的边缘钢丝都应与网面编织为一个整体。

边　缘　钢　丝　　表4-16

钢丝直径（mm）	边端钢丝直径（mm）
2.7	3.4

如边缘钢丝不能由机器编织在网面上，而必须绑缚在网面切口上，则必须采用机器绑缚，且网面切口必须绕边缘钢丝两圈半，或采用其他被设计人员认可的方式。同时，在1m长的网格边缘钢丝样品上，如需要将绑缚钢丝与网面分离，则应满足至少需要8.5kN的力。

5）隔板和端面。端面和隔板应在顶部及立面都充分绑缚。在绑缚端面时，应采用机器将端面的钢丝切口与格宾底板的边缘钢丝绑缚。同样，隔板应通过依次穿过底板网孔与隔板网格网孔的螺旋形钢丝连接。螺旋形钢丝与网格钢丝型号相同，但直径为2.00mm。格宾应被横隔板分隔为1m长的单元。

6）绞合与支撑钢丝。应有足够的绞边及支撑钢丝随格宾提供，以保证施工过程的需要。绞合和支撑钢丝的直径应为2.20mm。

（3）装配与安装工序

1）装配：

①装配前，格宾应展开并平铺在地面上伸展，以使表面充分平整。

②格宾单元应逐个安装，依次装好侧面板、端面板和隔板，应保证所有折痕都在正确的位置及所有四面的顶部和横隔板齐平。

③格宾四角边缘应首先捆扎，其后是隔板和侧板边缘。

④任何情况下，绞合都应每隔100mm交替绞合1圈及2圈并牢固地捆扎于底部，在每一次捆扎操作完成时，所有捆扎钢丝的末端都应连接在单元内部。每一环都应拉紧，以防止填充时连接松开，捆扎牢固是最基本的要求。

2）安装。装配好的格宾单元应构成一个整体结构，尚未完工的格宾应与已完工的格宾绞合或者在其角部打入木桩，且木桩必须牢固，并达至格宾单元顶部高度。以后的格宾都应按照前面绞边的要求与已装配好的格宾充分绞合。

3）土工布。合同中指定要求并经现场工程师认可的土工布应在格宾后面板的内部垂直放置，并且在格宾的上、下都应延伸进去0.5m，以避免受保护的土体被淘刷。

4）伸展。需要使用一个拽拉工具操作，以保证整体结构边缘的格宾被牢固拉紧，且相邻格宾的所有边缘（包括盖板、底板、侧面板）及格宾被充分绞合。

5）填充。填充时格宾要被充分伸展。整体结构暴露在外面的表面要附之以适当的手工摆放以使表面大致平整。

在填充格宾时应每隔330mm在格宾内部加装支撑钢丝，以保证格宾在填充过程中不会出现变形。在工程师的同意下也可使用机械填充设备，但应采取足够的防范措施保护镀层或覆塑层在填充时免受损坏。

为防止网格松弛，格宾的拉紧力仅充当绞合，完毕且全部安装完成后方可撤除。考虑到以后填充石头会有小幅沉降，格宾填充的石头应超出其表面约25mm。

6）填充石头。填充格宾的石头应是坚硬、致密且耐久的鹅卵石或片石。石头粒径不超过250mm且至少有重量上占85%的石头尺寸等于或大于100mm，石头粒径必须大于网格尺寸。

7）最后绞合。盖板绞合应在填充完成后尽快进行，特别是如果在施工过程中，可能暴露于风暴和洪水的情况下。

盖板应使用设计合理的闭合工具紧盖于填充料之上，在下一层格宾开始填充前，使用上述方法将盖板与下一层格宾的底板、端面及隔板的边缘充分绞合，每一次绞合完成后，所有绞合钢丝的末端都要伸入格宾单元内部。

10. 施工图

（1）石笼平面位置见图4-21所示。

（2）石笼剖面图见图4-22、图4-23所示。

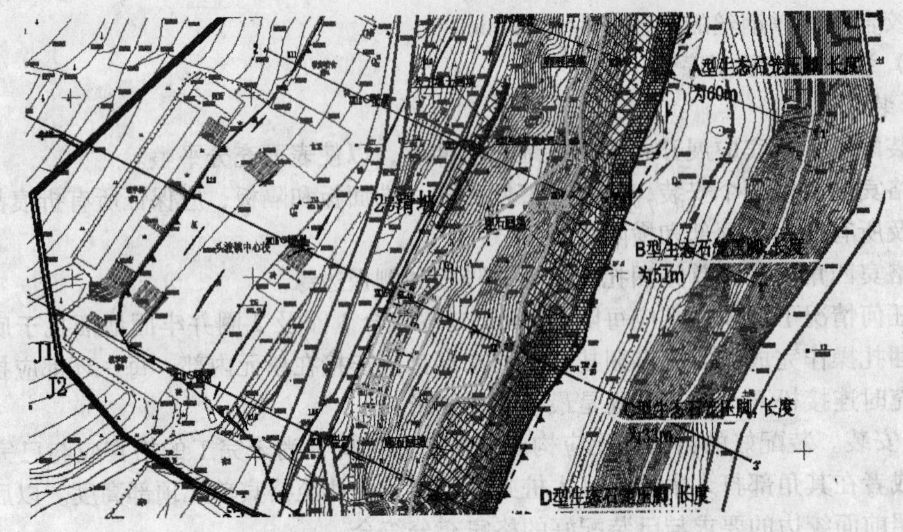

图 4-21　生态石笼平面布置图

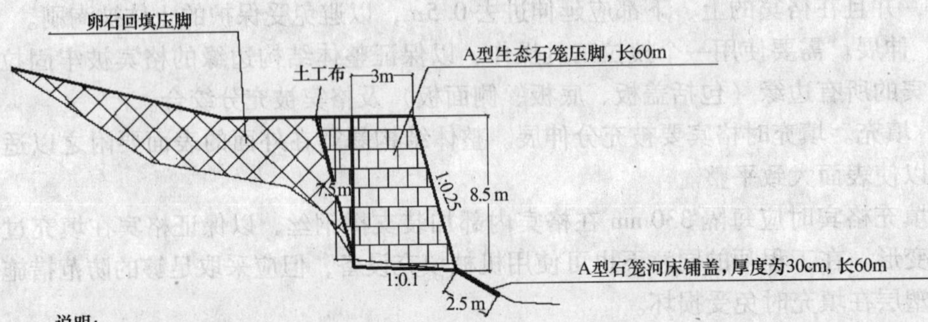

说明:

1.本图适用于头渡镇滑坡生态石笼工程，图中尺寸若无特殊说明均以m计;

2.石笼内侧砌筑呈台阶状，石笼基础埋深0.5m,底部设置砂石粗糙垫层，石笼坡架斜率为1：0.25。

3.原始地形表层浮土应作修缮，将原始坡面开挖呈台阶状。

4.石笼趾部设置河床铺盖，厚度30cm,铺于河床岸坡之上。

5.当对滑体土进行开挖时，应做好支护工作，防止在开挖过程中出现险情。

6.其他未尽事宜，按有关规范标准执行。

图 4-22　石笼剖面图（一）

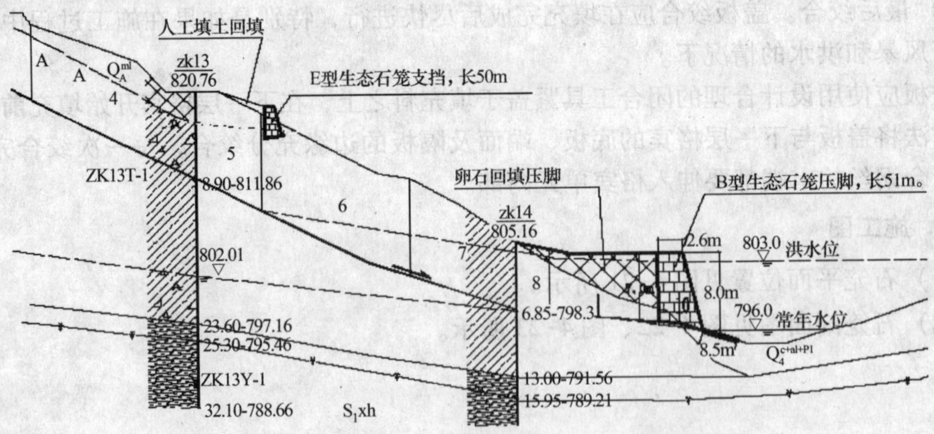

图 4-23　石笼剖面图（二）

4.7 锚杆（钉）与防护网的联合支挡结构

落石灾害具有高速运动、高冲击能量、多发性、在特定区域发生的时间和位置的随机性，运动过程复杂等特征，其造成的危害十分巨大。常用的方法有防落石棚、挡墙加拦石栅、利用树木的落石网和金属网覆盖等进行拦截支挡。本节主要介绍锚杆与防护网的联合支挡系统——SNS 柔性防护网。

SNS 坡体防护网又被称为“SNS 柔性防护网”。该系统是利用钢绳网及锚杆作为主要构成部分来防治坡面落石及其他坡面地质灾害的柔性安全防护系统，它由瑞士布鲁克集团研制开发和应用。该系统自 1995 年引入我国，主要用于路堑边坡的防护，目前已成功地应用于国内铁路、公路、水电站、矿山和市政工程的上千个边坡支挡点。该系统包括主动防护系统和被动防护系统两大类型，前者通过锚杆和支撑绳固定方式，将柔性网覆盖在有潜在落石灾害的坡面上，从而通过阻止崩塌落石发生或限制落石运动范围来实现防止落石危害的目的；后者为一种能拦截和堆存落石，以具有足够高的强度和柔性的金属网为主体的柔性栅栏式被动拦石网。

4.7.1 SNS 主动柔性防护网

SNS 主动柔性防护网以高强度钢丝绳柔性网、菱形钢丝绳网、环形网、高强度钢丝格栅作为主要构成部分，并以覆盖、紧固来防治坡面岩石崩塌、滚落、爆破飞石等危害的钢丝绳柔性防护系统。与传统的施工方法相比，该系统采用模块化安装方式，整个系统由高强度钢丝绳柔性防护网、锚杆及其他安装附件组合安装而成。

1. 系统特点

（1）以热镀锌钢丝绳为主要材料的主动防护系统具有高韧性、高防护强度、易铺展性等优点。

（2）主动防护系统通过多次边坡防护工程的现场试验和对比，具有适应任何坡面地形、安装程序标准化、系统化等优点。

（3）主动防护系统开放的系统特征对环境的影响降到最低点，其防护区域内可以充分的保持土体、岩石的稳固，通过人工实施植草、植树的绿化作用，将工程与环境融洽融合。

（4）采用热镀锌高强度钢丝绳作为系统主要材料的主动防护系统，其材料的特殊制造工艺和高防腐防锈技术。钢绳网主动防护系统具有 30 ~ 50 年的防护使用寿命。

（5）分体式材料与组合安装的特点决定了工程安装的易用性。系统对坡面的自适应与系统的柔韧性使工程安装实现了程序化标准化（图 4-24）。

图 4-24　SNS 主动柔性防护网

2. 应用范围

（1）适用于岩石高边坡。主要功能是围护作用，限制落石运动范围，解决落石对行车的危害。

（2）适用于地形狭窄、坡面起伏较大的边坡。

（3）适用于对环境保护要求较高的边坡，完成加固防护工程后的边坡，仿佛披上了一件由金丝银线密密编织而成的柔韧披肩，既美观又安全。

（4）适用于施工工期要求比较紧的边坡，与传统的施工方法相比，克服了老式刚性边坡防护施工中工期长的弊端。

3. 工艺原理

在开挖好的岩石边坡坡面钻孔后安设钢绳锚杆，并采用“○”形环及钢丝固定由厂家加工好的钢丝网、钢丝格栅。施工后形成网状结构包裹岩石边坡坡面，给岩石边坡表层施加一定的预应力。

（1）常用主动网结构配置及防护功能见表4-17。

常用主动网结构配置及防护功能　　表4-17

型　号	网　　型	结构配置	主要防护功能
GAR1	钢丝网	边沿（或上沿）钢丝绳锚杆+支撑绳+缝合绳	围护作用，限制落石运动范围，部分抑制崩塌的发生
GAR2	钢丝网	系统钢丝绳锚杆+支撑绳+缝合绳，孔口凹坑+张拉	坡面加固，抑制崩塌和风化剥落、溜塌的发生，限制局部或少量落石运动范围
GPS1	钢丝网+钢丝格栅	同GAR1	同GAR1，有小块落石时选用
GPS2	钢丝网+钢丝格栅	同GAR2	同GAR2，有小块危石或土质边坡时选用
GER1	钢丝格栅	同GAR1但用铁线缝合	同GAR1，但落石块体较小且寿命要求较短时选用，以碎落防护为主
GER2	钢丝格栅	同GAR2但用铁线缝合	同GAR2，但危石块体较小且寿命要求较短时采用
GTC-65A	高强度钢　丝格栅	预应力钢筋锚杆+孔口凹坑+缝合绳（根据需要选用边界支撑绳和钢丝绳锚杆）	同GAR2，能满足可达100年的更长的防腐寿命要求，但其加固能力公为70%～80%左右，不适合于体积大小$1m^3$大块孤危石加固

注：此表选自（铁道行业标准：TB/T3089-2004）。

（2）常用主动网与绿化配置及防护功能见表4-18。

4. 施工要点

（1）施工工艺流程

施工准备→清处坡面危石→钻孔→锚孔灌浆→安装钢绳锚杆→安装钢丝网及格栅网→锁边变拉紧锚杆。

（2）操作要点

常用主动网与绿化能量 **表 4-18**

型号	应用范围	结构配置	主要防护功能
LH—1	土质（填、挖）边坡	格栅网（2.2/50）+锚杆 + 营养土+草籽	抑制风化剥落、美化环境
LH—2	风化剥落、岩石块体小	钢绳网（08/300）+锚杆+营养土+草籽	同 LH—1
LH—3	泥夹石坡面	钢绳网（08/250）+锚杆+营养土+草籽	抑制滑坡、美化环境
LH—4	风化剥落、岩石块体大	钢绳网（08/400）+格栅网（2.2/50）+锚杆+营养土+草籽	同 LH—1
LH—5	岩石块体大、易滑落	钢绳网（08/400）+锚杆+营养土+草籽	抑制岩石滑落、美化环境

1）清除坡面的防护区域内威胁施工安全的覆土及覆石，对不利于施工安装和影响系统安装后正常功能发挥的局部地形（局部堆积体和凸起体等）进行适当修整。

2）根据地质情况确定防护方案，放线测量确定锚杆孔位（根据地形条件，孔间距可有0.3m的调整量），在孔间距允许的调整量范围内，尽可能在低凹处选定锚杆孔位；对非低凹处或不能满足系统安装后尽可能紧贴坡面的锚杆孔（一般连续悬空面积不得大于5m，否则，宜增设长度3m的随机锚杆，随机锚杆采用直径2ϕ16mm的双股钢绳锚杆），应在每一孔位处凿一深度不小于锚杆外露环套长度的凹坑，一般口径20cm，深20cm。

3）按设计深度钻凿锚杆孔并清孔，孔深应大于设计锚杆长度5~10cm，孔径不小于ϕ42mm；当受凿岩设备限制时，构成每根锚杆的两股钢绳可分别锚入两个孔径不小于ϕ35mm的锚孔，形成人字形锚杆，两股钢绳夹角为15°~30°，以达到同样的锚固效果；当局部孔位处因地层松散或破碎而不能成孔时，可以采用断面尺寸不小于0.4m×0.4 m的C15混凝土基础置换不能成孔的岩土段。

4）注浆并插入锚杆（锚杆外露环套顶绝不能高出地表，且环套段不能被浆液包裹，以确保支撑绳张拉后尽可能紧贴地表），浆液采用M25的水泥砂浆，宜用灰砂比1:1~1:1.2、水灰比0.45~0.50的水泥砂浆，水泥宜用42.5级普通硅酸盐水泥，优先选用粒径不大于3mm的中细砂，确保浆液饱满，在进行下一道工序前注浆体养护不少于3d。

5）安装纵横向支撑绳，张拉紧后两端各用2~4个（支撑绳长度小于15cm时为2个，大于30cm时为4个，其间为3个）绳卡与锚杆外露环套固定连接。

6）从上向下铺格栅网，格栅网间重叠宽度不小于20 cm，两张格栅网间以及必要时格栅与支撑绳间用镀锌钢丝进行扎结，当坡度小于45°时，扎结点间距一般不得大于2m，当坡度大于45°时，扎结点间距一般不得大于1 m（有条件时本工序可在前一工序前完成即将SS2格栅网置于支撑绳之下）。

7）从上向下铺设钢绳网并缝合，缝合绳为ϕ8钢绳，每张钢绳网均用一根长约31m（或27 m）的缝合绳与四周支撑绳进行缝合并预张拉，缝合绳两端各用绳卡与网绳进行固定连接，紧固整个系统。

5. 工程实例

（1）工程概况

某高速公路第四合同段K539+067~+689段路基主线从岩石坡中部横穿而过，左侧挖方边坡坡高达70m，边坡坡率为1:0.33。该坡地面横坡陡峭，边坡坡口线以外的部分岩石成“倒坡状”。边坡地层以侏罗系灰白色、灰色白云质灰岩为主，岩石节理裂隙极发育，岩石破碎，呈强风化、碎石～碎屑状。坡上分布大面积陡崖斜坡高陡，陡崖为自然地质作用形成，具备了崩塌和落石的自然条件，处于不稳定状态，对施工和路基的安全构成极大威胁。设计采用 SNS 主动柔性防护网对该挖方边坡坡面及坡口线以外的危岩进行防护。该方案历时仅一个月，工程完成后，有效控制了边坡落石对右幅桥梁施工期间干扰，并确保营运行车安全。

（2）设计说明

1）纵横交错的 ϕ16 横向支撑绳和 ϕ16 纵向支撑绳与 4.5m×4.5m 正方形模式（边沿局部根据需要有时为 4.5m×2.5m）布置的锚杆相连接并进行预张拉，支撑绳构成的每个 4.5m×4.5m（或 4.5m×2.5m）网格内铺设一张 DO/08/300/4m×4m（或 4m×2m）型钢丝绳网，每张钢丝绳网与四周支撑绳间用缝合绳缝合连接并拉紧，该预张拉工艺能使系统对坡面施以一定的法向预紧压力，从而提高表层岩土体的稳定性，尽可能地阻止崩塌落石的发生并将小部分落石限制在一定的空间内运动，同时，在钢绳网下铺设小网孔的 SO/2.2/50 型格栅网，以阻止小尺寸岩块的崩落或限制局部岩土体的破坏（图 4-25）。

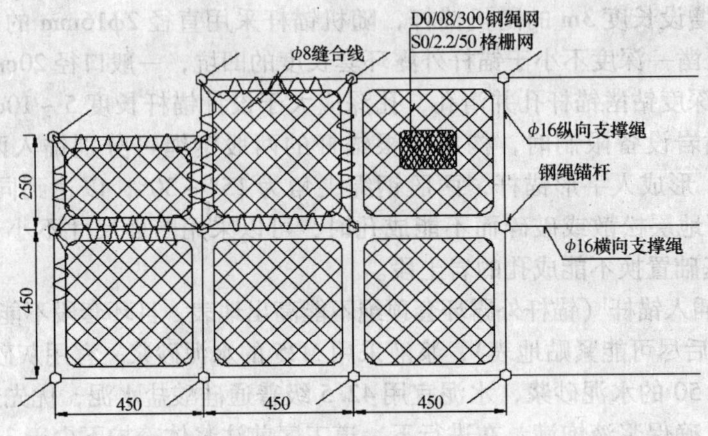

图 4-25 系统布置及缝合示意图

2）清除坡面防护区域内威胁施工安全的浮土及浮石，对不利于施工安装和影响系统安装后正常功能发挥的局部地形（局部堆积体和凸起体等）进行适当修整。

3）放线测量确定锚杆孔位（根据地形条件，孔间距可有 0.3m 的调整量），在孔间距允许的调整量范围内，尽可能在低凹处选定锚杆孔位；对非低凹处或系统安装后不能使网格紧贴坡面的锚杆孔（一般连续悬空面积不得大于 5m，否则，宜增设长度不小于 0.5m 的局部锚杆，该锚杆可采用直径不小于 ϕ12 的带弯钩的钢筋锚杆或直径不小于 2ϕ12 的双股钢绳锚杆），应在每一孔位处凿一深度不小于锚杆外露环套长度的凹坑，一般口径 20cm，深 20cm。

4）按设计深度钻凿锚杆孔并清孔，孔深应大于设计锚杆长度 5～10cm，孔径不小于 ϕ55；当受凿岩设备限制时，构成每根锚杆的两股钢绳可分别锚入两个孔径不小于 ϕ35 的锚孔内，形成人字形锚杆，两股钢绳间夹角为 15°～30°，以达到同样的锚固效果；当局部孔位处因地层松散或破碎而不能成孔时，可以采用断面尺寸不小于0.4m×0.4m的C15混凝土基础置换不能成孔的岩土段。

5）注浆并插入锚杆，采用强度等级不低于M20的水泥砂浆，宜用灰砂比1∶1～1.2、水灰比0.45～0.50的水泥砂浆，水泥宜用P.O32.5水泥，优先选用粒径不大于3mm的中细砂，确保浆液饱满，在进行下一道工序前注浆体养护不少于3d。

6）安装纵横向支撑绳，张拉紧后两端各用2～4个（支撑绳长度小于15m时为2个，大于30m时为4个，其间为3个）绳卡与锚杆外露环套固定连接（图4-26）。

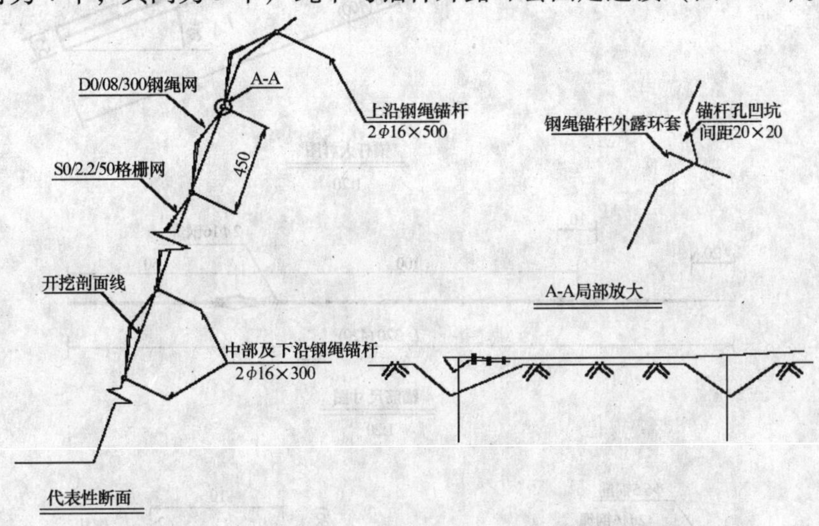

图4-26　支撑绳安装示意图

7）从上向下铺挂格栅网，格栅网间重叠宽度不小于5cm，两张格栅网间以及必要时格栅网与支撑绳间用ϕ1.5钢丝进行扎结，当坡度小于45°时，扎结点间距一般不得大于2m，当坡度大于45°时，扎结点间距一般不得大于1m（有条件时本工序可在前一工序前完成，即将格栅网置于支撑绳之下）。

8）从上向下铺设钢绳网并缝合，缝合绳为ϕ8钢绳，每张钢绳网均用一根长约31m（或27m）的缝合绳与四周支撑绳进行缝合并预张拉，缝合绳两端各用两个绳卡与网绳进行固定连接。

9）锚杆及锚筋见图4-27。

4.7.2　SNS被动柔性防护网

1. 概述

SNS柔性防护网防护系统是由钢丝绳网、高强度钢丝格栅网、锚杆、工字钢柱、上下拉锚绳、消能环、底座及上下支撑绳等部件构成。防护系统由钢柱和钢绳网连接组合构成一个整体，对所防护的区域形成坡面防护，从而阻止崩塌岩石的下坠，起到边坡防护的作用。与传统的典型砌体结构相比，SNS柔性防护网不仅具有以砌体为代表的传统方法的防治功能，并能满足前述对坡面地质灾害防治新技术的基本要求，具体表现为以下几个主要方面：

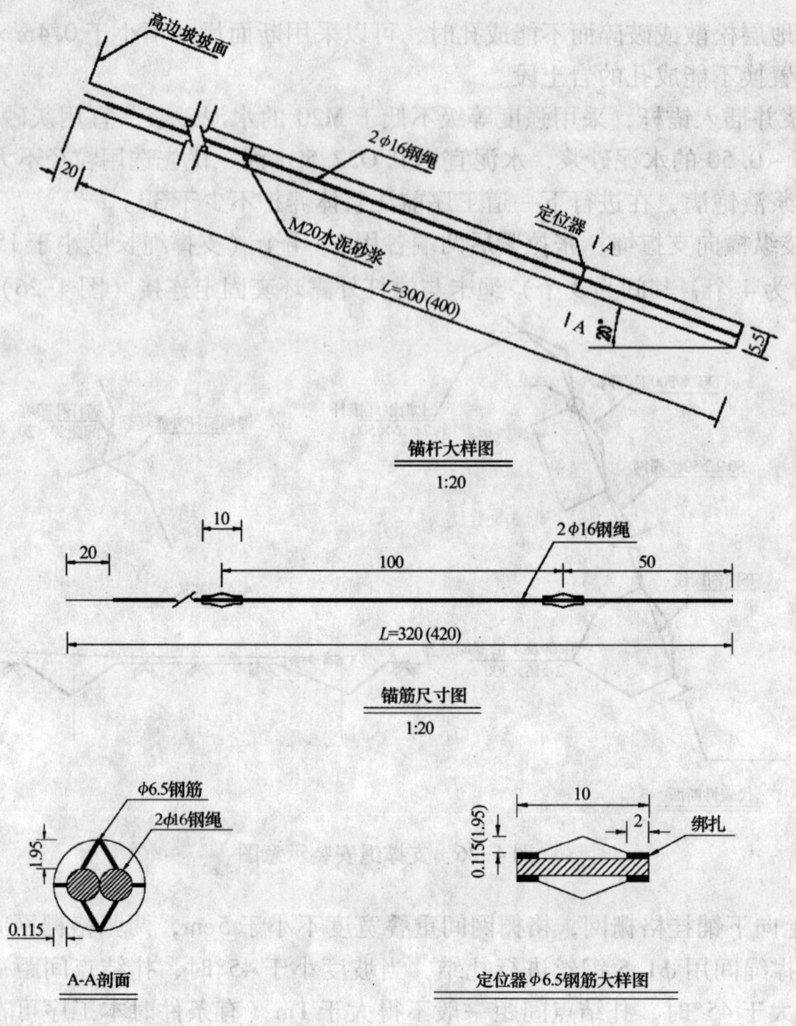

图 4-27　锚杆及锚筋

（1）SNS 柔性防护网采用柔性结构设计，充分利用了柔性材料的易铺展性和高防冲击能力，通过系统的开发和大量的现场试验，形成了适应各类坡面地质灾害防护的系统化技术，通过定型化的均衡设计，实现了系统产品的标准化和最优化，并便于工程质量控制和工程量的准确计量。

（2）由于使用高强金属材料具有质轻和易加工特点，可以实现系统的轻型化、部件生产的工厂化和积木式部件安装，以尽可能简单的机具、最短的工期和最少的劳动力来实现施工安装和维护的简单快速化，从而解决山区复杂地形条件下传统防护措施施工困难、进展缓慢的长期难题。

（3）SNS 柔性防护网具有施工布置的灵活性的特点，能最大限度地适应各种复杂的地形地貌环境，避免或尽可能降低因开挖所造成的环境破坏和对边坡稳定性的危害，以及对其他作业和周边建筑物正常运营的干扰，可以同步或超前于土石方主体开挖工程的施工，即能实现逆作法施工或平行作业。

（4）充分利用系统的开放性，减小系统的视觉干扰和保护原有植被及其生长条件，并给实施人工绿化提供了可能，以充分利用植物根系的护坡加固作用和绿色植物的环境绿化美化功能，将工程治理与环境保护和改造融为一体。

（5）SNS柔性防护网采用金属涂层防腐技术，采用热镀锌钢丝绳和钢丝或锌铝合金涂层钢丝，确保系统较长的防腐寿命，前者一般可达30～50年，后者可达上百年，必要时只需更换少量部件即能延长使用寿命。

2. 设计要点

（1）钢网绳。材料强度不应低于1770MPa的6×19+1WS结构类型的高强度钢芯钢丝绳，公称直径8mm，必须采用镀锌量大于$70g/m^2$热镀锌钢丝绳。

（2）上下支撑绳，上拉、侧拉锚绳。材料强度不应低于1770MPa的6×19+1WS结构类型的高强度钢芯钢丝绳，钢丝绳公称直径16mm，必须采用镀锌量大于$70g/m^2$热镀锌钢丝绳。

（3）防护系统结构。防护系统通过钢丝绳锚杆、支撑绳或预应力锚杆，将网覆盖在有潜在地质灾害的坡面上，从而实现防护目的。

（4）SNS柔性防护系统以崩塌落石的冲击动能作为工程设计选型的依据。针对不同的防护等级，选择出不同能量等级的定型产品与之相配套。防护能量从250～3000kJ不等。

3. 施工要点

（1）基座锚固

开挖基坑，在锚孔位置处钻凿杆孔，然后预埋锚杆并灌注基础混凝土，最后将基座套入地脚螺栓并用螺帽拧紧。

（2）钢柱及上拉锚绳安装

1）将钢柱顺坡方向向上位置并使钢柱底部位于基座处。

2）将上拉锚绳的挂环挂于钢柱顶端挂座上，然后将拉锚绳的另一端与对应的上拉锚杆环套连接并用绳卡暂时固定。

3）将钢柱缓慢抬起并对准基座插入，最后插入连接螺杆并拧紧。

4）通过上拉锚绳按设计方位调整好钢柱方位，拉紧上拉锚绳并用绳卡固定。

（3）侧拉锚绳的安装

上拉锚绳安装完毕后再进行侧拉锚绳的安装，安装方法同上拉锚绳。

（4）减压环的布置

1）减压环分布于上拉锚绳及两根上支撑绳与两根底部支撑绳上。

2）减压环在上支撑绳及底部支撑绳上每跨网之间为两个分布。

（5）上支撑绳安装

1）将第一根支撑绳的挂环端暂时固定于端柱的底部，然后沿平行于系统走向的方向上调直支撑绳并放置于基座的下侧，并将减压环调节就位。

2）将该支撑绳的挂环挂于端柱的顶部挂座上，在第三根钢柱处，将支撑绳放在挂座内侧；按此相同方法安装支撑绳在基座的外侧和内侧，直到本段最后一根钢柱并向下至该钢柱基座的挂柱上，再用绳卡暂时固定。

3）再次调整减压环位置，当确信减压环全部正确就位后拉紧支撑绳并用绳卡固定。

4）第二根上部支撑绳和第一根的安装方法相同，只不过是从第一根的最后一根钢柱向第二根钢柱的方向反向安装而已，且减压环位于同一跨的另侧。

5）在距离减压环约为40cm处用一个绳卡将两根上部支撑绳相互连接（仅用30%标准固力）

（6）底部支撑绳安装

1）首先将第一根支撑绳的挂环挂于端柱基座的挂座上，然后沿平行于系统走向的方向上调直支撑绳并放置于基座的下侧，并将减压环调节就位。

2）在第二个基座处，用绳卡将支撑绳固定于挂座的外侧，在第二个基座处，将支撑绳放在挂座内下侧；如此相同安装支撑绳在基座的外侧和内侧，直到本段最后一个基座并将支撑绳缠绕在该基座的挂座上，再用绳卡暂时固定。

3）检查确定减压环全部正确就位后拉紧支撑绳并用绳卡固定。

4）最后按照上述步骤安装第二根支撑绳，但反方向安装，且减压环位于同一跨的另侧。

5）在距离减压环约为40cm处用一个绳卡将两根底部支撑绳相互连接（仅用30%标准固力），这样在同一挂座处形成内下侧和外侧两根交错的双支撑绳结构。

（7）钢绳网安装

1）将钢绳网按组编号，并在钢柱之间按照对应的位置展开。

2）用一根多余的起吊钢绳穿过钢绳网上缘网孔，一端固定在一根临近钢柱的顶端，另一端通过另一根钢柱挂座绕到其基座并暂时固定。

3）用紧绳器将起吊绳拉紧，直到钢绳网上升到上支撑绳的水平为止，再用多余的绳卡将网与上支撑绳暂时进行松动连接，同时也可将网与下支撑绳暂时连接，以确保缝合时的更为安全，此后起吊绳可以松开抽出。

4）将钢绳网暂时挂到上支撑绳上，并侧向调整钢绳位置，使之正确。

5）将缝合绳的中间固定在每张网的上缘中点，从中点开始用另一半缝合绳分别向左向右将网与支撑绳缠绕在一起，直到跨越钢绳网下缘中点，使左右侧的缝合绳端头重叠1m左右，最后用绳长将缝合绳与钢绳网固定在一起，绳长放在离缝合绳末端0.5m的地方。

（8）格栅安装

1）格栅铺挂在钢绳网的内侧，并叠盖在钢绳网上缘，用扎丝固定在网上。

2）格栅底部沿斜坡上敷设0.2～0.5m，将底部压紧。

3）每张格栅叠盖10cm，每平方米在网上固定4处。

4.7.3 锚杆（钉）与防护网支挡结构设计与施工实例

1. 工程背景

鹰厦铁路大部分处于山区，崩塌落石、山坡变形等地质灾害时有发生，曾长期成为威胁铁路正常营运的主要因素。棚洞和明洞是鹰厦铁路以前应用较多的传统措施，防护功能较强，造价高。砌体拦石墙或钢轨钢筋构成的拦截设施，抗剪能力、抗冲击能力较弱，容易变形破坏。与之相比，近年采用的SNS柔性防护系统则显示出其较大优越性。

2. 地质条件

K543 + 750 ~ K544 + 150 为半堑半堤地段，左侧堑坡高 8 ~ 15 m，坡率 1∶0.3，右侧堤坡高约 15m，坡率约 1∶1.5。左侧堑坡顶部以上自然山坡坡度较陡，高 40 ~ 120 m，坡率在 1∶0.8 ~ 1∶1.2 之间，坡上植被茂盛，地层主要为灰黑色石英斑岩，节理裂隙十分发育，风化严重，致使山坡上危石众多，经常落入线路，严重威胁行车安全。

3. 危岩落石防护方案

共提出四个方案：方案 1，人工清除危石；方案 2，设置拦石墙全面拦截落石；方案 3，采用明洞或棚洞防护；方案 4，用 SNS 被动防护系统对坡面全面防护。经对以上方案进行技术、经济及安全等方面比较后，决定采用 SNS 被动防护系统。该系统能对坡面落石进行全面拦截，较好地解决了边坡落石对铁路行车安全的威胁，方案费用较低。

4. 防护系统设计

（1）防护系统的构成和作用原理：

①主要由钢丝绳网、减压环、支撑绳、钢柱和张拉锚绳五部分构成，系统的柔性主要来自于钢丝绳网、支撑绳和减压环，加上钢柱与基础间用可动铰连接，增强了整个系统的柔性匹配，能有效地拦截崩塌落石。结构形式如图 4-28 所示。

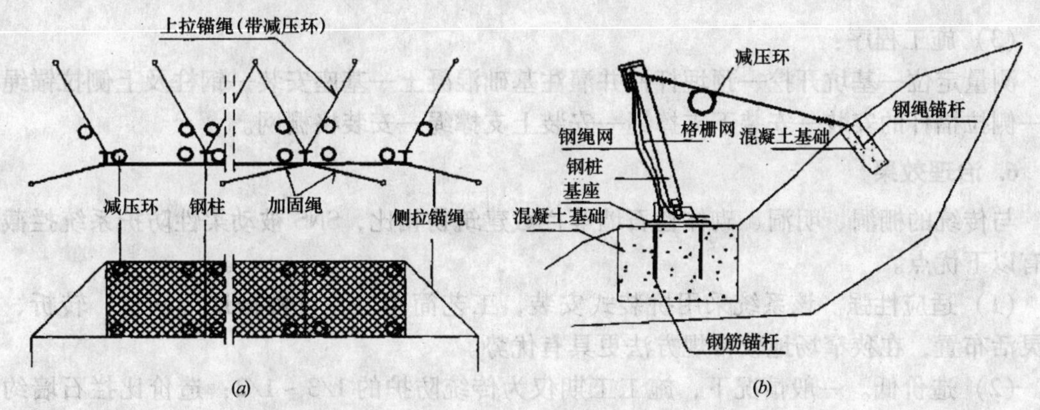

图 4-28　SNS 被动防护系统结构示意图

（a）平、立面图；（b）横断面（侧面）图

②系统的作用原理是当岩石冲击钢丝网时，其冲击力通过网的柔性得以首先消散，并将剩余荷载从冲击点向绳网四周逐级传递，最终将剩余的弱小荷载消散于锚固基础和地基。如图 4-29 所示。

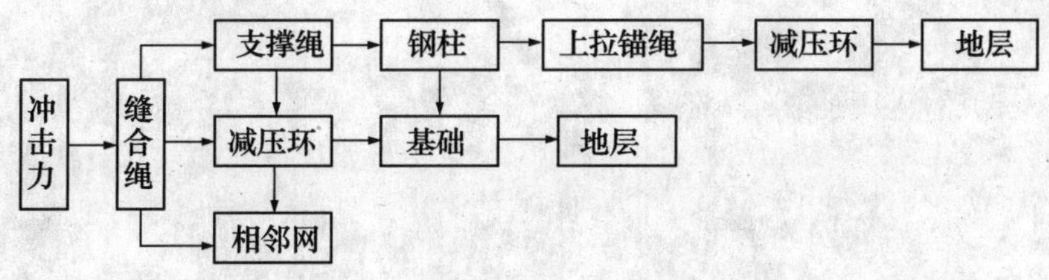

图 4-29　SNS 被动防护系统工作原理图

（2）系统的设计。

该段铁路主要受路堑高边坡及其顶部坡面危石的威胁。危石体积大部分为 $0.3 \sim 1.0m^3$。因此其防护工程主要考虑能拦截路基面以上 120 m 范围边坡上的危石，危石体积不大于 $1.0\ m^3$。经分析比较，确定采用 RX—50 型，设计能量为 500 kJ，总长 406 m。分为四段：第一段长 58 m，高度 3m；第二段长 60 m，高度 4 m；第三段长 40 m，高度 6 m；第四段长 248m，高度 4m。各段沿线路方向在中部重叠 2m。

5. 防护网的施工

（1）人员配置。考虑到堑坡较陡，坡面上不适于很多人同时作业，故安排 8 人左右作业。第四段分小段施工，每 50 m 为一个小段。

（2）设备配置（见表 4-19）。

SNS 防护网施工设备表 **表 4-19**

设备名称	风动凿岩机	空压机	砂轮切割机	紧线葫芦	扳手	梯子	滑轮
数量	1	1	1	2	2	1	1
用途	钻破岩石	钻孔	切割锚绳	调整钢柱	上螺栓	吊网	吊格栅网

（3）施工程序：

测量定位—基坑开挖—预埋杆件并灌注基础混凝土—基座安装—钢柱及上侧拉锚绳安装—侧拉描杆的安装—安装下支撑绳—安装上支撑绳—安装格栅网。

6. 治理效果

与传统的棚洞、明洞、砌体拦石墙等拦截建筑物相比，SNS 被动柔性防护系统拦截危石有以下优点。

（1）适应性强。该系统采用拼装式安装，工艺简单。并可根据地形起伏、转折、变化灵活布置，在狭窄场地较常规方法更具有优势。

（2）造价低。一般情况下，施工工期仅为传统防护的 1/3 ~ 1/2；造价比拦石墙约低 1/4，仅为棚洞或明洞的 1/8 ~ 1/4。

（3）环保性。系统设置后，不破坏坡面原有稳定性和植被，最大限度地维持原始自然地貌。

（4）施工简易，不影响列车运行。

（5）安全可靠。K543 工程完工后已多次有效地拦截了落石，确保了铁路行车安全。

5 边坡新型支挡结构设计中的关键问题

5.1 边坡的类型

5.1.1 边坡的分类

边坡分为土质边坡（soil slope）、岩质边坡（rock slope）和岩土混合边坡（soil and rock slope）。

全部由土体组成的边坡称为土质边坡；全部由岩体组成的边坡称为岩质边坡；而由部分土体、部分岩体组成的边坡称为岩土混合边坡，通常岩土混合边坡中土体厚度超过3m。

由于边坡工程的复杂性，《建筑边坡工程技术规范》GB 50330—2002 适用的边坡高度范围为：岩质边坡的高度在30m以下，土质边坡在15m以下。

高边坡的界定：一般认为边坡高度大于20m的土质边坡，或高度大于30m的岩质边坡为高边坡。按照重庆市建设委员会渝建发（1999）159号和重庆市建设委员会渝建发（2002）47号文规定：重庆地区边坡高度大于或等于8m的土质边坡，高度大于或等于15m的岩质边坡为高边坡，深度大于或等于12m的基坑为深基坑。

近年来，高边坡数量越来越多，高度越来越高。高边坡的变形大、破坏后危害性大，处理不当极易造成灾害。因此，重庆市建设委员会规定：对于高边坡和深基坑工程的设计方案或初步设计，应进行设计方案或初步设计的专门评估，评估通过后，方可进行施工图设计。

需进行特殊设计，并对施工组织方案进行专门论证的边坡工程有：

（1）边坡高度超出规定的建筑边坡工程。

（2）地质和环境条件很复杂、稳定性极差的边坡工程。

（3）边坡临近有重要建（构）筑物、地质条件复杂、破坏后果很严重的边坡工程。

（4）已发生过严重事故的边坡工程。

（5）采用新结构、新技术的一二级边坡工程。

5.1.2 边坡的特征

（1）边坡的稳定性很大程度取决于自然山坡自身的稳定状况。

边坡是将地质体的一部分改造成人为工程设施，因此，其稳定性取决于自然山坡自身的稳定状况（稳定、基本稳定、欠稳定和不稳定）、地质条件（地层岩性、地质构造、坡体结构、岩体结构、水文地质条件、风化程度等）和人为改造的程度（开挖高度或深度、坡形、坡率等）。

如：重庆市涪陵区某桑塔纳维修中心在2002年由于相邻坡脚开挖而出现顺层岩质滑坡，造成滑坡治理费用达2000多万元。在前述地点相距约1km处的滨江路，仅有少量开挖，即出现大型顺层岩质滑坡（图5-1），使得滨江路交通中断半年多，滑坡治理费用达数千万元。

（2）自然斜坡是人工边坡的基础。

由不同的地层、岩性、风化程度的岩土体构成的自然山坡，受地质构造影响程度不同，水文地质条件不同，在自然应力作用下形成了各种形态的斜坡，如图5-2中的凹形斜坡、直线边坡、上凸下凹的斜坡、上凹下凸的斜坡以及阶梯状斜坡等，且具有不同的稳定状态，这是在漫长的地质历史时期形成的，是动态的、变化的。

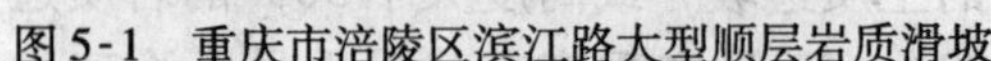

图5-1　重庆市涪陵区滨江路大型顺层岩质滑坡

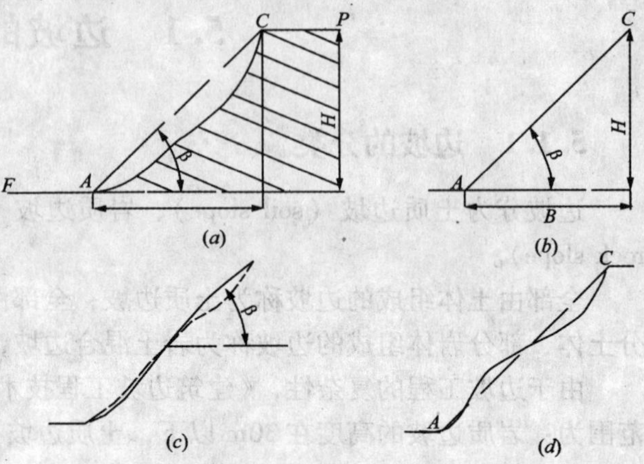

图5-2　简单斜坡和边坡断面图

（a）具明显坡缘和坡脚的凹形斜坡；（b）直线边坡；（c）上凸下凹的斜坡；（d）上凹下凸的斜坡

（3）人工边坡顺应自然，对原有斜坡改变不大时，才可保持稳定。

人工边坡是对自然斜坡的改造，有直线坡、凸形坡、凹形坡，更多的是阶梯状边坡。

人工边坡改变了自然山坡的应力状态和地下水的渗流条件，而且是在短短几个月内改造完成的。自然山坡的应力调整有一个过程，强度低的软弱岩层调整较快，常在施工期就发生变形；强度高的坚硬岩层调整较慢，或可自身稳定，或在1~3年后发生变形。只有当人工边坡顺应自然，对原有斜坡改变不大时，才可保持稳定，否则，就会发生失稳，甚至引起自然山坡的破坏。

如：重庆市忠县某医院3号楼楼前拟修建一条长约30m的条石挡墙工程，在平整场地的过程中，开挖深度仅3m左右，即于2006年8月14日下午5:00发现医院该楼有裂缝现象（图5-3）。该工程出现滑移的主要原因是场地本身为一稳定性较差的“潜在滑坡”地带。

（4）环境改变使边坡容易发生变形或失稳。

自然山坡和人工边坡都处在各种自然应力的作用之下，如阳光照射、降雨冲刷和下渗、风化和地震等。但人工边坡所造成的自然状态的改变使这种作用更强烈，如开挖暴露风化加剧、破坏植被地表水容易下渗、坡体松弛、爆破振动等都使边坡更容易发生变形或失稳。

如：重庆市忠县某还建房北侧商住楼环境边坡治理工程，于2006年4月8日正式开工，7月24日下雨过后，于7月26日发现坡顶出现裂纹，坡脚有不明原因的渗水现象，当日进行观测，起初裂缝开展速度约为2mm/d，发展速度比较稳定，8月2日发展速度加

图 5-3　场地平整及滑坡情况

快，于当日晚 9:30 左右发生下滑垮塌，8 月 3 日又发生较大下滑和垮塌（图 5-4）。该治理工程在锚杆及肋柱、面板已部分施工的情况下，边坡出现垮塌的原因有内因和外因。内因包括：①该边坡地段的地形条件较复杂，地形坡度较大。②该边坡地段基岩的倾向与坡向近于一致，为顺向坡，岩层层面为外倾结构面，其间距较小，延伸长；局部有软弱的泥化夹层。岩石破碎、裂隙较发育。外因包括：①在未进行设计交底的情况下，进行了高边坡的施工。边坡的施工未严格按逆做法要求进行，出现了"大开挖"。②在大开挖的情况下，又在坡脚进行不合适的切坡施工。③场地开挖揭露的地质条件比勘察时所揭露的地质条件差，本应将这一施工信息及时反馈给设计人员进行设计调整，做到"信息化施工和动态设计"，但未见加强边坡处理的相关设计资料。

图 5-4　垮塌事故现场情况

（5）超高边坡尚无设计规范。

自然条件千差万别，所以高边坡设计也变得十分复杂，每个工点都需单独分析和计算，这也许就是目前超高边坡设计尚无规范可循的原因。

5.1.3 边坡的类型

（1）按成因分类（《工程地质手册》第四版）

1）人工边坡（man-made slope）。

2）自然边坡（natural slpoe）。

（2）按工程类别分

1）道路边坡（road slope）：堑坡、堤坡、洞口边坡等。

2）水利边坡：坝肩边坡、渠道边坡等。

3）露天矿边坡：采场边坡、弃碴场边坡等。

4）建筑边坡（building slope）：堑坡与深基坑边坡等。

（3）按使用年限分

1）临时性边坡（2年以内）（temporary slpoe）。

2）永久性边坡（2年及2年以上）（permanent slpoe）。

（4）按边坡岩土构成分

1）土质边坡。

2）类土质边坡（全风化呈砂土状）。

3）岩质边坡。

4）二元结构边坡（或岩土组合边坡）。

（5）按边坡岩体结构分

1）类均质土结构边坡。

2）近水平层状结构边坡。

3）顺倾层状结构边坡。

4）反倾层状结构边坡。

5）斜交层状结构边坡。

6）碎裂状结构边坡。

7）块状结构边坡。

5.2 边坡的稳定性评价方法

5.2.1 稳定系数与安全系数

（1）稳定系数K：沿最危险破坏面或理论破裂面作用的抗滑力与下滑力的比值，它反映边坡的稳定情况。

《岩土工程勘察规范》GB 50021—2001规定：对新设计的边坡，重要工程宜取1.30～1.50，一般工程宜取1.15～1.30，次要工程宜取1.05～1.15。采用峰值强度时取大值，采用残余强度时取小值。验算已有边坡稳定时，宜取1.10～1.25。

（2）安全系数K_S：工程要求边坡具有的稳定系数。它具有工程概念，不同性质的工程对边坡安全性有不同的要求。

一般：$K \geqslant K_S$。

K_S 的取值在边坡工程中具有更重要的技术经济意义。目前，国内外对 K_S 的取值不太统一。

1）《建筑边坡工程技术规范》GB 50330—2002 的规定。

边坡工程稳定性验算时，其稳定系数不应小于表 5-1 规定的安全系数的要求，否则，应对边坡进行处理。

边坡安全系数 表 5-1

边坡工程安全等级 / 计算方法	一级边坡	二级边坡	三级边坡
平面滑动法、线滑动法	1.35	1.30	1.25
圆弧滑动法	1.30	1.25	1.20

2）《建筑地基基础设计规范》规定。

滑坡推力安全系数，应根据滑坡现状及其对工程的影响等因素确定，对地基基础设计等级为甲级的建筑物，K_S 宜取 1.25；设计等级为乙级的建筑物，K_S 宜取 1.15；设计等级为丙级的建筑物，K_S 宜取 1.05。

3）香港《边坡岩土工程手册》推荐的取值方案（1.0～1.4）。

新开挖边坡 K_S 的取值符合表 5-2。

边坡安全系数 表 5-2

对生命产生的危险 / 经济风险	轻微的	低　的	高　的
可忽视的	>1.0	1.2	1.4
低　的	1.2	1.2	1.4
高　的	1.4	1.4	1.4

为已有边坡的分析和边坡采取补救与加固措施的 K_S 的取值符合表 5-3。

边坡安全系数 表 5-3

对生命产生的危险	轻微的	低　的	高　的
边坡安全系数	>1.0	1.1	1.2

4）E. HOCK 等认为，在大部分采矿条件下，短期保持稳定的边坡 K_S 取 1.3，较永久的边坡 K_S 取 1.5。

5）G. S. GEDNEY 等人提出，公路工程边坡设计的 K_S 一般在 1.25～1.50 之间。

6）铁道部《路基手册》认为：K_S 取值一般介于 1.05～1.25 之间。

7）《水利水电工程地质手册》认为：土质边坡 K_S 不小于 1.2～1.3；岩质边坡不小于

1.3～1.5。

综合上述资料，有以下特点：

1）建议的 K_S 值多在 1.05～1.50 之间；

2）新设计的边坡 K_S 取值大于已有边坡稳定性验算时的 K_S 取值；

3）造成生命财产损失风险高的边坡 K_S 取值大于风险低的边坡 K_S 取值；

4）要求长期稳定的边坡的 K_S 值大于要求短期稳定边坡的 K_S 值；

5）采用峰值抗剪强度参数计算时，K_S 取大值；采用残余抗剪强度参数计算时，K_S 取小值；

6）K_S 取值时需考虑所采用的计算方法及勘察、试验资料的可靠性。

5.2.2 边坡稳定性的影响因素

（1）土质边坡稳定性的影响因素

1）土坡作用力发生变化：例如，由于在坡顶堆放材料或建造建筑物使坡顶受荷；或由于打桩、车辆行驶、爆破作业、地震等引起的振动改变了原来的平衡状态。

2）土抗剪强度的降低：例如，土体中含水量或孔隙水压力的增加。

3）静水力的作用：例如，雨水或地面水流入土坡中的竖向裂缝，对土坡产生侧向压力，从而促进土坡的滑动。

4）地下水在坝或基坑等边坡中渗流所引起的渗流力常是边坡失稳的重要因素。

（2）岩质边坡稳定性的影响因素

1）地形要素：诱发新的地质问题，首先是由于对原有地形的改造，特别是在山区。

2）地层岩性要素：

①结晶岩：宽厚风化层（壳）沿冲沟两侧岸坡的局部性崩塌，在我国南方多成“崩岗”地形。

②石灰岩：除了含夹层顺向坡可以发生滑移性失稳外，多呈现为崩塌或被溶隙切割而形成的分割块体的倾倒、倾滑以及空间挠曲、压裂等。

③砂、泥岩互层：主要表现为泥岩风化、侵蚀而导致上覆砂岩（滑）落，故多呈台阶形地形。

常因砂、泥岩差异风化而形成“岩腔”，上覆砂岩常形成危岩而发生崩塌。如：重庆市万州区太白岩危岩带、重庆市渝中区虎头岩危岩带。

④泥岩：基本上是风化剥蚀、水土流失或泥石流。如：重庆市南岸区向家坡泥石流（1990 年）。

⑤膨润土：蒙脱石等亲水矿物必然成为坡体边形、失稳控制层。

岩质滑坡常发生在遇水容易软化的岩石：如千枚岩、页岩、滑石片岩等。

3）地质构造要素：

①地层产状近水平：坡体的变形、失稳主控界面是平行江河、沟谷的垂直裂隙同层面的组合，变形体的规模取决于侧向（垂直江河、沟谷）界面的间距。

②顺向坡：当地层层面倾向江河时，顺层（面）的变形、失稳是基本形式。变形、失稳条件：$\varphi < \alpha$（φ 为层间内摩擦角，α 为岩层倾角）。

③反向坡：当地层层面倾向山体时，坡体的变形、失稳控制界面是反倾向裂隙同层面

的组合。在低刚度砂、泥岩互层中呈现为坠溃型失稳。

④切向坡：坡体的变形、失稳形式及规模取决于裂隙产状同岩层面产状之间的关系。滑动面常常发生在顺坡的层面、节理面、不整合接触面、断层面等软弱面。

4）气候要素：降雨不仅增加坡体的重量，而且雨水还起到润滑的作用，因此，许多滑坡有“大雨大滑、小雨小滑、无雨不滑”的现象。另外，坡体失稳还与冻融作用有关，在融冻季节较常出现滑坡。

5）地下水：

①水渗入岩土层颗粒间的孔隙中将消除颗粒之间（特别是细颗粒之间）的吸附力。

②水溶解了颗粒之间的胶结物（如黄土中的碳酸钙），使颗粒丧失粘结力。

③水进入岩土孔隙将增加其单位体积的重量，因而加大了剪应力。

④水大量进入坡体内，将使潜水面上升，因而增加孔隙水压力，孔隙水压力对潜在破裂面上的岩土体起着浮托作用，降低了坡裂面上的正应力，因而使抗剪强度减少。

⑤大量的雨水沿节理裂隙入渗，软化节理裂隙面。

6）地震要素：地震可通过松动斜坡岩土体结构、造成坡裂面和引起弱面错位等多种方式，降低斜坡的稳定性。

7）人为要素：不合理的开挖与堆载。

5.2.3 边坡的稳定性评价

(1) 稳定等级的划分

一般分为稳定边坡、基本稳定边坡、欠稳定边坡和不稳定边坡。

1）稳定边坡。边坡的坡形坡率符合岩土体的强度条件，无倾向临空面的不利结构面，无或少有地下水，整体或局部稳定系数均符合要求。稳定系数大于与工程安全等级对应的安全系数。

2）基本稳定边坡。边坡的坡形坡率符合岩土体的强度条件，无倾向临空面的不利结构面，少有地下水，整体和局部均稳定，但坡面有冲沟、剥落、落石等。稳定系数为1.05，与工程安全等级对应的安全系数。

3）欠稳定边坡。边坡整体稳定，但局部坡陡于岩土稳定角，或受地下水影响岩土强度降低，或有不利结构面倾向临空面，有局部坍、滑变形。稳定系数为1.00~1.05。

4）不稳定边坡。边坡坡形坡率不符合岩土强度条件，或在古老滑体上开挖、堆载引起古老滑坡复活，或有发育的不利结构面倾向临空面，岩体破碎，地下水发育，开挖后会产生整体失稳。稳定系数小于1.00。

(2) 需进行稳定性评价的边坡

下列边坡应进行稳定性评价：

1）选作建筑场地的自然斜坡。

2）由于开挖或填筑形成并需要进行稳定性验算的边坡。

3）施工期出现不利工况的边坡。

4）使用条件发生变化的边坡。

(3) 高边坡的稳定性评价方法

人们早已熟悉用力学平衡计算法评价边坡的稳定性，它可以得出稳定系数的定量数据，而且可算出需要加固工程承受力的大小。但是，对于复杂的高边坡稳定性计算，由于计算的边界条件（范围）和破坏面岩土参数难以准确判定、试验和选取，使计算结果的可信度降低。边坡稳定性评价应在充分查明工程地质条件的基础上，根据边坡岩土类型和结构，以工程地质分析对比法为基础，辅以力学计算两者结合较为合理，前者为后者提供变形类型、范围和边界条件，后者则可得出稳定系数和作用力大小，为设计提供依据。

1）工程地质分析对比法从以下几方面分析对比：

①从自然极限稳定坡的坡形、坡率、坡高与人工边坡的平均坡率和坡高对比中评价其稳定性；

②从自然山坡已发生的变形类型和规模，推断人工边坡可能发生的变形类型和规模；

③从坡体结构分析人工边坡可能发生的变形类型及产生的部位（整体或局部）；

④从作用因素及其变化幅度分析，主要是开挖引起坡体松弛、地表水下渗、岩土（特别是软弱带）强度降低，分析可能发生的变形类型及规模；

⑤从已发生的变形，分析其发生机制并反演出破坏时的岩土强度参数。

2）力学计算法：

力学计算法有多种，只有选择与调查确定的破坏类型及模式相一致的计算方法才能得出正确的结果。其破坏范围主要是松弛范围，除顺层滑坡外，可用有限元计算开挖后边坡的应力场和位移场来确定。

①土质边坡和较大规模的碎裂结构岩质边坡宜采用传统的圆弧滑动法进行计算；

②对可能产生平面滑动的边坡宜采用平面滑动法进行计算；

③对可能产生折线滑动的边坡宜采用折线滑动法进行计算；

④对结构复杂的岩质边坡，可配合采用赤平极射投影法和实体比例投影法分析；

⑤当边坡破坏机制复杂时，宜结合数值分析法进行分析。

对土质边坡和类土质边坡可用传统的圆弧形破坏面进行计算，但沿土层界面滑动不一定是圆弧。岩质边坡，即使是强风化岩体，其破坏也要沿不利结构面组合，因此多为折线形，用推力传递法比较符合实际。其选用的计算参数 c、φ 值也应根据地质情况不同而分段选取。

5.3 边坡新型支挡设计的特点和原则

5.3.1 边坡新型支挡设计的特点

（1）边坡设计以翔实的地质资料为基础

在工程实践中，由于缺乏工程地质勘察资料或工程地质勘察资料不全面、不准确或对工程地质的认识肤浅而不深入等原因，从而出现工程滑坡或工程质量事故的实例屡见不鲜。因此，没有翔实的工程地质、水文地质等地质资料，就难于进行切合实际的边坡设计。

（2）边坡设计是预测性设计

高边坡设计主要是进行挖方边坡的设计或填方边坡的设计或半挖半填边坡的设计，这种设计是对将要实现的设计目标的预测，因此，从这个角度上讲，高边坡设计是一种预测性设计。

(3) 边坡设计是风险性设计

岩土工程（geotecnical engineering）是一门实践性很强的应用技术。岩土是一种最复杂的材料，无论何种力学模型都难以全面而准确地描述它的性状；岩土具有显著的时空变异性，在复杂地质条件下，再细致地勘察测试也难以完全查明岩土性状的时空分布；岩土又有很强的地区性特点，不同地区往往形成各种各样的特殊性岩土。因此，单纯的理论计算和试验分析常常解决不了实际问题，而需要岩土工程师根据工程所处位置的工程地质情况和工程的要求，凭借自己的经验对关键技术问题的把握，进行临场处置。从这个意义上讲，岩土工程至今还是不够严谨、不够完善、不够成熟的技术学科，因而其难度大，潜力也很大（岩土工程手册·序）。因此，可以说，高边坡设计是一种具有高风险性质的设计。

(4) 边坡设计应是动态设计

正是由于在复杂地质条件下，再细致地勘察测试也难以完全查明岩土性状的时空分布，因此，高边坡设计应是根据信息施工法及施工勘察反馈的资料，确认原设计条件有较大变化时，及时补充、修改、完善原设计的设计方法，这种设计方法称为动态设计法（method of information design）。

(5) 边坡设计对施工工艺提出严格要求

在高填方边坡工程中，设计需明确填料的粒径、填料的颗粒级配、分层厚度、压实填土系数、回填速度等施工要求。

在高切坡工程中，设计需明确采用逆作法施工和信息施工法的要求。

逆作法（topdown construction method）就是采用自上而下，分阶支护的一种施工方法。

信息施工法（construction method from information）就是根据施工现场的地质情况和监测数据，对地质结论、设计参数进行验证，对施工安全性进行判断和及时修正施工方案的施工方法。

5.3.2 边坡新型支挡设计的原则

(1) 极限状态原则

边坡工程可分为下列两类极限状态：

1) 承载能力极限状态：对应于支护结构达到承载力破坏、锚固系统失效或坡体失稳。

2) 正常使用极限状态：对应于支护结构和边坡的变形达到结构本身或邻近建（构）筑物的正常使用限值或影响耐久性能。

(2) 荷载效应原则

边坡工程设计采用的荷载效应最不利组合应符合下列规定：

1) 按地基承载力确定支护结构的稳定立柱（肋柱或桩）和挡墙的基础底面积及其埋深时，荷载效应组合应采用正常使用极限状态的标准组合，相应的抗力应采用地基承载力特征值。

2）边坡与支护结构的稳定性和锚杆锚固体与地层的锚固长度计算时，荷载效应组合应采用承载能力极限状态的基本组合，但其荷载分项系数均取1.0，组合系数按现行国家标准的规定采用。

3）在确定锚杆、支护结构立柱、挡板、挡墙截面尺寸、内力及配筋时，荷载效应组合应采用承载能力极限状态的基本组合，并采用现行国家标准规定的荷载分项系数和组合分项系数；支护结构的重要性系数 γ_0 按有关规范的规定采用，对安全等级为一级的边坡取1.1，二级、三级边坡取1.0。

4）计算锚杆变形和支护结构水平位移与垂直位移时，荷载效应组合采用正常极限状态的准永久组合，不计入风荷载和地震作用。

5）在支护结构抗裂计算时，荷载效应组合应采用正常使用极限状态的标准组合，并考虑长期作用影响。

6）抗震设计的荷载组合和临时性边坡的荷载组合应按现行有关标准执行。

（3）设计使用年限原则

永久性边坡的设计使用年限应不低于受其影响相邻建筑的使用年限。一般建筑工程的设计使用年限为50年，因此，这类建筑工程所处边坡的设计使用年限可取50年。

（4）安全可靠原则

1）"固脚强腰"的原则。由于坡脚应力和地下水集中，边坡工程设计应贯彻"固脚强腰"的原则，"固脚"即加强坡脚边坡的支撑力，"强腰"则是防止高边坡的局部失稳。既要保证整体稳定，也要保证局部稳定。

2）排水泄水的原则。高边坡设计应有完善的地表排水（修筑地表截水沟、地表排水沟、跌水井）和地下排水（地下排水盲沟、地下排水盲洞）系统，减少水对边坡稳定的影响。

3）安全可靠原则。高边坡根据其使用年限和保护对象的重要性，应是安全可靠的。

（5）地震作用原则

边坡工程应按下列原则考虑地震作用的影响：

1）边坡工程的抗震设防烈度可采用地震基本裂度，且不应低于边坡破坏影响区内建筑物的设防烈度。

2）对抗震设防的边坡工程，其地震效应计算应按现行有关标准执行；岩石基坑工程可不作抗震计算。

3）对支护结构和锚杆外锚头等，应采取相应的抗震构造措施。

（6）计算和验算原则

边坡支护结构设计时应进行下列计算和验算：

1）支护结构的强度计算：立柱、面板、挡墙及其基础的抗压、抗弯、抗剪及局部抗承载力以及锚杆体的抗拉承载力等均应满足现行相应标准的要求。

2）锚杆锚固体的抗拔承载力和立柱与挡墙基础的地基承载力计算。

3）支护结构整体或局部稳定性验算。

4）对变形有较高要求的边坡工程可结合当地经验进行变形验算，同时应采取有效的综合措施保证边坡和邻近建（构）筑物的变形满足要求。

5）地下水控制计算和验算。

6）对施工期可能出现的不利工况进行验算。

（7）边坡工程的设计要求

应包括支护结构的选型、计算和构造，并对施工、监测及质量验收提出要求。

（8）环境保护、美化原则

随着经济的迅猛发展，人们对环境的要求越来越高，如：2009年重庆市政府提出的“森林重庆、宜居重庆”。因此，高边坡设计应充分考虑环境保护，美化环境。

5.4 边坡新型支挡设计中的计算参数

5.4.1 边坡的破坏模式

（1）土质边坡的破坏模式

土质边坡的破坏模式大多为圆弧形滑动。

在山区地区，土层厚度不太大的情况，边坡通常出现沿岩土界面滑动的情况，这时，边坡的破坏模式大多为折线形滑动。

（2）岩质边坡的破坏模式

1）岩质边坡的破坏模式通常为滑移型和崩塌型，其破坏特征见表5-4。

岩质边坡的破坏模式　　表5-4

破坏模式	岩体特征		破坏特征
滑移型	由外倾结构面控制的岩体	硬性结构面的岩体	沿外倾结构面滑移，分单层滑移与多层滑移
		软弱结构面的岩体	
	不受外倾结构面控制和无外倾结构面的岩体	整体状岩体，巨块状、块状岩体，碎裂状、散体状岩体	沿极软岩、强风化岩、碎裂结构或散体状岩体中最不利滑动面滑移
崩塌型	危　岩		沿陡倾、临空的结构面塌滑；由内、外倾结构不利组合面切割，块体失稳倾倒；岩腔上岩体沿竖向结构面剪切破坏坠落

2）岩石风化程度应按表5-5确定。

岩石风化程度的划分　　表5-5

名　称	风　化　特　征
未风化	结构构造未变，岩质新鲜
微风化	结构构造、矿物色泽基本未变，部分裂隙面有铁锰质渲染
弱风化	结构构造部分破坏，矿物色泽较明显变化，裂隙面出现风化矿物或存在风化夹层
强风化	结构构造大部分破坏，矿物色泽明显变化，长石、云母等多风化成次生矿物

（3）Ⅰ类岩体边坡长期稳定，偶有掉块

1）各类型岩体边坡的稳定情况见表5-6。

岩质边坡的岩体分类及自稳能力 表5-6

边坡的岩体类型	判定条件			
	岩体完整程度	结构面结合程度	结构面产状	直立边坡自稳能力
Ⅰ	完整	结构面结合良好或一般	外倾结构面或外倾不同结构面的组合线倾角>75°或<35°	30m高边坡长期稳定，偶有掉块
Ⅱ	完整	结构面结合良好或一般	外倾结构面或外倾不同结构面的组合线倾角35°~75°	15m高边坡稳定，15~25m高边坡欠稳定
	完整	结构面结合差	外倾结构面或外倾不同结构面的组合线倾角>75°或<35°	
	较完整	结构面结合良好或一般或差	外倾结构面或外倾不同结构面的组合线倾角<35°，有内倾结构面	边坡出现局部塌落
Ⅲ	完整	结构面结合差	外倾结构面或外倾不同结构面的组合线倾角35°~75°	8m高边坡稳定，15m高边坡欠稳定
	较完整	结构面结合良好或一般	外倾结构面或外倾不同结构面的组合线倾角35°~75°	
	较完整	结构面结合差	外倾结构面或外倾不同结构面的组合线倾角>75°或<35°	
	较完整（碎裂镶嵌）	结构面结合良好或一般	结构面无明显规律	
Ⅳ	较完整	结构面结合差或很差	外倾结构面以层面为主，倾角多为35°~75°	8高边坡不稳定
	不完整（散体、碎裂）	碎块间结合很差	结构面无明显规律	

2）岩体完整程度的定性划分按表5-7确定，结构面的结合程度应根据结构面特征按表5-8确定。

岩体完整程度的定性划分 表5-7

名称	结构面发育程度		主要结构面的结合程度	主要结构面的类型	相应结构类型
	组数	平均间距（m）			
完整	1~2	>1.0	结合好或结合一般	节理、裂隙、层面	整体状或巨厚层状结构
较完整	1~2	>1.0	结合差	节理、裂隙、层面	块状或厚层状结构
	2~3	1.0~0.4	结合好或结合一般		块状结构

续表

名称	结构面发育程度		主要结构面的结合程度	主要结构面的类型	相应结构类型
	组数	平均间距（m）			
较破碎	2~3	1.0~0.4	结合差	节理、裂隙、层面、小断层	裂隙块状或中厚层状结构
	≥3	0.4~0.2	结合好		镶嵌碎裂结构
			结合一般		中、薄层状结构
破碎	≥3	0.4~0.2	结合差	各种类型结构面	裂隙块状结构
		<0.2	结合一般或结合差		碎裂状结构
极破碎	无序		结合很差		散体状结构

注：平均间距指主要结构面（1~2组）间距的平均值。

结构面结合程度的划分 **表5-8**

名称	结构面特征
结合好	张开度小于1mm，无充填物
结合较好	张开度1~3mm，为硅质或铁质胶结 张开度大于3mm，结构面粗糙，为硅质胶结
结合一般	张开度1~3mm，为钙质或泥质胶结 张开度大于3mm，结构面粗糙，为铁质或钙质胶结
结合差	张开度1~3mm，结构面平直，为泥质或泥质和钙质胶结 张开度大于3mm，多为泥质或岩屑充填
结合很差	泥质充填或泥夹屑充填，充填物厚度大于起伏差

3）岩体完整性指数（K_v）与定性划分的岩体完整程度的对应关系，可按表5-9确定。

K_v 与定性划分的岩体完整程度的对应关系 **表5-9**

K_v	>0.75	0.75~0.55	0.55~0.35	0.35~0.15	<0.15
完整性指数	完整	较完整	较破碎	破碎	极破碎

注：完整性指数为岩体压缩波速度与岩块压缩波速度之比的平方，选定岩体和岩块测定波速时，应注意其代表性。定量指标 K_v、J_v 的测试，应符合《工程岩体分级标准》GB 50218-94附录A的规定。

5.4.2 边坡的理论破裂角

（1）土质边坡的理论破裂角 θ

1）圆弧形滑动土质边坡的理论破裂角 θ。圆弧形滑动土质边坡的理论破裂角为计算划分条块所处圆弧的切线与水平面之间的夹角。

2）沿岩土界面呈折线形滑动土质边坡的理论破裂角 θ。沿岩土界面呈折线形滑动土质边坡的理论破裂角为计算划分条块所处岩土界面的平均坡角值。

3）预估塌滑区时的理论破裂角 θ。预估土质边坡塌滑区范围时的理论破裂角，可取 $(45° + \varphi)/2$，其中，φ 为土体的内摩擦角。

（2）岩质边坡的理论破裂角 θ

1）无外倾结构面的岩质边坡。对无外倾结构面的岩质边坡，破裂角按 $45° + \varphi/2$ 确定，Ⅰ类岩体边坡可取75°左右。

2）有外倾硬性结构面的岩质边坡。当有外倾硬性结构面时，除Ⅰ类岩体边坡外，破裂角取外倾结构面倾角和 $45° + \varphi/2$ 两者中的较小值。

3）沿外倾软弱结构面破坏的岩质边坡。当边坡沿外倾软弱结构面破坏时，破裂角取外倾结构面倾角和 $45° + \varphi/2$ 两者中的较小值。

4）滑移型危岩。滑移型危岩的破裂角取陡倾、临空的结构面倾角和 $45° + \varphi/2$ 两者中的较小值。

（3）超高岩质边坡的理论破裂角 θ

对于边坡高度在30～60m的超高岩质边坡的理论破裂角，考虑到岩体具有一定的"塑性"，应当在按上述条款确定的基础上，乘以小于1.0的折减系数。通常可取折减系数为0.85～0.95，对于边坡高度在30m时，取上限；对于边坡高度在60m时，取下限。

5.4.3 边坡力学参数的选取

（1）结构面参数

岩体结构面的抗剪强度指标宜根据现场原位试验确定。当无条件进行试验时（现场剪切试验费用较高、试验时间较长、试验比较困难等原因），对二级、三级边坡工程可按表5-10并结合工程类比综合确定。

结构面抗剪强度指标标准值 **表5-10**

结构面类型		结构面结合程度	粘结力（kPa）	内摩擦角（°）
硬性结构面	1	结合良好	>130	>35
	2	结合一般	90～130	27～35
	3	结合差	50～90	18～27
软弱结构面	4	结合很差	20～50	12～18
	5	结合极差（泥化层）	<20	<12

注：1. 除结合极差外，结构面两壁岩性为极软岩、软岩时取表中较低值。
2. 未完全贯通时应根据贯通程度乘以增大系数1.1～1.5。
3. 结构面浸水时取表中较低值。
4. 临时性边坡可取表中高值。
5. 本表未考虑结构面参数在施工期和运营期受其他因素影响发生的变化。

（2）岩体性质参数

完整和较完整的边坡岩体性质参数可按表5-11确定。

边坡岩体性质指标标准值 **表 5-11**

岩石类别	重度（kN/m³）	粘结力（MPa）	内摩擦角（°）	抗拉强度（MPa）	变形模量（MPa）	泊松比
坚硬岩	24.5～26.5	>1.80	>44	>0.75	>4500	<0.20
较硬岩	23.0～25.0	1.00～1.80	41～44	0.50～0.75	2500～4500	0.10～0.25
较软岩	24.0～25.0	0.50～1.00	36～41	0.25～0.50	1500～3000	0.20～0.30
软岩	23.5～25.0	0.25～0.50	30～36	0.15～0.25	1000～2000	0.25～0.33
极软岩	23.5～24.5	<0.25	<30	<0.15	<1000	>0.33

注：表中强度未考虑时间效应因素。

（3）岩体内摩擦角

岩体内摩擦角可由岩块内摩擦角标准值按岩体裂隙发育程度乘以表 5-12 所列的折减系数确定。

边坡岩体内摩擦角折减系数 **表 5-12**

边坡岩体特性	内摩擦角的折减系数	边坡岩体特性	内摩擦角的折减系数
裂隙不发育	0.90～0.95	裂隙发育	0.80～0.85
裂隙较发育	0.85～0.90	碎裂结构	0.75～0.80

（4）土质边坡强度指标

土质边坡按水土合算原则进行时，地下水位以下的土宜采用土的自重固结不排水抗剪强度指标；按水土分算原则进行时，地下水位以下的土宜采用土的有效抗剪强度指标。

（5）岩土与基底摩擦系数和锚固体极限粘结强度

进行试验前和不要求进行试验时，岩土与基底摩擦系数和锚固体极限粘结强度可按表 5-13 确定。

岩土与基底摩擦系数和锚固体极限粘结强度 **表 5-13**

岩土类别	土的状态	摩擦系数	极限粘结强度标准值（kPa）
红黏土	坚硬 硬塑 可塑	0.40～0.45 0.30～0.35 0.25～0.30	90～120 70～90 60～70
黏性土	坚硬 硬塑 可塑 软塑	0.30～0.40 0.25～0.30 0.20～0.25	64～80 50～64 40～50 30～40
粉 土		0.25～0.35	30～50
砂 土	松散 稍密 中密 密实	0.35～0.45	60～100 100～140 140～210 210～280

续表

岩土类别	土的状态	摩擦系数	极限粘结强度标准值（kPa）
碎石土	稍密 中密 密实	0.40 ~ 0.50	120 ~ 180 160 ~ 220 220 ~ 300
坚硬岩 较硬岩		0.65 ~ 0.75	2200 ~ 3200 1200 ~ 2200
较软岩 软　岩 极软岩		0.40 ~ 0.60	760 ~ 1200 360 ~ 760 270 ~ 360

注：1. 当需提供岩土与锚固体极限粘结强度特征值时，可将表中极限粘结强度标准值除以 2.2 ~ 2.7 后确定（对硬质岩和较硬岩取 2.7，较软岩和软岩取 2.5，极软岩取 2.3，土取 2.2）。

2. 表中岩石的基底摩擦系数适用于完整和较完整的情况。

(6) 钢筋、钢绞线与砂浆之间的粘结强度

钢筋、钢绞线与砂浆之间的粘结强度设计值可按表 5-14 确定。

钢筋、钢绞线与砂浆之间的粘结强度设计值（MPa）　　**表 5-14**

锚　杆　类　型	水泥浆或水泥砂浆强度等级		
	M25	M30	M35
水泥砂浆与螺纹钢筋间	2.10	2.40	2.70
水泥砂浆与钢绞线、高强钢丝间	2.75	2.95	3.40

(7) 等效内摩擦角（the equative angle of internal friction）

岩土体等效内摩擦角是考虑粘结力在内的假想的“内摩擦角”，也称似内摩擦角或综合内摩擦角。

1) 土质边坡的等效内摩擦角

黏性土综合内摩擦角 φ_D 的确定方法包括：

①半经验法（在使用中较为方便）。

$\varphi_D = 30° \sim 35°$。

②根据土的抗剪强度相等的原理计算 φ_D 值。

$\tan\varphi_D = \tau'/(\gamma H) = (\gamma H\tan\varphi + c)/(\gamma H) = \tan\varphi + c/(\gamma H)$

即
$$\varphi_D = \tan^{-1}[\tan\varphi + c/(\gamma H)] \quad (5\text{-}1)$$

③根据土压力相等的原理计算 φ_D 值。

为计算方便，φ_D 可按地面水平、墙背竖直、光滑的简单边界条件确定。假定黏性土土压力与换算后的沙性土土压力相等，可求得

$$E_a = (1/2)\gamma H^2\tan^2(45° - \varphi/2) - 2cH\tan(45° - \varphi/2) + 2c^2/\gamma$$
$$= (1/2)\gamma H^2\tan^2(45° - \varphi_D/2)$$

$$\therefore \tan(45° - \varphi/2) - 2c/(\gamma H) = \tan(45° - \varphi_D/2) \quad (5\text{-}2)$$

2）边坡岩体的等效内摩擦角

岩体综合内摩擦角（等效内摩擦角）φ_D 按下式计算：

$$\varphi_D = \arctan[\tan\varphi + cL/(W\cos\theta)] \quad (5\text{-}3)$$

c 为岩土的粘结力（kPa）；φ 为岩土的内摩擦角（°）；H 为边坡高度（m）；θ 为边坡的破裂角（°），对于土质边坡可取 $45° + \varphi/2$，φ 为土体的内摩擦角；对于岩质边坡可按以下取值：

①对无外倾结构面的岩质边坡，以岩体等效内摩擦角按侧向土压力方法计算侧向岩压力；破裂角按 $45° + \varphi/2$ 确定，I 类岩质边坡可取 75°左右；

②单有外倾硬性结构面时，侧向岩压力应分别以外倾硬性结构面的参数和以岩体等效内摩擦角按侧向土压力方法计算，取两种结果的较大值；除 I 类边坡岩体外，破裂角取外倾结构面倾角和 $45° + \varphi/2$ 两者中的较小值；

③单边坡沿外倾软弱结构面破坏时，侧向岩石压力计算时的破裂角取该外倾结构面的视倾角和 $45° + \varphi/2$ 两者中的较小值，同时应按上述①和②款进行验算。

当资料缺乏时，边坡岩体的等效内摩擦角可按表 5-15 取经验值。

边坡岩体的等效内摩擦角　　表 5-15

边坡岩体类别	Ⅰ	Ⅱ	Ⅲ	Ⅳ
等效内摩擦角 φ_e（°）	$82 \geqslant \varphi_e \geqslant 72$	$72 \geqslant \varphi_e > 62$	$62 \geqslant \varphi_e > 52$	$52 \geqslant \varphi_e > 42$

注：1. 边坡高度较大时宜取低值，反之取高值；坚硬岩、较硬岩、较软岩和完整性好的岩体取高值，软岩、极软岩和完整性差的岩体取低值。

2. 临时性边坡取表中高值。

3. 边中数值已考虑时间效应和工作条件系数等因素。

5.5 锚杆的防腐

支护结构的使用寿命，应与所服务的建筑物的使用年限相同。因此，锚杆（索）的使用寿命，应与被加固的构筑物和所服务的建筑物的使用年限相同，其防腐等级也应达到相应的要求。

5.5.1 防腐设计的原则

（1）防腐方法不能影响锚杆各部件的功能。因此，对锚杆的不同部位要作不同的防腐结构设计。

（2）防腐方法的确定必须使防腐材料在施工期间不受损伤，并保证长期具有防腐效能。

（3）永久性锚杆应采用双层防腐，临时性锚杆可采用简单防腐（当腐蚀环境特别严重时，也应采用双层防腐）。

5.5.2 永久性锚杆的防腐

（1）锚固体的防腐

1）永久性锚杆的锚固段不应设置在下列地层中：

①有机质土，淤泥质土。

②液限 $W_L > 50\%$ 的土层。

③相对密度 $D_r < 0.3$ 的土层。

2）无腐蚀性岩土层内的锚固段。对位于无腐蚀性岩土层内的锚固段应除锈，砂浆保护层厚度应不小于25mm。

3）有腐蚀性岩土层内的锚固段，对位于腐蚀性岩土层内的锚杆的锚固段，应采取特殊防腐蚀处理。

①波形防护管：永久性锚杆防腐用的防护管与锚杆间的空隙内填充环氧树脂和高强水泥砂浆。

②水泥砂浆封闭防腐：对位于腐蚀性岩土层内的锚固段应除锈，砂浆保护层厚度应不小于25mm。

（2）自由段防腐

1）非预应力锚杆的自由段位于土层中时，可采用除锈、刷沥青船底漆，或采用润滑油三度沥青玻纤布缠裹二层的方法，即"三油两布"法。

2）采用钢绞线、精扎螺纹钢制作的预应力锚杆、锚索，其自由段防腐宜采用双层防腐措施，即对杆体表面除锈、刷沥青船底漆或采用润滑油二度后绕扎塑料布，在塑料布上再涂润滑油，最后装入塑料套管中。自由段套管两端100～200mm长范围内用黄油充填，外绕扎工程胶布固定。

（3）外锚头处理

1）承压板涂沥青处理。

2）如锚杆不需要再次张拉，锚头涂润滑油、沥青后用混凝土封死；如锚杆需要再次张拉，可采用锚具封闭，但锚具的空腔内必须用润滑油充填。

3）经过防腐蚀处理后，非预应力锚杆的自由段外端应埋入钢筋混凝土构件内50mm以上；对预应力锚杆，其锚头的锚具经除锈、涂防腐漆三度后采用钢筋网罩、现浇混凝土封闭，且混凝土强度等级不应低于C30，厚度不应小于100mm。

（4）锚杆居中的措施

锚杆一定要居中，一般使用定位器或隔离支架。锚杆隔离支架（对中支架）应沿锚杆轴线方向每隔1～3m设置一个，对土层应取小值，对岩层可取大值。

5.5.3 临时性锚杆的防腐

（1）非预应力锚杆的自由段，可采用除锈后刷沥青船底漆处理。

（2）预应力锚杆的自由段，可采用除锈后刷沥青船底漆或加套管处理。

（3）外锚头可采用外涂防腐材料或外包混凝土处理。

5.5.4 锚桩的防腐处理

当边坡的侧向力较大而采用锚杆不能满足要求时，就将锚杆的孔径增大至300mm而成为锚桩。锚桩的防腐处理应满足和所服务的建筑物的使用年限相同的要求，即其防腐等级也应达到相应的要求。

(1) 锚桩混凝土结构的耐久性应根据表5-16的环境类别和设计使用年限进行设计。

混凝土结构的环境类别　　表5-16

环境类别		条件
二	a	非严寒和非寒冷地区与无侵蚀性的土壤直接接触的环境
	b	严寒和寒冷地区与无侵蚀性的土壤直接接触的环境
三		严寒和寒冷地区冬季水位变动的环境
四		海水环境
五		受人为或自然的侵蚀性物质影响的环境

注：严寒地区：累年最冷月平均温度低于或等于 -10°C 的地区。

寒冷地区：累年最冷月平均温度高于 -10°C、低于或等于0°C的地区。

累年：系指近期30年，不足30年的取实际年数，但不得少于10年。

(2) 二类和三类环境中，设计使用年限为50年的结构混凝土应符合表5-17的规定。

结构混凝土耐久性的基本要求　　表5-17

环境类别		最大水灰比	最小水泥用量 (kg/m³)	最低混凝土强度等级	最大氯离子含量 (%)	最大碱含量 (kg/m³)
二	a	0.60	250	C25	0.3	3.0
	b	0.55	275	C30	0.2	3.0
三		0.50	300	C30	0.1	3.0

注：1. 氯离子含量系其占水泥用量的百分率。

2. 混凝土中的最大氯离子含量为0.06%。

3. 当混凝土中加入活性掺合料或能提高耐久性的外加剂时，可适当降低最小水泥用量。

5.6 边坡工程变形原因分析及加固

5.6.1 边坡变形原因分析

1. 重庆市长江大桥南桥头某高切坡出现大变形的原因分析

(1) 前言

重庆市某房地产公司在重庆市南岸区长江大桥南桥头至苏家坝油库投资治理的长江沿岸高边坡工程，在进行高边坡工程的治理过程中，k0+876~k0+926地段施工的腰梁明显位移、部分边坡出现地坪开裂。

按照重庆市南岸区建设工程质量监督站和建设单位的要求，为总结经验和保证其余地段边坡治理工程的顺利进行，应对该地段边坡工程出现大变形的原因进行分析。

解放军后勤工程检测中心受重庆市某房地产公司委托，组成了由教授2名、副教授1

名、工程师1名、助理工程师1名的项目组，于2004年5月20日~6月28日对k0+876~k0+926地段边坡及其已完工构筑物场地进行了现场踏勘、检测，查阅有关监理日志和会议纪要后，形成该边坡工程出现大变形的原因分析报告。

（2）检测依据

1）该工程委托书。

2）重庆长江大桥南桥头至苏家坝油库长江沿岸边坡工程地质勘察报告（中国建筑西南勘察研究院重庆分院，2002年03月）及重庆市勘察测量质量监督站勘察文件审查报告。

重庆长江大桥南桥头边坡k0+880~k0+940以及k0+940~k1+055段补充地质剖面说明（中国建筑西南勘察设计研究院重庆分院，2004年6月6日）。

3）重庆市长江大桥南桥头某高切坡治理工程边坡支护结构施工图（中冶赛迪工程技术股份有限公司，2002年04月）。

重庆市长江大桥南桥头某高切坡治理工程边坡支护结构施工图（中冶赛迪工程技术股份有限公司，2004年01月）。

4）重庆市南岸区长江大桥南桥头~苏家坝油库段边坡治理方案评估报告（重庆大学建筑设计研究院，2002年04月）。

重庆长江大桥南桥头高切坡治理施工图审查报告（重庆大学建筑设计研究院，2002年05月）。

5）采用的规范主要有：

①《岩土工程勘察规范》GB 50021—2001。

②《建筑地基基础设计规范》GB 50007—2002。

③《混凝土结构设计规范》GB 50010—2002。

④《建筑结构荷载规范》GB 50009—2001。

⑤《建筑抗震设计规范》GB 20011—2001。

⑥《建筑桩基技术规范》JGJ94—94。

⑦《建筑边坡支护技术规范》DB 50/5018—2001。

6）其他：

①监理日志（2003年12月9日~2004年4月4日）；工程建设监理规划（2002年4月29日）、监理细则（2002年6月20日）、监理工作联系单、监理工程师通知单、旁站监理记录表等。

②重庆长江大桥南桥头高切坡治理工程技术会议纪要（技术交底会，2002年5月23日）。

③重庆长江大桥南桥头高切坡治理工程桩板式抗滑挡土墙施工方案及审查意见；重庆长江大桥南桥头高切坡治理工程施工组织设计审批表（2003年9月）——锚杆挡墙施工方案；施工技术交底记录、安全技术交底卡等。

（3）工程概况

1）工程概况

①2003年12月19日，监理巡视人员发现k0+880~k0+900抗滑桩外侧边坡出现开裂、坍塌，同时引起周边岩石和土体产生沉降。

为防止上部已完工的桩板式挡墙（2002 年 9 月 ~2002 年 12 月施工，2003 年 2 月 26 日通过中间验收）受损，在原设计的基础上作以下变更：

A. k0 +770 开始到最后，加密范围坡顶以下 10m 以内；

B. 增设腰梁，梁上加预应力锚索；

C. 施工时先施工坍塌地段的两侧，后施工坍塌地段，坍塌地段的施工采用逆作法。

2004 年 4 月 6 日，由重庆南江地质队对已完工的锚索（原桩号为 G10 ~ G17）进行张拉并锁定（表 5-18）。

坍塌地段桩的埋置深度及锚索的锁定情况表 **表 5-18**

原桩号	G10	G11	G12	G13	G14	G15	G16	G17
埋置深度（m）	9.35	9.82	8.66	9.80	9.60	9.80	11.33	9.80
现桩号	31	32	33	34	35	36		
埋置深度（m）	11.2	9.33	5.40	4.80	7.55	6.00		

注：1. G10 ~ G17 桩的上排锚索已锁定，下部腰梁上的锚索在出现变形时未锁定。

2. 31 ~36 号桩外侧腰梁已变形。

2004 年 4 月 3 日 ~4 月 9 日，进行腰梁施工。2004 年 4 月 20 日，对坍塌地段路基外半幅的土石方大面积施工。2004 年 4 月 17 日 ~5 月 4 日，进行腰梁上的锚索施工。2004 年 5 月 10 日，发现腰梁（腰梁上锚索孔内的砂浆强度还未达设计强度的 75%，锚索还未张拉与锁定）变形。

②根据现场调查和中国建筑西南勘察设计研究院重庆分院（2004 年 6 月 6 日）的补充勘察资料，该出现大变形的边坡工程位于 k0 +876 ~ k0 +926 地段边坡的中下部，坡顶高程约为 211 ~219m，坡脚高程约为 196 ~197m，高度约 15 ~20m，长度约 50m。

③坡脚构筑物。该边坡坡脚为在建的南滨路工程，路面设计高程 195.00m，路宽 24m。

④边坡已完工构筑物：

A. 该边坡已完工构筑物为板桩式挡墙、预应力锚索和腰梁。

B. 桩的直径为 1000mm，桩的间距分别为 5000mm、4000mm 和 3000mm，桩嵌入中等风化岩石 1500mm，桩的底标高约为 222 ~195.00m。拱板的厚度为 200mm。

C. 预应力锚索设置于桩上和腰梁，锚索的孔径为 150mm，主筋为 $11 \times 7\phi^{S}$（钢绞线的直径 $d = 15.2$mm，强度标准值 $f_{ptk} = 1860\text{N/mm}^2$，强度设计值 $f_{py} = 1320\text{N/mm}^2$），锚索与水平线夹角 15°；锚索采用 M30 微胀水泥砂浆在 4 ~5 个大气压下压力灌注；锚固段长度为锚入中等风化岩石内不少于 8000mm。

D. 腰梁的断面为梯形，梁宽 1000mm，梁的短边宽 1200mm。

2）边坡工程地质简况

①该场地位于南岸区长江大桥南桥头至苏家坝油库南滨路（南桥头至铜元局 k0 +876 ~ k0 +926 地段），长江南岸的斜坡地带，属于河谷地貌。

本边坡为 k0 +876 ~ k0 +926 地段的中下部边坡（高程约为 199 ~215m），长度约 50m，高度约 15 ~20m，处于地质勘察报告中的 7—7 剖面（钻孔 ZK86）和 8—8 剖面

（钻孔 ZK82）附近地段。本边坡的坡顶标高约为 212 ~ 219m，坡脚标高约为 196 ~ 197m（原为 199 ~ 205m），开挖的高度约为 3 ~ 8m；开挖的厚度约为 3 ~ 8m。

②场地 k0 + 907 ~ k0 + 926 边坡上部为厚约 3 ~ 6m 的土层（崩积块石土：浅灰色、灰色，主要由砂岩块石、黏性土等组成，块石粒径 0.2 ~ 5.0m，占全重的 50% 以上）及强风化岩层（风化裂隙发育，岩质软，遇水极易软化），边坡下伏基岩为侏罗系中统沙溪庙组泥岩及少量砂岩。

泥岩：紫红色，以黏性土为主，泥质结构，巨厚层状构造。层理较发育，层面见泥质薄膜。

砂岩：灰白色、灰色，矿物成分以石英、长石为主，含少量云母；中细粒结构，钙质胶结，巨厚层状构造。

场地位于重庆向斜西翼，岩层倾向 130°，倾角 10°。场区发育 3 组裂隙：

裂隙 J_1：324°∠68° ~ 73°，裂隙间距 1.0 ~ 5.0m，延伸长 1.0 ~ 10.0m，多数裂隙闭合，裂面较平直，黏土充填。在所切的边坡上明显可见，在位移了的腰梁位置局部可见，其余部位由于土层覆盖而隐蔽。该组裂隙的倾向与边坡的倾向基本一致，属于外倾结构面。

裂隙 J_2：230°∠55° ~ 60°，裂隙间距 1.0 ~ 5.0m，延伸长 1.0 ~ 5.0m，多呈张开状，表面粗糙。

裂隙 J_3：150°∠85° ~ 90°，裂隙间距 1.0 ~ 5.0m，裂面较平直，多呈闭合状，无充填。

本边坡主要外倾裂隙产状：与斜坡倾向一致的裂隙倾向约 324°，倾角 63° ~ 70°，裂隙间距 1.00 ~ 5.00m，延伸 1.00 ~ 10.00m，多数裂隙闭合，但在岩石露头上测得的裂隙因风化和卸荷作用张开 10 ~ 350mm，裂隙面潮湿，部分裂缝有黏土、块石和植物充填，有些裂隙由于覆盖而隐蔽。

从现场采用短钢筋垂直于结构面的方向钻进黏土，量得结构面黏土的厚度为 50 ~ 340mm。根据《建筑边坡工程技术规范》（GB50330—2002）规定，“破裂角取外倾结构面倾角和 45° + φ/2 两者的小值”。所以本工程的破裂角取 63°，结构面摩擦角取 20°，结构面凝聚力取 70kPa。

③场地斜坡地带存在少量地下水，主要为大气降水和场地坡顶及其附近生活用水的补给。

④本边坡所处场区地震基本烈度为Ⅵ度，除外倾结构面外未见地下洞室、危岩等不良地质作用。

⑤场地边坡类型为：土岩组合边坡和ⅢA 类（按《重庆市工程地质勘察规范》DB50/5005—1998 划分）。

⑥边坡的工程安全等级为二级。

（4）现场调查情况

1）已完工构筑物

①板桩式挡墙。根据现场调查和监测单位监测的情况介绍，已完工的板桩式挡墙未见变形。

②预应力锚索。根据现场调查，在桩上的预应力锚索已锁定，未见变形；在变形较小的腰梁（DE 段，详重庆市长江大桥南桥头高切坡治理工程 k0 + 876 ~ k0 + 926 地段边坡

应急抢险报告（2004）质检（建）字第6120号中的附件2：k0 + 876 ~ k0 + 926 地段立面示意图）上的预应力锚索，通过水泥砂浆或细石混凝土补缝后已锁定；在变形较大的腰梁（AB段）上的预应力锚索未锁定，但锚索未见有破损情况。因此，预应力锚索是可以使用的。

③腰梁。该边坡地段上的腰梁出现了不同程度的变形。AB段腰梁、CD段腰梁的变形较大，其水平位移 Δ_H 一般为150 ~ 200mm，最大水平位移 Δ_{Hmax} 为380mm；其垂直位移 Δ_V 一般为100 ~ 150mm，最大垂直位移 Δ_{Vmax} 为250mm（图5-5）。该腰梁预留的锚孔位置与预应力锚索孔的位置有明显偏差，因此，该腰梁不可使用。

图5-5　边坡腰梁出现大变形

DE段腰梁的变形较小，其水平位移 Δ_H 一般为5 ~ 15mm，最大水平位移 Δ_{Hmax} 为20mm；其垂直位移 Δ_V 一般为5 ~ 15mm，最大垂直位移 Δ_{Vmax} 为20mm。

2）结构裂隙及外倾结构面

①结构裂隙。该地段地质条件复杂，岩石破碎、裂隙发育，垂直于边坡方向的裂隙见图5-6。

图5-6　垂直于边坡方向的裂隙

②外倾结构面。该地段外倾结构面的间距为3.0～6.0m，延伸长5.0～10.0m，呈闭合状，裂面较平直（图5-7），黏土充填。黏土为浅褐色，可塑，手搓成细长土条，厚度为50～340mm（图5-8），在所切的边坡上明显可见，在位移了的腰梁位置局部可见，其余部位由于土层覆盖而隐蔽。

图5-7 边坡中的外倾结构面

图5-8 边坡外倾结构面中的黏土

（5）边坡出现大变形的原因分析

1）内因

①该地段地质条件复杂—除有砂泥岩互层外，还有崩积层的块石土。

②该地段岩石破碎、裂隙发育。

③该地段存在外倾结构面，其间距较小，延伸较长，且为呈可塑状的黏土充填。

2）外因

①降雨。施工期间降雨持续的时间较往年长，降雨的强度较往年大；雨水渗入岩石裂

隙或外倾结构面中，对裂隙或结构面内的充填物—黏土起软化作用，大大降低结构面的抗剪强度指标（c、φ 值），使边坡的稳定性明显降低。

②大开挖施工。该地段边坡存在明显的大开挖施工。大开挖施工的结果：

A. 导致坡脚对边坡稳定性有利的岩土体丧失。

B. 使边坡的坡高增高，主动土压力增大。

C. 使存在倾角较陡的外倾结构面的岩土体的稳定支点丧失，使边坡的稳定性明显降低。

③爆破作业。该地段相邻场地土石方爆破作业，对该地段边坡的稳定性会有一定程度的降低。

综上所述，该地段边坡出现大变形的主要原因是地质条件复杂、岩石破碎、裂隙发育和存在外倾结构面，其次要原因是未严格按设计、规范及施工组织设计的要求进行逆作法施工（由上到下，边开挖边锚固，并分段分阶进行）而进行大开挖施工，其他原因是降雨和相邻场地土石方爆破作业。

2. 重庆市忠县某商住楼环境边坡出现垮塌的原因分析

（1）前言

重庆市忠县某商住楼环境边坡治理工程，于 2006 年 4 月 8 日正式开工，开工前，没有向建设主管部门办理质量监督手续，亦未申领施工许可证，设计单位没有向施工单位进行技术交底。7 月 24 日下雨过后，于 7 月 26 日发现坡顶出现裂纹，坡脚有不明原因的渗水现象，当日，忠县建委及质检站的有关人员组织开会，明确要求停止施工并做好警戒标识，同时进行观测，起初裂缝开展速度约为 2mm/d，发展速度比较稳定，8 月 2 日发展速度加快，于当日晚 9:30 左右发生下滑垮塌，8 月 3 日又发生较大下滑和垮塌。

按照忠县建委及质检站等有关单位的要求，为查明原因和保证该商住楼环境边坡治理工程的顺利进行，应对该边坡出现垮塌的原因进行分析。

解放军后勤工程检测中心受重庆市某房地产开发有限公司委托，组成了由教授 1 名、副教授 2 名、工程师 1 名的项目组，于 2006 年 8 月 3 日对中博新城首期还建房北侧商住楼环境边坡治理工程场地进行了现场踏勘、检测，查阅有关监理日志和相关资料后，形成该边坡出现垮塌的原因分析报告。

（2）检测依据

1）该工程检测委托书。

2）重庆忠县某新城拆迁安置房岩土工程勘察报告（重庆 136 地质队基础工程勘察设计院，2005 年 7 月）及岩土勘察文件审查报告（渝伟勘质审 050812 号）。

3）某新城首期还建房北侧商住楼挡土墙及护坡设计施工图（重庆市博创建筑设计有限公司，2005 年 10 月）。

某新城首期还建房北侧商住楼挡土墙及护坡施工图审查报告（重庆伟东工程勘察设计技术服务有限公司）。

4）某新城首期还建房北侧挡墙锚杆抗拔检测报告（重庆桥梁总公司工程质量检测所，2006 年 6 月）。

5）某新城首期还建房北侧商住楼挡土墙及护坡施工的相关资料（重庆城建集团）。

6）采用的规范主要有：

①《岩土工程勘察规范》GB 50021—2001。

②《建筑地基基础设计规范》GB 50007—2002。

③《建筑地基基础设计规范》DBJ50—047—2006。

④《混凝土结构设计规范》GB 50010—2002。

⑤《建筑结构荷载规范》GB 50009—2001。

⑥《建筑抗震设计规范》GB 20011—2001。

⑦《建筑边坡工程技术规范》GB50330—2002。

⑧《建筑边坡支护技术规范》DB 50/5018—2001 等。

7）其他：

①某新城首期还建房北侧商住楼挡土墙及护坡工程监理日志、旁站监理记录（重庆三峡涌鸿工程建设监理有限公司）。

②相关会议纪要。

（3）工程概况

1）工程概况

①简要的施工概况。重庆市忠县某新城首期还建房北侧商住楼环境边坡治理工程，于2006 年 4 月 8 日正式开工，开工前，没有向建设主管部门办理质量监督手续，亦未申领施工许可证，设计单位没有向施工单位进行技术交底。现已部分施工至标高 225m 左右。

②支挡结构简况。该挡墙工程设计为板肋式锚杆挡墙，要求挡墙嵌入中等风化岩层内不小于 400mm。

锚杆孔径为 75mm，主筋 1ϕ22 和 1ϕ25；锚杆孔径为 110mm，主筋 2ϕ25；锚杆孔径为130mm，主筋 2ϕ28（均为 HRB335，强度标准值 335N/mm^2）。

锚杆按 2000mm×2000mm 网格（墙高低于 15m）和 2500mm×2000mm 网格布置（墙高不低于 15m）；锚杆采用 M30 水泥砂浆在 2～3 个大气压下压力灌注。锚固段长度：应锚入稳定的中等风化岩石内不少于 3000mm。

锚杆的轴向拉力设计值：78kN（1ϕ22）、101kN（1ϕ25）、202kN（2ϕ25）和 255kN（2ϕ28）。

钢筋混凝土面板：厚 200mm，配置双层双向钢筋，水平筋 ϕ12@150，竖向筋 ϕ8@200，拉结筋 ϕ6@450mm×450mm，C25 混凝土，嵌入地面下≥400mm。

钢筋混凝土面板内设置有肋柱，断面为 400mm×500mm，主筋 3ϕ20 + 3ϕ20，箍筋 ϕ8@200，C25 混凝土。

2）边坡工程地质简况

①该工程位于重庆市忠县的山麓斜坡地带，场地属丘陵地貌。

②场地边坡原有土层为厚约 0～0.5m 的粉质黏土及强风化岩层（风化裂隙发育，岩质软，遇水极易软化），边坡下伏基岩为侏罗系上统遂宁组的泥岩和砂岩（J_3s）。

粉质黏土：黑灰、黄灰色，主要由粉砂及黏土组成，干强度中等，韧性中等，稍有光泽，无摇震反应，呈可塑状，可搓条。

泥岩：紫红色，由黏土矿物组成，局部砂质含量较高，泥质结构，中厚层状构造。

砂岩：灰白色、黄灰色，中粒结构，巨厚层状构造，泥质胶结，主要成分为石英、长石，含少量云母碎片。

强风化岩石较破碎，轻击即碎。

场地位于忠县向斜西翼，岩层呈单斜产出，岩层的产状为142°∠55°。场区主要发育2组裂隙，裂隙J_1：产状64°∠52°，延伸1～8m，裂面平直、光滑，无充填，裂缝宽2～3mm，间距1.0～5.0m，无充填；裂隙J_2：11°∠74°，延伸1.5～7.0m，裂缝宽2～3mm，无充填，间距2.0～5.0m，裂面平直，粗糙。

③场地斜坡地带仅存在极少量地下水，主要为大气降水的补给。

④本边坡所处场区地震基本烈度为6度，未见滑坡、崩塌、地下洞室、危岩等不良地质作用。

⑤场地边坡类型为：Ⅲ类岩质边坡（按重庆市《工程地质勘察规范》DB50/5005—1998划分）。

⑥挡墙下段边坡的坡度较陡，挡墙如果垮塌或出现工程滑坡将会危及坡脚拟建建筑物——中博新城首期还建房北侧商住楼（多层）的安全，因此，边坡的工程安全等级为二级。

（4）相关资料

1）勘察资料

本工程具有经审查合格的岩土工程勘察报告（岩土勘察文件审查报告，渝伟勘质审050812号）。

2）设计资料

本边坡工程设计施工图具有施工图审查报告（重庆伟东工程勘察设计技术服务有限公司）。

3）施工资料

本工程具有建筑材料准入证，水泥检测报告，砂检测报告，卵石、碎石检测报告（重庆市忠县建设工程质量监督站检测所）。

本工程具有钢筋出厂质量证明和试验单。

该工程的锚杆挡墙具有锚杆抗拔验收检测报告（重庆桥梁总公司工程质量检测所，验收性试验抽样检测的根数为5根，检测锚杆的主筋分别为1ϕ25、1ϕ25、2ϕ25、2ϕ28和2ϕ28），其结果表明所抽测的锚杆均为合格锚杆。

4）监理资料

本工程具有较为齐备的监理资料。

（5）现场调查情况

1）已完工构筑物

①锚杆。现场抽测结果表明，锚杆的孔径、主筋、水平间距、竖向间距、锚杆锚入肋柱的长度均满足设计要求。

从垮塌后锚杆主筋未拔出（图5-9），可知锚杆灌注的砂浆质量良好。

图5-9　垮塌后锚杆主筋未拔出的情况

②面板。钢筋混凝土面板的厚度、配置的双层双向钢筋（表5-19）满足设计要求。

面板钢筋抽测结果表 **表 5-19**

序号	位　置	钢　筋	保护层厚度（mm）	是否满足设计要求	备注
1	距左端 5m	水平筋 ϕ12@155，竖向筋 ϕ8@204	22	基本满足	单侧
2	距左端 10m	水平筋 ϕ12@147，竖向筋 ϕ8@203	23	满　足	单侧
3	距左端 15m	水平筋 ϕ12@145，竖向筋 ϕ8@196	25	满　足	单侧
4	距左端 20m	水平筋 ϕ12@155，竖向筋 ϕ8@203	25	基本满足	单侧
5	距左端 25m	水平筋 ϕ12@148，竖向筋 ϕ10@201	23	满　足	单侧

③肋柱。钢筋混凝土肋柱的几何尺寸采用钢尺和推定（隐蔽部分）的方法进行检测，其断面分别为 452mm × 505mm、451mm × 501mm、400mm × 498mm、402mm × 504mm、399mm × 505mm、400mm × 500mm、403mm × 502mm、400mm × 500mm 和 402mm × 505mm，满足设计（400mm × 500mm）要求。

钢筋混凝土肋柱的配筋和混凝土保护层厚度采用钢筋探测仪进行检测（表 5-20），其配筋和混凝土保护层厚度满足设计要求（主筋 6ϕ20，箍筋 ϕ8@200）。

肋柱钢筋抽测结果表 **表 5-20**

序号	位　置	钢筋	保护层厚度	是否满足设计要求	备　注
1	距左端第 5 条	3ϕ20	31	满足	单侧
2	距左端第 7 条	3ϕ20	33	满足	单侧
3	距左端第 9 条	3ϕ20	28	满足	单侧
4	距左端第 3 条	3ϕ20	30	满足	单侧
5	距左端第 1 条	3ϕ20	30	满足	单侧
6	距左端第 11 条	3ϕ20	33	满足	单侧
7	距左端第 13 条	3ϕ20	31	满足	单侧
8	距左端第 15 条	3ϕ20	30	满足	单侧
9	距左端第 17 条	3ϕ20	31	满足	单侧
10	距左端第 19 条	3ϕ20	29	满足	单侧
11	距左端第 20 条	3ϕ20	27	满足	单侧
12	距左端第 21 条	3ϕ20	33	满足	单侧

④泄水孔。泄水孔的大小和间距采用钢卷尺进行检测，泄水孔的大小、间距，基本满足设计要求。

2）施工简况

①边坡未按设计要求的逆作法施工，进行了大开挖（图 5-10）。

②锚杆已基本施工，肋柱及面板的钢筋已基本就位（图 5-11）。

图 5-10　现场大开挖的情况

图 5-11　已制作的肋柱、面板钢筋

3）裂缝简况

现场调查，该环境边坡出现了顺向岩质滑坡的垮塌事故（图 5-12），顺向滑体的厚度约 3000mm，其竖向位移约 3000～4000mm，水平位移约 300～500mm。岩石滑动后挤压，局部较破碎，局部形成较大空洞，坡体上的肋柱、面板钢筋已被挤压、变形。

4）地质简况

①岩层。岩层为紫红色泥岩，岩层的厚度为 200～500mm，按《岩土工程勘察规范》GB 50021—2001 第 3.2.6 条，岩层属于中厚层状结构。

②外倾结构面。对边坡的稳定性最不利的结构面为岩层层面（图 5-13），该岩层层面即为外倾结构面，其倾角约为 45°～55°。该外倾结构面的宽度为 5～20mm 左右，局部有软弱的泥化夹层，局部无充填物。

图 5-12　已制垮塌事故现场情况

图 5-13　岩层厚度及外倾结构面情况

（6）边坡出现垮塌的原因分析

1）内因

①该边坡地段的地形条件较复杂，地形坡度较大。

②该边坡地段基岩的倾向与坡向近于一致，为顺向坡，岩层层面为外倾结构面，其间

距较小，延伸长；局部有软弱的泥化夹层；岩石破碎、裂隙较发育。

2）外因

①在未进行设计交底的情况下，进行了高边坡的施工。边坡的施工未严格按逆作法要求进行，出现了“大开挖”。

②在大开挖的情况下，又在坡脚进行不合适的切坡施工。

③场地开挖揭露的地质条件比勘察时所揭露的地质条件差，本应将这一施工信息及时反馈给设计人员进行设计调整，做到“信息化施工和动态设计”，但未见加强边坡处理的相关设计资料。

综上所述，致使该边坡出现垮塌的主要原因是：

①在未进行设计交底的情况下，进行了高边坡的施工。边坡的施工未严格按逆作法要求进行，出现了“大开挖”。

②在大开挖的情况下，又在坡脚进行不合适的切坡施工。

致使该边坡出现垮塌的次要原因是：

场地开挖揭露的地质条件比勘察时所揭露的地质条件差，本应将这一施工信息及时反馈给设计人员进行设计调整，做到“信息化施工和动态设计”，但未见加强边坡处理的相关设计资料。

3. 重庆市某学院新校区1号挡墙开裂的原因及加固措施

（1）前言

重庆市某学院新校区1号挡墙，在进行墙后填方工程的施工过程中，于2006年5月19日中午发现挡墙墙身出现明显开裂。

按照建设单位的要求，为查明原因和保证新校区建设工程的顺利进行，应对该1号挡墙墙身出现明显开裂的原因进行分析。

中国人民解放军后勤工程检测中心受重庆市某学院委托，组成了由教授1名、副教授1名、高级工程师1名、助理工程师2名的项目组，于2006年5月22日~5月27日对重庆市某学院新校区1号挡墙场地进行了现场踏勘、检测，查阅有关监理日志和相关资料后，形成该1号挡墙墙身出现明显开裂的原因分析报告。

（2）检测依据

1）该工程检测委托书。

2）重庆市某学院校区建设工程边坡岩土工程勘察报告（四川省乐山地质工程勘察院，2006年2月）及重庆市勘察文件审查意见书（渝勘质审书〔2006〕0142号）。

重庆市某学院校园建设工程边坡1号挡墙桩基检验勘察说明（四川省乐山地质工程勘察院，2006年4月）。

3）重庆市某学院1号挡墙设计施工图（机械工业第三设计研究院，2006年1月）。

重庆市某学院1号挡墙施工图审查报告（重庆市设计院，2006年1月）。

4）重庆市某学院新校区1号挡墙基桩低应变动力检测报告（重庆川东南地质矿产检测中心，2006年4月）。

5）重庆市某学院新校区1号挡墙—人工挖孔桩、承台梁及直立式挡墙施工的相关资料（重庆市第四建筑公司）。

重庆市某学院新校区1号挡墙—墙后填方工程施工的相关资料（重庆吉宏建筑公司）。

6）采用的规范主要有：

①《岩土工程勘察规范》GB 50021—2001。

②《建筑地基基础设计规范》GB 50007—2002。

③《建筑地基基础设计规范》DBJ50—047—2006。

④《混凝土结构设计规范》GB 50010—2002。

⑤《建筑结构荷载规范》GB 50009—2001。

⑥《建筑抗震设计规范》GB 20011—2001。

⑦《建筑桩基技术规范》JGJ94—94。

⑧《建筑边坡支护技术规范》DB 50/5018—2001。

⑨《砌体结构设计规范》GB 50003—2001。

⑩《砌体工程施工质量验收规范》GB 50203—2002。

⑪《建筑地基处理技术规范》JGJ79—2002。

⑫《公路加筋土工程设计规范》JGJ015—91。

7）其他：

①监理日志、旁站监理记录等。

②“施工经过介绍”（重庆市第四建筑公司，2006 年 5 月 19 日）。

③“1 号挡墙施工过程情况”（重庆吉宏建筑公司，2006 年 5 月 19 日）。

（3）工程概况

1）工程施工简况

①简要的施工时序。该 1 号挡墙的抗滑桩桩孔于 2006 年 4 月 5 日经相关单位现场检查验收后，于 4 月 9 日开始浇筑桩芯混凝土，4 月 10 日浇筑完毕。于 4 月 13 日浇筑抗滑桩两端的重力式挡墙的基础。于 4 月 15 ~ 17 日浇筑桩顶承台梁（共 3 段）。整个重力式挡墙于 5 月 1 日浇筑完毕。于 5 月 8 日开始进行墙后填方工程的施工，回填施工至 5 月 19 日，填方高程约为 300m 施工至 315m，填方高度约为 15m。

②支挡结构简况。该 1 号挡墙的支挡结构由抗滑桩、承台梁及重力式挡墙组成。由 4 条伸缩缝将挡墙分为 5 段，其中两端地段（AB 段和 EF 段）为重力式挡墙，中间 3 段（BC 段、CD 段和 DE 段）为抗滑桩 + 承台梁 + 重力式挡墙。

抗滑桩：设计施工的边坡长度为 39.1m。桩为 2 排，沿边坡方向的间距为 3000mm（设缝部位为 2200mm），沿抗滑方向的间距为 2800mm；通过桩顶承台梁形成“门字形”的抗滑支挡结构。桩径 1100mm，桩端扩底为 1400mm；桩的长度约为 7 ~ 10m，桩嵌入中等风化岩层的深度不小于 3 倍桩径，即 3300mm。桩身混凝土强度等级为 C30，桩内设置主筋 26ϕ16（HRB335，强度标准值 335N/mm^2），锚入梁内 40d（d 为钢筋直径）。

承台梁：宽度为 5000mm，高度 800mm，混凝土强度等级为 C30，配筋详设计施工图。

重力式挡墙：各段均为直立式挡墙，每隔 15m 设置一道变形缝。BC 段、CD 段和 DE 段的墙高为 6000mm，墙顶宽为 1285mm，墙底宽为 3500mm，墙身材料为 C20 混凝土；承台梁设置插筋（ϕ12@ 500 × 300，沿挡墙长度方向为 500mm），锚入梁内 400mm，伸入墙身 400mm。AB 段和 EF 段的墙高为 4800 ~ 5800mm，墙顶宽为 2500mm，墙底宽为 4500mm，基底设置逆坡（高宽比为 1∶0.2），设计要求埋入粉质黏土层内 1050mm，墙身材料为 C20 混凝土，墙底摩擦系数 0.25。

③墙后填土概况。设计要求墙后填土重度为20kN/m^3；填料的综合内摩擦角为35°，墙背面与填土之间摩擦角17.5°；填料应分层夯实，每层厚度300mm，密实度需≥0.90；填料夯实在墙身混凝土强度达设计强度的75%以上方可进行。

2）边坡工程地质简况

①该工程位于重庆市沙坪坝区烈士墓的山麓斜坡地带，场地属丘陵地貌；场地原为一沟谷呈"U"字形展布。

②场地边坡原有土层为厚约2~5m的粉质黏土及强风化岩层（风化裂隙发育，岩质软，遇水极易软化），边坡下伏基岩为侏罗系中统下沙溪庙组的泥岩。

粉质黏土：主要由粉砂及黏土组成，含少量高岭土条带黄褐色结核，干强度中等，韧性中等，稍有光泽，无摇震反应，呈可塑状，可搓条。

紫红色、暗红色，由黏土矿物组成，局部砂质含量较高或夹0.2~0.5m的薄层砂岩，泥质结构，中~厚层状构造。局部含钙质结核或砂质条带。

场地位于观音峡背斜东翼，岩层呈单斜产出，岩层的产状为95°∠60°。场区发育2组裂隙。裂隙J_1：产状290°∠42°，延伸1~2m，裂面平直、光滑，无充填，间距1.0~1.5m，多闭合；裂隙J_2：190°∠50°，延伸0.5~1.0m，裂缝宽1~2mm，无充填，间距1.0~2.0m，裂面凹凸不平，为硬性结构面。

③场地斜坡地带将存在部分地下水，主要为大气降水和场地坡顶及其附近生活用水的补给。

④本边坡所处场区地震基本烈度为6度，未见滑坡、地下洞室、危岩等不良地质作用。

⑤场地边坡类型为：土质边坡（按《重庆市工程地质勘察规范》DB50/5005—1998划分）。

⑥挡墙下段边坡的坡度陡，挡墙如果垮塌或出现工程滑坡将会危及坡脚已有建筑物—西南政法大学宿舍楼（多层，砖混结构）的安全，因此，边坡的工程安全等级为二级。

（4）现场调查情况

1）已完工构筑物

①人工挖孔桩和承台梁。根据已完工资料和基桩低应变动力检测报告（重庆川东南地质矿产检测中心，2006年4月），28根抗滑桩均为I类桩。承台梁的施工满足设计要求。

根据现场调查和相关单位的情况介绍，已完工的人工挖孔桩和承台梁未见变形情况。

②重力式挡墙。断面尺寸：现场设置6个垂直于边坡方向的水平钻孔，对重力式挡墙的断面尺寸进行检测，各钻孔检测的尺寸表5-21，检测结果表明，重力式挡墙的断面尺寸满足设计要求。

混凝土强度等级：经采用钻芯法检测混凝土挡墙的混凝土强度，其代表值为23.2MPa，满足设计（C20）的要求。

泄水孔的大小和间距采用钢卷尺进行检测，泄水孔的大小（$\phi110$）、间距（@2000，中间加密孔的孔径为$\phi70$），满足规范要求。

钻孔检测墙身断面尺寸结果表 **表 5-21**

钻孔编号	距墙顶或墙底的高差（m）	检测的厚度（mm）	设计厚度（mm）	偏差（mm）/（%）	是否满足设计要求
ZK1	距墙顶 1.70	1910	1920	−10/0.5	满　足
ZK2	距墙顶 1.70	2000	1920	+80/4.2	基本满足
ZK3	距墙顶 1.70	1910	1920	−10/0.5	满　足
ZK4	距墙底 2.40	2520	2576	−56/2.2	基本满足
ZK5	距墙底 1.78	2950	2842	+108/3.8	基本满足
ZK6	距墙底 1.78	2860	2842	+18/0.6	满　足

伸缩缝的位置满足规范和设计要求，其做法（伸缩缝内嵌沥青麻筋）满足规范和设计要求。

③墙后填土。分层碾压后，每层土均进行了压实度检测，检测结果（重庆建科建设工程质量检测有限公司）表明，压实填土的压实度均不小于 0.94。

根据现场情况，本次对压实填土的压实度进行了 14 个点的抽测，其结果表明，压实度为 0.90、0.96、0.94、0.96、0.96、0.93、0.96、0.93、0.91、0.91、0.95、0.93、0.91 和 0.95。

2）裂缝简况

①人工挖孔桩和承台梁。现场调查，人工挖孔桩和承台梁未见裂缝和变形。

②重力式挡墙。现场调查，重力式挡墙墙身主要出现水平裂缝，少量为竖向裂缝和斜向裂缝。

A. 水平裂缝：基本沿重力式挡墙最下一道水平施工缝发展，BC、CD 和 DE 段距墙底约 1.6m，AB 段距墙底约 2.5m（图 5-14）。该缝处的上、下墙身水平位移量约为 8 ~ 10cm，缝宽约为 5 ~ 10mm。

B. 竖向裂缝：在重力式挡墙墙身可见少量竖向裂缝，裂缝的长度约 0.5 ~ 0.8m，宽度 0.3 ~ 0.5mm。

C. 斜向裂缝：在重力式挡墙墙身可见少量斜向裂缝，裂缝的长度约 1.5 ~ 2.0m，宽度 0.3 ~ 0.5mm。

（5）挡墙出现明显开裂的原因分析

①该挡墙地段地形条件复杂。原有地形为“U”形沟，仅挡墙两端局部可见泥岩（A 点附近）和含泥质砂岩（B 点附近）。垂直于挡墙的剖面方向上，地形坡度大。

该挡墙墙后地段的汇水面积大，有利于地下水的形成、汇集。

②该挡墙地段原有土层厚度和强风化岩层的厚度较大。

③该挡墙地段土层下伏基岩的倾向与坡向近于一致，为顺向坡，岩层层面为外倾结构面，其间距较小，延伸较长；且为呈可塑状的

图 5-14　挡墙墙身水平裂缝

黏性土充填。岩石破碎、裂隙较发育。

④降雨。当年降雨持续的时间较长，降雨的强度较大；该挡墙墙后地段的汇水面积大，有利于地下水的形成、汇集，雨水渗入厚度较大的土层中，对土层起软化作用，大大降低土层的抗剪强度指标（c、ϕ 值），使墙后土体的下滑力明显增大。

⑤勘察、设计、施工。该挡墙地段的岩土工程勘察报告通过了审查（渝勘质审书〔2006〕0142 号），勘察深度满足现行规范要求。

该挡墙地段设计文件通过了审查（重庆市设计院，编号 056-128），对其计算书（详附件 4）进行了复核，设计施工图的深度满足现行规范要求。从设计变更单"关于重庆市某学院新校区平场的技术要求"（详附件 5）来看，墙后填土的分层厚度 800mm，满足《建筑地基处理技术规范》JGJ79—2002 关于振动碾（条文说明第 4.3.2 条表 3）的要求，但不满足《建筑地基基础设计规范》DBJ50—047—2006 关于振动碾（第 6.3.3 条）的要求，尽管这一变更与本次裂缝无关，但存在不严密之处。

该挡墙地段墙后填土的压实度满足现行规范要求。

该挡墙地段的大直径人工挖孔桩、承台梁的施工质量满足现行规范要求。重力式挡墙的截面尺寸，混凝土强度等级，泄水孔的大小、间距，伸缩缝的位置和做法均满足设计要求。

该挡墙出现竖向裂缝的原因与采取有效地防止大体积混凝土开裂的措施不够相关，该裂缝为温差、收缩变形缝，属于非结构性裂缝。

该挡墙水平施工缝的处理措施欠妥。该挡墙出现水平裂缝的原因与水平施工缝的做法有关。受水平错动的影响，该挡墙局部出现斜向裂缝。

（6）挡墙加固设计

1）加固方案

根据场地边坡的工程地质特征，结合场地边坡的平面布置要求和已有挡墙目前现状，采用预应力锚索 + 钢筋混凝土柱 + 连系梁进行永久性加固支护。

本工程设计采用动态设计方法，还应根据挡墙施工反馈的信息进行修改和完善。

2）设计参数

①边坡类别：土质边坡。

②边坡重要性系数为 1.00（边坡工程安全等级为二级）。

③岩土参数：

A. 填土：$\gamma = 19\text{kN/m}^3$，综合内摩擦角 $\varphi_D = 30°$。

B. 强风化岩石：$\gamma = 23\text{kN/m}^3$，$c = 20.0\text{kPa}$，内摩擦角 $\varphi = 30°$。

C. 中风化岩体：$\gamma = 25\text{kN/m}^3$，$c = 0.214 \times 0.90$（时间效应系数）$= 0.192\text{MPa}$，内摩擦角 $\varphi = 33.4° \times 0.90$（时间效应系数）$= 30.1°$。

D. 坡顶附加荷载：汽—20（黏性土，14.50kN/m^2）。

E. 中风化岩石天然抗压强度标准值：6.0MPa。

F. M30 水泥砂浆与岩石之间的粘结强度：0.30MPa。

3）锚索工程

①锚索的孔径为 180mm，主筋为 $9 \times 7\phi^S$（钢绞线 ϕ^S 的直径为 15.2mm，强度标准值 $f_{ptk} = 1720\text{N/mm}^2$，强度设计值 $f_{py} = 1220\text{N/mm}^2$），锚索与水平线夹角 20°；锚索采用 M30 微胀水泥砂浆在 2～3 个大气压下压力灌注。

②锚固段长度：应锚入中等风化岩石内不少于8000mm。

③施工前，锚索应进行性能试验，性能试验锚杆的根数为3根（锚固长度为设计锚固长度的0.6倍）。施工完后应进行验收试验，验收试验锚杆的根数为锚杆总数的5%，且不少于5根（试验荷载值为设计值的1.1倍）。

④锚索的轴向拉力设计值：1375kN；锚索的锁定值为650kN。

⑤应保证锚索与柱、连系梁的整体连接。

⑥土层及强风化岩层中的锚索应进行防腐处理，可采用润滑油三度沥青玻纤布缠裹二层，最后装入塑料套管的方法。自由段两端100~200mm长范围内用黄油充填，外绕扎工程胶布固定。

⑦锚头的锚具除锈涂防腐漆后应用钢筋网片罩（每100mm设置1片，共设5片）、采用400mm×200mm的C40素混凝土封闭。

⑧预应力筋用锚具、夹具及连接器必须符合《预应力筋用锚具、夹具及连接器应用技术规程》JBJ85的要求。

⑨锚索施工应满足以下要求：

A. 锚索施工前，应查明锚索施工区建（构）筑物基础、地下管线等情况；判明锚索施工对临近建筑物及地下管线的影响，并拟定相应预防措施。

B. 锚孔施工应符合下列规定：

a. 锚孔定位尺寸不宜大于20mm。

b. 锚孔偏斜度不应大于3%。

c. 孔深超过锚杆设计长度0.5m左右。

C. 锚杆体安装应符合下列要求：

a. 杆体应保持直顺，避免扭压、弯曲。

b. 锚索与注浆管宜一起放入钻孔，注浆管内端距孔底宜为50~100mm。

D. 灌浆材料性能应符合下列规定：

a. 水泥应使用普通硅酸盐水泥，其强度等级不应低于42.5级；

b. 砂的含泥量按质量计不得大于3%。宜采用中细砂，当采用特细砂时，其细度模数不宜小于0.7。

c. 浆体配制的灰砂比宜为0.8~1.5，水灰比为0.38~0.5。

d. 浆体材料28d的无侧限抗压强度，用于全粘结型锚杆时不应低于25MPa。

锚索施工按《建筑边坡支护技术规范》DB50/5018—2001的有关要求进行。

4）格构梁、柱

肋柱：截面500mm×500mm，主筋8ϕ20，箍筋ϕ8@150，锚杆1m范围加密为100mm，C25混凝土；保护层厚度25mm。

水平梁：截面500mm×500mm，主筋8ϕ20，箍筋ϕ8@150，锚杆1m范围加密为100mm，C25混凝土；保护层厚度25mm。

5）挡墙加固平面图见图5-15。

6）挡墙加固立面图见图5-16。

7）挡墙加固代表性剖面图见图5-17。

8）挡墙加固大样图见图5-18。

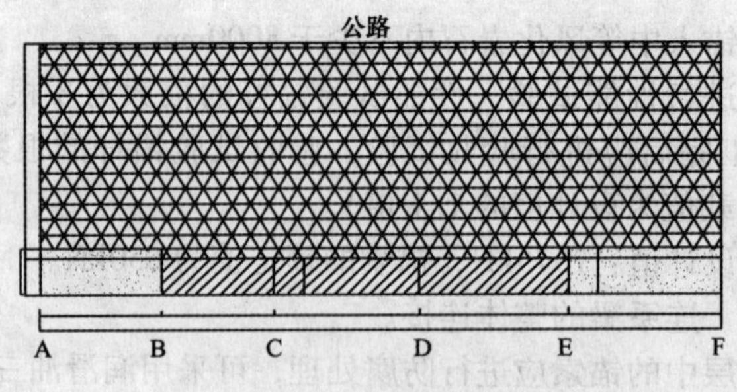

图 5-15　挡墙加固平面图

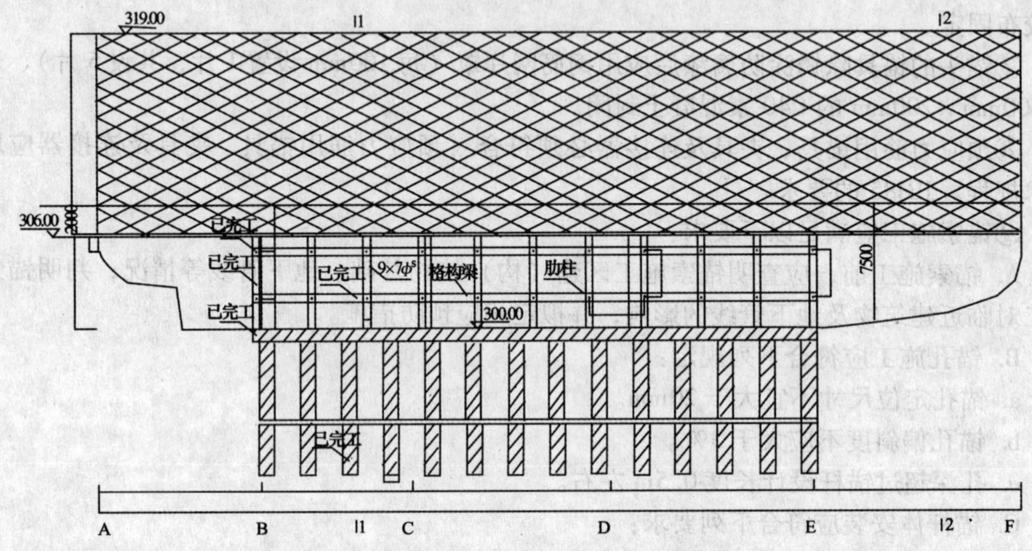

图 5-16　挡墙加固立面图

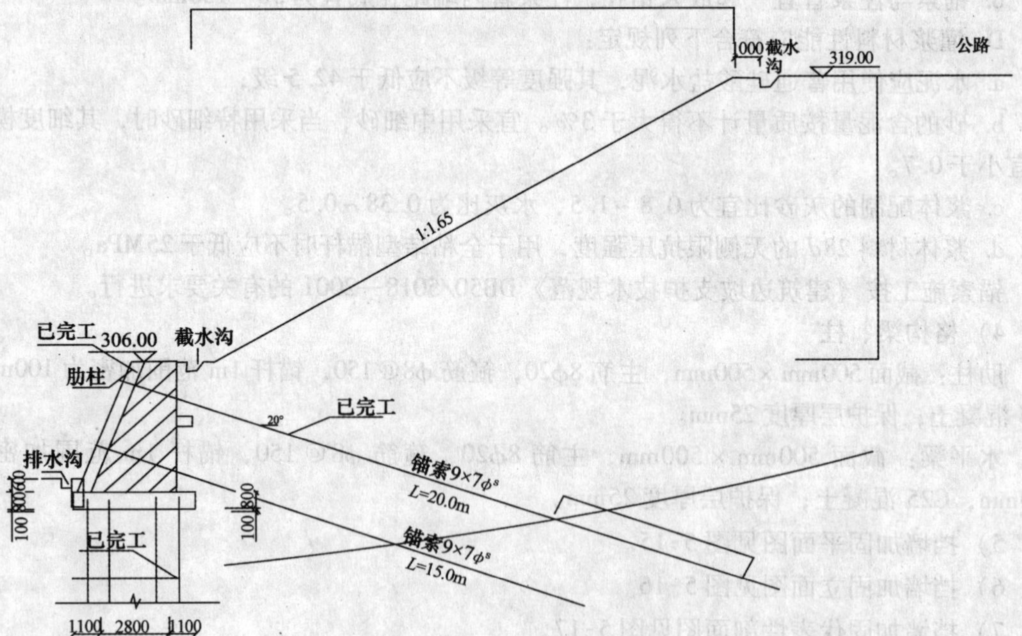

图 5-17　挡墙加固代表性剖面图

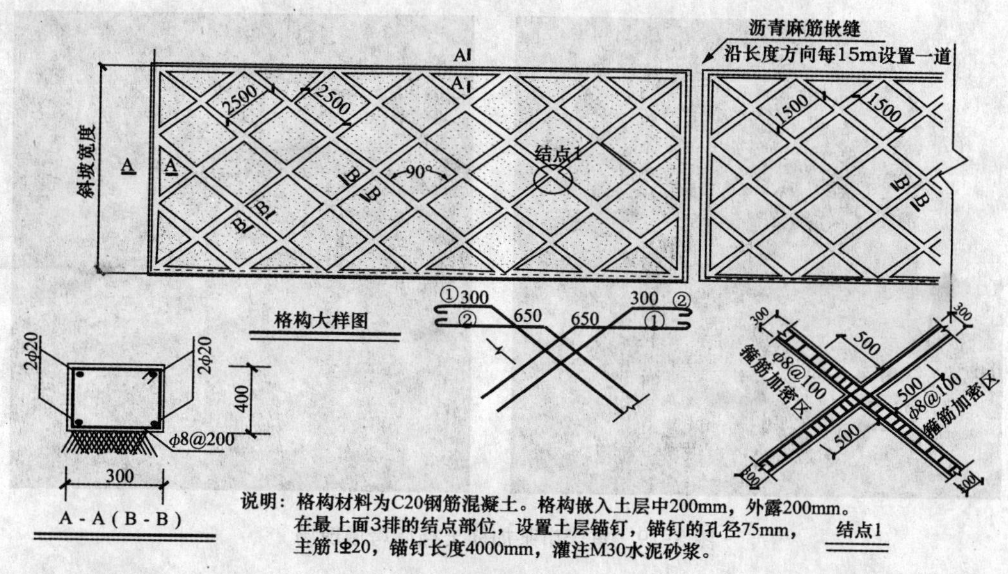

图5-18　挡墙加固大样图

5.6.2　既有支挡结构变形原因及加固

1. 重庆市某加筋土挡墙面板垮塌原因及加固措施

根据笔者近几年来对加筋土挡墙的检测、鉴定或司法鉴定、加固设计、边坡评估的经验，主要介绍加筋土挡墙工程的鉴定内容；同时给出了在竣工后正常使用近11年，挡墙突然出现垮塌而抢险加固的工程实例。为此，及时成立了应急抢险指挥部，调查分析，查明原因，经采取临时支撑、锚杆喷射混凝土加固、格构土层锚杆加固联合支护措施，终于使边坡变形趋于稳定，保证了高填方加筋土挡墙工程的安全。对加筋土挡墙的安全性鉴定和对挡墙的加固取得了一定的经验[29]。

（1）工程及地质条件概况

1）工程概况

本加筋土挡墙工程的勘察单位为机械电子工业部某勘察研究院，勘察报告时间为1991年2月；设计单位为机械工业部某设计研究院，设计施工图的出图时间为1991年10月；施工单位为重庆市某建筑工程公司，该挡墙于1992年5月1日开工，于1993年12月26日竣工。在正常使用近11年后，于2003年9月26日在挡墙南侧距转折点（坐标：$A=377.50$，$B=542.96$）约5m处出现垮塌（长度约10m，高度约12m），破坏症状为加筋土挡墙面板沿节点处局部区段出现整体滑塌（见图5-19）。

2）工程地质条件

①该工程位于重庆市巴南区道角镇。场地属红色构造剥蚀丘陵地貌的斜坡地形，场地东部平缓地带为长江二级侵蚀基座阶地，西部斜坡地段为二级阶地前缘阶坡及一级阶地后缘。该场地大部地段为水田、菜地。场地东部较为平缓，地面坡度一般为2%～5%；西部地面坡度一般为10%～18%；场地呈现北东高南西低的变化趋势，地面标高为202～217m，相对高差约15m。

图 5-19 重庆市某加筋土挡墙垮塌现场

②场地位于南温泉背斜西翼，岩层倾向 280°~290°，倾角 3°~6°。场地边坡上部为厚约 0.5~3.1m 的黏土层、粉质黏土层，边坡下部为侏罗系中统沙溪庙组紫红色泥岩、泥质粉砂岩。

泥岩为紫红色，以黏土矿物为主，泥质结构，厚层状构造。强风化岩质极软，呈土状、碎块状。

③强风化层厚：0.5~1.5m。

④场地斜坡地带存在部分地下水（主要为上层滞水），地下水对混凝土无侵蚀性。

⑤场区地震基本烈度为 6 度，未见地下洞室、滑坡等不良地质现象。

⑥场地边坡类型为：土质边坡。

⑦边坡的工程安全等级为二级，边坡重要性系数为 1.00。

（2）加筋土挡墙的安全性鉴定

笔者根据近几年来对加筋土挡墙的检测鉴定或司法鉴定的经验（如：由重庆市高级人民法院委托，于 2001 年 12 月 18 日完成的万县中医药学校体育运动场加筋土挡墙司法鉴定报告；由重庆市巴南区建设委员会委托，于 2002 年 8 月 6 日完成的长江渔洞段河岸综合整治加筋土挡墙工程安全性鉴定报告；由重庆机床厂委托，于 2003 年 10 月 14 日完成的重庆机床厂加筋土挡墙），认为加筋土挡墙的检测主要包括以下内容。

1）对勘察质量的评定。

按《岩土工程勘察规范》GB50021—2001 的要求，对边坡工程地质勘察报告的质量进行评定。

①勘察成果：

a. 勘察依据及成果资料齐全。

b. 勘察方法、勘察手段及工作量布置基本合理。

c. 测试项目及数据量和测试成果统计方法基本符合规范要求。

d. 勘察报告正确反应场地的工程地质条件。

②勘察结论：

a. 勘察结论正确。

b. 勘察建议及提供的参数合理。

c. 基础持力层（中风化岩层）合理、可行。

d. 提供的地基承载力值合理、有据，符合规范要求。

2）设计质量评定

按《公路加筋土工程设计规范》JTJ015—91 的要求，对边坡设计的质量进行评定。

①边坡支护结构型式评定。根据场地边坡的工程地质特征，结合场地边坡的平面布置要求以及边坡高度，本边坡工程采用加筋土挡墙支护是合理的、可行的。

②加筋土挡墙支护结构评定：

a. 内部稳定。各层筋材拉力设计值、各层筋材锚固长度设计值以及加筋土填料设计参数等，基本满足《公路加筋土工程设计规范》JTJ015—91 要求。

b. 外部稳定。

筋材—填料体基底抗滑稳定系数满足《公路加筋土工程设计规范》JTJ015—91 要求。

筋材—填料体抗倾覆稳定系数满足《公路加筋土工程设计规范》JTJ015—91 要求。

筋材—填料体总体平衡稳定系数满足《公路加筋土工程设计规范》JTJ015—91 要求。

加筋土挡墙基础满足安全要求。

3）施工质量评定

按《公路加筋土工程施工技术规范》JTJ035—91 的要求，对加筋土挡墙施工的质量进行评定。

①竣工资料反映的施工质量：

a. 资料的完备性。本工程原材料的出厂合格证，材料进场抽检、复检资料，配比试验资料，混凝土试件、砂浆试件等资料基本齐备。

本工程的基槽验收资料和基础验收资料齐备，混凝土面板的预制及安装、填料的选用及压实，筋带的施工等竣工资料基本齐备。

本工程的竣工资料存在以下不足：未见防老化聚丙烯土工加筋带的出厂合格证；筋带抽检、复检数量不满足设计要求。

b. 回填土的质量。回填土质量检测—土密实度试验（该试验均由重庆第九建筑公司中心试验室完成）的点数共计 54 点。

按规范要求，每层每 50m 延长不少于 3 点计算，每层（厚 250mm）填土不少于 12 个点的密实度检测，填土平均厚度按 7m 计，则检测点数应为：

7m×(4 层/m)×(12 点/层)=336 点

由此可知，回填土密实度实际检测点数为规范要求的 16.1%(54/336=16.1%)，不满足规范要求。

回填土质量检测—土密实度试验结果表明，墙后填土的压实系数达 95% 以上的点数为 18 点，占检测点总数的 33.3%。未满足设计的压实要求及现行设计规范（JTJ035—91）合格率要求。

c. 混凝土的质量。混凝土抗压强度试验报告表明，混凝土抗压强度达设计的要求。

②检测结果反映的施工质量。

A. 面板的质量：

a. 经采用钢筋探测仪检测，面板钢筋间距、钢筋数量和钢筋直径满足设计要求。

b. 混凝土面板的表面平整密实，轮廓清晰，线条顺直，企口规则整齐，无破损和露筋，满足《公路加筋土工程施工技术规范》JTJ035—91 第 5.2.3 条第二款的要求。

c. 混凝土面板的几何尺寸检测

经对 20 处混凝土面板的几何尺寸检测，其结果表明，面板的几何尺寸满足《公路加筋土工程施工技术规范》JTJ035—91 表 5.2.3 的要求。

d. 混凝土面板的安装。经对 9 处混凝土面板的安装进行检测，其结果表明，面板的安装基本符合《公路加筋土工程施工技术规范》JTJ035—91 第 5.2.4 条的要求。

B. 回填土质量：

由于考虑到开挖探坑可能对挡墙安全造成影响，因此，在挡墙外边线以内约 6m 位置布置探坑（探坑的间距 20 ~ 25m），对回填土质量—土的压实系数进行检测。共抽测点数为 7 点，压实系数分别为 94.7%、96.6%、94.8%、94.9%、96.8%、91.2% 和 96.9%，能满足设计最低要求 0.95 的点数为 6 点，占检测总点数的 86%，即合格率为 86%。满足设计和《公路加筋土工程施工技术规范》JTJ035—91 要求。

从 7 点回填土质量检测探坑可见，少量回填土颗粒的直径大于规范和设计要求的直径，特别是中等风化的砂岩块石对筋带有损伤的可能。

C. 筋带施工质量：

a. 筋带数量。经垮塌暴露的节点处及开挖探坑揭露检查，顶部两层筋带数量，及其他层筋带数量符合设计要求。

b. 筋带长度。经距面板 6.0m 处探坑揭露，7 个探坑中顶层筋带长度实地量测均大于 6.0m 长，其筋带长度可视为满足设计要求。

c. 筋带宽度、厚度。实测筋带宽度 30mm，筋带厚度 1.2mm，满足设计和《公路加筋土工程设计规范》JTJ015—91 要求。

d. 筋带铺设。筋带铺设主要检查了最上面两层筋带的铺设情况，筋带布设基本成扇形辐射状展开，筋带铺设平直、无扭转，相邻结点尾部筋带布置界限不明显（见图 5-20），满足《公路加筋土工程施工技术规范》（JTJ035—91）的要求。

图 5-20　加筋土挡墙筋带铺设情况

e. 筋带质量。经垮塌节点处及开挖探坑检查，筋带外观质量存在腐蚀老化现象。现场共发现白色和灰色两种不同颜色的筋带，其中白色筋带的质量优于灰色（探坑揭露的大量为灰色筋带）。不同探坑中揭露的筋带其腐蚀老化程度也存在差异。现场共采取筋带 14 件（其中，完好无损伤的筋带 9 件，局部损伤的筋带 3 件，有多处损伤及腐蚀的筋带 2 件）进行筋带质量检测。其试验结果：满足单根破断拉力≥9000N 的为 5 件，不满足的为 9 件，单根破断拉力最大值为 11000N，最低为 0；根据极限拉力时的最大延伸率按线性规律推算，其设计拉力时的延伸率 <3%，满足设计要求。试验结果表明，筋带腐蚀老化情

况分布极不均匀，不宜给出统计值，筋带的强度损失也是十分明显和严重的。

D. 拉环防锈和隔离。在垮塌地段，经对紧靠面板滤水层和塌落面板检查，拉环的防锈与隔离与设计要求基本一致，无不良锈蚀现象。

E. 泄水孔、滤水层的施工质量。泄水孔及滤水层的施工基本满足《公路加筋土工程施工技术规范》JTJ035－91 要求。

（3）挡墙垮塌的原因浅析

根据现场调查、检测和分析，该挡墙垮塌的原因可以归纳如下：

筋带腐蚀老化，特别是面板与滤水层之间的筋带严重腐蚀、老化（用手可轻易折断）造成面板拉环节点失效，面板失去有效侧向约束，已成为机构体系，在自重作用和局部侧向压力作用下失去平衡而出现垮塌。因此，筋带腐蚀老化、丧失强度是导致挡墙垮塌的主要原因。

目前（即挡墙竣工后近 11 年）墙后回填土压实系数基本达到原设计要求，主要是由于回填土长期固结作用的结果；竣工时回填土的压实系数低于设计最低要求（0.95），会造成土压力和筋带应力增大，对挡墙的垮塌是不利因素。

（4）挡墙加固设计

1）加固方案

根据场地边坡的工程地质特征，结合场地既有挡墙的平面布置要求和场地既有挡墙的现状，对各段边坡分别采取如下支护结构进行永久性加固支护。

垮塌地段：采用锚杆喷射混凝土进行加固支护；未垮塌地段：采用格构锚杆加固进行支护（肋柱基础采用原 C15 毛石混凝土基础，断面不足时采用植筋＋钢筋混凝土梁）。

本工程加固设计采用动态设计方法，还应根据挡墙施工反馈的信息进行修改和完善。

2）设计参数：

①填土：$\gamma=20\text{kN/m}^3$，综合内摩擦角 $\varphi_D=40°$。

②强风化岩石：$\gamma=23\text{kN/m}^3$，$c=20.0\text{kPa}$，内摩擦角 $\varphi=35°$。

③坡顶附加荷载：汽—10（黏性土，7.50kN/m^2）。

④中风化岩石天然抗压强度标准值：5.0MPa。

⑤M30 水泥砂浆与土层之间的黏结强度：120kPa［现在（即挡墙墙后填土竣工后近 11 年）回填土（墙后填料为泥岩屑和黏土、黏土砂等，泥岩屑粒径≤150mm 且 150mm 的最大含量＜15%）的压实系数基本达 0.95］。

⑥计算高度：$H=12.0\text{m}$。

3）临时加固措施

采用型钢进行临时支撑（见图 5-21）。

4）锚杆工程

①锚杆的孔径为 130mm，主筋为 2ϕ28（HRB335，强度标准值 $f_{yk}=330\text{N/mm}^2$，强度设计值 $f_y=300\text{N/mm}^2$），锚杆与水平线夹角 20°；锚杆采用 M30 水泥砂浆在不低于 2.5MPa 压力下灌注。

②肋柱及梁：混凝土强度等级均为 C25（现浇），混凝土保护层厚度均为 35mm。

③钢筋接长：应采用机械连接，其接头应相互错开；钢筋机械连接接头连接区段的长

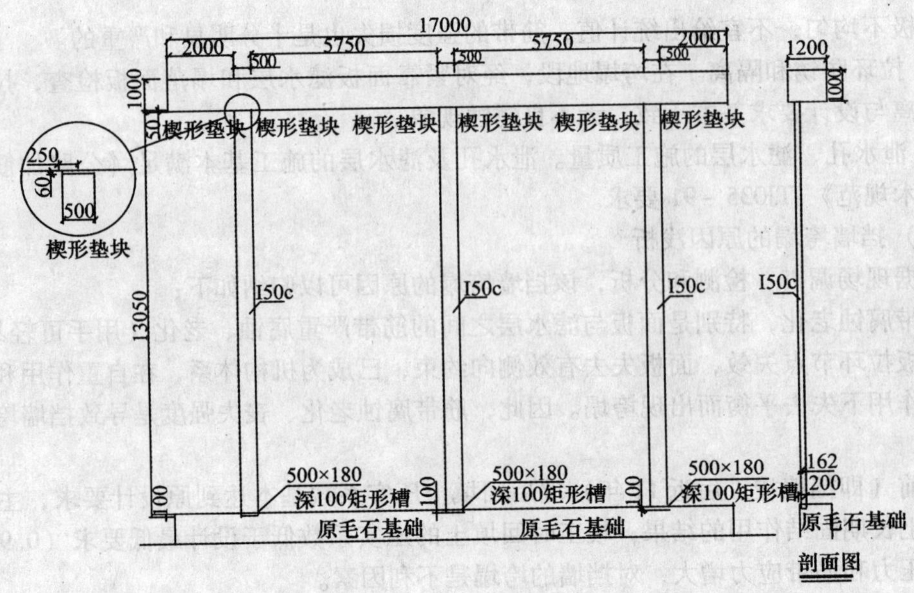

图 5-21 型钢临时支撑图

度为 $35d$（d 为受力钢筋的直径），凡接头中点位于该连接区段长度内的机械连接接头均属于同一连接区段。

位于同一连接区段内的纵向钢筋接头面积百分率不宜大于 50%。钢筋连接尚应符合《钢筋机械连接通用技术规程》JGJ107—2003 的规定。

④锚固段长度：锚杆应锚入稳定土层（或岩层）内不少于 10000mm（或 4000mm）。

⑤施工前，锚杆应进行性能试验，性能试验锚杆的根数为 3 根。施工完后应进行验收试验，验收试验锚杆的根数为锚杆总数的 5%，且不少于 5 根。

⑥锚杆的轴向拉力设计值：306kN（$2\phi28$）。

⑦应保证锚杆与肋柱、梁的整体连接。

锚杆锚入肋柱内的长度应不小于 $35d$。

肋柱及面板应嵌入原毛石混凝土基础内不少于 400mm 和 200mm。

⑧土层自由段中的锚杆应进行防腐处理，可采用润滑油三度沥青玻纤布缠裹二层的方法。

⑨挡墙应沿长度方向每 20m 设置一道竖向伸缩缝，缝宽 30 ~ 50mm，缝中嵌沥青麻筋，嵌入深度 100mm（尽量与原加筋土挡墙的伸缩缝一致）。

⑩锚杆施工应满足以下要求：

A. 施工前，应查明施工区建（构）筑物基础、地下管线等情况；判明锚杆（锚钉）施工对邻近建筑物及地下管线的影响，并拟定相应预防措施。

B. 锚孔施工应符合下列规定：

a. 锚孔定位尺寸偏差不宜大于 20mm。

b. 锚孔偏斜度偏差不应大于 3%。

c. 孔深超过锚杆设计长度 0.5m 左右。

C. 锚杆体安装应符合下列要求：

a. 杆体应保持直顺，避免扭压、弯曲。

b. 锚杆（锚钉和土钉）与注浆管宜一起放入钻孔，注浆管内端距孔底宜为 50 ~ 100mm。

D. 灌浆材料性能应符合下列规定：

a. 水泥应使用普通硅酸盐水泥，其强度等级不应低于 42.5 级。

b. 砂的含泥量按质量计不得大于 3%。宜采用中细砂，当采用特细砂时，其细度模数不宜小于 0.7。

c. 浆体配制的灰砂比宜为 0.8 ~ 1.5，水灰比为 0.38 ~ 0.5。

d. 浆体材料 28d 的无侧限抗压强度，用于全粘结型锚杆时不应低于 25MPa。

锚杆施工按《土层锚杆设计与施工规范》CECS22：90 等的有关要求进行。

5）喷射混凝土

①材料：C25 混凝土（采用普通硅酸盐水泥，水泥强度等级不应低于 32.5MPa）；钢筋网：$\phi10@200$（双层双向）；保护层厚度 25mm。

②厚度：100mm。

③喷射混凝土 1d 龄期的抗压强度不应低于 5MPa；喷射混凝土与岩层的粘结强度不应低于 0.5MPa；喷射混凝土的弹性模量为 2.3×10^{4}MPa。

④喷射混凝土施工：

A. 准备工作：

a. 清除作业面的浮石、岩渣、堆积物。

b. 用风压清扫坡面。

c. 埋设控制喷射混凝土厚度的标志。

B. 喷射作业：

a. 喷射作业应分片分段依次进行，喷射顺序应自下而上。

b. 分层喷射时，后一层喷射应在前一层混凝土终凝后进行，若终凝 1h 后再进行喷射时，应先用清水洗喷层表面。

C. 钢筋网喷射混凝土施工：

a. 钢筋使用前应除去锈污。

b. 钢筋网应在岩面喷射一层混凝土后铺设，钢筋与壁面的间距宜为 30mm。

c. 第二层钢筋网应在第一层钢筋网被混凝土覆盖后铺设。

其余要求按《锚杆喷射混凝土支护技术规范》GB 50086—2001 的规定执行。

6）钻孔灌注桩工程

①材料：

A. 桩混凝土强度等级为 C25。

B. 钢筋：HPB235（Q235），HRB335（20MnSi）。

②钢筋混凝土：

A. 混凝土保护层厚度：桩为 50mm，梁为 40mmm。

B. 钢筋接长：钢筋直径超过 20mm 的采用机械连接，其余可采用电渣压力焊接。当采用搭接焊接时，单面焊搭接长度为 $10d$，双面焊为 $5d$。焊接后钢筋应位于同一直线上，其接头位置应符合规范要求。

C. 所有箍筋弯135°，平直段长10d。

③施工要求：

A. 由于本工程桩在土中，施工中应严格检查桩位，以保证桩的准确位置。

B. 桩施工至设计深度后，应进行岩样试压，达到设计要求后，并请建设方、监理方、质检站及勘察、设计人员到现场验收合格后才能施工桩。

C. 当各桩施工完后即可施工桩顶承台梁，施工时，应注意梁与桩的整体连接。

D. 桩基施工应严格按《建筑桩基技术规范》JGJ94—94的规定执行。

E. 桩应嵌入中等风化岩石内不少于0.6m。

F. 桩基应进行检测，检测数量为100%。

G. 桩应跳槽施工。

7）排水系统工程

①建设单位应及时做好本工程场地及周边环境的整体排水系统工程。

②结合场地整体排水系统工程，建设单位应设置场地内的地表排水系统。

③泄水孔：保护原有挡墙的泄水孔。

8）其他规定

①本工程应按重庆市建设委员会、重庆市规划局渝建发（1999）第133号、重庆市建设委员会渝建发（1999）159号和重庆市建设委员会渝建发（2002）47号文之规定，进行边坡评估和施工图审查；本工程在施工中和竣工后两年应进行位移和变形观测。

②按"重庆市人民政府关于在工程建设活动中加强防治地质灾害工作的意见"（重庆市人民政府文件〔2001〕39号文）规定，工程施工必须坚持先支挡、后主体的原则；凡边坡支护未完成，或达不到设计要求的，不得进行场地建筑物的施工。

③本挡墙墙后严禁加载（若边坡后缘要修建建筑物，建议采用桩基础，并且桩端应嵌入稳定岩层）。

④本工程必须选择具有一级施工资质等级，并从事过挡墙施工的专业队伍进行施工。

⑤所有材质符合国家现行规范要求。

⑥坡顶应设置围护栏，高度不小于1200mm，其做法按建设方要求执行。

⑦其他未尽事宜，应严格按现行有关规范进行。

⑧施工中如出现异常情况请及时与建设单位、监理单位及勘察、设计人员联系，共同协商处理。

⑨本工程按目前设计现况设计，如今后发生其他工程变动，应保证挡墙的稳定和安全性。

9）加固工程的平面图见图5-22。

10）加固工程的代表性立面图见图5-23。

11）加固工程的代表性剖面图见图5-24。

12）加固工程的大样图见图5-25。

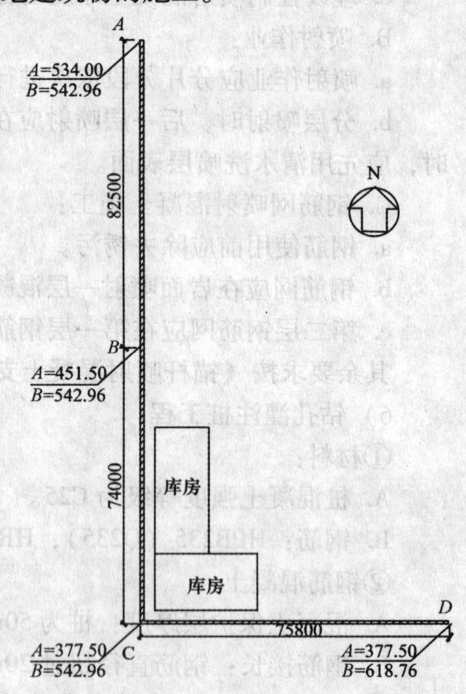

图5-22 挡墙平面布置图

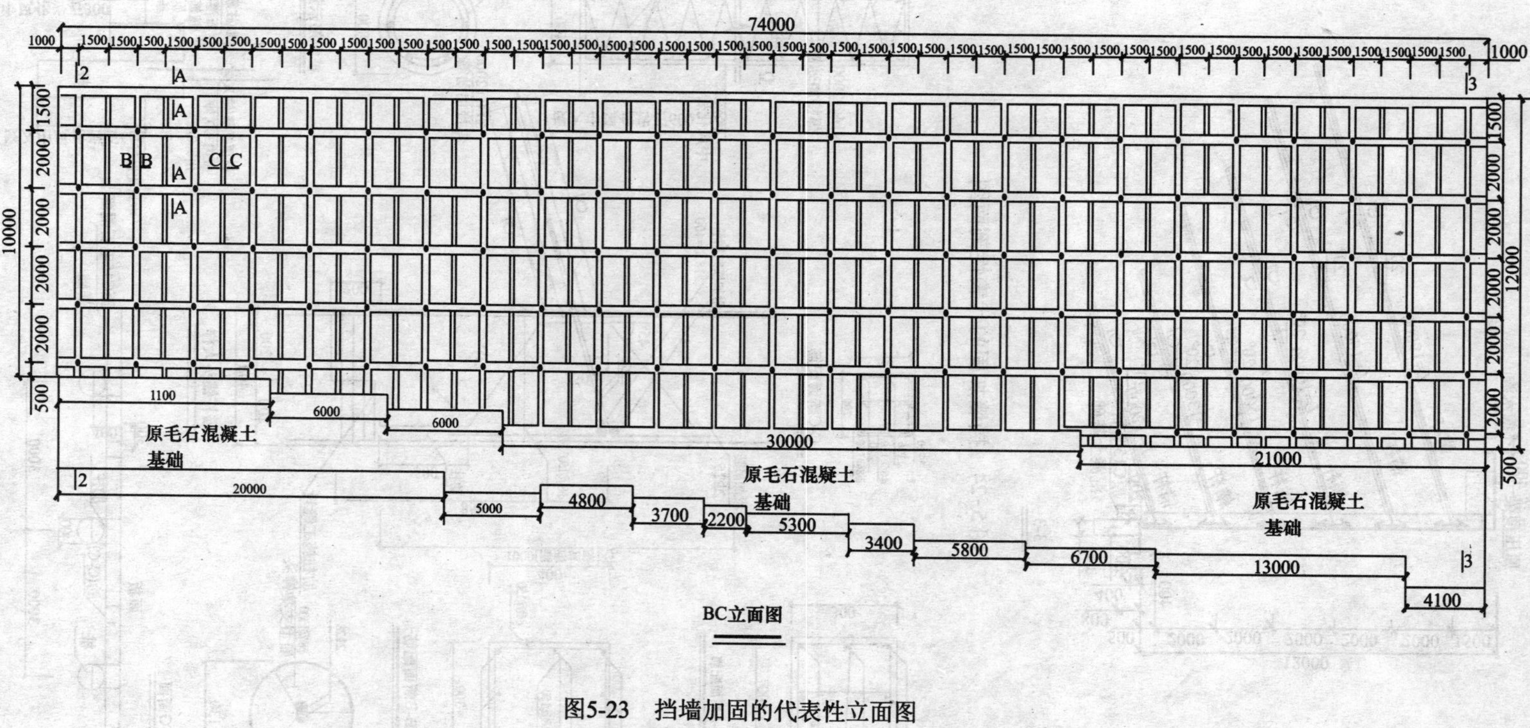

图5-23　挡墙加固的代表性立面图

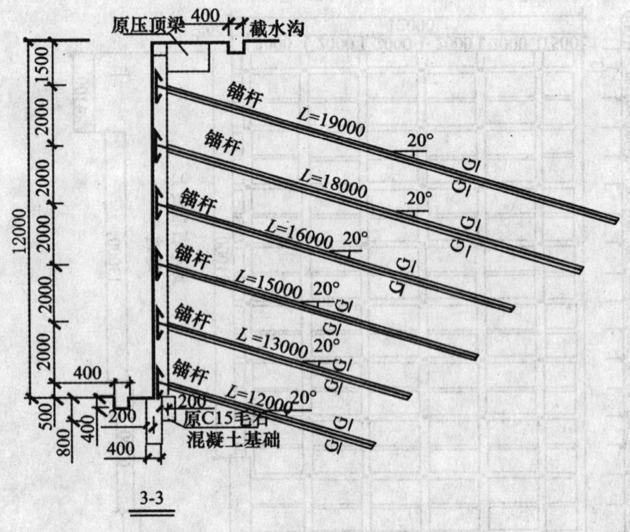

图5-24　挡墙加固的代表性剖面图

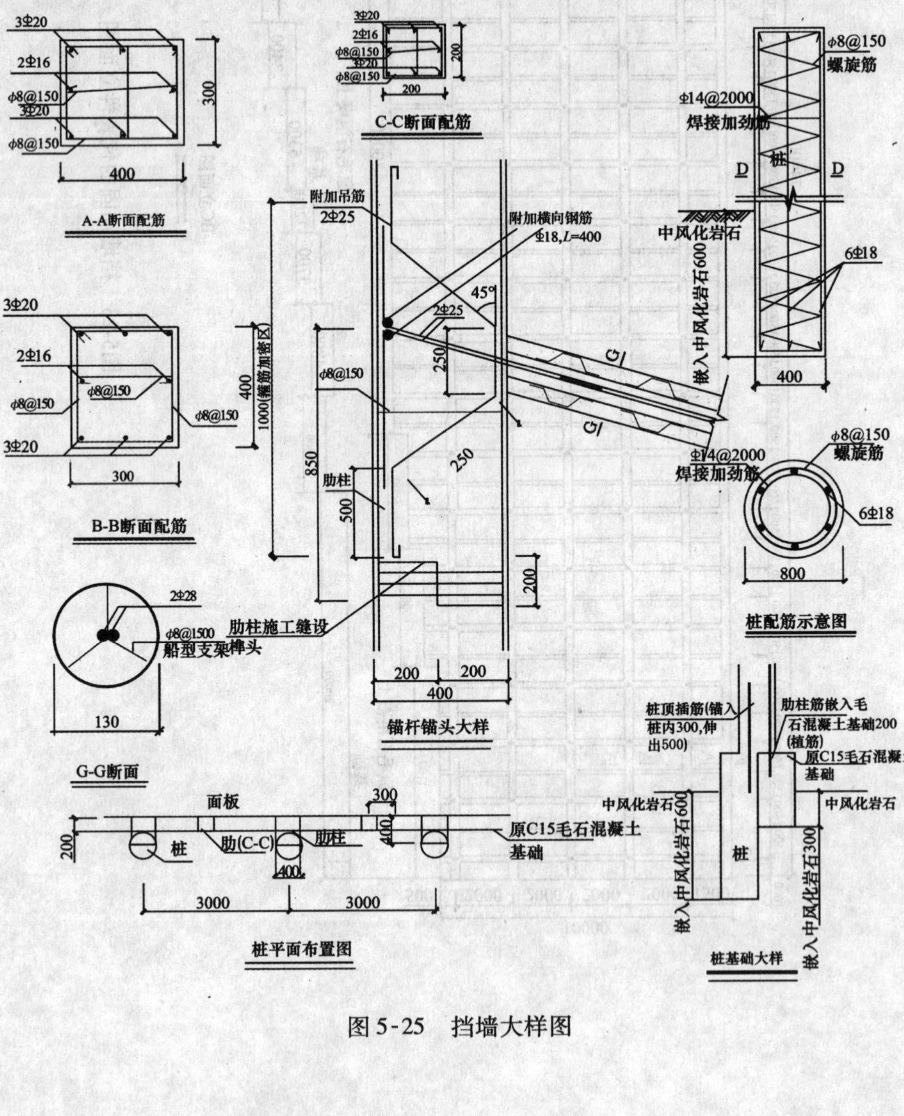

图5-25　挡墙大样图

（5）结语

1）本文按照边坡事故处理的一般工作程序，通过对加筋土挡墙主要检测工作内容的探讨，为加筋土挡墙这类支护结构型式的安全性鉴定提供了一条简明扼要的工作思路。

2）为今后很可能编制的与《民用建筑可靠性鉴定标准》GB 20292-1999 相似的“挡墙可靠性鉴定标准”奠定基础。

3）本文通过对加筋土挡墙垮塌原因的分析和加固措施的简述，在总结经验的同时，强调高填方边坡工程的支护结构方案选择是非常重要的，支护结构的耐久性非常重要。

4）为山区高填方边坡工程的建设积累了一项难得的可贵经验。

2. 重庆市某管理局加筋土挡墙明显变形原因及加固措施

（1）前言

重庆市某管理局环境挡墙工程于 1996 年 3 月开工，于 1998 年 8 月完工。由于诸多原因（如：工程建设不规范、边坡工程没有完整、统一的勘察、设计与施工规范，本为建筑边坡而按公路路坡设计存在设计安全等级不够的情况，场地未进行地质灾害评估等），该挡墙工程在设计时没有边坡工程地质勘察资料，在施工中仅有建设单位代表而无监理单位、质监单位的人员参加，加筋土挡墙已出现裂缝、明显变形、鼓肚等不良情况，严重危及坡脚居民房屋的安全，危及坡顶场区内部公路的交通安全、游泳池等设施的正常使用；k0 + 650 ~ k0 + 750 挡墙已见裂缝、明显变形等不良情况严重危及场区内部公路的交通安全，特别是严重危及管理局办公楼（8 层、13 层及裙房）的安全，工程的安全性存在较为严重的隐患，按照委托单位以及重庆市质监站等部门的要求，为保证该挡墙工程的安全使用，应对该挡墙工程的安全性进行检测与评估。

中国人民解放军后勤工程检测中心受重庆市某管理局委托，组成了由教授 1 名、副教授 1 名、工程师 2 名、助理工程师 2 名的项目组，于 2007 年 6 月 18 日 ~6 月 25 日对重庆市某管理局环境挡墙工程及其墙顶、墙脚场地进行了现场踏勘、调查和挡墙的长度、高度、截面尺寸、砂浆强度测试、条石强度测试、挡墙墙底持力层、回填土压实系数、资料查阅及分析等检测与评估工作，形成该挡墙工程的安全性评估报告。

（2）评估依据

1）该工程评估委托书。

2）重庆市某管理局环境挡墙工程的现场调查情况。

3）重庆市某管理局后山道路滑坡及加筋土挡墙岩土工程勘察报告（重庆市勘测院，2005 年 10 月）。

4）重庆市某管理局院内挡墙详细勘察报告（重庆市勘测院，2007 年 6 月）及渝勘质审 207—0509 号。

5）重庆某驾驶员培训基地驾训道路一阶段设计施工图（重庆交通学院工程设计所，1997 年 3 月）。

6）某驾训基地道路工程加筋土挡墙及 k0 + 650 ~ k0 + 750 条石挡墙工程竣工图（重庆市某建筑集团公司，1998 年 12 月）。

7）重庆市某控制指挥中心—挡土墙监测报告（重庆市建设工程质量检验测试中心，2006 年 12 月）。

8）关于重庆市某管理局三处挡墙监测数据函（重庆市建设工程质量检验测试中心，2007年6月）。

9）采用的规范主要有：

①《建筑结构荷载规范》GB 50009-2001。

②《建筑抗震设计规范》GB 50011-2001。

③《岩土工程勘察规范》GB 50021-2001。

④《工程地质勘察规范》DBJ50-043-2005。

⑤《建筑地基基础设计规范》GB 50007-2002。

⑥《建筑地基基础设计规范》DBJ50-047-2006。

⑦《建筑边坡支护技术规范》DB50/5018-2001。

⑧《砖体结构设计规范》GB 50003-2001。

⑨《砖体工程施工质量验收规范》GB 50203-2002。

⑩《公路加筋土工程设计规范》JTJ015-91。

⑪《公路加筋土工程施工技术规范》JTJ035-91。

⑫《公路路基设计规范》JTJ013-95。

⑬《建筑工程施工质量验收统一标准》GB 50300-2001。

10）委托单位对提供的地质勘察报告、施工设计图、监测资料的真实性负责，施工单位对提供的竣工图的真实性负责。

（3）工程概况

1）加筋土挡墙工程

该加筋土挡墙工程位于重庆市巴南区某某大道17号。加筋土挡墙墙体最大高度约13m，位于原沟心部位，现墙体约在1/3高度处有明显鼓胀现象，墙面个别砌体有裂痕，路面靠面板附近有开裂现象。据设计图样、竣工图及现场测试，该挡墙工程的长度约69m，挡墙的外露高度约3～13m（现场实测，加筋土挡墙的外露高度约3～10.4m，在加筋土挡墙墙顶有一宽1000mm的平台，平台表面为混凝土封闭，平台上有一高约2.6m的条石墙，见图5-26）。挡墙置于黏性土层上，基础埋置深度不少于600mm。

加筋土挡墙：长约69m，外露高度3～13m；基础宽1500mm，基础的底标高为251.38～260.96m，基础的顶标高为252.38～261.96m，基础持力层为残坡积粉质黏土层；挡墙基础为C10毛石混凝土基础，毛石掺量不超过30%，毛石强度等级≥MU30；墙顶标高为265.76m；代表断面为1-1断面。

加筋土筋带为重庆庆兰塑料制品有限公司聚丙烯塑料拉筋带，宽30mm，单根设计拉力为1500N，破断拉力≥9000N，设计拉力时的延伸率<3%。设计要求筋带应室内保存不得阳光直射。筋带的长度自下而上高度为0～2.4m、2.4～4.0m、4.0～6.4m、6.4～8.8m、8.8～11.2m和11.2～12.0m，依次为4m、6m、8m、9m、10m和11m；筋带的间距均为400mm。

面板（C20）未采用砂浆砌筑，未沿浆勾缝。

墙后填料为泥岩屑和黏土、黏土砂等，泥岩屑粒径≤150mm且150mm的最大含量<15%，所有填料内均不得夹杂有机质。墙后填土的压实系数必须保证95%以上。

根据监测资料，自2006年11月30日至2007年6月12日，从在加筋土挡墙布置的3

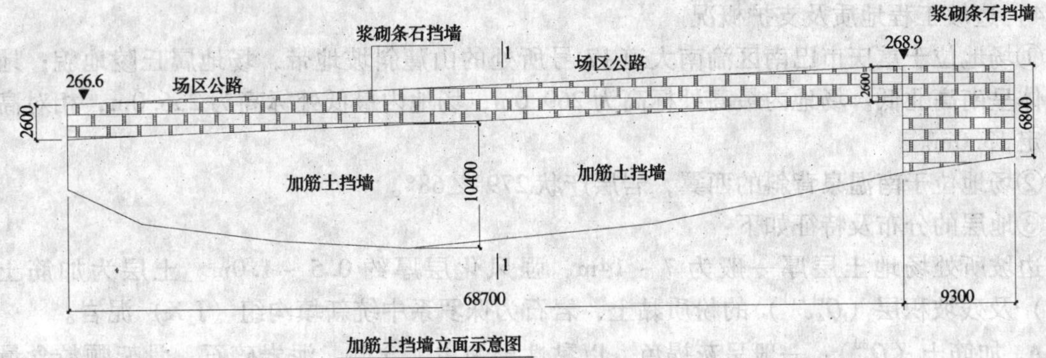

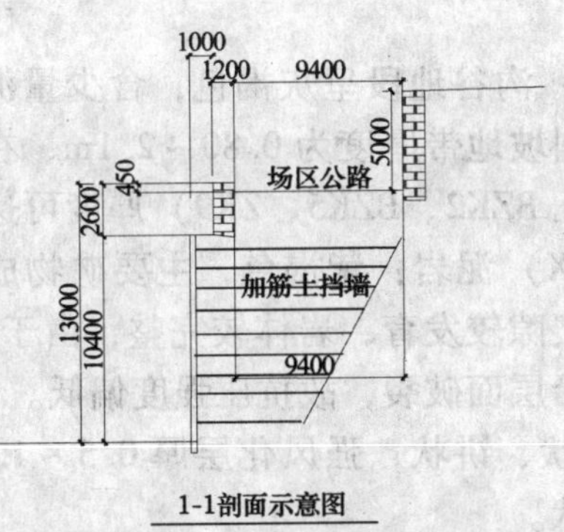

图 5-26　加筋土挡墙示意

个监测剖面、9 个监测点来看，该加筋土挡墙最大沉降为 20mm，挡墙顶部向公路内侧倾斜，中下部向外凸出，最大水平变形约为 40mm。

2）坡脚建筑物

加筋土挡墙场地范围内，墙脚水平距离 20～30m 为已建的 2～4 层民房（见图 5-27），民房为条形基础，砖混结构。

3）坡顶建筑物

该挡墙坡顶为已建的场区公路、游泳池等设施。

图 5-27　加筋土挡墙墙脚已建的民房

4）边坡工程地质及支护概况

①场地位于重庆市巴南区渝南大道17号所处的山麓斜坡地带，场地属丘陵地貌；地形整体呈南高北低。场地内最高处标高为269.0m，场地内最低处标高为256.0m，相对高差约定13.0m。

②场地位于南温泉背斜的西翼，岩层产状279°∠68°。

③地层的分布及特征如下：

边坡所处场地土层厚一般为7～14m，强风化层厚约0.5～1.0m。土层为加筋土（Q_4^{ml}）及残坡积层（Q_4^{el+dl}）的粉质黏土，岩石为侏罗系中统新填沟组（J_2X）泥岩。

A. 加筋土（Q_4^{ml}）：一般呈灰褐色，以黏性土为主，含砂、泥岩碎石，骨架颗粒含量一般为20%～30%，粒径以20～40mm为主，呈中等风化状，湿～饱和状，结构稍密～中密，厚度为7.30～11.60m。

B. 残坡积粉质黏土（Q_4^{el+dl}）：沟谷地段呈灰褐色，含少量泥岩角砾，呈可塑～硬塑状。分布不连续，在加筋土段的斜坡地带厚度为0.80～2.1m、在沟谷地段（重庆市勘测院2005年10月勘察报告中的钻孔BZK2、BZK5、ZK9）厚度可达9.50m。

C. 侏罗系中统新填沟组（J_2X）泥岩：紫褐色，主要矿物成分为黏土矿物，泥质结构，薄层状构造，中等风化岩体裂隙较发育，岩体较完整，由于岩层倾角达到68°，故在竖向压力下抗压试验中岩石样品沿层面破裂，故抗压强度偏低。

强风化带岩芯破碎，呈碎块状、饼状，强风化层厚0.5～1.0m；中等风化带岩质坚硬，岩芯完整，多呈短、中长柱状。

④加筋土段场地原为沟谷，现为加筋土填方路基段，大气降水可通过绿化地段渗入地下并通过土中空隙向斜坡下方排泄，由于该段设置了挡墙，且挡墙排水不良，故此地下水易于汇集在墙后及墙前谷地，勘察期间在除ZK1、ZK3位于斜坡上方未见地下水外，其余各孔均有地下水，水位埋深为：墙后6.20～9.70m（高程257.76～260.41m）、墙前0.95～1.07m（高程253.42～253.50m）。

根据相邻建筑经验，场地地下水对混凝土无腐蚀性。

⑤场区地震基本烈度为6度，无断层通过，无滑坡、危岩及地下洞室等不良地质作用，地质构造较简单；但现有加筋土挡墙中下部鼓胀明显，个别砌体出现开裂现象，挡土墙上及墙后道路路面未见开裂等变形迹象，挡土墙现状处于基本稳定/欠稳定。

⑥场地边坡类型为：土质边坡（按《重庆市工程地质勘察规范》DB50/5005—1998划分）。

⑦边坡的工程安全等级为三级。

⑧已有挡墙的支护方案为：置于土层上的加筋土挡墙。

（4）设计计算复核

1）计算参数

根据地质勘察报告提供的土样试验成果统计资料（表5-22）和重庆地区经验综合，计算参数取值如下：

①饱和重度 $\gamma_{饱}=19.5\text{kN/m}^3$

②加筋土挡墙段岩土界面抗剪强度，饱和状态 $C_{饱}=24.0\text{kPa}$ 、$\varphi_{饱}=10.0°$。

2）计算结果

采用传递系数法，其计算公式如下：

$$F_s = \frac{\sum_{i=1}^{n-1}\left(R_i\prod_{j=i}^{n-1}\psi_j\right)+R_n}{\sum_{i=1}^{n-1}\left(T_i\prod_{j=i}^{n-1}\psi_j\right)+T_n}$$

$$R_i = W_i\cos a_i\tan\varphi_i + c_i l_i\ (\ i=1,\cdots,n)$$

$$T_i = W_i\sin a_i\ (\ i=1,\cdots,n)$$

$$\psi_j = \cos(a_i - a_{i+1}) - \sin(a_i - a_{i+1})\tan\varphi_{i+1}\ (\ j=i\text{ 时})$$

$$\prod_{j=i}^{n-1}\psi_j = \psi_i\psi_{i+1}\psi_{i+2}\psi_{i+3}\cdots\psi_{n-1}$$

式中 T_i——第 i 条块下滑力（kN/m）；

R_i——第 i 条块抗滑力（kN/m）；

ψ_j——第 i 条块剩余下滑力传至第 $i+1$ 块段时的传递系数（$j=i$ 时）；

W_i——第 i 条块重度；

c_i——第 i 条块滑面黏聚力（kPa）；

φ_i——第 i 条块滑面内摩擦角（°）；

l_i——第 i 条条块滑面长度（m）；

a_i——第 i 条块滑面倾角（°）；

n——条块数；

F_s——稳定性系数。

利用上述公式计算时，应按前述两种工况中不同的荷载情况合理选取计算参数，滑体条块面积、滑面长度、滑面倾角直接从电脑中的计算剖面示意图上量取。

计算剖面见图 5-28，计算结果见表 5-22。按边坡稳定状态分级（表 5-23），可知，该加筋土挡墙在连续暴雨情况下，处于欠稳定状态。

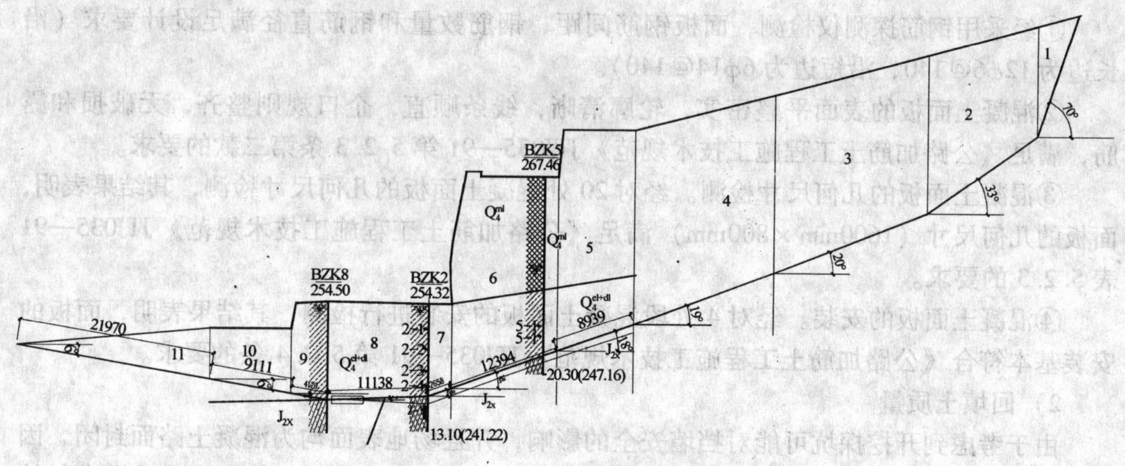

图 5-28　加筋土挡墙计算剖面

边坡稳定性计算表 **表 5-22**

条 块 号	1	2	3	4	5	6	7	8	9	10	11
条块土体黏聚力（kPa）	24.0	24.0	24.0	24.0	24.0	24.0	24.0	24.0	24.0	24.0	24.0
条块土体内摩擦角（°）	10.0	10.0	10.0	10.0	10.0	10.0	10.0	10.0	10.0	10.0	10.0
条块滑动面长度（m）	13.4	14.8	18.5	16.5	10.5	10.9	2.6	11.1	4.2	9.1	22.2
饱和重度（kN/m^3）	19.5	19.5	19.5	19.5	19.5	19.5	19.5	19.5	19.5	19.5	19.5
条块面积（m^2）	26.5	173.1	302.5	297.2	183.1	228.1	22.5	107.5	38.8	53.7	57.5
条块自重 G_i（kN/m）	516.8	3375.5	5898.8	5795.	3570.5	4448.0	438.8	2096.3	756.6	1047.2	1121.3
条块地表建筑物自重 Gb_i（kN/m）	0	0	0	0	0	0	0	0	0	0	0
条块底面倾角 θ_i（°）	70	33	19	19	19	19	19	2	-9	-9	-9
$\Delta_{\theta i}$	37	14	0	0	0	0	17	-11	0	0	
传递系数	0.682	0.923	1.000	1.000	1.000	1.000	0.899	0.945	1.018	1.000	1.018
稳定系数	0.64	0.49	0.61	0.65	0.66	0.67	0.67	0.75	0.80	0.88	1.01
安全系数	1.05	1.05	1.05	1.05	1.05	1.05	1.05	1.05	1.05	1.05	1.05
剩余下滑力（kN/m）	230	1250	1723	2328	2720	3233	3285	2393	1830	1220	253

边坡稳定状态分级 **表 5-23**

边坡稳定性系数	$F_s \leq 1.00$	$1.00 < F_s \leq 1.05$	$1.05 < F_s \leq F_{st}$	$F_s > F_{st}$
稳定状态	不稳定	欠稳定	基本稳定	稳定

注：F_{st}为滑坡稳定性系数。

（5）安全性评定

1）面板的质量

①经采用钢筋探测仪检测，面板钢筋间距、钢筋数量和钢筋直径满足设计要求（沿长边为12ϕ6@140，沿短边为6ϕ14@140）。

②混凝土面板的表面平整密实，轮廓清晰，线条顺直，企口规则整齐，无破损和露筋，满足《公路加筋土工程施工技术规范》JTJ035—91 第 5.2.3 条第二款的要求。

③混凝土面板的几何尺寸检测。经对 20 处混凝土面板的几何尺寸检测，其结果表明，面板的几何尺寸（1600mm×800mm）满足《公路加筋土工程施工技术规范》JTJ035—91 表 5.2.3 的要求。

④混凝土面板的安装。经对 4 处段混凝土面板的安装进行检测，其结果表明，面板的安装基本符合《公路加筋土工程施工技术规范》JTJ035—91 第 5.2.4 条的要求。

2）回填土质量

由于考虑到开挖探坑可能对挡墙安全的影响，并且场地表面均为混凝土路面封闭，因此，在挡墙外边线以内约 9m、钻孔 BZK5 附近位置布置探坑 1 处，对回填土质量进行检测。探坑开挖深度约 1.2m 处见地下水，于是探坑开挖至深度约 2.4m 时（图 5-29），不能继续开挖而无法采取筋带进行质量检测。从探坑开挖出的回填土情况，可知填料为黏性土夹碎、块石，碎、块石的成分主要为泥岩，其颗粒的直径一般为 150～200mm，大者达 500mm，颗粒的含量约为 20%。

图 5-29　加筋土挡墙墙后填土情况

3）泄水孔的施工质量

未设置泄水孔，泄水孔的施工不满足《公路加筋土工程施工技术规范》JTJ035—91 要求。

4）加筋土挡墙部位的岩土特征简况

根据地质勘察报告，可知加筋土挡墙原有残坡积层黏性土层两侧薄，中部厚，其厚度约 0.5（钻孔 BZK1 及 BZK3）～9.5m（钻孔 BZK2）；墙后填土的厚度约 9～13m（图 5-30、图 5-31）。

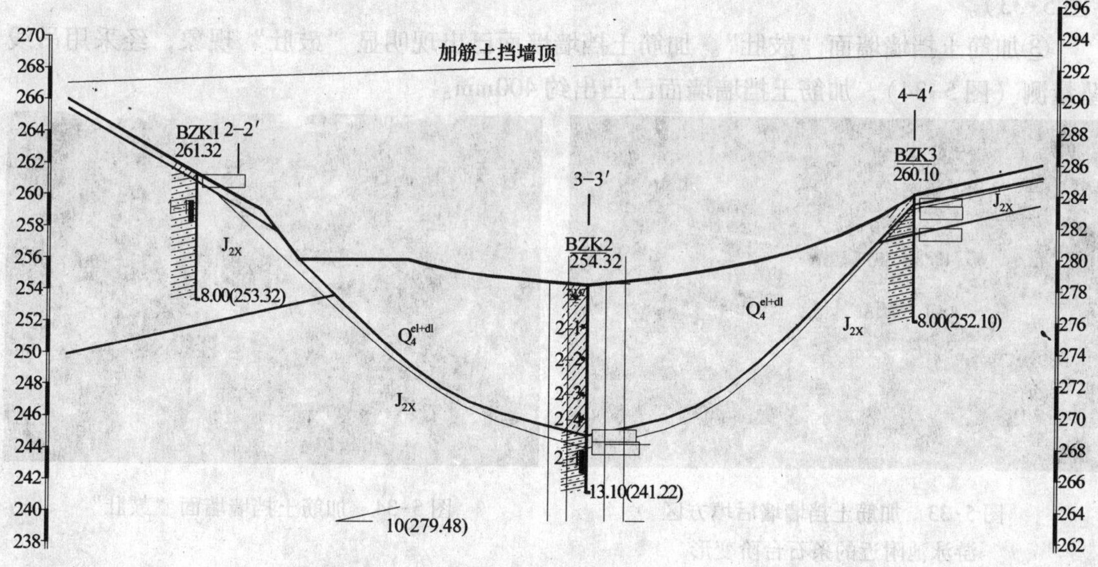

图 5-30　加筋土挡墙横剖面示意图（一）

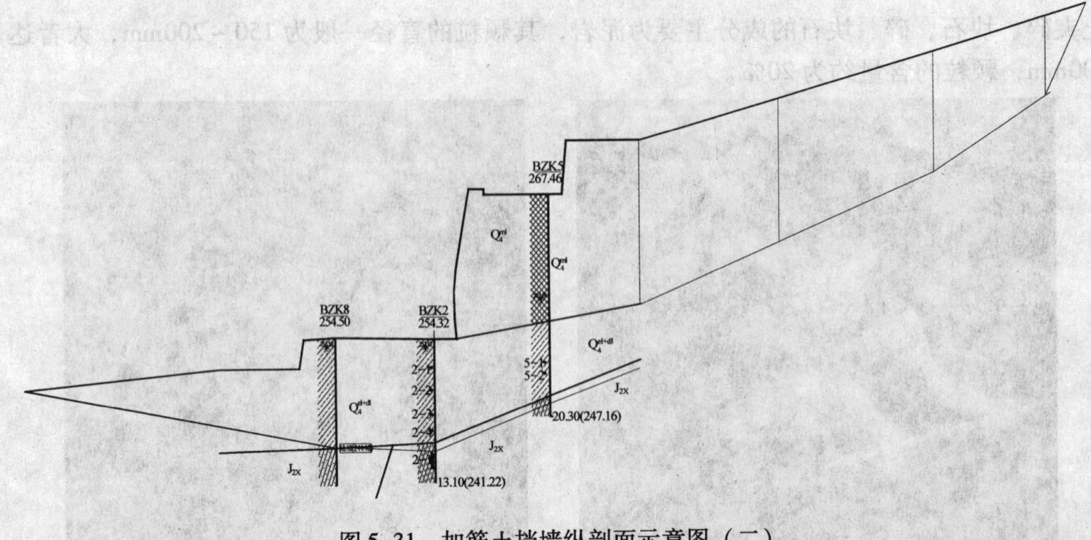

图 5-31　加筋土挡墙纵剖面示意图（二）

5）不良现象

①公路路面裂缝。加筋土挡墙墙后场区公路靠 SE 一侧，距墙边约 3～20m 范围公路路面出现 6 条裂缝，裂缝的长度约为 7～8m，裂缝的走向约为 30°～40°，裂缝的间距自墙边往公路内侧分别约为 4.0m、3.8m、3.2m、3.8m 和 2.8m，裂缝因采用沥青封闭无法测量其宽度（图 5-32）。

图 5-32　加筋土挡墙公路路面裂缝

②墙后填方区裂缝。加筋土挡墙墙后填方区游泳池附近的条石台阶出现不同程度的变形（图 5-33）。

③加筋土挡墙墙面“鼓肚”。加筋土挡墙墙面已出现明显“鼓肚”现象，经采用吊线坠量测（图 5-34），加筋土挡墙墙面已凸出约 400mm。

图 5-33　加筋土挡墙墙后填方区游泳池附近的条石台阶变形

图 5-34　加筋土挡墙墙面“鼓肚”

④墙面不见水流。墙后探坑在深度约 1.2m 处见地下，但加筋土挡墙墙面未见水流，墙脚有一暗沟但无水，据居民介绍“很少看到有水”；说明水浸泡在加筋土挡墙墙后的填土中而不畅通。

6）安全性评价

计算结果表明，按边坡稳定状态分级，该加筋土挡墙在连续暴雨情况下，处于欠稳定状态；结合该加筋土挡墙墙后土体沉降，墙面明显“鼓肚”（水平变形约 40mm），墙顶路面出现不同程度的开裂，水浸泡在加筋土挡墙墙后的填土中而不畅通，以及斜坡上置于回填土上的石台阶、混凝土路面出现不同程度的裂缝。因此，应对该场地加筋土挡墙进行加固，以满足永久性使用的要求。

（6）挡墙出现明显变形、开裂的原因分析

①地形地貌。挡墙场地处于沟谷地形，有利于土体的滑动，为滑坡提供了地形条件。

②地质条件。挡墙场地土层厚度较大，基岩面的坡度大，为滑坡提供了物质条件和滑移的空间条件。

③水文地质条件。挡墙场地处于沟谷地形，有利于地表水的汇集和积聚，为地表水转化为地下水进而软化岩土界面附近土体提供了水文地质条件。

④工程建设程序。工程建设时期，边坡工程没有完整、统一的勘察、设计与施工规范，为工程安全提供了隐患可能的客观和人为条件。

⑤挡墙安全等级。场地挡墙本为建筑边坡而按公路路坡考虑存在安全等级本身不够的情况。

⑥场地未进行地质灾害评估。由于历史原因，挡墙修建时场地未进行地质灾害评估，未发现滑坡这一不良地质作用。

3. 重庆市某扶壁式挡墙加固实例

重庆市某高填方工程，在施工过程中发现扶壁出现裂缝，墙体产生倾斜和变形。为此及时成立了应急抢险指挥部，调查分析，查明原因，经采取卸载、施加预应力锚索和框架梁、柱的联合支护措施，终于使边坡变形趋于稳定，保证了高填方边坡工程的安全。对扶壁式挡墙的安全性鉴定和对挡墙的加固取得了一定的经验。

（1）工程及地质条件概况

1）工程概况

重庆市公安局拟在重庆市九龙坡区修建的某工程，该工程位于九龙坡区华岩镇的山麓斜坡地带。场地平基后已形成长约 57m，高 12 ~ 16m 左右的高填方挡墙。该填方边坡原设计采用扶壁式挡土墙，其主要设计内容为：

①底板基础为直径 1200mm 的人工挖孔桩基础，基础持力层为中等风化岩石，基础嵌入岩石深度约 1.2 ~ 3.0m；桩按 4.5m × 5.1m 网格布设，纵向布设 3 排（图 5-35）；桩内配筋 18ϕ25，C25 混凝土。

②底板厚 600mm，配筋 ϕ12@200、ϕ14@200、ϕ16@200，C25 混凝土。

③扶壁板厚 400mm，配筋 ϕ12@200（双层双向），C25 混凝土。

④桩顶纵横方向的连梁 600mm × 600mm，上下各配筋 6⌀25，C25 混凝土。

⑤挡土板为变截面，300 ~ 700mm，配筋 ϕ10 ~ ϕ14@200（双层双向），C25 混凝土。

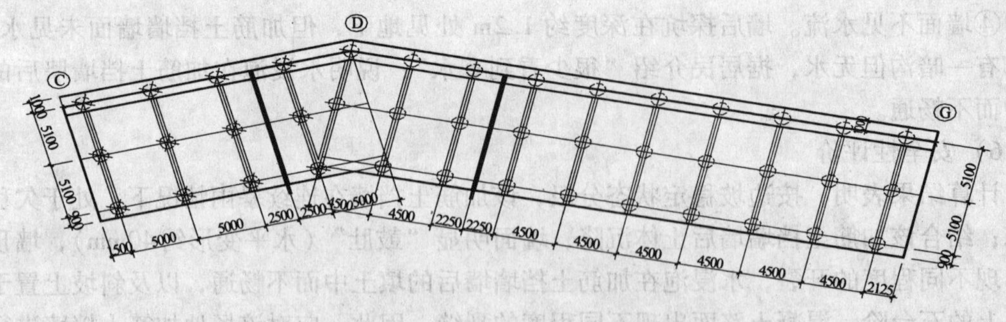

图 5-35　挡墙平面布置图

该工程于 2002 年 1 月 2 日开工，5 月 20 日人工挖孔桩及扶壁式挡墙竣工并进行墙后回填土的施工，当挡土墙墙后填土填至距墙顶约 2m（约 13m 高度）时，发现扶壁式挡墙的扶壁出现裂缝，墙体产生倾斜和变形。挡土墙墙顶出现水平位移（2002 年 7 月），其值达 80mm，倾斜值 2% ~5%。经卸土处理后，未发现墙体明显位移，处于暂时平衡状态。

2）工程地质条件

场地原有边坡上部为厚约 3 ~5m 的淤泥、淤泥质土（原鱼塘）夹素填土（砂、泥岩块石及黏性土，块石含量约 40%，块径一般 300 ~500mm，最大约 1200mm，填土时间为 1 年，属于新填土)，其下为残坡积粉质黏土［紫褐色 ~褐黄色，含少量有机质及强风化泥岩碎块（碎块含量 20% ~30%），可塑，厚约 1 ~2m］，土层下伏基岩为泥岩（暗紫色 ~紫红色，泥质结构，厚层 ~块状构造)，强风化岩质软，破碎，易崩解风化，强风化岩层厚一般为 0.7 ~2.3m 左右。

场地地处化龙桥向斜东翼近轴部，岩层呈单斜构造。产状为 310°∠20°，区内有两组构造裂隙。裂隙 J_1：295°∠13°；裂隙 J_2：21°∠33°，两组裂隙面均较平直，闭合。间距约 2.7 ~3.2m。场地附近无滑、断层等不良地质现象，地质构造简单。

距场地填方边坡后缘线 1 倍边坡高度范围内，存在建筑物。据调查，该建筑为单层的砖混结构，其基础为人工挖孔桩基础，基础持力层为中等风化岩石，基础嵌入岩石深度约 1.5 ~2.5m，该基础及桩顶连梁均已竣工（上部结构尚未施工)。

（2）扶壁式挡墙的安全性鉴定

1）检测内容

①挡土墙墙后填土质量。在挡土墙墙后填土中布置 4 个探坑进行填土压实度的检测，其压实度分别为 0.85、0.80、0.90 和 0.84，不满足设计 0.92 的要求。

填土的填料为砂、泥岩碎块（碎块含量 50% ~60%）夹黏性土，即为碎石土，满足设计的要求。

②挡土墙的泄水孔。泄水孔的孔径、间距及做法均满足设计的要求。

③扶壁式挡墙面板和扶壁的裂缝检查。现场检查面板，共发现 5 个轴线的扶壁开裂，裂缝均出现在墙肋的同一边（如④轴线扶壁裂缝的位置靠③轴线这一面），裂缝宽度为 0.15 ~1.2mm，裂缝长度为 3.0 ~4.0m（图 5-36），裂缝深度为 50 ~70mm，未贯穿到扶壁的另一面。面板均未发现裂缝。

④扶壁式挡墙底板与扶壁交接处的裂缝检查。现场在①/Ⓒ轴线和⑦/Ⓒ轴线的位置开

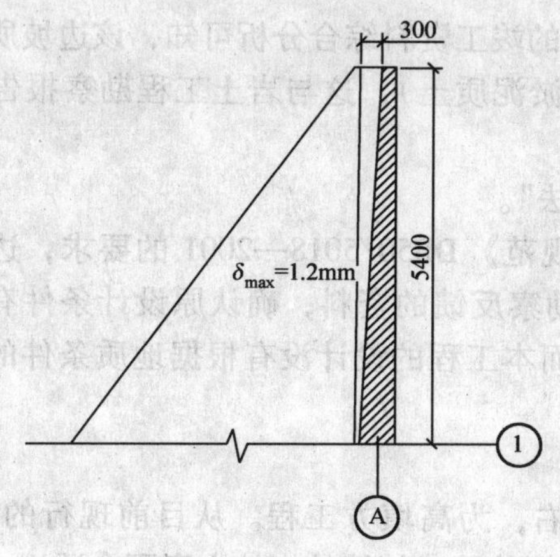

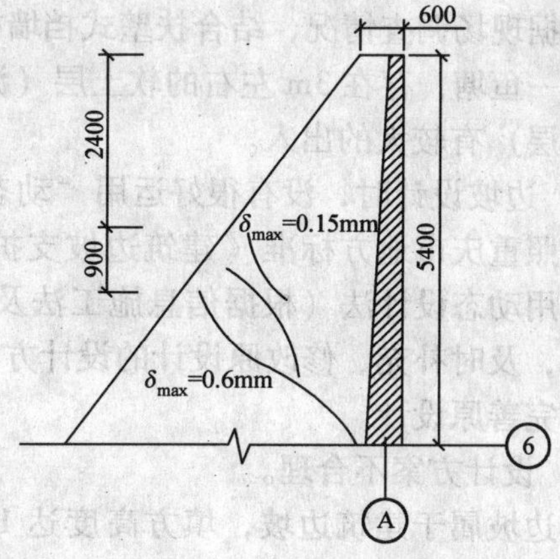

图 5-36　扶壁裂缝情况

挖了 2 个直径为 1500mm 的探坑，其结果表明，挡墙底板与扶壁交接处未发现裂缝。

⑤扶壁式挡墙截面尺寸检测。现场在扶壁式挡墙的底板抽查 5 处、在面板抽查 6 处、在扶壁上抽查 6 处，共 17 处位置，检测扶壁式挡墙截面尺寸，其结果表明，扶壁式挡墙截面尺寸满足设计和验收规范的要求。

⑥混凝土强度检测：

A. 桩基础混凝土强度检测。采用钻芯法对 3 处桩（位置为②轴线交Ⓐ轴线、④轴线交Ⓐ轴线和⑧轴线交Ⓐ轴线）的混凝土强度进行检测，混凝土强度代表值为 23.2MPa，满足设计 C20 的要求。

B. 扶壁式挡墙混凝土强度检测。采用回弹法对 4 处面板和 4 处扶壁的混凝土强度进行检测，混凝土强度推定值为 33.6MPa，满足设计 C25 的要求。

⑦扶壁式挡墙配筋检测。采用钢筋探测仪和剥开混凝土检查两种相结合的方法，对 4 处底板、4 处面板和 4 处扶壁的实际配筋情况进行检测。钢筋间距测点数为 128 点，合格点为 116 点，占总数的 90.6%，满足设计和验收规范的要求。

⑧扶壁式挡墙倾斜检测。采用日本株式会社托普康生产的电子全站仪（型号为 GPT—6001）对 6 个扶壁式挡墙断面的倾斜值进行检测。挡墙的墙顶水平位移值达 80mm，倾斜值 2%～5%。

2）计算复核

图 5-37 为挡墙的计算模型。

计算结果表明，扶壁式挡墙的底板和面板均仅能承受 7m 高的回填土，因此，应采用卸土减载和加固处理。

(3) 挡墙变形原因浅析

该挡墙的变形原因根据现场调查、检测和计算复核可以归纳如下：

1）边坡的岩土工程勘察资料不准确。

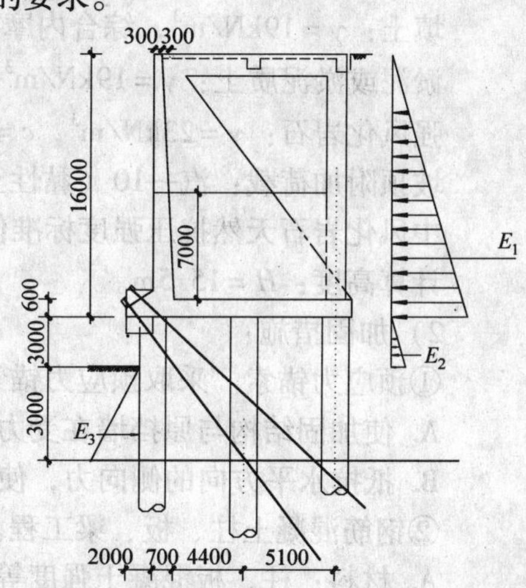

图 5-37　为挡墙的计算模型

根据现场调查情况，结合扶壁式挡墙桩基础的竣工资料综合分析可知，该边坡所处地段原为一鱼塘，存在3m左右的软土层（淤泥或淤泥质土），这与岩土工程勘察报告（没有软土层）有较大的出入。

2）边坡设计时，没有很好运用“动态设计法”。

按照重庆市地方标准《建筑边坡支护技术规范》DB50/5018—2001的要求，边坡设计应采用动态设计法（根据信息施工法及施工勘察反馈的资料，确认原设计条件有较大变化时，及时补充、修改原设计的设计方法），而本工程的设计没有根据地质条件的变化修改和完善原设计。

3）设计方案不合理。

本边坡属于建筑边坡，填方高度达15m左右，为高填方工程。从目前现行的国家、地方规范、规程和行业标准来看，该边坡工程采用扶壁式挡墙的支护方案不合适。

4）设计结构不可靠。

经计算分析，扶壁式挡墙的底板不满足竖向荷载的要求，面板不满足水平荷载的要求，整个挡墙不满足抗滑移和抗倾覆的要求。

（4）挡墙加固设计

挡墙变形后，发现地质条件与原勘察资料发生了某些变化。从原设计的资料看，设计方案不合理，设计结构不可靠。根据场地边坡的工程地质特征，结合场地边坡的平面布置要求和填方挡墙目前现状（人工挖孔桩、扶壁式挡土墙均已竣工，土回填至约13m高度），采用钢筋混凝土柱、连系梁的框架结构+竖向板（板底在回填土高度7m处）和底板位置设置预应力锚索（其设计值为1000kN，锁定值为设计值的50%，即500kN）对原挡墙进行永久性加固支护。

1）设计参数：

①边坡类别：土质边坡。

②边坡重要性系数为1.10（边坡工程安全等级为一级）。

③岩土参数：

填土：$\gamma=19\text{kN/m}^3$，综合内摩擦角$\varphi_D=30°$。

淤泥或淤泥质土：$\gamma=19\text{kN/m}^3$，综合内摩擦角$\varphi_D=8°$（经验值）。

强风化岩石：$\gamma=23\text{kN/m}^3$，$c=20.0\text{kPa}$，内摩擦角$\varphi=30°$（经验值）。

坡顶附加荷载：汽—10（黏性土，7.50kN/m^2）。

中风化岩石天然抗压强度标准值：5.7MPa。

计算高度：$H=15.5\text{m}$。

2）加固措施：

①预应力锚索。采取预应力锚索支护的目的主要满足两个方面的要求：

A. 使加固结构与原挡墙在受力方面能够协调工作，即达到共同工作的目的。

B. 抵抗水平方向的侧向力，使挡墙的抗滑移安全系数（≥1.3）满足规范的要求。

②钢筋混凝土柱、板、梁工程。

A. 材料：柱、板混凝土强度等级为C25，柱护壁混凝土强度等级为C20。

B. 钢筋混凝土：

混凝土保护层厚度：柱为50mm，梁为35mm，板为25mm。

钢筋混凝土板内应掺入水泥质量10%的UEA—H膨胀剂。

钢筋接长：均要求采用电渣压力焊接。焊接后钢筋应位于同一直线上，其接头位置应符合规范要求。所有箍筋弯135°，平直段长10d。

C. 柱施工要求：钢筋混凝土框架护壁施工要求：应找准原Ⓒ轴线的桩位。由于本工程护壁部分在土中，施工中应严格检查护壁不能错位，以保证柱与桩连接的准确位置。护壁施工完后，应进行桩的剔打，使柱与桩连接牢固，桩筋锚入柱内不少于30d，柱筋锚入桩内不少于30d（可采用植筋），达到设计要求后，请建设方、监理方、质检站及设计人员到现场验收合格后才能施工柱。

柱的施工应严格按《混凝土结构工程施工质量验收规范》GB50204—2002的要求执行。

D. 板施工要求：板后1000mm范围采用MU30砂岩片石干砌。板竖向每段水平施工缝应严格处理，保证其整体性。桩间板应按3.0m×2.0m设ϕ150泄水孔，外倾5%，墙背后500mm厚范围做卵石堆囊。应保证加固板与扶壁板的整体性。

E. 梁：梁与桩、柱、板连接，为保证框架梁、板、柱的整体性，按《混凝土结构工程施工质量验收规范》GB50204—2002的要求执行。

③在已有扶壁、面板处设置加固梁。将已有扶壁、挡土板的混凝土打毛、清洗干净；梁在已有扶壁、挡土板两侧的宽度为200mm，上下配筋均为2ϕ25，C25混凝土；在已有扶壁和挡土板打孔，设置S形拉结筋，ϕ8@300×300；梁锚入柱内30d，梁与梁的钢筋锚固长度均为30d。

（5）结语

1）按照边坡事故处理的一般工作程序（文献[30]），通过对扶壁式挡墙主要检测工作内容的探讨，为扶壁式挡墙这类支护结构形式的安全性鉴定提供了一条简明扼要的工作思路，为今后编制“挡墙可靠性鉴定标准”奠定基础。

2）本文通过对扶壁式挡墙变形原因的分析和加固措施的简述，在总结经验的同时强调高填方边坡工程的支护结构方案选择是非常重要的，也为山区高填方边坡工程的建设积累了一项可贵经验。

5.7 支挡结构与环境绿化

随着我国基本建设速度的加快，交通、水利、矿山、电力、建筑等建设项目形成了大量裸露的边坡，这些裸露的钢筋混凝土边坡影响了生态环境美观。传统的支挡结构过分追求强度与稳定，忽视了边坡支护结构与周边环境的和谐，并且随着时间的推移，出现老化、风化，甚至造成破坏，其防护效果不断削弱。生物措施和工程措施是坡面防护的两项重要措施，因地制宜地选择适用坡面绿化及生态防护的技术组合，在对坡面有效支挡防护的同时，做好生态植被环境建设，符合科学发展观和构建和谐社会的要求。

5.7.1 边坡绿化的一般原则

环境边坡绿化的目的是在保证坡体稳定的前提下，营建坡面生态系统，最大限度地保护、恢复、改善生态环境，实现工程建设与生态环境的良性循环。环境边坡的绿化设计施工应遵循以下原则。

1. 安全稳定

安全稳定是边坡绿化与生态防护设计必须遵循的首要原则。根据对边坡现场勘察的结果，进行坡体的稳定性分析，对于稳定性欠缺的坡面，设计采取有效的工程防护措施进行加固。也不能过于强调安全，忽视生态因素，完全依赖工程措施，进行全面水泥硬化。应结合坡面的地质条件，植被防护与工程加固、防护有机结合，进行边坡稳定性设计，建设既稳定又有良好生态效应的坡面综合防护体系。

2. 生态优先

建设项目形成的边坡进行防护要坚持遵循自然规律、生态优先的原则。工程边坡的防护设计因地制宜，采取工程与生物相结合的综合防护。为了减轻由于人为建设项目对生态环境产生的破坏，提高项目区的植被覆盖率，增强人为建设项目与周边环境的融合性，在保证坡体稳定的前提下贯彻生态优先，采用生物措施对坡面生态进行修复和重建。在坡面生物措施设计中，植物选择必须因地制宜，适地适树，选择根系发达、固土能力强的乡土物种。物种种间配置充分利用生态位、物种关系、生物多样性、群落演替等理论，保护、恢复和改善建设区生态环境，营建和谐融洽的坡面生态系统。

3. 景观兼顾

进行坡面绿化与生态防护工程设计时，不能满足于单一品种的植草绿化，而是要多品种植物结合取得综合绿化的景观效果。合理选择植物主景，将乔、灌、草、花合理配置，形成立体复合结构，并且利用植物措施实施固坡工程结构物隐蔽遮盖，突出植被景观。这些工程结构物如果过多暴露于坡面，减小了植被的景观面积，对于形成优美景观效果不利，因此，应采取措施使这些支挡结构物少暴露甚至不暴露。

4. 经济适用

坡面绿化与生态防护在保证安全稳定和生态治理的情况下，还需做到经济适用。本身采取工程与生物措施相结合的综合生态防护就比单一的工程防护在一定程度上节约成本、经济可行。但是如果一味追求华丽、照搬国外的一些技术模式，也会造成成本太高，不符合目前我国的经济发展水平，并且有可能导致生态防护效果不佳。在选择坡面绿化和生态防护的技术模式时，要做到因地制宜，技术措施本土化，加强技术措施的组合、创新，实现经济效益、社会效益与环境效益的统一。

5.7.2 格构绿化及实例

1. 格构绿化

格构绿化是指在格构框架内回填客土，然后植灌草以达到坡面植被回复的目的。常见的格构包括钢筋混凝土框架、预应力锚索框架地梁、工程格栅式框架、预制混凝土空心砖、浆砌石框架等。

（1）框架内铺六棱花饰砖植灌草护坡。在框架内满铺预制的六棱花饰砖，然后在砖内填土植灌草。该方法使回填客土有很强的稳定性，能抵抗雨水的冲刷。

（2）框架内结合土工格室植灌草护坡。框架内固定土工格室，并在格室内填土，播种、栽植灌草进行坡面植被恢复。

施工方法是：整平坡面至设计要求，清除坡面危石→施工格构框架→在框架内充分展开土工格室→在格室内填土，填土时要注意防止格室胀肚现象→在格室内栽种灌草植物→覆盖无纺布及时洒水养护，直至植被基本形成。

（3）浆砌石框架植被护坡。浆砌石框架植被护坡技术是通过浆砌石形成坡面防护框架，在框架内栽种灌草形成结构、植物综合坡面植物防护体系，植被恢复初期可有效减轻坡面水土流失，同时还可以起到稳定坡体表面的作用。框架可以做成拱形、矩形、菱形、人字形（见图5-38）。

2. 格构绿化实例

深盐路海滨药厂北侧边坡治理采用钢筋混凝土格构 + 锚杆护坡。该工程横向57m，边坡水平高度高达25m，坡底原有2m高的浆砌石挡土墙，治理时以水平高度8m为一大级削成三级边坡，坡比为1∶0.75，每级设置1.5～2m的平台，每级坡顶坡底设置$b \times h = 0.35\text{m} \times 0.6\text{m}$的M7.5浆砌石排水沟，纵向设置4条$b \times h = 0.35\text{m} \times 0.6\text{m}$的M7.5浆砌石排水沟。

格构梁截面采用40cm×40cm，混凝土强度等级C25，节点中心3m的方形格构，节点处设置$\phi 25$，长8～12m的锚杆，每级坡顶坡底压顶梁和格构梁配筋分别为$8\phi 20$和$4\phi 20$。所有格构梁完全嵌入坡体。支护完成后，随即在格构内播草籽，穴植灌木（1.5m×1.5m），在平台种植乔木一排，间距2m。形成锚杆格构梁内播草籽穴植灌木一体的永久护坡（见图5-39）。

图5-38　拱形框架绿化现场照片

图5-39　某格构边坡绿化工程

5.7.3　喷射植被绿化及实例

1. 喷射植被绿化

（1）基本原理

喷射厚层绿化基材植被护坡是运用专用设备将含有植物种子的有机种植基材喷射到坡面，使坡面迅速恢复自然植被的边坡生态治理技术。该方法具有如下特点：

1）构造简单，固坡迅速，适用范围广。

2）基材抗侵蚀性强，能迅速恢复自然植被。

3）施工容易，工艺简单，造价合理，粗放管理，免维护。

适用于年降雨量大于600mm，非高寒地区的整体稳定边坡和仅发育块石坠落或风化剥落等不良地质现象的较稳定边坡。

（2）工艺流程

运用绿化基材处理路基边坡，主要是利用铺设复合网固定，将植被绿化基材经搅拌后，由常规喷射混凝土设备喷射到边坡上，形成近10cm厚度的绿化基材。喷射完后，覆盖一层无纺布防水保墒，经过一段时间洒水养护，青草覆盖坡面，形成具有一定强度的稳定防护层，起到固坡绿化作用。

本工法主要施工工艺流程：修筑天沟及排水沟→清理、平整坡面→铺设固定复合网→搅拌绿化基材→喷射绿化基材→覆盖无纺布→喷水养护。

（3）施工准备

本工法除常规的施工准备外，需要根据设计图样进一步做好现场土质调查，了解当地的气候状况和当地自生优势植物群落的结构特点，根据现场地质及边坡坡率情况，合理选择植被种子的配比和土工网的型号。

（4）施工方法

1）修筑天沟及排水沟：在边坡四周、码道、边坡纵向设置排水沟。

2）清理平坡表面：清除坡面淤积物、浮石、打掉凸出岩石，使坡面尽可能平整，再用高压水枪清洗坡面，使坡面有利于植被混凝土和岩石的完全结合。

3）铺设固定复合网：铺设固定复合网的目的是增强护坡强度、形成加筋植被混合物。首先，在坡面上安装ϕ12mm钢筋锚杆，按1m×1m交叉锚固，锚杆长100～120cm。然后，按设计要求将高强土工网挂在锚杆上，调平拉紧，在边坡平台处采用浆砌片石压边，确保土工网稳定。

4）拌植被混合物：根据搅拌机大小，按植被绿化基材的配合比计量拌合。喷射前将粉碎过筛的干燥土壤、腐殖质和含有速效肥、长效肥、粘结剂、保水剂、稳定剂的基材混合搅拌，由喷射混凝土喷射至坡面。在面层喷射层拌料时加入混合种子。

5）喷射绿化基材：根据坡面情况调整喷枪口与岩面的距离，在喷枪口头部，由高压水泵将水喷入绿化基材，喷射时加水量应保持植被混凝土不流不散。分基层和面层连两次找平。

6）覆盖无纺布：在面层喷射层完成后，覆盖28g/m^{2}无纺布保墒，营造种子快速发芽环境。

7）喷水养护：在养护期应当保持植被混凝土呈湿润状态。喷水设备应采用喷雾喷头移动喷洒，杜绝高压水头直接喷灌。混合植物种子中冷季型草种陆续发芽，随继其他草种陆续发芽。50天绿草成坪，完全覆盖岩石坡面。此后基本上不必人工养护，可以自然生长。

2. 喷射植被绿化实例

玉三高速公路沪瑞国道主干线贵州段，设计为山岭重丘区全封闭高速公路。施工区段内路堑属中低路堑，最大边坡开挖高40m，坡比1∶0.75，地质以强风化白云岩和灰岩为主。

由于工程段内主要为挖方路堑，对周围自然环境破坏严重，为保证公路绿化覆盖率，根据现场地质调查结果，确定在稳定的岩石边坡地段采用绿化基材防护技术进行路基防护。共喷射绿化基材12460m²，由于绿化基材配方及合理应用，植物生长很快，长势旺。由于采用混合植物种子的生长特性及合理搭配，植物生长在抗旱、抗病虫方面表现良好的性能，40天绿草成坪，完全覆盖岩石坡面，此后基本上不用人工养护，可以自然生长。多年以来，经风吹雨打，烈日暴晒，绿化基材均没有发生裂缝和脱落现象，植物自然生长良好，没有表现出退化现象。

（1）绿化基材的选择

黔东南地区降雨量充沛，气候温暖湿润，因此选用的基材首先具有抗雨水冲刷性能，以保证在植物生长成型前不被雨水冲失；同时，必须保证喷射基材混合物团粒结构的形成，具有团粒结构的土壤，能够协调水、肥、气、热等肥力因素，是植物生长最适宜的土壤结构，一般采用含砂量稍低的土壤，土要保持干燥，粉碎过筛，符合喷锚机要求；再者，必须保证植物所需养分的长期有效性，在坡面形成健康稳定的植被群落之前不会出现养分耗尽现象，因此除加入有机肥料外，就地取材，将秸秆、酒糟等腐殖质按比例加入。根据以上要求和当地地质、气候等情况，确定绿化基材配合比（见表5-24）。

绿化基材配合比用量（kg）　　表5-24

土	腐殖质	速效肥	长效肥	保水剂	稳定剂	粘结剂
90.0	10.0	0.10	0.15	0.15	0.1	0.3

（2）植物种子的选择

植物生长受环境制约，植物品种的选择要因地制宜，多选择适合本地区气候的品种，还要注意选择抗旱性、抗逆性和生态位不同的品种。通常采用冷季型草种和暖季型草种混播，可以在营养补给、抗逆性等方面优势互补，确保四季常青，达到良好的水土保持和100%绿化覆盖率等绿化效果。植物种子的选择及用量见表5-25。

绿化基材边坡混合植物种子的选择及用量　　表5-25

植物种类	用量（kg）	百分比（%）	植物种类	用量（kg）	百分比（%）
节水草	0.1	20	早熟禾	0.05	10
狗牙根	0.12	25	白三叶	0.07	15
黑麦草	0.05	10	画眉草	0.05	10
高羊芋	0.06	10			

（3）喷射、种植基材技术

由于各边坡坡度及地质情况有差异，在喷射绿化基材时必须根据现场情况选择喷射方法。开始喷射时要进行试喷，以调整好喷头与坡面的最佳距离和最佳喷射角度，不同地质情况和不同坡度的边坡，其喷射基材的距离和角度也不一样，岩石边坡角度愈小喷头距离坡面的距离愈近，角度愈垂直岩面，土质边坡喷头距坡面越远。

（4）养护

喷射施工后的前期养护是植物种子能否均匀发芽和健康成长的主要环节，当喷射的基材终凝后，开始每天要进行雾状喷水；在一周左右基材内植物出苗后在水中可加入适量肥料，喷水时间逐渐放宽，直至植物覆盖坡面，植物根系与岩面连接一体。

(5) 机具设备及劳动组织见表5-26、表5-27。

机具设备表 表5-26

序号	名称	型号	数量	序号	名称	型号	数量
1	粉碎机		2	5	手风钻	YT-28	3
2	搅拌机	L-350	1	6	高压水泵		2
3	空压机	BH-12/7	1	7	吊篮		2
4	喷混凝土机	PZ-5B	1	8	台秤	100kg	1

劳动组织表 表5-27

序号	工种	人数	分工
1	指挥	1	现场指挥、协调
2	技术员	1	施工中技术指导
3	试验员	1	检测
4	安全员	1	安全检查及值班
5	修理工、电工	1	修理机具、电器调配
6	喷混凝土工	4	喷射基材施工
7	普工	10	

(6) 质量控制

质量控制内容有：锚杆抗拔力，注浆密实度，土工格栅的搭接、固定、张紧，绿化基材的配比，基材的喷射厚度。

施工中质量控制指标见表5-28。

施工质量控制指标 表5-28

序号	检查项目	质量标准	检查方法
1	土工格栅搭接宽度	≥30cm	钢尺测量，2%抽检
2	锚杆拔力	≥设计值	按锚杆数1%，且不少于3根做拔力试验
3	喷射厚度	平均厚度≥设计值；抽检点60%≥设计值；最小厚度≥0.5倍设计值	每10m检查一个断面，每3m检查1点，用凿孔确定厚度
4	格栅固定	间距1m	240m抽检4%

(7) 安全措施

1) 加强对施工人员进行安全教育，树立安全第一的思想，文明施工。

2) 建立健全安全领导机构，分工明确，责任到人。

3) 设置值班员制度，认真进行工前检查、工中检查、工后检查。

参考文献

[1] Duncan J M. State of the art: Limit equilibrium and finite element analysis of slope [J]. Journal of Geotechnical Engineering, ASCE, 1996, 122 (7): 577 ~ 596.

[2] E. M. Dawson, W. H. Roth and A. Drescher. Slope Stability Analysis by Strength Reduction. Geo-technique, 49 (6), 835 ~ 840 (1999).

[3] 赵尚毅，郑颖人，时卫民等．用有限元强度折减法求边坡稳定安全系数．岩土工程学报，2002 年第 3 期.

[4] 连镇营，韩国城，孔宪京．强度折减有限元法开挖边坡的稳定性．岩土工程学报，2001，23 (4): 407 ~ 411.

[5] 郑颖人，赵尚毅，邓卫东．岩质边坡破坏机制有限元数值模拟分析．岩石力学与工程学报，2003，22 (12): 1943 ~ 1952.

[6] 赵尚毅．有限元强度折减法及其在土坡与岩坡中的应用．解放军后勤工程学院博士学位论文，2004.

[7] 雷　用，刘国政，郑颖人．抗滑短桩与桩周土共同作用．解放军后勤工程学院学报．2006，Vol. 22 (4): 17 ~ 21.

[8] 美国 ANSYS 公司．ANSYS 非线性分析指南．Printed in U. S. A. 2000. 1: 25 ~ 27. (America ANSYS Company. Nonlinear Analysis Guide of ANSYS. Printed in U. S. A. 2000. 1: 25 ~ 27.)

[9] 雷用，邓小彤．桩基施工中流砂处理的几个问题探讨．地下空间，Vol. 21. No. 5，2001 年 12 月: 575 ~ 577.

[10] 地基处理手册 [M]．北京：中国建筑工业出版社，1993，278 ~ 285.

[11] 北京桩基研究小组．钻孔灌注桩水平承载力的试验研究．建筑技术 1976 年，10 ~ 12 期.

[12] 规范编制组．悬臂式抗滑桩实体试验及分析．重庆市地质灾害防治工程参考资料汇编，2004. 4: 49 ~ 51.

[13] 重庆市工程建设地方标准．地质灾害防治工程设计规范 (DB50/5029—2004)．2004.

[14] 雷文杰．沉埋桩加固滑坡体的有限元设计方法与大型物理模型试验研究．中国科学院研究生院博士学位论文.

[15] 宋雅坤．三维有限元强度折减法及沉埋桩机理模型试验研究．解放军后勤工程学院硕士学位论文.

[16] 张志龙．滑坡监测预报方法研究．科技现状，2001 年第三期: 25 ~ 28.

[17] 雷　用，郑颖人，蒋文明．抗滑短桩的现场应力测试与分析．地下空间与工程学报，2007，Vol. 3 No. 5: 941 ~ 946.

[18] 滑坡文集委员会主编．滑坡文集 (第 10 集)．北京：中国铁道出版社，1993. 7: 101.

[19] 雷　用，刘文平，赵尚毅．抗滑短桩越顶问题的有限元验证．解放军后勤工程学院学报，2006，22 (3): 1 ~ 4.

[20] 解放军后勤工程学院建筑设计研究院．重庆市大渡口区跳蹬镇沟口湾滑坡防治工程设计．2005，1.

[21] 国家标准．建筑边坡工程技术规范 (GB 50330—2002)．北京：中国建筑工业出版社，2002.

[22] 重庆一三六地质队．重庆市万盛区东林煤矿矸石山滑坡勘察报告及防治工程设计．2005，10.

[23] 王赫主编．建筑工程事故处理手册．北京：中国建筑工业出版社，1994. 9: 122 ~ 131.

[24] 梁炯鋆主编．锚固与注浆技术手册．北京：中国电力出版社，1999. 9: 1 ~ 31.

[25] 崔政权，李　宁．边坡工程．北京：中国水利水电出版社，1999. 152～153.
[26] 刘兴远，雷用，康景文．边坡工程——设计、检测、鉴定与施工．北京：中国建筑工业出版社，2007. 12.
[27] 张向阳．软岩洞室中预应力锚索加固效应和机理的模型试验研究．解放军后勤工程学院硕士生论文，1999.
[28] 雷　用，王　平，张　冀．边坡工程的变形控制措施探讨［J］．重庆：地下空间，Vol. 22 No. 1. 2002.
[29] 雷　用．边坡事故处理与主要检测工作内容的初探．四川建筑科学研究，Vol. 27，2001：41～42.
[30] 雷　用．扶壁式挡墙的安全性鉴定探讨及加固．四川建筑科学研究，Vol. 30 No. 3 2004：66～68.